献给敬爱的导师及挚友

Alan McIntosh (1942–2016)

中国科学院科学出版基金资助出版

现代数学基础丛书　167

Lipschitz 边界上的奇异积分与 Fourier 理论

钱　涛　李澎涛　著

科学出版社

北　京

内 容 简 介

本书系统地介绍了 20 世纪 80 年代以来发展起来的 Lipschitz 曲线和曲面上的奇异积分和 Fourier 理论. 包括：Lipschitz 曲线与曲面上的具有全纯核的奇异积分算子代数、同类型的分数次积分与微分、曲线与曲面上的 Fourier 乘子理论及其应用，等等. 本书的内容涉及调和分析、Clifford 分析、单复变与多复变理论等方面. 首先介绍 Lipschitz 曲线上的奇异积分与 Fourier 乘子理论及其应用. 然后转入高维 Lipschitz 曲面上 Fourier 乘子和奇异积分理论，重点阐述如何利用多复变，Clifford 分析和调和分析的方法建立高维理论，包括 Fueter 定理的推广及应用、Clifford 鞅、球面及其 Lipschitz 扰动上的奇异积分及 Fourier 乘子理论. 阅读本书需要具备大学高年级的数学基础.

本书可供高等院校数学系高年级本科生、研究生、相关专业的教师、科研工作者阅读参考.

图书在版编目(CIP)数据

Lipschitz 边界上的奇异积分与 Fourier 理论/钱涛，李澎涛著. —北京: 科学出版社, 2017.2
(现代数学基础丛书)
ISBN 978-7-03-051698-5

I. ①L⋯ Ⅱ. ①钱⋯ ②李⋯ Ⅲ.①奇异积分②傅里叶分析
Ⅳ. ①O172.2②O174.2

中国版本图书馆 CIP 数据核字 (2017) 第 022818 号

责任编辑: 王丽平／责任校对: 彭　涛
责任印制: 张　伟／封面设计: 陈　敬

科 学 出 版 社 出版
北京东黄城根北街 16 号
邮政编码: 100717
http://www.sciencep.com

北京建宏印刷有限公司 印刷
科学出版社发行　各地新华书店经销

＊

2017 年 2 月第 一 版　开本: 720 × 1000 B5
2018 年 1 月第二次印刷　印张: 19 1/4
字数: 368 000

定价: 118.00 元
(如有印装质量问题, 我社负责调换)

《现代数学基础丛书》序

对于数学研究与培养青年数学人才而言,书籍与期刊起着特殊重要的作用。许多成就卓越的数学家在青年时代都曾钻研或参考过一些优秀书籍,从中汲取营养,获得教益。

20世纪70年代后期,我国的数学研究与数学书刊的出版由于文化大革命的浩劫已经破坏与中断了 10 余年,而在这期间国际上数学研究却在迅猛地发展着。1978 年以后,我国青年学子重新获得了学习、钻研与深造的机会。当时他们的参考书籍大多还是 50 年代甚至更早期的著述。据此,科学出版社陆续推出了多套数学丛书,其中《纯粹数学与应用数学专著》丛书与《现代数学基础丛书》更为突出,前者出版约 40 卷,后者则逾 80 卷。它们质量甚高,影响颇大,对我国数学研究、交流与人才培养发挥了显著效用。

《现代数学基础丛书》的宗旨是面向大学数学专业的高年级学生、研究生以及青年学者,针对一些重要的数学领域与研究方向,作较系统的介绍。既注意该领域的基础知识,又反映其新发展,力求深入浅出,简明扼要,注重创新。

近年来,数学在各门科学、高新技术、经济、管理等方面取得了更加广泛与深入的应用,还形成了一些交叉学科。我们希望这套丛书的内容由基础数学拓展到应用数学、计算数学以及数学交叉学科的各个领域。

这套丛书得到了许多数学家长期的大力支持,编辑人员也为其付出了艰辛的劳动。它获得了广大读者的喜爱。我们诚挚地希望大家更加关心与支持它的发展,使它越办越好,为我国数学研究与教育水平的进一步提高做出贡献。

杨 乐

2003 年 8 月

前　言

本书系统地介绍自 20 世纪 80 年代以来, 由著名的 CMcM (Coifman-McIntosh-Meyer) 定理引发而发展起来的 Lipschitz 图像上的奇异积分与 Fourier 乘子理论, 阐述该理论的基本架构, 本质思想和主要成果. 同时也为国内外广大数学专业科研人员和研究生了解该方面的研究进展提供参考. 本书假定读者具备一定实分析与泛函分析的知识.

Lipschitz 曲面上 Fourier 乘子问题的提出具有深刻的调和分析和偏微分方程的背景. 在研究二阶椭圆算子的边值问题时, 产生了 Cauchy 积分在 Lipschitz 曲线上的 L^2 有界性问题. 由于 Lipschitz 曲线上的 Cauchy 奇异积分核的非线性及非光滑性, 所对应的奇异积分算子的研究长期以来存在本质上的困难. 直到 1977 年, Calderón 用复分析的方法首先证明了, 在曲线的 Lipschitz 常数很小的情况下, Cauchy 奇异积分算子在 $L^2(\gamma)$ 上是有界的. 对于一般情形, R. Coifman, A. McIntosh 和 Y. Meyer 用多线性算子方法突破了 Lipschitz 常数很小这一限制, 从而证明了在一般的 Lipschitz 曲线 γ 上 Cauchy 奇异积分算子的 $L^2(\gamma)$ 有界性. 在 Lipschitz 曲线上算子的 L^2 有界性是核心的问题. 事实上, 应用传统的调和分析方法, 该奇异积分算子的 $L^p, 1 < p < \infty$, 有界性是 L^2 有界性的直接推论.

在高维空间的中相应的问题是 Lipschitz 曲面 Σ 上 Cauchy 奇异积分算子的 $L^p(\Sigma)$ 有界性. 维数的增加要求采用新的方法. 在 Euclidean 空间上引入一个 Cauchy 复结构的最直接有效的方法是将其嵌入 Clifford 或 Hamilton 四元数空间. C. Li, A. McIntosh 和 S. Semmes 的文章 [49] 及 G. Gaudry, R-L. Long (龙瑞麟) 和 T. Qian (钱涛) 的文章 [31] 各自独立地证明了 Lipschitz 图像上的具有全纯核的奇异积分算子的 L^2 有界性. 上述两文各自将文献 [11] 的一个证明推广到高维的情况. 本书选用 Gaudry 等人文章中的方法.

卷积奇异积分算子和 Fourier 乘子之间存在着一一对应的关系. 1994 年, C. Li, A. McIntosh 和 T. Qian 在文献 [48] 中建立了 Lipschitz 曲面上核与乘子的对应关系, 并利用该关系建立了该类曲面上的 Dirac 算子的 Cauchy-Dunford 泛函演算. 该演算具有 Cauchy-Dunford、全纯核奇异积分以及有界全纯 Fourier 乘子三种等价形式. 自 1996 年起, 钱涛及其合作者开始考虑各种维数的球面及环面 Lipschitz 扰动上的相应理论, 也称为星形曲面上的理论. 对于四元数和一般维数球面的情形, 利用 Fueter 定理及其高维推广形式, 作者之一在文献 [70, 72] 中得到了定义在星形 Lipschitz 曲面上的有界全纯 Fourier 乘子与全纯核的对应关系, 从而建立了该类 Fourier 乘子与奇异积分算子以及球面 Dirac 算子的 Cauchy-Dunford 泛函演算之间的恒等关系, 以及它们的有界性. 对于四元数 Fueter 定理的 n 维推广, n 为奇数情形是由 M. Sce 在文献 [81] 中得到的, n 为偶数时 Fueter 定理的推广则由钱涛在文献 [71] 中得到, 后者运用 Fourier 乘子的方法对分数阶 Laplace 算子进行定义. 迄今, Fueter 定理及其高维形式的运用是处理高维球面扰动上的奇异积分理论的唯一方法. 其发现及运用是数学中的艺术, 是 Clifford 型的 "从单位圆谈起"(参见文献 [36]). Fueter 定理的进一步推广及 Fueter 定理的逆定理有独立的兴趣及应用, 读者可参考 [73].

　　本书的主要内容分为三部分, 第一部分包括第 1 章和第 2 章, 主要介绍 Lipschitz 曲线上的 Fourier 乘子理论. 第 1 章介绍一维无穷 Lipschitz 图像上的 Fourier 乘子的有界性、奇异积分和泛函演算等理论. 第 2 章介绍单位圆的 Lipschitz 扰动上的类似理论.

　　第二部分包括第 3 章至第 5 章. 在该部分中, 我们系统地介绍用 Clifford 分析的手段处理 Lipschitz 曲面上的奇异积分和 Fourier 乘子. 在第 3 章中, 出于自封闭性的考虑, 我们给出 Clifford 分析中的一些基本事实和必要的背景知识, 包括 Dirac 算子、锥形区域上的 Fourier 变换和 Clifford 解析函数. 同时作为后面处理星形 Lipschitz 曲面上的全纯 Fourier 乘子的预备工作, 我们介绍 Futuer 定理在高维中的推广. 在第 4 章中, 我们将使用 Clifford 鞅这一工具, 证明一个鞅形式下的 $T(b)$ 定理, 从而可以推出 Lipschitz 曲面上的 Cauchy 奇异积分算子的 L^2 有界性, 正如我们在上边所指出的, 对于本节的主要结果, 存在一个平行的、使用不同方法的证明, 有兴趣的读者可以参考文献 [49]. 第 5 章介绍 Lipschitz 曲面上的有界全纯 Fourier 乘子与曲面上的奇异积分算子之间的对应关系, 以及与该类算子相关的球面 Dirac 算子的 H^∞ 泛函演算. 通过本章, 可以看到锥形区域上的 Fourier 变换和 Clifford 全纯函数在该理论建立的过程中所起的重要的作用.

　　第三部分包括第 6 章至第 8 章, 介绍星形 Lipschitz 曲面上的全纯 Fourier 乘子理论. 第 6 章基于第 3 章中得到的 Fueter 定理的高维推广建立星形 Lipschitz 曲面上的有界全纯 Fourier 乘子理论, 包括 Fourier 乘子的核函数估计、奇异积分表示以及球面 Dirac 算子的 H^∞ 泛函演算等内容. 第 7 章包含两位作者最近对星形 Lipschitz 曲面上无界全纯 Fourier 乘子研究的一些新成果. 这部分研究联系到近十年以来在 Clifford 分析领域的一些新进展, 包括双曲 Clifford 代数研究的深入, 以及与之对应的所谓 "Photogenic Cauchy 变换" 的出现, 使得对无界全纯 Fourier 乘子的研究具有理论上的必要性. 该类 Fourier 乘子的一个实例是星形 Lipschitz 曲面上 Dirac 算子的分数次积分与微分. 该研究对于星形 Lipschitz 曲面上微分算子的边值问题具有一定的意义. 第 8 章用多复变量分析将第 6 章和第 7 章中所建立的全纯 Fourier 乘子理论推广到高维环面及高维复球面. 特别是, 在复球面上我们将龚昇的 Cauchy 型奇异积分结果 (文献 [34]) 推广为一族具有全纯核的奇异积分的泛函演算. 我们也得到相应的分数次积分及微分的结果.

Lipschitz 曲线与曲面是 Fourier 分析所能应用于其中的且具有广泛及优美理论的最一般的曲线与曲面. 在本书中, 我们对 Lipschitz 曲线和曲面上的全纯 Fourier 乘子理论作了详细全面的介绍. 虽然不同场合的理论呈现不同的面貌, 处置技巧亦可迥然不同, 即都存在有奇异积分算子代数与 Fourier 乘子理论以及 Dirac 算子的泛函演算. 本书所阐述的在相当大的程度上是 Alan McIntosh 的理论.

本书的写作和出版得到了文兰院士和周向宇院士的大力支持, 两位作者对他们表示由衷的感谢. 澳门大学科技学院和青岛大学数学与统计学院的部分教师和研究生协助作者绘制了本书中的插图, 作者在此对他们一并表示感谢.

作　者

2016 年 1 月 20 日

目　录

第1章 一维无穷 Lipschitz 图像上的奇异积分与 Fourier 乘子

本章的主要内容与调和分析和算子理论都有紧密的联系. 令 γ 表示复平面 $\mathbb{C}$ 上的Lipschitz 曲线:

$$\gamma = \Big\{ x + ig(x) \in \mathbb{C} : \ x \in \mathbb{R} \Big\},$$

其中 g 是一个满足条件: $\|g'\|_\infty \leqslant N < \infty$ 的 Lipschitz 函数. 我们将证明 γ 上卷积奇异积分算子的 L^p 有界性.

本章的主要内容是基于 A. McIntosh 和钱涛在 [58] 中建立的曲线上的 Fourier 乘子理论和 ω 型算子的 H^∞ 泛函演算理论. 粗略地讲, 上述 ω 型算子可以表示为 $b(D_\gamma)$, 其中 D_γ 为 γ 上的微分算子, b 为定义在某个扇形区域 S_ν^0, $\nu > \arctan N$ 上的有界全纯函数. 在假定 g 是有界的这一额外条件之下, A. McIntosh 和钱涛研究了 γ 上一类更一般的 Fourier 乘子. 相关结果见 [56] 和 [57].

对于 Lipschitz 图像上奇异卷积积分算子的有界性, 存在多种不同的证明. 在本章中, 我们采用 McIntosh 和钱涛在有关文献中所给出的证明. 该证明主要是依赖于定义在锥形区域上的 ω 型算子的平方估计. 主要思路如下, 首先证明 ω 型算子的平方估计等价于其对偶算子的反向平方估计 (定理 1.2.1). 然后证明, 如果一个算子 T 满足平方估计以及反向平方估计, 则对定义在锥形区域上的有界全纯函数 b, 该算子的有界全纯泛函演算 $b(T)$ 是有界的, 见定理 1.2.3.

1.1 Lipschitz 曲线上的卷积与微分

本节中, $\mathbb{C}$ 和 $\mathbb{R}$ 分别表示复数域和实数域. 我们用 γ 表示如下的定义的 Lipschitz 曲线:

$$\gamma = \{ x + ig(x) \in \mathbb{C}, \ \text{其中} g \text{ 是一个 Lipschitz 函数, 且满足 } \|g'\|_\infty \leqslant N < \infty \}.$$

我们将使用如下的复值函数空间.

定义 1.1.1 (i) 令 $1 \leqslant p \leqslant \infty$, $L^p(\gamma)$ 表示如下函数 $u : \gamma \to \mathbb{C}$ 的等价类构成的空间: u 对测度 $|dz|$ 可测, 且满足

$$\|u\|_p = \left(\int_\gamma |u(z)|^p |dz| \right)^{1/p} < \infty, \quad 1 \leqslant p < \infty,$$

或

$$\|u\|_\infty = \text{ess-sup}|u(z)| < \infty,$$

其中 ess-sup 表示本性上确界.

(ii) $C_0(\gamma)$ 表示 γ 上在 ∞ 处趋于 0 的连续函数组成的空间. 该空间的范数定义为

$$\|u\|_\infty = \sup_{z \in \gamma} |u(z)|.$$

对 $1 \leqslant p \leqslant \infty$, 令 $p' = \dfrac{p}{p-1}$. 定义 $L^p(\gamma)$ 之间的对偶关系如下:

$$\langle u, v \rangle = \int_\gamma u(z)v(z)dz.$$

可以证明, $(L^p(\gamma), L^{p'}(\gamma))$ 是对偶的 Banach 空间. 特别地, 当 $p = 1$ 时, $(L^1(\gamma), C_0(\gamma))$ 是对偶的 Banach 空间. 进而,

$$\|u\|_p = \sup\left\{|\langle u, v \rangle|, v \in L^{p'}(\gamma), \|v\|_{p'} = 1\right\}$$

和

$$\|u\|_1 = \sup\left\{|\langle u, v \rangle|, v \in C_0(\gamma), \|v\|_\infty = 1\right\}.$$

假定 ϕ 是定义在 $\mathbb{C}$ 中一个包含 $\Gamma = \{z - \xi, \ z \in \gamma, \xi \in \gamma\}$ 的子集上的函数, u 是 γ 上的可测函数. 若 $\phi(z - \cdot)u(\cdot) \in L^1(\gamma)$, 则在 z 处, u 和 ϕ 的卷积定义为

$$(\phi * u)(z) = \int_\gamma \phi(z - \xi)u(\xi)d\xi.$$

定理 1.1.1　令 $1 \leqslant p \leqslant \infty$. 假定 $u \in L^p(\gamma)$, 且对几乎所有的 $z \in \gamma$, 均有 $\phi(\cdot - z) \in L^1(\gamma)$, 则

$$\|\phi * u\|_p \leqslant \sup_{z \in \gamma}\left\{\int_\gamma |\phi(z - \xi)||d\xi|\right\}^{\frac{1}{p'}} \sup_{\xi \in \gamma}\left\{\int_\gamma |\phi(z - \xi)||dz|\right\}^{\frac{1}{p}} \|u\|_p, \quad (1\text{-}3)$$

其中 $\dfrac{1}{p'} = 1 - \dfrac{1}{p}$.

证明　首先注意到, 对几乎处处的 $z \in \gamma$, $\phi(z - \cdot)u(\cdot)$ 是可测的, 则如果 $1 < p < \infty$,

$$\|\phi * u\|_p \leqslant \left\{\int_\gamma \left\{\int_\gamma |\phi(z - \xi)u(\xi)||d\xi|\right\}^p |dz|\right\}^{1/p}$$

$$\leqslant \left\{\int_\gamma \left\{\int_\gamma |\phi(z - \xi)||d\xi|\right\}^{p/p'} \left\{\int_\gamma |\phi(z - \xi)||u(\xi)|^p|d\xi|\right\} |dz|\right\}^{1/p}$$

$$\leqslant \sup_{z\in\gamma}\left\{\int_\gamma |\phi(z-\xi)||d\xi|\right\}^{1/p'}\left\{\int_\gamma\int_\gamma |\phi(z-\xi)||u(\xi)|^p|d\xi||dz|\right\}^{1/p}$$

$$\leqslant \sup_{z\in\gamma}\left\{\int_\gamma |\phi(z-\xi)||d\xi|\right\}^{1/p'}\sup_{\xi\in\gamma}\left\{\int_\gamma\int_\gamma |\phi(z-\xi)||dz|\right\}^{1/p}\|u\|_p.$$

对 $p=1$ 和 $p=\infty$ 两种情况, 可以类似地证明. 实际上, 对 $p=1$,

$$\|\phi*u\|_1 \leqslant \left\{\int_\gamma\left\{\int_\gamma |\phi(z-\xi)u(\xi)||d\xi|\right\}|dz|\right\}$$

$$\leqslant \sup_{\xi\in\gamma}\left\{\int_\gamma\int_\gamma |\phi(z-\xi)||dz|\right\}\|u\|_1.$$

当 $p=\infty$,

$$\|\phi*u\|_\infty \leqslant \sup_{z\in\gamma}\left\{\int_\gamma |\phi(z-\xi)u(\xi)||d\xi|\right\}$$

$$\leqslant \sup_{z\in\gamma}\left\{\int_\gamma |\phi(z-\xi)||d\xi|\right\}\|u\|_\infty. \qquad \square$$

令 $w=\arctan N$, S_w 表示闭的扇形区域(图 1-1)

$$S_w = \left\{z\in\mathbb{C},\ |\arg z|\leqslant w \ \text{或}\ |\arg(-z)|\leqslant w\right\}\cup\left\{0\right\}.$$

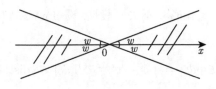

图 1-1　S_w

当 $\text{Im}\lambda>0$ 时, 令

$$\phi_\lambda(z)=\begin{cases} ie^{i\lambda z}, & \text{Re}z>0,\\ 0, & \text{Re}z\leqslant 0.\end{cases} \tag{1-1}$$

当 $\text{Im}\lambda<0$ 时, 令

$$\phi_\lambda(z)=\begin{cases} -ie^{i\lambda z}, & \text{Re}z<0,\\ 0, & \text{Re}z\geqslant 0.\end{cases} \tag{1-2}$$

我们有如下定理.

定理 1.1.2 假定 $\lambda \in S_w$, 则定义在 γ 上的卷积算子

$$R_\lambda u = \phi_\lambda * u$$

为 $L^p(\gamma), 1 \leqslant p < \infty$, 和 $C_0(\gamma)$ 上的有界算子, 并且对两种情况均有

$$\|R_\lambda\| \leqslant \left\{ \text{dist}(\lambda, S_w) \right\}^{-1}.$$

进而, 对 $u \in L^p(\gamma), v \in L^{p'}(\gamma), 1 \leqslant p \leqslant \infty$ (或对 $u \in L^1(\gamma), v \in C_0(\gamma)$),

$$\langle R_\lambda u, v \rangle = \langle u, R_{-\lambda} v \rangle.$$

证明 本定理的证明只需直接应用定理 1.1.1. 分别用 $\gamma^-(z)$ 和 $\gamma^+(z)$ 表示下列曲线:

$$\gamma^-(z) = \{ \xi \in \gamma, \ \text{Re}\xi \leqslant \text{Re}z \}$$

和

$$\gamma^+(z) = \{ \xi \in \gamma, \ \text{Re}\xi > \text{Re}z \}.$$

对 $u \in L^p(\gamma)$ 或 $C_0(\gamma)$, 当 $\lambda \notin S_w$ 时, $R_\lambda u$ 具有如下精确定义

$$R_\lambda u(z) = \begin{cases} i \displaystyle\int_{\gamma^-(z)} e^{i\lambda(z-\xi)} u(\xi) d\xi, & \text{Im}\lambda > N|\text{Re}\lambda|, \\ -i \displaystyle\int_{\gamma^+(z)} e^{i\lambda(z-\xi)} u(\xi) d\xi, & \text{Im}\lambda < -N|\text{Re}\lambda|, \end{cases}$$

若 $\lambda \notin \gamma$, 则 $|\tan\lambda| \leqslant \tan w$. 不失一般性, 设 $\text{Im}\lambda > N|\text{Re}\lambda|$ 和 $z \in \gamma$, 则由公式 (1-1),

$$\int_\gamma |\phi_\lambda(z-\xi)||d\xi| = \int_{\gamma^-(z)} |e^{i\lambda(z-\xi)}||d\xi| \leqslant \{\text{dist}(\lambda, S_w)\}^{-1}. \qquad \square$$

令 u 是 γ 上的一个 Lipschitz 函数, u 的导数定义为

$$u'(z) = \frac{d}{dz}\bigg|_\gamma u(z) = \lim_{h \to 0, z+h \in \gamma} \frac{u(z+h) - u(z)}{h}.$$

通过一个简单的运算可以得到

$$\frac{d}{dz}\bigg|_\gamma u(x+ig(x)) = (1 + ig'(x))^{-1} \frac{d}{dx} u(x+ig(x)).$$

利用对偶, $D_{\gamma,p}$ 可以定义为 $L^p(\gamma), 1 \leqslant p \leqslant \infty$, 和 $C_0(\gamma)$ 上的闭线性算子, 且在 $L^p(\gamma), 1 \leqslant p \leqslant \infty$, 和 $C_0(\gamma)$ 中具有最大的定义域 $\mathbf{D}(D_{\gamma,p})$. 对 γ 上所有的紧支集的 Lipschitz 函数 v,

$$\langle D_{\gamma,p} u, v \rangle = \langle u, iv' \rangle.$$

可以在 γ 上直接证明 $D_{\gamma,p}$ 的下列性质, 亦可以通过 $L^p(\mathbb{R})$ 或 $C_0(\mathbb{R})$ 上的相应算子 D_p 得到.

定理 1.1.3 (i) $D_{\gamma,p}u(x+ig(x)) = (1+ig'(x))^{-1}D_pu(x+ig(x))$ 且

$$\mathbf{D}(D_{\gamma,p}) = \Big\{u,\ u(\cdot+ig(\cdot)) \in \mathcal{D}(D_p)\Big\}$$

$$= \begin{cases} W_p^1(\gamma), 1 \leqslant p \leqslant \infty, \\ \Lambda_0(\gamma) = \{u \in C_0(\gamma),\ u' \in C_0(\gamma)\}\ p=0. \end{cases}$$

除 $p=\infty$ 之外, $\mathbf{D}(D_p)$ 在 $L^p(\gamma)$ (或 $C_0(\gamma)$) 中是稠密的. 进而, 对所有的 p, γ 上紧支集的 Lipschitz 函数空间在范数 $\|u\|_p + \|D_{\gamma,p}\|_p$ (或 $\|u\|_\infty + \|D_{\gamma,0}u\|_\infty$) 的意义下是 $\mathbf{D}(D_{\gamma,p})$ 的稠密子空间.

(ii) 若 $1 \leqslant p \leqslant \infty, 1 \leqslant p' \leqslant \infty, \dfrac{1}{p}+\dfrac{1}{p'}=1$, 则

$$\langle D_{\gamma,p}u,\ v \rangle = -\langle u, D_{\gamma,p'}v \rangle, \quad u \in W_p^1(\gamma),\ v \in W_{p'}^1(\gamma),$$

以及

$$\langle D_{\gamma,1}u,\ v \rangle = -\langle u, D_{\gamma,0}v \rangle, \quad u \in W_1^1(\gamma),\ v \in \Lambda_0(\gamma).$$

此外, 在 $D_{\gamma,p}$ 和 $D_{\gamma,1}$ 的最大定义域上, 上述等式均成立.

(iii) 若 $\lambda \notin S_w$, 则对所有的 $u \in \mathbf{D}(D_{\gamma,p})$ 和在相应的对偶空间中的 v,

$$\langle -(D_{\gamma,p}+\lambda I)u, R_\lambda v \rangle = \langle u, v \rangle.$$

因而, λ 不属于 $D_{\gamma,p}$ 的谱,

$$-(D_{\gamma,p}+\lambda I)^{-1} = R_\lambda.$$

而且, 在 $L^p(\gamma), 1 \leqslant p \leqslant \infty$, 或 $C_0(\gamma)$ 中,

$$\|(D_{\gamma,p}+\lambda I)^{-1}\| \leqslant \{\mathrm{dist}(\lambda, S_w)\}.$$

1.2 ω 型算子的平方估计

首先回顾有界线性算子的一些事实. 假定 T 是一个 Banach 空间 X 上的有界线性算子. T 的预解集定义为

$$p(T) = \Big\{z \in \mathbb{C}, (T-zI) \text{ 是 1-1, 到上的, 且 }(T-zI)^{-1} \text{ 是有界的}\Big\}.$$

T 的谱为 $\sigma(T) = \mathbb{C} \backslash p(T)$. 可以看出, $\sigma(T)$ 是球 $\mathbf{B}(0, \|T\|)$ 的一个非空紧子集. 预解算子 $R_\lambda = (T - \lambda I)^{-1}$ 在 $p(T)$ 中全纯地依赖于 λ, 且满足

$$R_\lambda R_\mu = (\lambda - \mu)^{-1}(R_\lambda - R_\mu).$$

对函数 f, 有多种方式定义代数 $f(T)$. $f(T)$ 应满足如下关系:

(i) $c_1 f_1(T) + c_2 f_2(T) = \{c_1 f_1 + c_2 f_2\}(T)$,

(ii) $(f_1 f_2)(T) = f_1(T) f_2(T)$.

我们列举几种定义 $f(T)$ 的方法, 其中范数 $\|f(T)\|$ 满足不同的估计.

(a) 若 $T = \int \lambda \mathrm{d}E_\lambda$ 是 Hilbert 空间 H 上的一个自伴算子, 则 $f(T) = \int f(\lambda) \mathrm{d}E_\lambda$, 且对定义在 $\sigma(T)$ 上的所有有界 Borel 函数 f, $\|f(T)\| \leqslant \mathrm{ess\text{-}sup}(f)$, 其中 ess-sup 表示对应于谱测度的本性上界.

(b) 令 $X = L^p(\gamma)$, $1 \leqslant p \leqslant \infty$, 且对某些 $L^\infty(\gamma)$ 函数 w, 令 $Tu(z) = w(z)u(z)$. 则 $\sigma(T) = \mathrm{ess\text{-}range}(w)$, 且若 f 是一个定义在 $\sigma(T)$ 上的有界 Borel 函数, $f(T)u(z) = f(w(z))u(z)$. 进而, $\|f(T)\| = \|f\|_\infty$.

(c) 若对所有的 $|z| < r$, $f(z) = \sum c_i z^i$ 以及 $\|T\| < r$, 则 $f(T) = \sum c_i T^i$ 定义了一个有界线性算子, 且

$$\|f(T)\| \leqslant \sum c_i \|T\|^i < \infty.$$

(d) 假定 f 在一个包含 $\sigma(T)$ 的开集 Ω 上是全纯的且 δ 是一个包含 $\sigma(T)$ 的路径. 令

$$f(T) = (2\pi i)^{-1} \int_\delta (T - \lambda I)^{-1} f(\lambda) \mathrm{d}\lambda.$$

由于 $(T - \lambda I)^{-1}$ 全纯地依赖于 λ, 积分与具体的路径无关.

虽然只有在例子 (a) 和 (c) 中, 相应的公式给出一个 $\|f(T)\|$ 的好的估计, 但是性质 (i) 和 (ii) 对每种情况都成立. 因而通过多种方法定义所得到的是同一个 $f(T)$. 对于无界算子 D_γ, 以下我们转而定义并研究 $f(D_\gamma)$.

Banach 空间 X 上的闭线性算子 T 是一个从线性子空间 $D(T)$ 到 X 的线性映射, 其图像 $\{(u, Tu), u \in D(T)\}$ 是乘积空间 $X \times X$ 的一个闭子空间. 同样地, T 的谱 $\sigma(T)$ 和预解集 $p(T)$ 分别定义如下:

$$p(T) = \Big\{ z \in \mathbb{C}, (T - zI) \text{ 是 1-1, 到上的, 且} (T - zI)^{-1} \text{ 有界} \Big\},$$
$$\sigma(T) = \mathbb{C} \backslash p(T),$$
$$R_\lambda = (T - \lambda I) \text{ 全纯地依赖于} \lambda \in p(T).$$

定义 1.2.1　　对 $0 \leqslant \mu \leqslant \dfrac{\pi}{2}$, 我们定义集合

$$S_{\mu,+} = \Big\{ z \in \mathbb{C} \mid |\arg(z)| \leqslant \omega \text{ 或 } z = 0 \Big\}, \ S_{\mu,-} = -S_{\mu,+},$$

$$S_\mu = S_{\mu,+} \cup S_{\mu,-}.$$

上述集合是闭的, 其内部分别记为 $S^0_{\mu,+}$, $S^0_{\mu,-}$ 和 S^0_μ, 如图 1-2 所示.

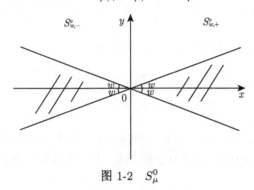

图 1-2　S^0_μ

定义 1.2.2　　空间 X 中的算子 T 如果满足如下条件:

(i) T 是 X 中的闭算子;

(ii) $\sigma(T)$ 是 S_ω 的一个闭子集;

(iii) 对所有的 $\mu > \omega$, 存在常数 c_μ, 使得　$\|R_\lambda\| \leqslant c_\mu |\lambda|^{-1}$, $\lambda \notin S^0_\mu$,

我们称该算子是一个 ω 型算子.

对上述 ω 型算子, 我们举几个常见的例子:

(a) 如果 T 是 Hilbert 空间上的一个 (无界) 自伴算子, 则 T 是 0 型的.

(b) 若 $X = L^p(\gamma)$, $1 \leqslant p \leqslant \infty$, 且对某个本征域属于 S_ω 的 Lebesgue 可测函数 w, $Tu(z) = w(z)u(z)$, 则 $\sigma(T) = \text{ess-range}(w)$ 且 T 是 ω 型算子.

(c) 1.1 节中定义的算子 D_γ 是 $L^p(\gamma), 1 \leqslant p \leqslant \infty$, 和 $C_0(\gamma)$ 上的 ω 型算子, 其中 $\tan \omega = N$.

令 $H^\infty(S^0_\mu)$ 表示由 S^0_μ 上具有有限范数的全纯函数组成的 Banach 空间, 其范数定义为 $\|b\|_\infty = \sup |b(z)|$. 当 $b \in H^\infty(S^0_\mu)$, $\mu > \omega$ 时, 对 ω 型算子 T, 我们希望定义 $b(T)$, 并且希望得到 $\|b(T)\| \leqslant C\|b\|_\infty$, 但是这一估计并不是对所有的算子 T 都成立. 因而在下一节中, 我们将给出 T 的一些条件, 使得在这些条件之下, 上述估计成立而且这些结果可以应用到 D_γ. 为了达到这一目的, 令

$$\Psi(S^0_\mu) = \left\{ \psi \in H^\infty(S^0_\mu), \ |\psi(z)| \leqslant \frac{c_s|z|^s}{(1+|z|)^{2s}}, \ \text{对某些 } c_s \geqslant 0, s > 0 \right\}.$$

对 $\psi \in \Psi(S_\mu^0)$, 考虑 $\psi(T)$. 这些算子可以类似于 (d) 中的有界算子的情况, 通过围道积分定义如下:

$$\psi(T) = (2\pi)^{-1} \int_\delta (T - \lambda I)^{-1} \psi(\lambda) d\lambda,$$

其中 δ 是路径 δ_+ 与 δ_- 的和 (路径与实数轴之间的夹角为 θ). 因为 T 是 ω 型算子且 $\psi \in \Psi(S_\mu^0)$, 我们可以容易地看到上述积分在算子范数下是收敛的, 并且

$$\|\psi(T)\| \leqslant (2\pi)^{-1} \int_\delta c_\theta |\lambda|^{-1} \frac{|\lambda|^s}{(1 + |\lambda|^{2s})} |d\lambda| < \infty.$$

$\psi(T)$ 的定义与具体使用的路径 δ 无关. 此外还有

$$(\psi_1 \psi_2)(T) = \psi_1(T)\psi_2(T),$$
$$\psi_1(T) + \psi_2(T) = (\psi_1 + \psi_2)(T).$$

特别地, 如果 $\psi(z) = z(1 + z^2)^{-1}$, 则 $\psi(T) = T(T + iI)^{-1}(T - iI)^{-1}$. 此外, 当 $Tu = 0$ 时, 则 $\psi(T) = 0$. 相关细节参见 [53]. 下一节需要如下估计. 对 $\tau > 0$, 定义 $\psi_\tau(z) = \psi(\tau z)$.

引理 1.2.1　令 T 是 X 中的一个 ω 型算子, 且假定 $\psi, \Psi \in \Psi(S_\mu^0)$, 则存在一个常数 c 使得

(i) 对所有的 $b \in H^\infty(S_\mu^0)$ 和 $\tau \in (0, \infty)$, $\|(b\psi_\tau)(T)\| \leqslant c\|b\|_\infty$;

(ii) 对所有的 Borel 函数 $f : [\alpha, \beta] \to X$ 和所有的 $0 < \alpha < \beta < \infty$,

$$\left\{ \int_{(0,\infty)} \left\| \int_{[\alpha,\beta]} \Psi_\tau(T)\Psi_t(T)f(\tau)\tau^{-1}d\tau \right\|^2 \frac{dt}{t} \right\}^{1/2} \leqslant c \left\{ \int_{[\alpha,\beta]} \|f(\tau)\|^2 \frac{d\tau}{\tau} \right\}^{1/2}.$$

证明　(i) 因为 $(b\psi_\tau)(T) = (2\pi i)^{-1} \int_\delta R_\lambda \psi(\tau\lambda)b(\lambda)d\lambda$, 故

$$\|(b\psi_\tau)(T)\| \leqslant (2\pi)^{-1} \int_\delta c_\theta |\lambda|^{-1} c_s |\tau\lambda|^s (1 + |\tau\lambda|^{2s})^{-1}|d\lambda|$$
$$\leqslant c\|b\|_\infty.$$

(ii)

$$\|(\psi_\tau \psi_t)(T)\| \leqslant (2\pi i)^{-1} \int_\delta c_\theta |\lambda|^{-1} \frac{c_s |\tau\lambda|^s}{(1 + |\tau\lambda|^{2s})} \frac{c_s |t\lambda|^s}{(1 + |t\lambda|^{2s})} |d\lambda|$$
$$\leqslant \begin{cases} \pi = C\left(\dfrac{t}{\tau}\right)^s \left(1 + \log\left(\dfrac{\tau}{t}\right)\right), & 0 < t < \tau < \infty, \\[3mm] C\left(\dfrac{\tau}{t}\right)^s \left(1 + \log\left(\dfrac{t}{\tau}\right)\right), & 0 < \tau < t < \infty. \end{cases}$$

因而, 可以得到 0

$$\int_{(0,\infty)} \left\| \int_{[\alpha,\beta]} \psi_\tau(T)\Psi_t(T)f(\tau)\tau^{-1}d\tau \right\|^2 \frac{dt}{t}$$

$$\leqslant \sup_t \left\{ \int_{[\alpha,\beta]} \left\| (\psi_\tau \Psi_t)(T) \right\| \frac{d\tau}{\tau} \right\} \sup_\tau \left\{ \int_{(0,\infty)} \left\| (\psi_\tau \Psi_t)(T) \right\| \frac{dt}{t} \right\}$$

$$\times \left\{ \int_{[\alpha,\beta]} \|f(t)\|^2 \frac{dt}{t} \right\}$$

$$\leqslant c \int_{[\alpha,\beta]} \|f(t)\|^2 \frac{dt}{t}. \qquad \square$$

一个 Banach 空间的对偶对 $\langle X, Y \rangle$ 由两个 Banach 空间 X, Y 以及 $X \times Y$ 上满足如下条件的双线性形 $\langle u, v \rangle$ 组成:

$$\|u\|_X \leqslant C \sup \frac{|\langle u, v \rangle|}{\|v\|_Y}, \quad u \in X$$

和

$$\|v\|_Y \leqslant C \sup \frac{|\langle u, v \rangle|}{\|u\|_X}, \quad v \in Y.$$

一个 ω 型对偶算子对 $\langle T, T' \rangle$ 由 X 中的 ω 型算子 T, Y 中的 ω 型算子 T' 组成, 并且对所有 $u \in D(T)$ 和 $v \in D(T')$, 满足:

$$\langle Tu, v \rangle = \langle u, T'v \rangle.$$

下述结果是易于验证的.

引理 1.2.2 若 $\langle T, T' \rangle$ 是 $\langle X, Y \rangle$ 上一个对偶算子对且对某个 $\mu > \omega$, $\psi \in \Psi(S_\mu^0)$, 则对所有的 $u \in X$ 和 $v \in Y$, $\langle \psi(T)u, v \rangle = \langle u, \psi(T')v \rangle$. 进而, 存在常数 c 使得对 $\psi \in \Psi(S_\mu^0)$, $\|\psi(T')\| \leqslant c\|\psi(T)\|$.

例 1.2.1 (a) 假定 $\langle X, Y \rangle = \langle L^p(\gamma), L^{p'}(\gamma) \rangle$, $1 \leqslant p \leqslant \infty$, 且对某个本征域属于 S_ω 的 Lebesgue 可测函数 w, $Tu = wu$ 和 $T'v = wv$, 则 $\langle T, T' \rangle$ 构成了一个 ω 型对偶算子对. 对所有的 u, $\psi(T)u(z) = \psi(w(z))u(z)$. 显然对这些对偶算子对, 均有 $\langle \psi(T)u, v \rangle = \langle u, \psi(T')v \rangle$.

(b) 对 1.1 节中定义的 D_γ, $\langle D_\gamma, -D_\gamma \rangle$ 是 $\langle L^p(\gamma), L^{p'}(\gamma) \rangle$, $1 \leqslant p \leqslant \infty$, 和 $\langle C_0(\gamma), L^1(\gamma) \rangle$ 中的 ω 型对偶算子对.

引理 1.2.3 若 $\langle X, Y \rangle$ 是对偶的 Banach 空间, Z 是 Y 的一个稠密线性子空间, 又 f 是从紧区间 $[a,b]$ 到 X 的连续函数, 则存在一个从 $[a,b]$ 到 Z 的 Borel 函数 v, 满足对所有的 t, $\|v(t)\| = 1$ 并且 $\|f(t)\| \leqslant 2C\langle f(t), v(t) \rangle$.

实际上, 可以选择如下形式的 $v(t)$:

$$v(t) = \sum_k h_k(t)x_k(t)z_k,$$

其中 $z_k \in Z$, x_k 是某个区间上的特征函数, h_k 是在该区间上绝对值为 1 的连续函数, k 取遍所有的自然数.

如果对所有的 $u \in X$ 和某个常数 q 成立,

$$Q(\psi): \left\{\int_{(0,\infty)} \|\psi_\tau(T)u\|^2 \frac{d\tau}{\tau}\right\}^{1/2} \leqslant q\|u\|,$$

则称 ω 型算子 T 满足与 $\psi \in \Psi(S_\mu^0), \mu > \omega$, 相关的平方估计 $Q(\psi)$. 例如,

(a) 若 T 是 Hilbert 空间上的自伴算子, 则对 $\psi \in \Psi(S_\mu^0)$ 和所有的 $\mu > 0, T$ 满足 $Q(\psi)$. 对于这种情况,

$$q = \max\left\{\left(\int_{(0,\infty)} |\psi(s)|^2 \frac{ds}{s}\right)^{1/2}, \left(\int_{(0,\infty)} |\psi(-s)|^2 \frac{ds}{s}\right)^{1/2}\right\}.$$

(b) 若 $X = L^p(\gamma)$ 且对某个本征域属于 S_ω 的 Lebesgue 可测函数 w 有, $Tu(z) = w(z)u(z)$, 则若 $1 \leqslant p \leqslant 2$, 对任意的 $\psi \in \Psi(S_\mu^0), \mu > \omega, T$ 均满足 $Q(\psi)$. 然而, 并不是对所有的 $L^p(\gamma), T$ 都满足相应的平方函数估计

$$S(\psi): \left\|\left\{\int_{(0,\infty)} |\psi_\tau(T)u(\cdot)|^2 \frac{d\tau}{\tau}\right\}^{1/2}\right\|_p \leqslant q'\|u\|_p$$

(当 $p = 2$ 时, $S(\psi)$ 和 $Q(\psi)$ 是一致的).

下述结果给出了 $Q(\psi)$ 的对偶形式.

引理 1.2.4　设 (T, T') 是 $\langle X, Y \rangle$ 中的一个, Z 是 Y 中一个稠密的线性子空间, 则 T 满足相应于 $\psi \in \Psi(S_\mu^0), \mu > \omega$, 的平方估计 $Q(\psi)$ 当且仅当对某个常数 q_1, 所有从 $[\alpha, \beta]$ 到 Z 的 Borel 函数 f 以及所有的 $0 < \alpha < \beta < \infty$, 均有

$$\left\|\int_{[\alpha,\beta]} \psi_\tau(T')f(\tau) \frac{d\tau}{\tau}\right\| \leqslant q_1 \left\{\int_{[\alpha,\beta]} \|f(\tau)\|^2 \frac{d\tau}{\tau}\right\}^{1/2}. \tag{1-4}$$

证明　首先假定算子 T 满足平方估计 $Q(\psi)$. 令 $g \in X$ 和 $f \in Y$, 则有

$$\left\langle g, \int_{[\alpha,\beta]} \Psi_\tau(T')f(\tau) \frac{d\tau}{\tau}\right\rangle = \int_{[\alpha,\beta]} \langle \Psi_\tau(T)g, f(\tau)\rangle \frac{d\tau}{\tau}$$

$$\leqslant \int_{[\alpha,\beta]} \|f(\tau)\|\|\Psi_\tau(g)\| \frac{d\tau}{\tau}$$

$$\leqslant \left\{\int_{[\alpha,\beta]} \|\Psi_\tau(T)g\|^2 \frac{d\tau}{\tau}\right\}^{1/2} \left\{\int_{[\alpha,\beta]} \|f(\tau)\|^2 \frac{d\tau}{\tau}\right\}^{1/2}$$

$$\leqslant q_1 \left\{\int_{[\alpha,\beta]} \|f(\tau)\|^2 \frac{d\tau}{\tau}\right\}^{1/2} \|g\|.$$

这就证明了算子 T' 满足估计 (1-4).

反之, 假定 (1-4) 成立并令 $u \in X$ 和 $0 < \alpha < \beta < \infty$. 由引理 1.2.3, 存在一个从 $[\alpha, \beta]$ 到 Z 的 Borel 函数 v 使得对所有的 τ, $\|v(\tau)\| = 1$, 并且

$$\|\psi_\tau(T)u\| \leqslant 2C \langle \psi_\tau(T)u, v(\tau) \rangle.$$

记 $g(\tau) = \langle \psi_\tau(T)u, \ v(\tau) \rangle$, 由 (1-4), 我们有

$$\begin{aligned}
\int_{[\alpha,\beta]} \langle \psi_\tau(T)u, v(\tau) \rangle^2 \frac{d\tau}{\tau} &= \int_{[\alpha,\beta]} \langle u, \psi_\tau(T')g(\tau)v(\tau) \rangle \frac{d\tau}{\tau} \\
&\leqslant \|u\| \left\| \int_{[\alpha,\beta]} \psi_\tau(T')g(\tau)v(\tau) \frac{d\tau}{\tau} \right\| \\
&\leqslant \|u\|_{q_1} \left\{ \int_{[\alpha,\beta]} \|g(\tau)v(\tau)\|^2 \frac{d\tau}{\tau} \right\}^{1/2} \\
&\leqslant \|u\|_{q_1} \left\{ \int_{[\alpha,\beta]} \langle \psi_\tau u, v(\tau) \rangle^2 \frac{d\tau}{\tau} \right\}^{1/2}.
\end{aligned}$$

因而

$$\begin{aligned}
\left\{ \int_{[\alpha,\beta]} \|\psi_\tau(T)u\|^2 \frac{d\tau}{\tau} \right\}^{1/2} &\leqslant 2C \left\{ \int_{[\alpha,\beta]} \langle \psi_\tau(T)u, v(\tau) \rangle^2 \frac{d\tau}{\tau} \right\}^{1/2} \\
&\leqslant 2Cq_1 \|u\|,
\end{aligned}$$

其中上述估计中的常数不依赖于 α 和 β, 所以平方估计 $Q(\psi)$ 成立. $\qquad\square$

用 $\Psi(S^0_{\mu,+})$ 表示集合:

$$\left\{ \psi \in \Psi(S^0_\mu) : \text{在 } S^0_{\mu,-} \text{ 上}, \psi = 0 \right\}.$$

假定 $\langle T, \ T' \rangle$ 是 $\langle X, \ Y \rangle$ 中的对偶算子. 令 Z 是 Y 的一个稠密线性子空间.

定义 1.2.3 设 Y 为一个 Banach 空间.

(i) 定义 Y_+ 为 Y 中包含所有满足如下条件的 $v_+ \in Y$ 的线性子空间: 存在从 $[\alpha, \beta]$ 到 Z 的 Borel 函数, $0 < \alpha < \beta < \infty$, 和函数 $\psi_+ \in \Psi(S^0_{\mu,+})$, $\mu > \omega$, 使得

$$v_+ = \int_{[\alpha,\beta]} \psi_+(\tau T')f(\tau) \frac{d\tau}{\tau}.$$

(ii) 定义 Y_- 为 Y 中包含所有满足如下条件的 $v_- \in Y$ 的线性子空间: 存在从 $[\alpha, \beta]$ 到 Z 的 Borel 函数, $0 < \alpha < \beta < \infty$, 和函数 $\psi_- \in \Psi(S^0_{\mu,-})$, $\mu > \omega$, 使得

$$v_- = \int_{[\alpha,\beta]} \psi_-(\tau T')f(\tau) \frac{d\tau}{\tau}.$$

类似地, 可以定义 Y_-, X_+ 和 X_-. 令 $\psi \in \Psi(S_\mu^0), \mu > \omega$. 若对某个 q_+ 和所有的 $v_+ \in Y_+$,

$$R_+(\psi): \|v_+\| \leqslant q_+\left\{\int_{(0,\infty)}\|\psi_\tau(T')v_+\|^2\frac{d\tau}{\tau}\right\}^{1/2},$$

称 T' 满足关于函数 ψ 的反向平方估计 $R_+(\psi)$ (这一定义不依赖于稠密线性子空间 Z 的选择). 类似地, 可以定义 $R_-(\psi)$.

定理 1.2.1　令 $\langle T, T'\rangle$ 为 $\langle X, Y\rangle$ 中 ω 型对偶算子对. 如果对于某些 $\Psi \in \Psi(S_\mu^0), \mu > \omega, T'$ 满足反向平方估计 $R_+(\psi)$, 则对任意的 $\psi_+ \in \Psi(S_{\nu,+}^0)$ 和所有的 $\nu > \omega, T$ 满足平方估计 $Q(\psi_+)$.

证明　根据引理 1.2.4, 只须验证对偶算子 T' 满足 $Q(\psi)$. 令 f 是从 $[\alpha,\beta]$ 到 Y 中的稠密线性子空间 Z 的映射, 则

$$v_+ = \int_{[\alpha,\beta]}\psi_+(\tau T')f(\tau)\frac{d\tau}{\tau} \in Y_+.$$

因而利用 $R_+(\Psi)$ 和引理 1.2.1 (ii), 有

$$\left\|\int_{[\alpha,\beta]}\psi_+(\tau T')f(\tau)\frac{d\tau}{\tau}\right\|$$

$$\leqslant cq_+\left\{\int_{(0,\infty)}\left\|\int_{[\alpha,\beta]}\Psi(tT')\psi_+(\tau T')f(\tau)\frac{d\tau}{\tau}\right\|^2\frac{dt}{t}\right\}^{1/2}$$

$$\leqslant cq_+\left\{\int_{[\alpha,\beta]}\|f(\tau)\|^2\frac{d\tau}{\tau}\right\}^{1/2}.$$

再利用引理 1.2.4, 我们得出 T 满足 $Q(\psi)$. □

定理 1.2.2　令 $\langle T, T'\rangle$ 为 $\langle X, Y\rangle$ 中 ω 型算子对偶对. 假定对于 ψ^+ 和 $\psi^- \in \Psi(S_\mu^0), \mu > \omega, T'$ 分别满足反向平方估计 $R_+(\psi^+)$ 和 $R_-(\psi^-)$, 则对任意的 $\psi \in \Psi(S_\nu^0)$ 和所有的 $\nu > \omega, T$ 满足平方估计 $Q(\psi)$.

这一结果是前一个定理的直接推论. 它给出了 T 满足平方估计的令人意外的条件. 这是因为定理的假设仅仅与子空间 Y_+ 和 Y_- 上的估计有关 (以及假设 $\langle T, T'\rangle$ 是 ω 算子的对偶对). 我们将在后边研究这一点. 平方估计意味着 T 具有 H^∞ 泛函演算. 下边给出部分结果.

定理 1.2.3　令 $\langle T, T'\rangle$ 是 $\langle X, Y\rangle$ 中 ω 型对偶算子对, 其中 $0 < \omega \leqslant \mu < \frac{\pi}{2}$. 假定对某个 $\Psi(S_\mu^0)$ 中满足 $\psi(t) > 0, t > 0$ 的奇或偶函数 ψ, T 和 T' 满足平方估计 $Q(\psi)$. 则存在常数 c 使得对所有的 $b \in \Psi(S_\mu^0), \|b(T)\| \leqslant c\|b\|_\infty$.

证明　令 ϕ 是 $\Psi(S_\mu^0)$ 中的偶函数, 且满足

$$\int_{(0,\infty)} \phi(\tau)\psi^2(\tau)\frac{d\tau}{\tau} = 1,$$

则对所有的 $z \in S_\mu^0$,

$$b(z) = \int_{(0,\infty)} (b\phi_t)(z)\psi^2(tz)\frac{dt}{t}.$$

故而对 $u \in X$ 和 $v \in Y$,

$$\langle b(T)u,\ v\rangle = \left\langle \int_{(0,\infty)} (b\phi_t)(T)\psi^2(tT)\frac{dt}{t}u,\ v\right\rangle$$

$$= \int_{(0,\infty)} \langle (b\phi_t)(T)\psi(tT)u, \psi(tT')v\rangle \frac{dt}{t}.$$

因此,

$$|\langle b(T)u,\ v\rangle| \leqslant \sup \|(b\phi_t)(T)\| \left\{\int_{(0,\infty)} \|\psi(tT)u\|^2\frac{dt}{t}\right\}^{1/2} \left\{\int_{(0,\infty)} \|\psi(tT')v\|^2\frac{dt}{t}\right\}^{1/2}.$$

并且利用引理 1.2.1 (i) 和 T 与 T' 的假设条件, 我们得到 $\|b(T)\| \leqslant c\|b\|_\infty$.　□

这一结果属于 A. McIntosh, 参见文献 [53], 其中证明了当 T 是一个具有稠密定义域和稠密值域的 1-1 算子, 且 $b \in H^\infty(S_\mu^0)$, 则算子 $b(T)$ 是闭的并是稠定的, 其中

$$b(T) = T^{-1}(T^2 + 1)(b\psi)(T)$$

且 $\psi(\xi) = \xi(\xi^2 + 1)^{-1}$. 下一结果也是在 [53] 中得到的.

引理 1.2.5　令 T 是 X 中具有稠密的定义域和值域的 1-1 的 ω 型算子. 设 $\mu > \omega$. 假定 b_α 是 $\Psi(S_\mu^0)$ 中的一致有界的函数网, 并且在每个形如

$$\left\{z \in S_\mu^0,\ 0 < \delta \leqslant |z| \leqslant \Delta < \infty\right\}$$

的集合上, 一致地收敛到 $b \in H^\infty(S_\mu^0)$. 假定算子 $b_\alpha(T)$ 是一致有界的, 则对所有的 $u \in X$, $b_\alpha(T)u$ 一致收敛到 $b(T)u$, 并且 $\|b(T)\| \leqslant \sup_\alpha \|b_\alpha(T)\|$.

由引理 1.2.5, 定理 1.2.3 和定理 1.2.2, 我们得到如下结果.

定理 1.2.4　令 $\langle T,\ T'\rangle$ 是 $\langle X, Y\rangle$ 中 ω 型对偶算子对, 且 T 和 T' 均具有稠密的定义域与值域. 假定对某个 Ψ^+ 和某个 $\Psi^- \in \Psi(S_\mu^0)$, $\mu > \omega$, T 分别满足反向平方估计 $R_+(\Psi^+)$ 和 $R_-(\Psi^-)$. 同时, T' 满足同样的估计, 则对所有的 $b \in H^\infty(S_\nu^0)$ 和所有的 $\nu > \omega$, $b(T)$ 是 X 中的有界算子. 对某个常数 c_ν,

$$\|b(T)\| \leqslant c_\nu\|b\|_\infty.$$

进而, 对所有的 b_1, $b_2 \in H^\infty(S_\nu^0)$, $(b_1 b_2)(T) = b_1(T)b_2(T)$ 和 $(b_1 + b_2)(T) = b_1(T) + b_2(T)$.

当 $\langle X, Y \rangle$ 是 Hilbert 空间和自身的空间对时, 上述结果的反向也成立. 但是当 $p \neq 2$ 时, 对于 L^p, 反向结果是不成立的.

令 χ_+ 定义在 S_ν^0 上, 满足

$$\begin{cases} \chi_+(z) = 1, & \mathrm{Re}z > 0, \\ \chi_+(z) = 0, & \mathrm{Re}z < 0. \end{cases}$$

注意到当 T 满足定理 1.2.4 的假设时, $P_+ = \chi_+(T)$ 和 $P_- = I - P_+ = \chi_-(T)$ 是有界投影算子. 同时还注意到 χ_+ 含于 $R(P_+)$, P_+ 的值域, 以及 X_- 含于 $R(P_-)$. 因而定理 7.3.2 是一个令人惊奇的结果, 这是因为该定理意味着分解 $X = R(P_+) \oplus R(P_-)$ 是空间 $R(P_+)$, $R(P_-)$, $R(P'_+)$ 和 $R(P'_-)$ 上的估计的一个推论.

1.3   扇形区域上的 Fourier 变换及其逆变换

为了将 1.2 节中的结果应用于 $L^p(\gamma)$ 上的算子 D_γ, 我们须要知道如何刻画 $H^\infty(S_\mu^0)$ 中函数的 Fourier 逆变换. 对 $0 < \mu < \dfrac{\pi}{2}$, $S_{\mu,+}^0$, $S_{\mu,-}^0$ 和 S_μ^0 为定义 1.2.1 中所定义的开集. 此外定义如下集合.

定义 1.3.1   定义开集

$$C_{\mu,+}^0 = \{z \in \mathbb{C}, -\mu < \arg(z) < \pi + \mu\}, \quad C_{\mu,-}^0 = -C_{\mu,+}^0,$$

$$C_\mu^0 = C_{\mu,+}^0 \cap C_{\mu,-}^0.$$

集合 $C_{\mu,+}^0$ 和 $C_{\mu,-}^0$ 分别如图 1-3 和图 1-4 所示.

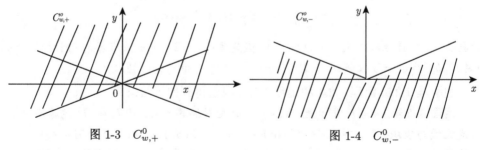

图 1-3 $C_{w,+}^0$ 图 1-4 $C_{w,-}^0$

我们用 ρ_θ 表示射线 $\{se^{i\theta}, 0 < s < \infty\}$. 对 $b \in H^\infty(S_{\mu,+}^0)$ 和 $z \in C_{\mu,+}^0$, 定义

$$G(b)(z) = \phi(z) = (2\pi)^{-1} \int_{\rho_\theta} e^{-iz\xi} b(\xi) d\xi,$$

其中 $-\mu < -\theta < \arg(z) < \pi - \theta < \pi + \mu$. 由于 b 在 $S_{\mu,+}^0$ 中全纯, 显然 $G(b)$ 的定义不依赖于 θ 的选取. 当 $z \in S_{\mu,+}^0$ 时,

$$G_1(b)(z) = \phi_1(z) = \int_{\delta(z)} \phi(\xi) d\xi,$$

其中积分路径 $\delta(z)$ 是 $C_{\mu,+}^0$ 中从 $-z$ 到 z 的曲线. 参见图 1-5.

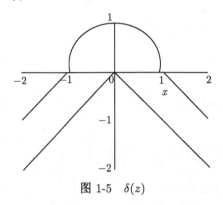

图 1-5 $\delta(z)$

定理 1.3.1 令 $b \in H^\infty(S_{\mu,+}^0)$, $\phi = G(b)$ 和 $\phi_1 = G_1(b)$, 则

(1) ϕ 是 $C_{\mu,+}^0$ 上的全纯函数, 且满足

$$|\phi(z)| \leqslant \{2\pi \mathrm{dist}(z, \rho_{-\mu} \cup \rho_{\pi+\mu})\}^{-1} \|b\|_\infty.$$

(2) ϕ_1 是 $S_{\mu,+}^0$ 上的全纯函数, 满足 $\phi_1'(z) = \phi(z) + \phi(-z)$, 且对所有的 $\nu < \mu$, 属于 $H^\infty(S_{\nu,+}^0)$.

(3) 对所有 Schwartz 空间 $\mathcal{S}(\mathbb{R})$ 中的函数 u,

$$(2\pi)^{-1} \int_0^\infty b(\xi)\hat{u}(-\xi) d\xi = \lim_{\alpha \to 0+} \int_{\mathbb{R}} \phi(x + i\alpha)u(x)dx$$

$$= \lim_{\varepsilon \to 0} \left\{ \int_{|z| \geqslant \varepsilon} \phi(x)u(x)dx + \phi_1(\varepsilon)u(0) \right\}.$$

证明 选择射线 ρ_θ 使得被积分函数在 ∞ 处指数衰减. 从而可以直接证明 (1) 和 (2). 对 $\alpha > 0$, 令 $b_\alpha(\xi) = e^{-\alpha\xi}b(\xi)$, 则对所有的 $z \in C_{\mu,+}^0$, $G(b_\alpha)(z) = \phi(z+i\alpha)$. 特别地, 对 $x > 0$,

$$\phi(x + i\alpha) = G(b_\alpha)(x) = (2\pi)^{-1} \int_{\rho_\theta} e^{iz\xi} b_\alpha(\xi) d\xi$$

$$= (2\pi)^{-1} \int_{(0,\infty)} e^{iz\xi} b_\alpha(\xi) d\xi.$$

因而 $\phi(x+i\alpha)=(\check{b_\alpha})(x)$. 类似地，可以证明 $x<0$ 的情况. 利用 Parseval 公式，可以得到，对 $u\in\mathcal{S}(\mathbb{R})$，有

$$(2\pi)^{-1}\int_{(0,\infty)}b_\alpha(\xi)\hat{u}(-\xi)d\xi=\int_{\mathbb{R}}\phi(x+i\alpha)u(x)dx$$

和

$$(2\pi)^{-1}\int_{(0,\infty)}b(\xi)\hat{u}(-\xi)d\xi=\lim_{\alpha\to0+}\int_{\mathbb{R}}\phi(x+i\alpha)u(x)dx.$$

最后，我们证明 (3) 中最后的等式. 令 $\varepsilon>0$.

$$(2\pi)^{-1}\int_{(0,\infty)}b(\xi)\hat{u}(-\xi)d\xi$$

$$=\lim_{\alpha\to0+}\left\{\int_{|x|\geqslant\varepsilon}\phi(x+i\alpha)u(x)dx+\int_{|x|\leqslant\varepsilon}\phi(x+i\alpha)u(0)dx\right.$$

$$\left.+\int_{|x|\leqslant\varepsilon}\phi(x+i\alpha)(u(x)-u(0))dx\right\}$$

$$=\int_{|x|\geqslant\varepsilon}\phi(x)u(x)dx+\phi_1(\varepsilon)u(0)+\lim_{\alpha\to0+}\int_{|x|\leqslant\varepsilon}\phi(x+i\alpha)(u(x)-u(0))dx,$$

则对 $u\in\mathcal{S}(\mathbb{R})$，有

$$\lim_{\varepsilon\to0}\lim_{\alpha\to0+}\int_{|x|\leqslant\varepsilon}|\phi(x+i\alpha)(u(x)-u(0))|dx$$

$$\leqslant C\lim_{\varepsilon\to0}\lim_{\alpha\to0+}\int_{|x|\leqslant\varepsilon}(x^2+\alpha^2)^{-\frac{1}{2}}|u(x)-u(0)|dx$$

$$\leqslant C\lim_{\varepsilon\to0}\lim_{\alpha\to0+}\int_{|x|\leqslant\varepsilon}|x|^{-1}|u(x)-u(0)|dx$$

$$=0,$$

因而

$$(2\pi)^{-1}\int_{(0,\infty)}b(\xi)\hat{u}(-\xi)d\xi=\lim_{\varepsilon\to0}\left\{\int_{|x|\geqslant\varepsilon}\phi(x)u(x)dx+\phi_1(\varepsilon)u(0)\right\}.\qquad\Box$$

对 $b\in H^\infty(S^0_{\mu,-})$ 和 $z\in C^0_{\mu,-}$，定义 Fourier 逆变换为

$$G(b)(z)=\phi(z)=-(2\pi)^{-1}\int_{\rho_\theta}e^{iz\xi}b(\xi)d\xi,$$

其中 $\pi-\mu<-\theta<\arg(z)<\pi-\theta<\mu$, $\rho_\theta=\{se^{i\theta}:0<s<\infty\}$. 由于 b 在 $S^0_{\mu,-}$ 中全纯，显然 $G(b)$ 的定义不依赖于 θ 的选取. 进而，当 $z\in S^0_{\mu,+}$，定义

$$G_1(b)(z)=\phi_1(z)=\int_{\delta(z)}\phi(\lambda)d\lambda,$$

其中此时积分路径 $\delta(z)$ 是 $C_{\mu,-}^0$ 中一条从 $-z$ 到 z 的曲线. 若将 $S_{\mu,+}^0$ 和 $C_{\mu,+}^0$ 分别替换为 $S_{\mu,-}^0$ 和 $C_{\mu,-}^0$, 且对于 α 取极限变为对负的 α 取极限时, 定理 1.3.1 仍然成立. 现在考虑全纯函数 $b \in H^\infty(S_\mu^0)$. 记 $b = b_+ + b_-$, 其中 $b_\pm \in H^\infty(S_{\mu,\pm}^0)$, 且定义 $G(b) = G(b_+) + G(b_-)$ 和 $G_1(b) = G_1(b_+) + G_1(b_-)$. 类似于定理 1.3.1, 有如下结果.

定理 1.3.2 令 $b \in H^\infty(S_\mu^0)$, $\phi = G(b)$ 和 $\phi_1 = G_1(b)$, 则

(1) ϕ 是 S_μ^0 上的全纯函数, 满足

$$|\phi(z)| \leqslant \{2\pi \operatorname{dist}(z, p_{-\mu} \cup p_{\pi+\mu})\}^{-1}\|b\|_\infty.$$

(2) ϕ_1 是 $S_{\mu,+}^0$ 上满足 $\phi_1'(z) = \phi(z) + \phi(-z)$ 的全纯函数, 且对所有的 $0 < \gamma < \mu$ 属于 $H^\infty(S_\nu^0)$.

(3) 对所有的 $u \in \mathcal{S}(\mathbb{R})$,

$$(2\pi)^{-1}\int_{(-\infty,\infty)} b(\xi)\hat{u}(-\xi)d\xi = \lim_{\varepsilon \to 0}\left\{\int_{|x|\geqslant \varepsilon}\phi(x)u(x)dx + \phi_1(\varepsilon)u(0)\right\}.$$

定理 1.3.2 表明, 任意 $H^\infty(S_\nu^0)$ 中的有界全纯函数都可以看成是满足 $|\phi(z)| \leqslant C/|z|$ 的函数 ϕ 的 Fourier 变换. 与经典的 Fourier 理论类似, 上述定理的反向结果也成立.

定理 1.3.3 假定 $0 < \nu < \mu < \dfrac{\pi}{2}$. 假定 ϕ 和 ϕ_1 是 S_μ^0 和 $S_{\mu,+}^0$ 上的全纯函数, 满足 $z\phi(z)$ 和 $\phi_1(z)$ 是 z 的有界函数, 并且对所有的 $z \in S_{\mu,+}^0$, $\phi_1'(z) = \phi(z) + \phi(-z)$, 则存在唯一的函数 $b \in H^\infty(S_\nu^0)$, 使得 $\phi = G(b)$ 和 $\phi_1 = G_1(b)$. 进而, 对某个仅依赖于 μ 和 ν 的常数 $C_{\mu,\nu}$, 有

$$\|b\|_\infty \leqslant C_{\mu,\nu}\sup\left\{|z\phi(z)| : z \in S_{\mu,+}^0\right\} + \sup\left\{|\phi_1(z)| : z \in S_\mu^0\right\}.$$

证明 利用 $\phi_1(-z) = -\phi_1(z)$, 将 ϕ_1 延拓到 S_μ^0 上. 对 $\xi \in S_\mu^0$, 定义

$$\begin{aligned}
b(\xi) &= \lim_{\varepsilon \to 0}\left(\int_{\sigma(\xi,\varepsilon)} e^{-i\xi z}\phi(z)dz + \phi_1(\varepsilon)\right)\\
&= \lim_{\varepsilon \to 0}\left[\int_{\sigma(\xi,\varepsilon)} e^{-i\xi z}\left(\phi_0(z) + \frac{i\xi}{2}\phi_1(z)\right)dz\right],
\end{aligned}$$

其中 $\phi_0(z) = \dfrac{1}{2}(\phi(z) - \phi(-z))$, $\sigma(\xi,\varepsilon)$ 是如下图所示的曲线. 其中区间 $(-\varepsilon, \varepsilon)$ 被剔除了. 对于复数模较大的属于 $\sigma(\xi,\varepsilon)$ 中的点 z, 满足 $\operatorname{Im}(z\xi) \leqslant \kappa, \kappa < 0$, 当 $\xi \in S_{\mu,-}^0$ 时, 曲线 $\sigma(\xi,\varepsilon)$ 被其共轭所代替.

可以依次证明下列性质.

(a) 如果 $\nu < \mu$, 则 $b \in H^\infty(S_\nu^0)$.

(b) 如果 $\xi \in \mathbb{R}, \xi \neq 0$, 则

$$b(\xi) = \lim_{\varepsilon \to 0, N \to \infty} \left\{ \int_{\varepsilon \leqslant |x| \leqslant N} e^{-i\xi x} (\phi_0(x) + \frac{i\xi}{2} \phi_1(x)) dx \right\}.$$

(c)

$$\sup_{\xi, \varepsilon, N} \left| \int_{\varepsilon \leqslant |x| \leqslant N} e^{-i\xi x} (\phi_0(x) + \frac{i\xi}{2} \phi_1(x)) dx \right| < \infty.$$

(d) 函数 b, ϕ 和 ϕ_1 满足定理 1.3.2 中的 (3).

(e) $\phi = G(b)$, 且 $\phi_1 = G_1(b)$.

我们给出当 $\xi > 0$ 时, (c) 的证明. 其他可以类似地证明. 首先假定 $\xi^{-1} \leqslant \varepsilon$. 令 $0 < \alpha < \mu$, 且令 $C(N), C(\varepsilon)$ 和 δ 为路径 (每个都分为两片).

$$\left| \int_{\varepsilon \leqslant |x| \leqslant N} e^{-i\xi x} (\phi_0(x) + \frac{i\xi}{2} \phi_1(x)) dx \right|$$

$$\leqslant C_1 \left\{ \int_{C(N)} |e^{-i\xi z}| (N^{-1} + \xi)|dz| + \int_{C(\varepsilon)} |e^{-i\xi z}| (\varepsilon^{-1} + \xi)|dz| \right.$$

$$\left. + \int_{[\varepsilon, N]} e^{-\xi r \sin \alpha} (r^{-1} + \xi) dr \right\}$$

$$\leqslant C_2 \left\{ \int_{[0,\alpha]} e^{-\xi N \sin \theta} (1 + \xi N) d\theta + \int_{[0,\alpha]} e^{-\xi \varepsilon \sin \theta} (1 + \xi \varepsilon) d\theta + \int_{(0,\infty)} e^{-s} ds \right\}$$

$$\leqslant C_2.$$

现在假定 $\varepsilon < \xi^{-1} < N$. 用路径上的积分代替原来的积分, 利用上面的方法, 可以得到

$$\left| \int_{[\varepsilon, \frac{1}{\xi}]} e^{-i\xi x} (\phi_0(x) + \frac{i\xi}{2} \phi_1(x)) dx \right| \leqslant C_1 \int_{[0,\frac{1}{\xi}]} (\sin \xi x)(x^{-1} + \xi) dx$$

$$= C_1 \int_{[0,1]} (\sin t)(t^{-1} + 1) dt$$

$$= C_2.$$

最终, 当 $N \leqslant \xi^{-1}$ 时, 只需要第二种界. □

注 1.3.1　若 ϕ 在 $\mathbb{R}$ 上的限制 $\phi|_\mathbb{R}$ 是一个足够好的函数, 例如, 若 $\phi|_\mathbb{R}$ 属于 $L^2(\mathbb{R}) \cap L^1_{loc}(\mathbb{R})$, 则 $b|_\mathbb{R}$ 是 $\phi|_\mathbb{R}$ 的 Fourier 变换. 对 $z \in S^0_{\omega,+}$, $\lim_{\varepsilon \to 0} \phi_1(\varepsilon z) = 0$. 并且定理 1.3.2 中的 (3) 等价于标准的 Parseval 等式.

以下给几个众所周知的例子.

(a) 若

$$b(\xi) = \begin{cases} \chi_+(\xi), & \xi \in S_{\mu,+}^0, \\ 0, & \xi \in S_{\mu,-}^0, \end{cases}$$

则 $\phi(z) = i(2\pi z)^{-1}$, $\phi_1(z) = \dfrac{1}{2}$.

(b) 若

$$b(\xi) = \begin{cases} \mathrm{sgn}\xi, & \xi \in S_{\mu,+}^0, \\ -1, & \xi \in S_{\mu,-}^0, \end{cases}$$

则 $\phi(z) = i(\pi z)^{-1}$, $\phi_1(z) = 0$.

(c) 若 $b(\xi) = \chi_+(\xi)\xi^{is}$, $s \in \mathbb{R}$, 则

$$\phi(z) = i(2\pi)^{-1}e^{-(\frac{\pi s}{2})}\Gamma(1+is)z^{-1-is},$$

$$\phi_1(z) = (2\pi s)^{-1}e^{-(\frac{\pi s}{2})}\Gamma(1+is)(z^{is} - z^{-is}).$$

(d) 若 $b(\xi) = \chi_+(\xi)e^{-t\xi}$, $t > 0$, 则

$$\phi(z) = i(2\pi)^{-1}(z+it)^{-1}, \quad \lim_{|z|\to 0}\phi_1(z) = 0.$$

(e) 若 $b(\xi) = \chi_+(\xi)t\xi e^{-t\xi}$, $t > 0$, 则

$$\phi(z) = -(2\pi)^{-1}t(z+it)^{-2}, \quad \phi_1(z) = (2\pi)^{-1}2zt(z^2+t^2)^{-1}.$$

在 (e) 中, ϕ 是 $\mathbb{R}$ 上绝对可积函数, 且 $\lim_{\varepsilon\to 0}\phi_1(\varepsilon) = 0$. 这对于下列函数类总是成立的.

$$\Psi(S_\mu^0) = \left\{ \psi \in H^\infty(S_\mu^0), \text{ 对某个 } c_s > 0, s > 0, \text{ 满足 } |\psi(z)| \leqslant \frac{c_s|z|^s}{(1+|z|^{2s})} \right\}.$$

定理 1.3.4 令 $\psi \in \Psi(S_\mu^0)$, $\phi = G(\psi)$, 则对任意 $\nu < \mu$, 存在 $s > 0$ 和 $c_\nu > 0$ 使得

$$|\phi(z)| \leqslant c_\nu \min\{|z|^{-1+s}, |z|^{-1-s}\}, \quad z \in S_\nu^0.$$

反之, 在 S_ν^0 上一致地有, $\lim_{|z|\to 0} G_1(\psi)(z) = 0$.

证明　令 $z = |z|e^{i\theta_0}$, p_θ 是在 $G(\phi)$ 的定义中的积分路径. 首先假定 $z \in S_\mu^0$ 且 $|z| \geqslant 1$, 对任意的 $s \in (-1, 1)$, 因为 $\psi \in \Psi(S_\mu^0)$, 则 $|\psi(z)| \leqslant C|z|^s$. 从而可以得到

$$
\begin{aligned}
|\phi(z)| = |G(\psi)(z)| &\leqslant c \int_{(0,\infty)} e^{-|z|\sin(\theta+\theta_0)t} t^s dt \\
&\leqslant c(|z|\sin(\theta+\theta_0))^{-1-s} \\
&\leqslant c(\mathrm{dist}(z, \mathbb{C}\backslash S_\mu^0))^{-1-s} \\
&\leqslant c|z|^{-1-s} \\
&= c\min\{|z|^{-1+s}, |z|^{-1-s}\}, \quad z \in S_\nu^0.
\end{aligned}
$$

类似地, 当 $|z| < 1$ 时, 有 $|\psi(z)| \leqslant |z|^{-s}$. 从而当 $s \in (-1, 1)$ 时, 可以得到估计

$$
\begin{aligned}
|\phi(z)| = |G(\psi)(z)| &\leqslant c \int_{(0,\infty)} e^{-|z|\sin(\theta+\theta_0)t} t^{-s} dt \\
&\leqslant c(|z|\sin(\theta+\theta_0))^{-1+s} \\
&\leqslant c(\mathrm{dist}(z, \mathbb{C}\backslash S_\mu^0))^{-1+s} \\
&= c\min\{|z|^{-1+s}, |z|^{-1-s}\}, \quad z \in S_\nu^0.
\end{aligned}
$$

最后, 当 $|z| \to 0$ 时, 我们估计函数 $G_1(\psi)$ 的衰减速度. 不失一般性, 假定 $|z| < 1$. 由 $G_1(\psi)$ 的定义, 可以得到

$$
\begin{aligned}
|G_1(\psi)(z)| &\leqslant \int_{\delta(z)} |\phi(\xi)| d\xi \\
&\leqslant \int_{\{\xi = re^{i\theta}:\ 0 < r \leqslant |z|,\ \arg z \leqslant \theta \leqslant \arg z + \pi\}} \min\{|z|^{-1+s}, |z|^{-1-s}\} |dz| \\
&\leqslant C|z|^s.
\end{aligned}
$$
$\qquad\qquad\square$

1.4　Lipschitz 曲线上的卷积奇异积分算子

本节的主要目的是用 Lipschitz 曲线 γ 上微分算子 D_γ 的有界全纯泛函演算来导出 γ 上的卷积奇异积分算子的 L^p 有界性. 其主要思路如下, 根据 Kenig 在 [40] 中证明的面积积分估计, 微分算子 D_γ 满足反向平方估计 $R_+(\psi)$. 从而对 $b \in H^\infty(S_\mu^0)$, 由定理 1.2.4 可知算子 $b(D_\gamma)$ 在 $L^p(\gamma)$ 上是有界的. 接着利用扇形区域上的 Fourier 变换证明, γ 上的核函数满足一定条件的卷积奇异积分算子总可以表示为微分算子 D_γ 的有界全纯泛函演算 $b(D_\gamma)$. 详见定理 1.3.3, 定理 1.4.1∼ 定理 1.4.3.

令 $D = \dfrac{1}{i}\dfrac{d}{dx}$, 定义 Lipschitz 曲线 γ 上的微分算子 D_γ: $D_\gamma = (1 + iA(x))^{-1}D$.

记 $(D_\gamma, -D_\gamma)$ 是 $(L^p(\gamma), L^{p'}(\gamma)), 1 \leqslant p \leqslant \infty$, 或 $\langle C_0(\gamma), L^1(\gamma) \rangle$ 中的 γ 型对偶算子对. 当 $1 < p < \infty$ 时, D_γ 是 $L^p(\gamma)$ 中具有稠密定义域和值域的 1-1 算子.

我们的第一个目的是当 $\psi \in \Psi(S^0_\mu), \mu > \omega$ 时, 将 $\psi(D_\gamma)$ 表示成一个卷积算子. 注意到

$$\psi(D_\gamma) = (2\pi)^{-1} \int_\delta (D_\gamma - \lambda I)^{-1} \psi(\lambda) d\lambda,$$

其中 δ 由射线 $\rho_\theta, -\rho_\theta, \rho_{\theta+\pi}$ 和 $-\rho_{\theta+\pi}, \omega < \theta < \mu$ 组成. 同时注意到, 对几乎所有的 $z \in \gamma$,

$$(D_\gamma - \lambda I)^{-1} u(z) = R_\lambda u(z) = \begin{cases} i \int_{\gamma^-(z)} e^{i\lambda(z-\xi)} u(\xi) d\xi, & z \in \rho_\theta \cup \rho_{-\theta+\pi}, \\ -i \int_{\gamma^+(z)} e^{i\lambda(z-\xi)} u(\xi) d\xi, & z \in \rho_{-\theta} \cup \rho_{\theta+\pi}. \end{cases}$$

因而, 对 $u \in L^p(\gamma), 1 \leqslant p \leqslant \infty$, 或 $C_0(\gamma)$ 以及 $z \in \gamma$,

$$\psi(D_\gamma)u(z) = (2\pi)^{-1} \left[\int_{\gamma^-(z)} \int_{\rho_\theta} - \int_{\gamma^-(z)} \int_{\rho_{-\theta+\pi}} \right.$$
$$\left. + \int_{\gamma^+(z)} \int_{\rho_{-\theta}} - \int_{\gamma^+(z)} \int_{\rho_{\theta+\pi}} \right] e^{i\lambda(z-\xi)} \psi(\lambda) u(\xi) d\lambda$$
$$= \int_\gamma \phi(z-\xi) u(\xi) d\xi,$$

其中 $\phi = G(\psi)$, 并且在交换积分次序时, 我们利用了定理 1.3.4 中得到的估计. 因而得到

$$\psi(D_\gamma)u = \phi * u.$$

特别地, 注意到若对 $\tau > 0$, 定义 Ψ_r 为

$$\Psi_r(z) = \begin{cases} \tau z e^{-\tau z}, & z \in S^0_{\mu,+}, \\ 0, & z \in S^0_{\mu,-}, \end{cases}$$

则由 1.3 节中的例子 (e),

$$\Psi_\tau(D_\gamma)u(z) = -(2\pi)^{-1}\tau \int_\gamma (z + i\tau - \xi)^{-2} u(\xi) d\xi.$$

下边将要证明, 在 D_γ 中的算子 D_γ 满足与上述定义的函数 $\Psi = \Psi_1$ 相关的反向平方估计. 选择 γ 上紧支集函数空间 $C_c(\gamma)$ 作为 $L^2(\gamma)$ 的稠密线性子空间. 令 $L^2(\gamma)_+$ 表示所有形如

$$u_+(z) = \int_{[\alpha,\beta]} \psi_+(\tau D_\gamma) f(\tau)(z) \frac{d\tau}{\tau}$$

的函数 u_+ 组成的空间, 其中 f 表示从 $[\alpha,\beta]$ 到 $C_c(\lambda)$ 的 Borel 函数, $\psi_+ \in \Psi(S^0_{\mu,+})$, $\Psi(S^0_{\mu,-})$, $\mu > \omega$. 我们将证明对某个常数 q_+ 和所有的 $U_+ \in L^2(\gamma)_+$,

$$R_+(\Psi): \ \|u_+\| \leqslant q_+ \left\{ \int_{(0,\infty)} \|\psi_\tau(D_\gamma)u_+\|^2 \frac{d\tau}{\tau} \right\}^{1/2}.$$

我们已经看到

$$\psi_+(\tau D_\gamma)f_\tau(z) = F_\tau(z) = \int_\gamma \phi_\tau(z-\xi)f_\tau(\xi)d\xi,$$

其中 $\phi_\tau(z) = \tau^{-1}\phi(\tau z)$, 且 $\phi = G(\psi_+)$ 是一个 $C^0_{\mu,+}$ 上的全纯函数, 根据定理 1.3.4, 对 $\omega < \nu < \mu$ 和 $0 < \sigma < 1$, 该函数在 $C^0_{\nu,+}$ 上满足

$$|z\phi(z)| \leqslant C \frac{|z|^\sigma}{(1+|z|^{2\sigma})}.$$

实际上, 通过上述的公式, F_τ 不仅可以在 γ 上定义, 也可以定义在位于 γ 上方的开集 Ω_+ 上, 即

$$U(z) = \int_{[\alpha,\beta]} F_\tau(z) \frac{d\tau}{\tau}.$$

以下几条可以毫无困难地证明:

(i) U 是 Ω_+ 上的全纯函数,

(ii) U 在 $\Omega_+ \cup \gamma$ 上连续且在 γ 上等于 u_+,

(iii) U 满足

$$|U(z)| \leqslant C|z|^{-1}, \quad |U'(z)| \leqslant C|z|^{-2}.$$

因而, 对 $z \in \gamma$ 和 $t > 0$,

$$U'(z+it) = (2\pi i)^{-1} \int_\gamma (z+it-\xi)^{-2}u_+(\xi)d\xi = i\tau^{-1}\psi_\tau(D_\gamma)u_+(z).$$

所以我们要证明的反向平方估计为

$$R_+(\Psi): \ \|u_+\|_2 \leqslant 2\pi q_+ \left\{ \int_{(0,\infty)} \int_\gamma t|U'(z+it)|^2|dz|dt \right\}^{1/2},$$

其中 u_+ 和 U 满足上述的性质 (i), (ii), (iii). 而这正是由 C. Kenig 在 [40] 中证明的估计的特殊情况. 相关结果亦可见参考文献 [40].

因而 D_γ 满足反向平方估计 $R_+(\Psi)$. 类似地, D_γ 满足 $R_-(\Psi)$. 又 $D'_\gamma = -D_\gamma$, 从而 D'_γ 也满足 $R_-(\Psi)$ 和 $R_+(\Psi)$. 因此, 定理 1.2.4 的假设条件被满足, 并且对于 L^p 的情况, 我们可以得到如下结果.

定理 1.4.1 对任意的 $\mu > \omega = \arctan N$ 和 $p \in (1, \infty)$, 存在常数 $c_{\mu,p}$ 使得对所有的 $b \in H^\infty(S_\mu^0)$ 和 $u \in L^p(\gamma)$,

$$\|b(D_\gamma)u\|_p \leqslant c_{\mu,p}\|b\|_\infty\|u\|_p.$$

证明 我们已经证明了存在常数 c_μ 使得对所有的 $b \in \Psi(S_\mu^0)$ 和 $u \in L^2(\gamma)$,

$$\|b(D_\gamma)u\|_2 \leqslant c_\mu\|b\|_\infty\|u\|_2.$$

并且对所有的 $z \in S_\nu^0$,

$$b(D_\gamma)u(z) = \int_\gamma \phi(z - \xi)u(\xi)d\xi,$$

其中 $\phi = G(b)$ 满足 $|\phi(z)| \leqslant k_\nu\|b\|_\infty|z|^{-1}$ 对所有 $z \in S_\nu^0$ 成立, 这里 $\omega < \nu < \mu$, κ_ν 依赖于 ν. 因而对所有非零的 $z \in S_\omega$ 和某个常数 κ, 也有 $|\phi'(z)| \leqslant \kappa\|b\|_\infty|z|^{-2}$. 由 Calderón-Zygmund 奇异积分算子理论, 当 $1 < p < \infty$, 存在常数 $c_{\mu,p}$ 使得对所有的 $b \in \Psi(S_\mu^0)$ 和 $u \in L^p(\gamma)$,

$$\|b(D_\gamma)u\|_p \leqslant c_{\mu,p}\|b\|_\infty\|u\|_p.$$

由引理 1.2.5, 我们知道上述估计对于 $b \in H^\infty(S_\mu^0)$ 均成立. □

接下来, 我们利用 1.3 节中的结果给出算子 $b(D_\gamma)$ 在 $L^p(\gamma)$ 中的一个准确表示.

定理 1.4.2 假定 $b \in H^\infty(S_\mu^0)$, $\mu > \omega$. 令 $\phi_\pm$ 是 $C_{\mu,\pm}^0$ 上定义为 $\phi_\pm(z) = G(\chi_\pm b)(z)$ 的全纯函数, 且令 ϕ 和 ϕ_1 为分别是 S_μ^0 和 S_+^0 上的全纯函数, 定义为

$$\phi(z) = G(b)(z) = \phi_+(z) + \phi_-(z)$$

和 $\phi_1(z) = G_1(b)(z)$. 若 $u \in L^p(\gamma)$, 则对几乎所有的 $z \in \gamma$,

$$b(D_\gamma)u(z) = \lim_{\alpha \to 0+} \int_\gamma \left\{\phi_+(z - \xi + i\alpha) + \phi_-(z - \xi - i\alpha)\right\}u(\xi)d\xi$$

$$= \lim_{\varepsilon \to 0+} \left\{\int_{|z-\xi| \geqslant \varepsilon} \phi(z - \xi)u(\xi)d\xi + \phi_1(\varepsilon\underline{t}(z))\right\},$$

其中对于 $z \in \gamma$, $\underline{t}(z)$ 表示 γ 上在 $z \in \gamma$ 处的单位切向量.

证明 我们对 $b \in H^\infty(S_{\mu,+}^0)$ 的情况给出证明, 对 $b \in H^\infty(S_{\mu,-}^0)$ 的情况的证明是类似的.

首先证明第一个等式成立假定 $u \in L^p(\gamma)$ 和 $b \in H^\infty(S_{\mu,+}^0)$, 且令 $\phi = G(b)$ 和 $\phi_1 = G_1(b)$. 对 $\alpha > 0$ 和 $s > 0$, 分别定义 $H^\infty(S_{\mu,+}^0)$ 和 $\Psi(S_{\mu,+}^0)$ 中的函数如下

$$b_\alpha(\xi) = b(\xi)e^{-\alpha\xi} \in H^\infty(S_{\mu,+}^0),$$
$$b_{\alpha,s}(\xi) = \xi^s(1+\xi)^{-2s}b_\alpha(\xi) \in \Psi(S_{\mu,+}^0).$$

注意到函数 $b_{\alpha,s}$ 和 b_α 在 $S_{\mu,+}^0$ 上一致有界, 且对固定的 α, 在每个形如

$$\{z \in S_{\mu,+}^0,\ 0 < \delta \leqslant |z| \leqslant \Delta < \infty\}$$

的集合上, 当 $s \to 0$ 时, $b_{\alpha,s}$ 一致收敛到 b_α. 因而由引理 1.2.5 和定理 1.4.1, 当 $s \to 0$ 时,

$$\|b_{\alpha,s}(D_\gamma)u - b_\alpha(D_\gamma)u\|_p \to 0.$$

记 $\phi_{\alpha,s} = G(b_{\alpha,s})$ 和 $\phi_\alpha = G(b_\alpha)$, 且注意到, 对几乎所有的 $z \in \gamma$,

$$b_{\alpha,s}(D_\gamma)u(z) = \int_\gamma \phi_{\alpha,s}(z - \xi)u(\xi)d\xi,$$

进而可以得到

$$|\phi_{\alpha,s}(z - \xi)| \leqslant (2\pi)^{-1} \int_{\rho_\theta} |e^{i(z-\xi)\lambda}b_{\alpha,s}(\lambda)||d\lambda|$$
$$\leqslant C(\alpha + |z - \xi|)^{-1}$$

以及当 $s \to 0$ 时, $\phi_{\alpha,s}$ 逐点收敛到 ϕ_α. 由 Lebesgue 控制收敛定理, 几乎处处有

$$b_\alpha(D_\gamma)u(z) = \int_\gamma \phi_\alpha(z - \xi)u(\xi)d\xi = \int_\gamma \phi(z - \xi + i\alpha)u(\xi)d\xi.$$

再次利用引理 1.2.5 和定理 1.4.1, 可以得到在 $L^p(\gamma)$ 中,

$$b(D_\gamma)u(z) = \lim_{\alpha \to 0+} \int_\gamma \phi(z - \xi + i\alpha)u(\xi)d\xi.$$

为了证明第二个等式, 首先假定 u 是一个 γ 上的具有紧支集的 Lipschitz 函数. 我们将证明

$$\left| b(D_\gamma)u(z) - \int_{|z-\xi|>\delta} \phi(z - \xi)u(\xi)d\xi - u(z)\int_{C(z,\delta)}\int_\gamma \phi(z - \xi)d\xi \right| \leqslant C_\varepsilon \|u'\|_\infty,$$

其中 $C(z,\varepsilon) = \{\xi \in \mathbb{C},\ |\xi - z| = \varepsilon, \mathrm{Im}\xi > g(\mathrm{Re}\xi)\}$.

　　实际上, 在第一个等式中取子列 $\{t_n\} \to 0$, 我们可以假定第一个等式是逐点收敛的. 因此, 对任意固定的 $\varepsilon > 0$, 我们有 $b(D_\gamma)u(z) = J_1 + J_2 + J_3$, 其中

$$J_1 = \int_{|z-\xi|>\varepsilon} \phi(z-\xi)u(\xi)d\xi,$$

$$|J_2| \leqslant \int_{|z-\xi|\geqslant\varepsilon} |\phi(z-\xi)||u(\xi)-u(z)||d\xi| \leqslant C_\varepsilon\|u'\|_\infty,$$

$$J_3 = \lim_{t_n\to 0} u(z)\int_{C(z,\varepsilon)} \phi(z-\xi+it_n)d\xi = u(z)\int_{C(z,\varepsilon)} \phi(z-\xi)d\xi.$$

注意到下述事实

$$\lim_{\varepsilon\to 0}\left[\int_{C(z,\varepsilon)}\int_\gamma \phi(z-\xi)d\xi - \phi_1(\varepsilon\underline{t}(z))\right] = 0,$$

其中对几乎所有的 $z \in \gamma$, $\underline{t}(z)$ 表示 γ 上的单位切向量. 我们可以得出第二个等式对于 γ 上的紧支集 Lipschitz 函数 u 成立.

　　为了将第二个等式延拓到 $u \in L^p(\gamma)$, 与处理定义在 $\mathbb{R}^n$ 上的卷积奇异积分算子类似, 我们需要下列极大函数估计.

　　引理 1.4.1　记

$$T_\varepsilon u(z) = \int_{|z-\xi|>\varepsilon} \phi(z-\xi)u(\xi)d\xi$$

和

$$T^*u(z) = \sup_{\varepsilon>0}|T_\varepsilon u(z)|,$$

则

$$\|T^*u\|_p \leqslant C_p\|u\|_p, \quad 1 < p < \infty. \qquad \square$$

　　令 $S_{\mu,\pm}^0$ 表示扇形区域 $\left\{z \in \mathbb{C} : |\arg(\pm z)| < \mu\right\}$. 并记, $S_\mu^0 = S_{\mu,+}^0 \cup S_{\mu,-}^0$. 本章的主要结果如下.

　　定理 1.4.3　假定 $\arctan N < \mu < \pi/2$ 且 $1 < p < \infty$. 若 ϕ 和 ϕ_1 为分别定义在 S_μ^0 和 $S_{\mu,+}^0$ 上的全纯函数, 使得 $z\phi(z)$ 和 $\phi_1(z)$ 有界, 并且对所有的 $z \in S_{\mu,+}^0$, 均有

$$\phi_1'(z) = \phi(z) + \phi(-z),$$

则对 $u \in L^p(\gamma)$ 和几乎处处的 $z \in \gamma$, 如下定义的 $L^p(\gamma)$ 上的线性算子 T

$$(Tu)(z) = \lim_{\varepsilon\to 0+}\left\{\int_{|z-\varsigma|\geqslant\varepsilon} \phi(z-\varsigma)u(\varsigma)d\varsigma + \phi_1(\varepsilon\underline{t}(z))\right\},$$

其中 $\underline{t}(z)$ 为 $z \in \gamma$ 处的单位切向量, 满足

$$\|Tu\|_p \leqslant C_{N,\mu,p} \Big[\sup \big\{ |z\phi(z)| : z \in S_\mu^0 \big\} + \sup \big\{ |\phi_1(z)| : z \in S_{\mu,+}^0 \big\} \Big] \|u\|_p,$$

这里 $C_{N,\mu,p}$ 表示仅依赖于 N, μ 和 p 的常数.

证明　实际上, 令 $B = b(D_\gamma)$. 该定理是定理 1.3.3, 定理 1.4.1 和定理 1.4.2 的直接推论.　　　　　　　　　　　　　　　　　　　　　　　　　　　　　$\square$

1.5　Lipschitz 曲线上的 L^p-Fourier 乘子

下面对 Lipschitz 曲线 γ, 除了 $\|g'\|_\infty \leqslant M < \infty$ 这一条件之外, 进一步假定 $\|g\|_\infty \leqslant M < \infty$. 以下讨论定义在 γ 上的一类 L^p- Fourier 乘子. 首先引入一类 Banach 空间.

定义 1.5.1　令 $\infty < \beta < \infty$,

(1) 如果一个 Lesbegue 可测函数 $w : (-\infty, \infty) \to \mathbb{C}$ 满足

$$\|w\|_{\mathcal{C}_\beta} = \left\{ \int_{-\infty}^\infty |w(\xi)|^2 \exp(2\beta|\xi|) d\xi \right\}^{1/2} < \infty,$$

则称 $w \in \mathcal{C}_\beta$.

(2) 对 $w \in \mathcal{C}_\beta$, 如果 $w', w'' \in \mathcal{C}_\beta$, 则称 $w \in \mathcal{C}_\beta^2$, 且空间的范数定义为

$$\|w\|_{\mathcal{C}_\beta^2} =: \left\{ \|w\|_{\mathcal{C}_\beta}^2 + \|w'\|_{\mathcal{C}_\beta}^2 + \|w''\|_{\mathcal{C}_\beta}^2 \right\}.$$

我们将 $\mathcal{C}_\beta^2$ 看成是试验函数空间, 该空间对偶记为 $(\mathcal{C}_\beta^2)'$. 定义对偶

$$\langle w, \, v \rangle = \int_{-\infty}^\infty w(\xi) v(\xi) d\xi, \quad w \in \mathcal{C}_{-\beta}, v \in \mathcal{C}_\beta^2.$$

首先 $|\langle w, \, v \rangle| \leqslant \|w\|_{\mathcal{C}_{-\beta}} \|v\|_{\mathcal{C}_\beta^2}$. 其次, 对所有的 $v \in \mathcal{C}_\beta^2$, 关系式 $\langle w, \, v \rangle = 0$ 成立当且仅当 $w = 0$. 从而 $\mathcal{C}_{-\beta}$ 嵌入 $(\mathcal{C}_\beta^2)'$. 如果 $\alpha < \beta$, 则 $\mathcal{C}_\beta \subset \mathcal{C}_\alpha$ 且 $\mathcal{C}_\beta^2 \subset \mathcal{C}_\alpha^2$. 该嵌入是连续且稠密的, 因此 $(\mathcal{C}_\alpha^2)' \subset (\mathcal{C}_\beta^2)'$.

本节下面将要使用如下定义的 Fourier 变换以及 Fourier 逆变换. 如果 $u \in L^1(\gamma)$, 定义

$$\hat{u}(\xi) = \int_\gamma e^{iz\xi} u(z) dz.$$

则 $\hat{u}$ 是连续函数且满足

$$|\hat{u}(\xi)| \leqslant e^{|\xi| M} \|u\|_1,$$

所以 $\hat{u} \in \mathcal{C}_{-\beta}, \beta > M$, 且 $\|\hat{u}\|_{\mathcal{C}_{-\beta}} \leqslant (\beta - M)^{-1/2} \|u\|_1$.

对 $\beta > M$ 和 $w \in \mathcal{C}_\beta$, 定义条状区域

$$X_\beta = \{\xi \in \mathbb{C}, \ |\mathrm{Im}\xi| < \beta\}$$

上的全纯函数 $\breve{w}$ 为

$$\breve{w}(\zeta) = \frac{1}{2\pi} \int_{-\infty}^{\infty} e^{i\zeta\xi} w(\xi) d\xi,$$

且如果 $\breve{w} = 0$, 则 $w = 0$. 令

$$(\mathcal{C}_\beta)^\vee(\gamma) = \{\breve{w}|_\gamma, \ w \in \mathcal{C}_\beta\} \text{ 和 } (\mathcal{C}_\beta^2)^\vee(\gamma) = \{\breve{w}|_\gamma, \ w \in \mathcal{C}_\beta^2\},$$

上述两空间范数定义为 $\|\breve{w}\|_{(\mathcal{C}_\beta)^\vee(\gamma)} = \|w\|_{\mathcal{C}_\beta}$ 和 $\|\breve{w}\|_{(\mathcal{C}_\beta^2)^\vee(\gamma)} = \|w\|_{\mathcal{C}_\beta^2}$.

定理 1.5.1　(i) 设 f 为一个定义在 X_β 上的全纯函数, 则 $f \in (\mathcal{C}_\beta)^\vee$ 当且仅当

$$\sup_{|y|<\beta} \int |f(x+iy)|^2 dx < \infty.$$

此外

$$\frac{1}{2}\|w\|_{\mathcal{C}_\beta} \leqslant \sqrt{2\pi} \sup_{|y|<\beta} \left\{ \int |\breve{w}(x+iy)|^2 dx \right\}^{1/2} \leqslant \|w\|_{\mathcal{C}_\beta}.$$

(ii) 如果 $w \in \mathcal{C}_\beta$ 且 $|\mathrm{Im}z| \leqslant M$, 则

$$|\breve{w}(z)| \leqslant \frac{1}{2\pi}(\beta - M)^{-1}\|w\|_{\mathcal{C}_\beta}$$

且

$$\sup_{|y|\leqslant M} |\breve{w}(x+iy)| \to 0, \quad |x| \to \infty.$$

因而 $\breve{w}|_\gamma \in \mathcal{C}_0(\gamma)$. 因此 $(\mathcal{C}_\beta)^\vee(\gamma)$ 连续地嵌入 $\mathcal{C}_0(\gamma)$.

(iii) 如果 $w, v \in \mathcal{C}_\beta$, 则

$$\int_\gamma \breve{w}(z)\breve{v}(z) dz = \frac{1}{2\pi}\int_{-\infty}^{\infty} w(\xi)v(-\xi) d\xi.$$

(iv) 如果 f 为一个定义在 X_β 上的全纯函数, 则 $f \in (\mathcal{C}_\beta^2)^\vee$ 当且仅当

$$\sup_{|y|<\beta} \int |(1+x^2)f(x+iy)|^2 dx < \infty.$$

此外, 存在 $c_\beta > 0$ 使得

$$\frac{1}{c_\beta}\|w\|_{\mathcal{C}_\beta^2} \leqslant \sup_{|y|<\beta} \left\{ \int |(1+x^2)\breve{w}(x+iy)|^2 dx \right\}^{1/2} \leqslant c_\beta\|w\|_{\mathcal{C}_\beta^2}.$$

(v) 对所有 $p \in [1, \infty]$, $(\mathcal{C}_\beta^2)^\vee(\gamma)$ 连续地嵌入 $L^p(\gamma)$.

证明　(ii) 的第二部分可以利用以 $\left(1 \pm \dfrac{1}{2}\right) \mathrm{Re} z \pm \dfrac{i}{2}(M + \beta)$ 为顶点的矩形上

的 Cauchy 公式得到. 根据 (ii), 可以利用 Cauchy 定理证明

$$\int_\gamma \breve{w}(z)\breve{v}(z)dz = \int_{\mathbb{R}} \breve{w}(x)\breve{v}(x)dx,$$

所以 (iii) 可以从通常的 Parseval 等式推出. 不难看出具有所述性质的函数可以表示为 $f = \breve{w}$, 其中 $w \in \mathcal{C}_\beta$ 或 $\mathcal{C}_\beta^2$. 为了证明 (v), 首先证明如果 $w \in \mathcal{C}_\beta^2$, 且 $|y| \leqslant M$, 则对某个常数 c, $(1 + x^2)|\breve{w}(x + iy)| \leqslant c\|w\|_{\mathcal{C}_\beta^2}$.　　　　　　　□

注 1.5.1　$\bigcup_{\beta > M} (\mathcal{C}_\beta)^\vee(\gamma) = \mathcal{A}(\gamma)$.

在讨论逼近时, 我们使用如下定义的极大函数 M_γ. 对 γ 上的局部可积函数 u, 定义

$$M_\gamma u(z) = \sup_{\rho > 0} \rho^{-1} \int_{B(z,\rho)} |u(\xi)||d\xi|,$$

其中 $z \in \gamma$ 和 $B(z, \rho) = \{\xi \in \gamma, \ |\xi - z| < \rho\}$. 下列命题可以通过常规方法得到, 注意到 $\|g'\|_\infty \leqslant N$, 则有以下命题.

命题 1.5.1　对 $1 < p \leqslant \infty$, 存在常数 $c_{p,N}$ 和 c_N 使得

$$\|M_\gamma u\|_p \leqslant c_{p,N}\|u\|_p, \quad u \in L^p(\gamma),$$

且

$$\lambda\mu(\{z \in \gamma, \ M_\gamma u(z) > \lambda\}) \leqslant c_N\|u\|_1,$$

其中 μ 表示由弧长引入的测度.

命题 1.5.2　假定 u 是 γ 上的局部可积函数, 并且 $\phi * u$ 和 $\psi * u$ 按照通常卷积形式有定义, 其中 ψ 是 $L^1(0, \infty)$ 中的递减函数使得

$$|\phi(z)| \leqslant \psi(|x|), \quad z = x + iy \in \Gamma,$$

其中 $\Gamma = \{z - \xi, \ z, \xi \in \gamma\}$, 则对所有的 $z \in \gamma$,

$$|\phi * u(z)| \leqslant c_N\|\psi\|_1 M_\gamma u(z).$$

对于形如 $\psi(\xi) = \sum_k a_k \chi_k(\xi)$ 的函数 ψ, 可以直接证明上述结果, 其中 χ_k 是以 0 为中心的球的特征函数. 对于一般的 ψ, 使用上述函数的序列来逼近 ψ. 我们证明在逼近意义下, 函数 u 是序列 $\phi_n * u$ 的极限, 其中 $\phi_n(z) = n\phi(nz)$ 且 ϕ 是定义在整个 $\mathbb{C}$ 上的全纯函数, 满足:

$$\int_{-\infty}^{\infty} \phi(x)dx = 1 \tag{1-5}$$

以及对某个常数 c,

$$|\phi(z)| \leqslant \frac{c}{1+x^2}, \quad z = x + iy \in S_\mu^0, \tag{1-6}$$

其中 $\tan\mu > N$.

对 $N < \pi/4$, 取 $f(z) = \exp(-z^2)$. 对 $\pi/4 \leqslant N < \pi/2$, 存在满足以上两条件的函数 ϕ(参见文 [56] 之附录). 其证明如下.

引理 1.5.1 令 $0 < \mu < \pi/2$. 存在一个整的全纯函数 ϕ 满足条件 (1-5) 和 (1-6).

证明 首先令 f 为上半平面的全纯函数, 定义为

$$f(z) = (i+z)^{-2} \exp((-iz)^\lambda), \quad \pi\lambda/2 < \pi/2 - \mu.$$

不难验证:

(i) 令 δ 表示曲线 $\left\{ z, \left| \arg z - \frac{1}{2}\pi \right| = \frac{\pi}{2\lambda} \right\}$. 对所有的 $z \in \delta$, $|f(z)| = |i+z|^{-2}$.

(ii) 当 $y \to +\infty$ 时, $|f(iy)| \to \infty$.

定义函数 G 为

$$G(z) = \begin{cases} \dfrac{1}{2\pi i} \displaystyle\int_\delta \dfrac{1}{z-\zeta} f(\zeta)d\zeta, & z \text{ 位于 } \delta \text{ 下方}, \\ \dfrac{1}{2\pi i} \displaystyle\int_\delta \dfrac{1}{z-\zeta} f(\zeta)d\zeta + f(z), & z \text{ 位于 } \delta \text{ 上方}. \end{cases} \tag{1-7}$$

函数 G 可以连续地延拓到整个 $\mathbb{C}$ 上, 因而实际上是一个整函数. 该函数在 δ 下方有界, 在 δ 上方无界. 定义函数 ϕ 为 $\phi(z) = \kappa G'(z)\overline{G'(\bar{z})}$, 其中 κ 是规范化因子, 则 ϕ 满足条件 (1-5) 和 (1-6). $\square$

将满足上述条件的序列 $\{\phi_n\}$ 称为单位序列. ϕ_n 具有如下性质. 令 $\psi_n(s) = n(1+n^2s^2)^{-1}, s > 0$, 则

(1) 对每一个 n,

$$|\phi_n(z)| \leqslant c\psi_n(|x|), \quad z = x + iy \in S_\mu^0. \tag{1-8}$$

(2) 对每一个 n,

$$\int_0^\infty \psi_n(s)ds = \frac{1}{2}\pi. \tag{1-9}$$

(3) 对所有的 $\delta > 0$,

$$\int_\delta^\infty \psi_n(s)ds \to 0, \quad n \to 0. \tag{1-10}$$

(4) 对每一个 n 和每一个 $\xi \in \gamma$,

$$\int_\gamma \phi_n(z-\xi)dz = 1. \tag{1-11}$$

下面的两个定理证明了在所述的意义下 $\phi_n * u$ 趋向于 u.

定理 1.5.2　令 $\{\phi_n\}$ 是一个单位序列, 则

(i) 对 $1 < p \leqslant \infty$, 存在常数 $c_{p,N}$, 使得

$$\| \sup_n |\phi_n * u| \|_p \leqslant c_{p,N} \|u\|_p, \quad u \in L^p(\gamma);$$

(ii) 如果 $u \in L^p(\gamma)$, $1 \leqslant p \leqslant \infty$, 则对几乎所有的 $z \in \gamma$,

$$\lim_{n\to\infty} (\phi_n * u)(z) = u(z);$$

(iii) 如果 $u \in L^p(\gamma)$, $1 \leqslant p < \infty$, 则

$$\lim_{n\to\infty} \|(\phi_n * u) - u\|_p = 0;$$

(iv) 如果 $u \in \mathcal{C}_0(\gamma)$, 则

$$\lim_{n\to\infty} \|(\phi_n * u) - u\|_\infty = 0.$$

证明　(i) 是前两个命题的推论. 接下来假定 $u \in \mathcal{C}_0(\gamma)$. 由 (1-11) 可知

$$\begin{aligned}
(\phi * u)(z) - u(z) &= \int_{|\zeta-z|<\delta} \phi_n(z-\zeta)(u(\zeta)-u(z))d\zeta \\
&\quad + \int_{|\zeta-z|\geqslant\delta} \phi_n(z-\zeta)(u(\zeta)-u(z))d\zeta \\
&= I_1 + I_2.
\end{aligned}$$

令 $\varepsilon > 0$. 选取 δ 充分小使得对于 γ 上所有满足条件 $|\zeta - z| < \delta$ 的 ζ, 均有 $|u(\zeta) - u(z)| < \varepsilon$. 因此, 根据 (1-8) 和 (1-9),

$$I_1 \leqslant \varepsilon \int_\gamma |\phi_n(z-\zeta)||d\zeta| \leqslant c\varepsilon\pi\sqrt{1+N^2}.$$

利用 (1-10) 可得对所有充分大的 n, $I_2 \leqslant \varepsilon$. 因此

$$|\phi_n * u(z) - u(z)| \leqslant \varepsilon(1 + c\pi\sqrt{1+N^2}).$$

从而 (iv) 成立, 这也证明了当 $u \in \mathcal{C}_0(\gamma)$ 时, (ii) 也成立.

对 $u \in L^p(\gamma), 1 \leqslant p < \infty$, 和任意 $\delta > 0$, 存在分解 $u = v + w$, 其中 $v \in \mathcal{C}_0(\gamma)$ 且 $\|w\|_p < \delta$. 因此, 根据前边的命题,

$$
\begin{aligned}
&\mu(\{z \in \gamma, \ \overline{\lim_{n \to \infty}} |\phi_n * u(z) - u(z)| > \kappa\}) \\
&= \mu(\{z \in \gamma, \ \overline{\lim_{n \to \infty}} |\phi_n * w(z) - w(z)| > \kappa\}) \\
&\leqslant \mu\left(\left\{z \in \gamma, \ \overline{\lim_{n \to \infty}} |\phi_n * w(z)| > \frac{1}{2}\kappa\right\}\right) + \mu\left(\left\{z \in \gamma, \ \overline{\lim_{n \to \infty}} |w(z)| > \frac{1}{2}\kappa\right\}\right) \\
&\leqslant \mu\left(\left\{z \in \gamma, \ M_\gamma w(z) > \frac{1}{2}\kappa\right\}\right) + \mu\left(\left\{z \in \gamma, \ \overline{\lim_{n \to \infty}} |w(z)| > \frac{1}{2}\kappa\right\}\right) \\
&\leqslant c\kappa^{-p} \|w\|_p^p \leqslant c\kappa^{-p}\delta^p.
\end{aligned}
$$

首先令 $\delta \to 0$ 然后令 $\kappa \to 0$, 我们得到

$$
\mu(\{z \in \gamma, \ \overline{\lim_{n \to \infty}} |\phi_n * u(z) - u(z)| > 0\}) = 0,
$$

这就说明当 $1 \leqslant p < \infty$ 时, (ii) 成立. $p = \infty$ 的情况可以由 $p = 1$ 的情况通过一个局部化讨论得到.

下面证明 (iii). 对 $u \in L^p(\gamma)$, 定义 $U \in L^p(\mathbb{R})$ 为 $U(x) = u(x + ig(x))$. 则

$$
\begin{aligned}
\|(\phi_n * u) - u\|_p &= \left\| \int_\gamma \phi_n(\cdot - \zeta) u(\zeta) - u(\cdot) d\zeta \right\|_{L^p(\gamma)} \\
&\leqslant c \left\| \int_{\mathbb{R}} \psi_n(|x - y|) |U(x) - U(y)| dy \right\|_{L^p(dx)} \\
&= c \left\| \int_{\mathbb{R}} \psi_n(|s|) \left| U(x) - U\left(x - \frac{s}{n}\right) \right| ds \right\|_{L^p(dx)} \\
&\leqslant c \int_{\mathbb{R}} \psi_n(|s|) \left\| \left| U(x) - U\left(x - \frac{s}{n}\right) \right| \right\|_{L^p(dx)} ds \\
&= c \int_{\mathbb{R}} \psi(|s|) \Delta\left(U, \frac{s}{n}\right) ds,
\end{aligned}
$$

其中

$$
\Delta\left(U, \frac{s}{n}\right) = \left\| \left| U(x) - U\left(x - \frac{s}{n}\right) \right| \right\|_{L^p(dx)}.
$$

注意到当 $n \to \infty$ 时, $\Delta\left(U, \dfrac{s}{n}\right) \to 0$ 且 $\Delta\left(U, \dfrac{s}{n}\right) \leqslant 2\|U\|_p$. 由 Lebesgue 控制收敛定理, 当 $n \to \infty$ 时, 最后一个积分趋于 0. $\qquad\square$

令 ϕ 满足 (1-5) 和 (1-6), 定义单位序列 $\{\phi_n\}$ 为 $\phi_n(z) = n\phi(nz)$. 令 $\Phi_n = \hat{\phi}_n$

和 $\Phi = \hat{\phi}$, 则 $\Phi_n(\xi) = \Phi(n^{-1}\xi)$, 其中 Φ 是连续函数且满足 $\Phi(0) = 1$. 当 $\xi > 0$,

$$|\Phi(\xi)| = \left| \int_{-\infty}^{\infty} e^{-i\xi x} \phi(x) dx \right| = \left| \int_{-\infty}^{\infty} e^{-i\xi(x-i\lambda)} \phi(x - i\lambda) dx \right|$$
$$\leqslant e^{-\lambda|\xi|} \int_{-\infty}^{\infty} |\phi(x - i\lambda)| dx = c_\lambda e^{-\lambda|\xi|}.$$

当 $\xi < 0$ 时, 在上边的估计中, 把 λ 替换为 $-\lambda$. 所以对每个 $\lambda > 0$, 存在 c_λ 使得

$$|\Phi(\xi)| \leqslant c_\lambda e^{-\lambda|\xi|}, \quad -\infty < \xi < \infty. \tag{1-12}$$

因此对所有的 n 和所有的 $\beta > 0$, $\Phi_n \in \mathcal{C}_\beta$. 显然在 $(-\infty, \infty)$ 的任意紧子集上, 一致地有 $\Phi_n \to 1$.

定理 1.5.3　令 $\{\phi_n\}$ 为单位序列, 且令 $\Phi_n = \hat{\phi}_n$. 假定 $\beta \geqslant \alpha \geqslant M$.

(1) 如果 $w \in \mathcal{C}_\alpha$, 则 $\phi_n * \breve{w} = (\Phi_n w)^\vee \in (\mathcal{C}_\beta)^\vee(\gamma)$, 且在 $\mathcal{C}_\alpha$ 中, $\Phi_n w \to w$.

(2) 如果 $u \in L^1(\gamma)$, 则 $\phi_n * u \in (\mathcal{C}_\beta)^\vee(\gamma)$, 且在 $\mathcal{C}_{-\beta}$ 中, $\Phi_n \hat{u} \to \hat{u}$.

证明　我们首先证明 (i). 在 (1-12) 中取 $\lambda = 2n(\beta - \alpha)$ 可知, $|\Phi(\xi)| \leqslant c_\lambda \exp(-2(\beta - \alpha)|\xi|)$, 则

$$\|\Phi_n w\|_{\mathcal{C}_\beta}^2 = \int_{-\infty}^{\infty} |\Phi_n(\xi) w(\xi)|^2 \exp(2\beta|\xi|) d\xi$$
$$\leqslant \int_{-\infty}^{\infty} |w(\xi)|^2 \exp(2\beta|\xi|) \exp(-2(\beta - \alpha)|\xi|) d\xi$$
$$\leqslant \int_{-\infty}^{\infty} |w(\xi)|^2 \exp(2\alpha|\xi|) d\xi$$
$$\leqslant \|w\|_{\mathcal{C}_\alpha}^2.$$

从而 $\phi_n * \breve{w} \in (\mathcal{C}_\beta)^\vee(\gamma)$. 此外在每一点处均有 $\Phi_n \to 1$,

$$\|\Phi_n w - w\|_{\mathcal{C}_\alpha}^2 = \int_{-\infty}^{\infty} |\Phi_n(\xi) w(\xi) - w(\xi)|^2 \exp(2\alpha|\xi|) d\xi$$
$$= \int_{-\infty}^{\infty} |\Phi_n(\xi) - 1|^2 |w(\xi)|^2 \exp(2\alpha|\xi|) d\xi \to 0, \quad n \to \infty.$$

下面证明 (ii), 因为 $u \in L^1(\gamma)$, 所以 $|\hat{u}(\xi)| \leqslant \exp(|\xi|M)\|u\|_1$. 因此跟证明 (i) 类似, 可以得到 $\Phi_n \hat{u} \in \mathcal{C}_\beta$ 且在 $\mathcal{C}_{-\beta}$ 中, $\Phi_n \hat{u} \to \hat{u}$. 此外

$$\phi_n * u(z) = \int_\gamma \phi_n(z - \zeta) u(\zeta) d\zeta$$
$$= \int_\gamma \frac{1}{2\pi} \int_{-\infty}^{\infty} \Phi_n(\xi) e^{i\xi(z-\zeta)} d\xi u(\zeta) d\zeta$$

$$= \frac{1}{2\pi} \int_{-\infty}^{\infty} \int_{\gamma} e^{-i\xi\zeta} u(\zeta) d\zeta e^{i\xi z} \Phi_n(\xi) d\xi$$

$$= \frac{1}{2\pi} \int_{-\infty}^{\infty} \hat{u}(\xi) \Phi_n(\xi) e^{\xi z} d\xi$$

$$= (\Phi_n \hat{u})^{\vee}(z). \qquad \square$$

下面叙述几个稠密性结果和一个 Parseval 公式的变形.

定理 1.5.4   令 $\beta > \alpha$ 和 $1 \leqslant p < \infty$.

(i) 下列包含关系都是稠密的:

$$\begin{cases} (\mathcal{C}_\beta^2)^{\vee}(\gamma) \subset L^1 \cap L^p \cap (\mathcal{C}_\beta)^{\vee}(\gamma) \subset L^p \cap (\mathcal{C}_\beta)^{\vee}(\gamma) \subset (\mathcal{C}_\beta)^{\vee}(\gamma), \\ (\mathcal{C}_\beta^2)^{\vee}(\gamma) \subset (\mathcal{C}_\alpha^2)^{\vee}(\gamma), \\ L^1 \cap L^p \cap (\mathcal{C}_\beta)^{\vee}(\gamma) \subset L^1 \cap L^p(\gamma) \subset L^p(\gamma), \\ L^p \cap (\mathcal{C}_\beta)^{\vee}(\gamma) \subset L^p \cap (\mathcal{C}_\alpha)^{\vee}(\gamma) \subset L^p(\gamma), \\ (\mathcal{C}_\beta)^{\vee}(\gamma) \subset (\mathcal{C}_\alpha)^{\vee}(\gamma). \end{cases} \qquad (1\text{-}13)$$

(ii) 在上述包含关系中, $L^p(\gamma)$ 可以被替换成 $\mathcal{C}_0(\gamma)$.

(iii) 对 $u \in L^1(\gamma)$ 和 $w \in \mathcal{C}_\beta$,

$$\int_{\gamma} u(z) \check{w}(z) dz = \frac{1}{2\pi} \int_{-\infty}^{\infty} \hat{u}(\xi) w(-\xi) d\xi.$$

(iv) 如果 $u \in L^1(\gamma)$ 且 $\check{u} = 0$, 则 $u = 0$.

证明   (i) 我们先证明第一个包含关系. 令 $u \in (\mathcal{C}_\beta)^{\vee}(\gamma)$. 对任意的 $\varepsilon > 0$, 定义 $u_\varepsilon(z) = (1 + \varepsilon^2 z^2)^{-1} u(z)$. 由定理 1.5.1 的 (i) 和 (iv), $u_\varepsilon \in (\mathcal{C}_\beta^2)^{\vee}(\gamma)$. 另外在 $L^p(\gamma)$ 和 $\mathcal{C}_0(\gamma)$ 中, $u_\varepsilon \to u$. 因此这些包含关系是稠密的. 此外, 我们可以看到, $(\mathcal{C}_\beta^2)^{\vee}(\gamma)$ 在 $(\mathcal{C}_\alpha^2)^{\vee}(\gamma)$ 中稠密, $(\mathcal{C}_\beta)^{\vee}(\gamma)$ 在 $(\mathcal{C}_\alpha)^{\vee}(\gamma)$ 中稠密. 这就证明了第二个和第五个包含关系.

令 $u \in L^1 \cap L^p(\gamma)$, 则 $\phi_n * u \in (\mathcal{C}_\beta)^{\vee}(\gamma)$, 同时属于 $L^1(\gamma)$ 和 $L^p(\gamma)$, 且在 $L^1(\gamma)$ 和 $L^p(\gamma)$ 中, $\phi_n * u \to u$. 我们得到 $L^1 \cap L^p \cap (\mathcal{C}_\beta)^{\vee}(\gamma)$ 在 $L^1 \cap L^p(\gamma)$ 中稠密, 同时也在 $L^p(\gamma)$ 中稠密. 这就证明了第三个包含关系. 类似可证 $L^p \cap (\mathcal{C}_\alpha)^{\vee}(\gamma)$ 在 $L^p(\gamma)$ 中稠密, 以及 $L^p \cap (\mathcal{C}_\beta)^{\vee}(\gamma)$ 在 $L^p \cap (\mathcal{C}_\alpha)^{\vee}(\gamma)$ 中的稠密性.

(ii) 在 (i) 的证明中, 将 $L^p(\gamma)$ 换为 $\mathcal{C}_0(\gamma)$, 用同样的方法可以证明 (i) 中的结论对于 $\mathcal{C}_0(\gamma)$ 均成立.

(iii) 令 $u \in L^1(\gamma)$ 和 $w \in \mathcal{C}_\beta$, 则 $\phi_n * u = (\Phi_n \hat{u})^{\vee} \in (\beta)^{\vee}(\gamma)$, 且由定理 1.5.1 的 (iii) 可知

$$\int_{\gamma} (\phi_n * u)(z) \check{w}(z) dz = \frac{1}{2\pi} \int_{-\infty}^{\infty} (\Phi_n \hat{u})(\xi) w(-\xi) d\xi.$$

因为在 $L^1(\gamma)$ 中, $\phi_n * u \to u$, 而且在 $\mathcal{C}_{-\beta}(\gamma)$ 中, $\Phi_n \hat{u} \to \hat{u}$, 因此 (iii) 成立.

最后根据 $(\mathcal{C}_\beta^2)^\vee(\gamma)$ 在 $L^1(\gamma)$ 中稠密以及 (iii), 可以推出 (iv). $\qquad\square$

由定理 1.5.1 可以看出下列 Fourier 变换的定义与前边关于 $u \in L^1(\gamma)$ 的 Fourier 变换的定义是一致的.

如果对某个 $1 \leqslant p \leqslant \infty$, $u \in L^p(\gamma)$, 定义 $\hat{u} \in (\mathcal{C}_\beta^2)'$ 为

$$\langle \hat{u}, \ w_- \rangle = \int_\gamma u(z) \breve{w}(z) dz,$$

其中 $w \in \mathcal{C}_\beta^2$ 且 $w_-(\xi) = w(-\xi)$.

值得注意的是当 $\beta > M$ 时, 该定义与 β 的选择无关, 且映射 $\mathcal{F}: L^p(\gamma) \to (\mathcal{C}_\beta^2)'$,

$$\mathcal{F}(u) = \hat{u}$$

是连续的和 1-1 的. 当上边定义的 Fourier 变换和 Fourier 逆变换有意义时, 这两个变换互为逆映射.

定理 1.5.5 令 $u \in L^p(\gamma), p \in [1, \infty]$. 令 $w \in \mathcal{C}_\beta, \ \beta > M$, 则 $u = \breve{w}$ 当且仅当 $w = \hat{u}$.

证明 令 $u \in L^p(\gamma), 1 \leqslant p \leqslant \infty, w \in \mathcal{C}_\beta$. 由定理 1.5.1 的 (iii) 可知, 对所有 $v \in \mathcal{C}_\beta^2$,

$$\int_\gamma \breve{w}(z) \breve{v}(z) dz = \frac{1}{2\pi} \int_{-\infty}^\infty w(\xi) v(-\xi) d\xi = \frac{1}{2\pi} \langle w, \ v_- \rangle.$$

假定 $\breve{w} = u \in L^p(\gamma)$, 则对所有 $v \in \mathcal{C}_\beta^2$,

$$\int_\gamma \breve{w}(z) \breve{v}(z) dz = \int_\gamma u(z) \breve{v}(z) dz = \frac{1}{2\pi} \langle \hat{u}, \ v_- \rangle.$$

因而 $\hat{u} = w$. 另一方面假定 $\hat{u} = w \in \mathcal{C}_\beta$, 则对所有 $v \in \mathcal{C}_\beta^2$,

$$\int_\gamma \breve{w}(z) \breve{v}(z) dz = \frac{1}{2\pi} \langle w, \ v_- \rangle = \int_\gamma u(z) \breve{v}(z) dz.$$

特别地, 对单位序列 $\{\phi_n\}$,

$$\int_\gamma \phi_n(\zeta - z) \breve{w}(z) dz = \int_\gamma \phi_n(\zeta - z) u(z) dz.$$

对所有 $\zeta \in \gamma$ 取极限, 我们得到 $\breve{w} = u$. $\qquad\square$

现在定义 Fourier 乘子. 令 $1 \leqslant p \leqslant \infty$, 且选取 $\beta < M$.

定义 1.5.2　令 $b \in L^\infty(-\infty, \infty)$. 如果 L^∞ 函数 b 满足

$$\|b\|_{M_p(\gamma)} =: \sup\{\|(b\breve{u})^\vee\|_{L^p(\gamma)}, \quad u \in L^p(\gamma) \cap (\mathcal{C}_\beta)^\vee(\gamma), \|u\|_p = 1\} < \infty,$$

称 b 是一个 $L^p(\gamma)$-Fourier 乘子, 记为 $b \in M_p(\gamma)$.

当 $1 \leqslant p \leqslant \infty$ 和 $b \in M_p(\gamma)$ 时, 存在唯一的 L^p 有界线性算子 B, 定义在稠密子空间 $L^p(\gamma) \cap (\mathcal{C}_\beta)^\vee(\gamma)$ 上:

$$Bu = (b\hat{u})^\vee.$$

当 $p = \infty$ 且 $b \in M_p(\gamma)$ 时, 在 $\mathcal{C}_0(\gamma)$ 上可以类似定义唯一的有界线性算子 B. 如果 b_1 和 b_2 是 L^p-Fourier 乘子, 它们对应的算子分别记为 B_1 和 B_2, 则 $b_1 b_2$ 也是 L^p-Fourier 乘子, 它们对应的算子分别记为 $B_1 B_2$. 函数 1 也属于 $M_p(\gamma)$, 对应的算子是恒等算子 I.

使用空间 $\mathcal{C}_\beta$ 来定义 Fourier 乘子的原因在于, 如果 $w \in \mathcal{C}_\beta$ 和 $b \in L^\infty(-\infty, \infty)$, 则 $bw \in \mathcal{C}_\beta$. 由定理 1.5.4 的 (i) 可知, 当 $\beta > M$ 时, bw 的定义不依赖于 β 的选择.

命题 1.5.3　令 $b \in L^\infty(-\infty, \infty)$, 则

$$\|b\|_{M_p(\gamma)} = \sup\{\|(bw)^\vee\|_{L^p(\gamma)}, \ w \in \mathcal{C}_\beta^2, \ \|\breve{w}\|_{L^p(\gamma)} = 1\}.$$

当上述等式右端有限时, b 是一个 L^p-Fourier 乘子.

证明　假定等式右边是有限的. 令 $u \in L^p(\gamma) \cap (\mathcal{C}_\beta)^\vee(\gamma)$. 由定理 1.5.4 的 (i), 序列 $\{w_n\} \subset \mathcal{C}_\beta^2$ 使得在 $L^p(\gamma) \cap (\mathcal{C}_\beta)^\vee(\gamma)$ 中, $\breve{w}_n \to u$. 那么序列 $\{\breve{w}_n\}$ 是 $L^p(\gamma)$ 中的 Cauchy 列, 所以由假设, $(bw_n)^\vee$ 也是 $L^p(\gamma)$ 中的 Cauchy 列. 从而存在 $v \in L^p(\gamma)$ 使得在 $L^p(\gamma)$ 中, $(bw_n)^\vee \to v$. 因此在 $(\mathcal{C}_\beta^2)'$ 中 $bw_n \to \hat{v}$. 另一方面, 在 $\mathcal{C}_\beta$ 中, $w_n \to \hat{u}$, 所以在 $\mathcal{C}_\beta$ 和 $(\mathcal{C}_\beta^2)'$ 中, 均有 $bw_n \to b\hat{u}$. 因而可以得到 $\hat{v} = b\hat{u}$, 以及在 $L^p(\gamma)$ 中, $(bw_n)^\vee \to (b\hat{u})^\vee$. 　　□

命题 1.5.4　如果 $1 \leqslant p \leqslant \infty$ 且 $p' = (1 - p^{-1})^{-1}$, 则 $b \in M_p(\gamma)$ 当且仅当 $b_- \in M_{p'}(\gamma)$, 其中 $b_-(\xi) = b(-\xi)$, 且 $\|b\|_{M_p(\gamma)} = \|b_-\|_{M_{p'}(\gamma)}$. 与 b 和 b_- 相对应的算子分别记为 B 和 B_-. 则 B 和 B_- 是对偶算子, 即, 对所有的 u 和 v, $\langle Bu, v \rangle = \langle u, B_- v \rangle$, 因此这两个算子具有相同的谱, $\sigma(B) = \sigma(B_-)$.

证明　对定理 1.5.4 的 (iii) 两次应用 Parseval 公式即可得到证明. 　　□

我们还需要如下引理.

引理 1.5.2　令 $L_{loc}(-\infty, \infty)$ 表示由 $(-\infty, \infty)$ 上的局部可积函数构成的 Fréchet 空间. 令 $1 \leqslant p \leqslant 2$.

(i) 如果 $u \in L^p(\gamma)$, 则 $\hat{u} \in L_{loc}(-\infty, \infty)$, 且映射 $u \to \hat{u}$ 是从 $L^p(\gamma)$ 到 $L_{loc}(-\infty, \infty)$ 的连续映射.

(ii) 如果 $u \in L^p(\gamma)$, 则 $\widehat{Bu} = b\hat{u}$.

证明 令 θ 表示一个 $(-\infty, \infty)$ 上的 C^2 函数, 该函数支集属于 $[-1-\varepsilon, 1+\varepsilon]$, 且在 $[-1,1]$ 的一个邻域内等于 1. 对 $s \geqslant 1$, 定义 $\theta_s(\xi) = \theta(\xi/s)$, 则 $\check{\theta}_s$ 是一个整函数且满足对某个 c_ε

$$(1 + |\zeta|^2)|\check{\theta}_s(\zeta)| \leqslant c_\varepsilon|\mathrm{Im}\zeta|^{-1}\{e^{(1+\varepsilon)s|\mathrm{Im}\zeta|} - 1\}.$$

所以对所有满足 $|\mathrm{Im}\zeta| \leqslant M$ 的 ζ, $|\check{\theta}_s(\zeta)| \leqslant f_s(|\zeta|)$, 其中 f_s 是一个 L^1 函数, 范数满足 $\|f_s\|_1 \leqslant c_s M^{-1}\exp((1+\varepsilon)sM)$. 根据 Yang 不等式可以得到, 存在常数 $c_{p,s}$, 使得

$$\|(\theta_s w)^\vee\|_{L^p(\mathbb{R})} \leqslant c_{p,s}\|\check{w}\|_{L^p(\gamma)}.$$

再利用 Titchmarsh 限制性定理可知, 对所有 $w \in \mathcal{C}_\beta$,

$$\|\theta_s w\|_{p'} \leqslant c_p\|(\theta_s w)^\vee\|_{L^p(\mathbb{R})} \leqslant c_{p,s}\|\check{w}\|_{L^p(\gamma)}.$$

利用 $L^p \cap (\mathcal{C}_\beta)^\vee(\gamma)$ 在 $L^p(\gamma)$ 中的稠密性, 可以证明对任意的 $u \in L^p(\gamma)$, Fourier 变换 $\hat{u}$ 可以等价于一个局部可积函数. 因此 (ii) 成立. □

如果 b 是一个 $(-\infty, \infty)$ 上的 Lebesgue 可测函数, 且对所有的 $u \in L^1 \cap L^p(\gamma)$ 和某个有界算子 B, 满足 $b\hat{u} = \widehat{(Bu)}$, 那么 $b \in L^\infty(-\infty, \infty)$ 且 $\|b\|_\infty \leqslant \|B\|$. 对于 Lipschitz 曲线 γ 上的 L^p-Fourier 乘子, 可以证明如下类似结果成立.

定理 1.5.6 假定 $1 \leqslant p \leqslant \infty$ 且令 $b \in M_p(\gamma)$.

(i) 对应于函数 b 的算子 B 的谱 $\sigma(B)$ 满足

$$\sigma \supset \text{ess-range}(b).$$

(ii) $\|b\|_\infty \leqslant \|b\|_{M_p(\gamma)}$.

(iii) $M_p(\gamma)$ 是完备的, 因而是一个 Banach 代数.

证明 (i) 首先假定 $1 \leqslant p \leqslant 2$. 令 $\mathcal{B}(\lambda, p)$ 和 $\overline{\mathcal{B}}(\lambda, p)$ 分别表示以 λ 为中心, 以 ρ 为半径的开球和闭球. 假定 $\lambda \notin \sigma(B)$, 则存在 κ 和 $\rho > 0$ 使得对所有 $\mu \in \overline{\mathcal{B}}(\lambda, p)$, $(B - \mu I)$ 可逆且 $\|(B - \mu I)^{-1}\| \leqslant \kappa$. 令 θ_s 为引理 1.5.2 中使用的函数, 其中 $\varepsilon < 1$. 对 $u \in L^p(\gamma)$, 定义算子 $F_{s,\mu}$ 为

$$F_{s,\mu}(u) = \check{\theta}_{2s} * (B - \mu I)^{-1}(\check{\theta}_s * u),$$

则

$$\|F_{s,\mu}(u)\|_{L^p(\mathbb{R})} \leqslant c_{p,2s}\|(B - \mu I)^{-1}(\check{\theta}_s * u)\|_{L^p(\gamma)}$$

$$\leqslant \kappa c_{p,2s}\|\check{\theta}_s * u\|_{L^p(\gamma)} \leqslant \kappa c_{p,s}c_{p,2s}\|u\|_{L^p(\mathbb{R})}.$$

可以看到, 对 $u \in L^p(\gamma)$,

$$(b - \mu)\widehat{(F_{s,\mu})} = \theta_s \hat{u}$$

和 $\|F_{s,\mu}\| \leqslant c_s \kappa$, 其中 c_s 依赖于 s 但不依赖于 μ. 因此可以得到

$$\|\theta_s/(b - \mu)\|_\infty \leqslant \|F_{s,\mu}\| \leqslant c_s \kappa.$$

故集合

$$\{b(\xi), -s \leqslant \xi \leqslant s\} \cap \mathcal{B}(\mu, \ (c_s \kappa)^{-1})$$

为零测度集. 使用有限多个形如 $\mathcal{B}(\mu, \ (c_s \kappa)^{-1})$ 的球覆盖 $\overline{\mathcal{B}}(\lambda, \rho)$, 我们看到集合

$$\{b(\xi), -s \leqslant \xi \leqslant s\} \cap \mathcal{B}(\lambda, \ \rho)$$

也是零测度集. 取一列趋于无穷的 s, 可知

$$\mathcal{B}(\lambda, \ \rho) \cap \text{ess-range}(b) = \varnothing.$$

这表明 $\text{ess-range}(b) \subset \sigma(B)$.

对于 $2 < p \leqslant \infty$ 的情况, 可以使用引理 1.5.4 和对偶性质得到.

下面证明 (ii). 显然有

$$\|b\|_\infty = \sup\{|\lambda|, \ \lambda \in \text{ess-range}(b)\}$$
$$\leqslant \sup\{|\lambda|, \ \lambda \in \sigma(B)\} \leqslant \|B\| = \|b\|_{M_p(\gamma)}.$$

最后证明 (iii). 只需证明 $M_p(\gamma)$ 是完备的. 令 $\{b_n\}$ 为 $M_p(\gamma)$ 中的 Cauchy 列, 并令 B_n 为 $L^p(\gamma)$ 上对应于 b_n 的算子. 则 B_n 按算子范数收敛到一个 $L^p(\gamma)$ 上的算子 B. 由 (ii), 在 L^∞ 中 b_n 收敛到 $b \in L^\infty(-\infty, \infty)$, 可以直接推出 $b \in M_p(\gamma)$, 在 $M_p(\gamma)$ 中, $b_n \to b$, 以及 b 对应的算子为 B. □

1.6 注　记

注 1.6.1　　A. McIntosh 和钱涛在文献 [59] 中对 1.3 节和 1.4 节的主要结果给出了另外一种证明. 具体地说, 令 γ 为 Lipschitz 曲线, $\gamma(x) = x + iA(x)$, 其中 $\arctan \|A'\|_\infty < \omega < \pi/2$. 集合 S_ω^0 定义为

$$\{z \in \mathbb{C}: \ |\arg z| < \omega \text{ 或 } |\arg(-z)| < \omega\}.$$

他们得到了如下结果: 如果 ϕ 是一个 S_ω^0 中的全纯函数, 且满足 $|\phi(z)| \leqslant \dfrac{C}{|z|}$. 令 $C_c(\gamma)$ 表示具有紧支集的连续函数类. 对算子

$$Tf(z) = \int \phi(z - \zeta)f(\zeta)d\zeta, \quad f \in C_c(\gamma), z \notin \text{supp} f,$$

而言, 下列两结论等价:

(i) T 可以延拓成 $L^2(\gamma)$ 上的一个有界算子;

(ii) 存在函数 $\phi_1 \in H^\infty(S_\omega^0)$ 使得对任意的 $z \in S_\omega^0$, $\phi'(z) = \phi(z) + \phi(-z)$.

注 1.6.2   若取

$$\begin{cases} \phi(z - \zeta) = i\pi^{-1}(z - \zeta)^{-1}, \\ \phi_1 = 0, \end{cases}$$

上述算子就是 γ 上的奇异 Cauchy 积分算子. 当 N 足够小时, 该算子的 L^p 有界性首先由 C. P. Calerón 在 [10] 中得到. R. Coifman, A. McIntosh 和 Y. Meyer 证明 L^p 有界性对任意的常数 N 成立 ([12]). 自此之后, 其他数学家给出了一些不同的证明, 其中 Coifman 和 Meyer 在 [14] 证明了奇异 Cauchy 积分的 L^p 有界性可以被用来证明 γ 上的其他卷积奇异积分算子的 L^p 有界性. 其他相关的结果参见 [40]. 作为本章的总结, 我们给出下列定理. 该定理说明: Lipschitz 曲线 γ 上任意的卷积型 Calderón-Zygmund 算子都可以看作是定理 1.4.3 的特殊情况.

定理 1.6.1   对某个 $\mu > \omega$, 令 ϕ 是 S_μ^0 上的全纯函数, 使得对某个常数 c 和所有的 $z \in S_\mu^0$, $|\phi(z)| \leqslant c|z|^{-1}$. 假定 S 是 $L^2(\gamma)$ 上有界线性泛函, 且对 γ 上所有紧支集连续函数 u 和不属于该函数支集的 $z \in \gamma$, 满足

$$(Su)(z) = \int_\gamma \phi(z - \xi)u(\xi)d\xi,$$

则存在 $b \in H^\infty(S_\theta^0), \omega, \theta < \mu$ 和 $\alpha \in \mathbb{C}$ 使得 $S = b(D_\gamma) + \alpha I$. 特别地, 若 $\omega < \nu < \mu$, 存在 S_ν^0 上的有界全纯函数 $\phi_1 = G_1(b)$, 满足对所有的 $z \in S_\mu^0$, $\phi'(z) = \phi(z) + \phi(-z)$.

第 2 章 星形 Lipschitz 曲线上的奇异积分理论

第 1 章介绍了无穷 Lipschitz 曲线上的卷积奇异积分和 Fourier 乘子理论, 对应于文献 [66, 67, 69, 30], 一个很自然的问题是, 在闭的曲线上是否有类似的结论? 本章对星形 Lipschitz 曲线的情形来回答这个问题. 所谓星形 Lipschitz 曲线, 指的是具有如下参数化表示的曲线: $\widetilde{\Gamma} = \{\exp(iz) : z \in \Gamma\}$, 其中

$$\Gamma = \Big\{ x + iA(x) : \ A' \in L^\infty([-\pi, \pi]), A(-\pi) = A(\pi) \Big\}.$$

可以证明使用上述参数化形式定义的星形 Lipschitz 曲线与星形 Lipschitz 曲线的通常的定义是一致的.

利用跟标准情形相同的模式, 可以定义 Γ 上 L^2 函数的 Fourier 级数. 那么上述问题就具体化为两个问题:

其一, 在星形 Lipschitz 曲线 $\widetilde{\Gamma}$ 上, 具备何种性质的全纯核的卷积奇异积分算子在 L^2 上是有界的?

其二, 是否存在相应的 Fourier 乘子理论? 换句话说, 什么样的复数序列可以作为在这些曲线上的 L^p 有界的 Fourier 乘子?

需要指出的是, 在星形 Lipschitz 曲线 $\widetilde{\Gamma}$ 上 Plancherel 定理未必成立, 故而即使对于 $p = 2$ 的情形, 该问题也不是平凡的. 从另一方面讲, $p = 2$ 的情形是最关键的, 这是因为当 $1 < p < \infty$, 利用标准的 Calderón-Zygmund 技巧, 乘子的 L^p 有界性可以从 L^2 理论中推出.

2.1 预 备 知 识

令 Γ 是定义在区间 $[-\pi, \pi]$ 上的 Lipschitz 曲线, 具有参数化形式

$$\Gamma(x) = x + iA(x), \quad A : [-\pi, \pi] \to \mathbb{R},$$

其中 $\mathbb{R}$ 表示实数域, $A(-\pi) = A(\pi)$, $A' \in L^\infty([-\pi, \pi])$ 以及 $\|A'\|_\infty = N < \infty$. 用 $p\Gamma$ 表示 Γ 到 $-\infty < x < \infty$ 的 2π 周期延拓, 且用 $\widetilde{\Gamma}$ 表示闭曲线

$$\widetilde{\Gamma} = \Big\{ \exp(iz) : z \in \Gamma \Big\} = \Big\{ \exp(i(x + iA(x))) : -\pi \leqslant x \leqslant \pi \Big\}.$$

称 $\widetilde{\Gamma}$ 是与 Γ 相关的星形 Lipschitz 曲线.

用 f, F 和 $\widetilde{F}$ 分别表示定义在 $\mathrm{p}\Gamma$, Γ 和 $\widetilde{\Gamma}$ 上的函数. 对 $\widetilde{F} \in L^2(\widetilde{\Gamma})$, $\widetilde{F}$ 在 $\widetilde{\Gamma}$ 上的第 n 个 Fourier 系数定义为

$$\widehat{\widetilde{F}}_{\widetilde{\Gamma}}(n) = \frac{1}{2\pi i} \int_{\widetilde{\Gamma}} z^{-n} \widetilde{F}(z) \frac{dz}{z}.$$

在不产生混淆的情况下, 省略下标, 记为 $\widehat{\widetilde{F}}(n)$.

设

$$\sigma = \exp(-\max A(x)), \quad \tau = \exp(-\min A(x)).$$

考虑下述 $L^2(\widetilde{\Gamma})$ 的稠密子类

$$\mathcal{A}(\widetilde{\Gamma}) = \left\{ \widetilde{F}(z) : \text{对某个 } \eta > 0, \widetilde{F}(z) \text{ 在 } \sigma - \eta < |z| < \tau + \eta \text{ 中是全纯的} \right\}.$$

不失一般性, 我们假定 $\min A(x) < 0$ 且 $\max A(x) > 0$. 在这种情况之下, $\mathcal{A}(\widetilde{\Gamma})$ 中函数的定义域包含单位圆周 $\mathbb{T}$, 而且根据 Cauchy 定理, $\widehat{\widetilde{F}}_{\widetilde{\gamma}}(n) = \widehat{\widetilde{F}}_{\mathbb{T}}(n)$. 若 $\widetilde{F}$ 和 $\widetilde{G}$ 属于 $\mathcal{A}(\widetilde{\Gamma})$, 由 Laurent 级数可以得到 Fourier 逆变换公式

$$\widetilde{F}(z) = \sum_{n=-\infty}^{\infty} \widehat{\widetilde{F}}_{\widetilde{\Gamma}}(n) z^n, \tag{2-1}$$

其中 z 属于使 $\widetilde{F}$ 有定义的环内. 使用 Cauchy 定理, 可以得到 Parseval 等式

$$\frac{1}{2\pi i} \int_{\widetilde{\Gamma}} \widetilde{F}(z) \widetilde{G}(z) \frac{dz}{z} = \sum_{n=-\infty}^{\infty} \widehat{\widetilde{F}}_{\widetilde{\Gamma}}(n) \widehat{\widetilde{G}}_{\widetilde{\Gamma}}(-n). \tag{2-2}$$

与第 1 章类似, 我们使用下列定义在复平面 $\mathbb{C}$ 上的半扇形区域和扇形区域: 对 $\omega \in \left(0, \frac{\pi}{2}\right]$, 定义

$$S_{\omega,+}^0 = \left\{ z \in \mathbb{C} : |\arg(z)| < \omega, z \neq 0 \right\},$$

$$S_{\omega,-}^0 = -S_{\omega,+}^0, \quad S_\omega^0 = S_{\omega,+}^0 \cup S_{\omega,-}^0$$

和集合

$$C_{\omega,+}^0 = S_\omega^0 \cup \left\{ z \in \mathbb{C} : \operatorname{Im}(z) > 0 \right\},$$

$$C_{\omega,-}^0 = S_\omega^0 \cup \left\{ z \in \mathbb{C} : \operatorname{Im}(z) < 0 \right\},$$

其中, $S_{\omega,\pm}^0$, S_ω^0, $C_{\omega,\pm}^0$ 和 C_ω^0 分别如图 1-2~ 图 1-4 所示. 令 X 是一个如上定义的集合, 记

$$X(\pi) = X \cap \left\{ z \in \mathbb{C} : |\operatorname{Re}(z)| \leqslant \pi \right\}$$

为截断的集合, 并记

$$pX(\pi) = \bigcup_{k=-\infty}^{\infty} \left\{ X(\pi) + 2k\pi \right\}$$

为与截断集合相关的周期集合. 我们还将使用形如 $\exp(iO) = \{\exp(iz) : z \in O\}$ 的集合, 其中 O 是上面定义的截断集合. 令 Q 是一个扇形或半扇形区域. $H^\infty(Q)$ 表示函数空间

$$\left\{ f : Q \to \mathbb{C} : f \text{ 是 } Q \text{ 内的有界全纯函数} \right\},$$

另外, 在不产生歧义的情况下, 将 $\| \cdot \|_{H^\infty(Q)}$ 记为 $\| \cdot \|_\infty$.

令 $b \in H^\infty(S_\omega^0)$, $\omega \in \left(0, \frac{\pi}{2}\right]$, 则 b 可以被分解为两部分: $b = b^+ + b^-$, 其中

$$\begin{cases} b^+ = b\chi_{\{z:\operatorname{Re}(z)>0\}}, \\ b^- = b\chi_{\{z:\operatorname{Re}(z)<0\}}. \end{cases} \tag{2-3}$$

因而, $b^\pm \in H^\infty(S_{\omega,\pm}^0)$.

在下边, 符号 "$\pm$" 表示要么全取 "$+$", 要么全取 "$-$". 下列变换将在 3.3 节中使用:

$$G^\pm(b^\pm)(z) = \phi^\pm(z) = \frac{1}{2\pi} \int_{\rho_\theta^\pm} \exp(iz\zeta)b(\zeta)d\zeta, \quad z \in C_{\omega,\pm}^0,$$

其中 $\rho_\theta^\pm$ 表示射线 $s\exp(i\theta), 0 < s < \infty$, θ 是依赖于 $z \in C_{\omega,\pm}^0$ 并满足 $\rho_\theta^\pm \subset S_{\omega,\pm}^0$ 的常数. 另外

$$G_1^\pm(b^\pm)(z) = \phi_1^\pm(z) = \int_{\delta^\pm(z)} \phi^\pm(\zeta)d\zeta, \quad z \in S_{\omega,\pm}^0,$$

其中积分沿着 $C_{\omega,\pm}^0$ 中从 $-z$ 到 z 的任意路径.

下边用 c_0, c_1 和 C 表示固定常数, 用 $C_{\omega,\mu}$ 表示依赖于 ω, μ 的常数等. 这些常数经常随不同情形而变化. 对 $b \in H^\infty(S_\omega^0)$, 使用分解 $b = b^+ + b^-$ 和定理 1.3.2, 并令

$$\phi = \phi^+ + \phi^-, \quad \phi_1 = \phi_1^+ + \phi_1^-,$$

以下两个定理是 1.3 节中得到的主要结果. 为了方便读者, 将这两个结果重新叙述如下.

定理 2.1.1 令 $\omega \in \left(0, \frac{\pi}{2}\right]$ 和 $b \in H^\infty(S_\omega^0)$. 则存在一对分别定义在 S_ω^0 和 $S_{\omega,+}^0$ 中的全纯函数 (ϕ, ϕ_1), 满足对于任意的 $\mu \in (0, \omega)$,

(i) $|\phi(z)| \leqslant \dfrac{C_{\omega,\mu}\|b\|_\infty}{|z|}$, $z \in S_\mu^0$;

(ii) $\phi_1 \in H^\infty(S_{\mu,+}^0)$, $\|\phi_1\|_{H^\infty(S_{\mu,+}^0)} \leqslant C_{\omega,\mu}\|b\|_\infty$, 且 $\phi_1'(z) = \phi(z) + \phi(-z)$, $z \in S_{\omega,+}^0$;

(iii) 对所有的 $f \in \mathcal{S}(\mathbb{R})$

$$(2\pi)^{-1} \int_{-\infty}^{\infty} b(\zeta)\hat{f}(-\zeta)d\zeta = \lim_{\varepsilon \to 0} \left\{ \int_{|x| \geqslant \varepsilon} \phi(x)f(x)dx + \phi_1(\varepsilon)f(0) \right\}.$$

定理 2.1.2　令 $\omega \in \left(0, \dfrac{\pi}{2}\right]$ 和 $b \in H^\infty(S_\omega^0)$, 则存在一对分别定义在 S_ω^0 和 $S_{\omega,+}^0$ 中的全纯函数 (ϕ, ϕ_1), 它们满足

(i) 存在常数 c_0 使得

$$|\phi(z)| \leqslant \frac{c_0}{|z|}, \quad z \in S_\omega^0;$$

(ii) 存在常数 c_1 使得 $\|\phi_1\|_{H^\infty(S_{\omega,+}^0)} < c_1$, 且

$$\phi_1'(z) = \phi(z) + \phi(-z), \quad z \in S_{\omega,+}^0.$$

则对任意的 $\mu \in (0, \omega)$, 存在唯一的函数 $b \in H^\infty(S_\mu^0)$ 使得

$$\|b\|_{H^\infty(S_\mu^0)} \leqslant C_{\omega,\mu}(c_0 + c_1),$$

且由 b 根据定理 2.1.1 定义的函数对等于 (ϕ, ϕ_1). 进而, 对所有的复数 $\xi \in S_\omega^0$, 函数 b 表示为

$$b(\xi) = \lim_{\varepsilon \to 0} \lim_{N \to \infty} \left\{ \int_{\varepsilon < |x| < N} \exp(-i\xi x)\phi(x)dx + \phi_1(\varepsilon) \right\}.$$

2.2　在 S_ω^0 和 $\mathrm{p}S_\omega^0(\pi)$ 之间的 Fourier 变换

定理 2.2.1　令 $\omega \in \left(0, \dfrac{\pi}{2}\right]$ 和 $b \in H^\infty(S_\omega^0)$, 且令 (ϕ, ϕ_1) 是按照定理 1.3.2 模式的与 b 有关的函数对, 则存在一对分别定义在 $S_\omega^0(\pi)$ 和 $S_{\omega,+}^0(\pi)$ 中的全纯函数 (Φ, Φ_1), 满足对任意的 $\mu \in (0, \omega)$,

(i) Φ 可以被全纯地周期延拓到 $\mathrm{p}S_\omega^0(\pi)$ 且有

$$|\Phi(z)| \leqslant \frac{C_{\omega,\mu}\|b\|_\infty}{|z|}, \quad z \in S_\mu^0(\pi).$$

进而, $\Phi(z) = \phi(z) + \phi_0(z)$, $z \in S_\mu^0(\pi)$, 其中 ϕ_0 是 $S_\mu^0(\pi)$ 中的有界全纯函数;

(ii) $\Phi_1 \in H^\infty(S_{\mu,+}^0(\pi))$, $\|\Phi_1\|_{H^\infty(S_{\mu,+}^0)} \leqslant C_{\omega,\mu}\|b\|_\infty$, 且

$$\Phi_1'(z) = \Phi(z) + \Phi(-z), \quad z \in S_\omega^0(\pi);$$

(iii) 在模去常数的意义下, Φ 和 Φ_1 可以由 Parseval 公式唯一确定. 具体地, 对任意定义在 $\mathbb{R}$ 上的以 2π 为周期的光滑函数 F,

$$2\pi \sum_{n=-\infty}^{\infty} b(n)\widehat{F}(-n) = \lim_{\varepsilon \to 0} \left\{ \int_{\varepsilon \leqslant |x| \leqslant \pi} \Phi(x)F(x)dx + \Phi_1(\varepsilon)F(0) \right\},$$

其中 $\widehat{F}(n)$ 表示 F 的第 n 个 Fourier 系数, 且 $b(0) = \dfrac{1}{2\pi}\Phi_1(\pi)$.

证明 通过 Poisson 求和公式, 定义 Φ 为

$$\Phi(z) = 2\pi \sum_{k=-\infty}^{\infty} \phi(z + 2k\pi), \quad z \in \mathrm{p}S_\omega^0(\pi), \qquad (2\text{-}4)$$

这里, 所谓的求和, 意义如下: 存在一个 $\{n\}$ 的子序列 $\{n_l\}$ 使得对所有的 $z \in S_\omega^0(\pi)$, 当 $l \to \infty$ 时, 其部分和

$$s_{n_l}(z) = 2\pi \sum_{k=-n_l}^{n_l} \phi(z + 2k\pi)$$

局部一致收敛到一个满足 (i) 的以 2π 为周期的全纯函数. 在下面称这样的序列为可应用序列. 进而, 我们将证明, 通过不同的可应用序列定义的极限函数之间相差一个不超过 $c\|b\|_\infty$ 的常数.

使用如下分解

$$\sum_{k=-n}^{n} \phi(z + 2k\pi) = \phi(z) + \sum_{k \neq 0}^{\pm n} (\phi(z + 2k\pi) - \phi(2k\pi)) + \sum_{k=1}^{n} \phi_1'(2k\pi)$$

$$= \phi(z) + \sum_1 + \sum_2.$$

我们将证明级数 $\sum_1$ 局部地收敛到一个 $S_\mu^0(\pi)$ 中的有界全纯函数, 并且 $\sum_2$ 的部分和中的某个子序列收敛到一个不超过 $C_\mu\|b\|_\infty$ 的常数.

由定理 2.1.1 (i) 中的估计, ϕ 为全纯函数的事实以及 Cauchy 定理, 我们可以推出估计

$$|\phi'(z)| \leqslant \frac{C_\mu}{|z|^2}, \quad z \in S_\mu^0,$$

从而得到 $\sum_1$ 的收敛性. 对 $\sum_2$ 使用积分的平均值定理, 得到

$$\sum_{k=1}^{n} \phi_1'(2k\pi) = \int_{2\pi}^{2(n+1)\pi} \phi_1'(r)dr + \sum_{k=1}^{n} [\phi_1'(2k\pi) - \mathrm{Re}(\phi_1'(\xi_k)) - i\mathrm{Im}(\phi_1'(\eta_k))]$$

$$= \phi_1(2(n+1)\pi) - \phi_1(2\pi)$$

$$+ \sum_{k=1}^{n} [\phi_1'(2k\pi) - \mathrm{Re}(\phi_1'(\xi_k)) - i\mathrm{Im}(\phi_1'(\eta_k))],$$

其中 ξ_k, $\eta_k \in (2k\pi, 2(k+1)\pi)$. 根据 ϕ' 的估计, 上式中的级数绝对收敛. 从 ϕ_1 的有界性可以推出, 存在一个可应用序列 (n_l) 使得 $\phi_1(2(n_l+1)\pi$ 收敛到一个常数 c_0. 因而得到

$$\frac{1}{2\pi}\Phi(z) = \phi(z) + \sum_{k \neq 0}[\phi(z+2k\pi) - \phi(2k\pi)] + \lim_{l\to\infty}\sum_{n=1}^{n_l}\phi_1'(2n\pi)$$
$$= \phi(z) + \phi_0(z) + c_0,$$

其中 ϕ_0 是 $S_\mu^0(\pi)$ 中的有界全纯函数, c_0 是一个依赖于所选子序列 $\{n_l\}$ 的常数. 同时, Φ 也可以被全纯地延拓到 $\mathrm{p}S_\omega^0(\pi)$, 并且与不同的可应用序列相关的 Φ 之间相差一个不超过 $c\|b\|_\infty$ 的常数.

现在证明 (ii) 和 (iii). 我们使用在 (2-3) 中给出的分解 $b = b^+ + b^-$. 定义

$$b^{\pm,\alpha}(z) = \exp(\mp\alpha z) = \exp(\mp\alpha z)b^\pm(z), \quad \alpha > 0.$$

令 $\phi^\pm$ 和 $\phi^{\pm,\alpha}$ 为定理 1.3.2 中与分别 $b^\pm$ 和 $b^{\pm,\alpha}$ 相关的函数. 由注 1.3.1, $\phi^{\pm,\alpha}(\cdot) = \phi^\pm(\cdot \pm i\alpha)$, 后者是 $b^{\pm,\alpha}$ 的 Fourier 逆变换. 现在我们分别定义 $\mathrm{p}C_{\omega,\pm}^0(\pi)$ 中相应的周期函数 $\Phi^{\pm,\alpha}$ 和全纯函数 $\Phi^\pm$, 使其满足结论 (i) 中的大小条件. 值得注意的是, 对所有的 $\Phi^{\pm,\alpha}$, 应选择与 $\Phi^\pm$ 相同的可应用序列 $\{n_l\}$. 利用注 2.1.1 (i) 中的估计和 ϕ 是全纯的这一条件, 可以证明当 $\alpha \to 0$ 时, $\sum_1$ 是局部一致绝对收敛的, 令

$$\frac{1}{2\pi}\Phi^{\pm,\alpha}(z) = \phi^{\pm,\alpha}(z) + \phi_0^{\pm,\alpha}(z) + c_0^{\pm,\alpha},$$

$$\frac{1}{2\pi}\Phi^\pm(z) = \phi^\pm(z) + \phi_0^\pm(z) + c_0^\pm,$$

其中 $\phi_0^{\pm,\alpha}$ 和 $\phi_0^\pm$ 是全纯的并且在 $C_{\mu,\pm}^0(\pi)$ 内一致有界. 因为对 $\alpha \to 0$, $n_l \to \infty$ 时的收敛性是一致的, 我们可以交换极限 $n_l \to \infty$ 和 $\alpha \to 0$ 的次序, 推出 $\phi^{\pm,\alpha}$, $\phi_0^{\pm,\alpha}$ 和 $c_0^\pm$ 在 $C_{\omega,\pm}^0(\pi)$ 中是局部一致收敛的. 因而,

$$\lim_{\alpha\to 0}\Phi^{\pm,\alpha}(z) = \Phi^\pm(z).$$

注意到对固定的 α, $\Phi^{\pm,\alpha} \in L^\infty([-\pi,\pi])$, 而且当 $n_l \to \infty$ 收敛时, 定义 $\Phi^{\pm,\alpha}$ 的级数在 $x \in [-\pi,\pi]$ 中一致收敛. 对所有在定理 2.1.2 中 (3) 的意义下的非零实数 ξ, 有

$$\frac{1}{2\pi}\int_{-\pi}^\pi \exp(-i\xi x)\Phi^{\pm,\alpha}(x)dx = \int_{-\pi}^\pi \exp(-i\xi x)\lim_{l\to\infty}\sum_{k=-n_l}^{n_l}\phi^{\pm,\alpha}(x+2k\pi)dx$$
$$= \int_{-\infty}^\infty \exp(-i\xi x)\phi^{\pm,\alpha}(x)dx = b^{\pm,\alpha}(\xi).$$

特别地, $\{b^{\pm,\alpha}(n)\}, n \neq 0$, 是 $\Phi^{\pm,\alpha}$ 的标准的 Fourier 系数. 若 F 是 $[-\pi,\pi]$ 上任意光滑的周期函数, 则 Parseval 等式成立:

$$2\pi \sum_{n=-\infty}^{\infty} b^{\pm,\alpha}(n)\widehat{F}(-n) = \int_{-\pi}^{\pi} \Phi^{\pm,\alpha}(x)F(x)dx,$$

其中

$$b^{\pm,\alpha}(0) = (2\pi)^{-1} \int_{-\pi}^{\pi} \Phi^{\pm}(x \pm i\alpha)dx.$$

令 $\varepsilon > 0$. 因为当 $n \to \pm\infty$ 时, $\widehat{F}(n)$ 快速衰减, 当 $\alpha \to 0+$ 时, 有

$$2\pi \sum_{n=-\infty}^{\infty} b^{\pm}(n)\widehat{F}(-n) = \lim_{\alpha \to 0+} \Big\{ \int_{[-\pi,\pi]\backslash(-\varepsilon,\varepsilon)} \Phi^{\pm}(x \pm i\alpha)F(x)dx$$
$$+ \int_{|x|\leqslant\varepsilon} \Phi^{\pm}(x \pm i\alpha)(F(x) - F(0))dx$$
$$+ \int_{|x|\leqslant\varepsilon} \Phi^{\pm}(x \pm i\alpha)F(0)dx \Big\}.$$

则可以得到

$$\lim_{\alpha \to 0+} \int_{[-\pi,\pi]\backslash(-\varepsilon,\varepsilon)} \Phi^{\pm}(x + i\alpha)F(x)dx = \int_{[-\pi,\pi]\backslash(-\varepsilon,\varepsilon)} \Phi^{\pm}(x)F(x)dx$$

和

$$\limsup_{\alpha \to 0+} \int_{|x|\leqslant\varepsilon} |\Phi^{\pm}(x + i\alpha)| \cdot |F(x) - F(0)|dx \leqslant \limsup_{\alpha \to 0} \int_{|x|\leqslant\varepsilon} \frac{1}{|x|} \cdot |x|dx \leqslant C\varepsilon.$$

定义

$$\Phi_1^{\pm}(z) = \int_{\delta^{\pm}(z)} \Phi^{\pm}(\eta)d\eta,$$

其中 $\delta^{\pm}(z)$ 是 $C_{\omega,\pm}^0(\pi)$ 中从 $-z$ 到 z 的路径. 因此对 $\Phi_1^{\pm}$, 结论 (ii) 成立, 且有

$$\lim_{\alpha \to 0+} \int_{|x|\leqslant\varepsilon} \Phi^{\pm}(x \pm i\alpha)F(0)dx = \Phi_1^{\pm}(\varepsilon)F(0).$$

这样就给出了关于 $b^{\pm}$ 的 Parseval 等式:

$$2\pi \sum_{n=-\infty}^{\infty} b^{\pm}(n)\widehat{F}(-n) = \lim_{\varepsilon \to 0} \left\{ \int_{[-\pi,\pi]\backslash(-\varepsilon,\varepsilon)} \Phi^{\pm}(x)F(x)dx + \Phi_1^{\pm}(\varepsilon)F(0) \right\},$$

其中 $b^{\pm}(0) = \dfrac{1}{2\pi}\Phi_1^{\pm}(\pi)$. 注意到在上述等式中, 如果将 $\Phi^{\pm}$ 换为 $\Phi^{\pm} + c^{\pm}$, 为了使上述等式成立, 需要将 $b^{\pm}(0)$ 相应地换为 $b^{\pm}(0) + c^{\pm}$. 由于 $\Phi = \Phi^+ + \Phi^-$, 令 $\Phi_1 = \Phi_1^+ + \Phi_1^-$, 我们看到 (ii) 和 (iii) 也是成立的. □

注 2.2.1　当证明相应于 $b \in H^\infty(S_\omega^0)$ 的 Parseval 等式时, b 在原点的值是一个须要考虑的因素. 为了方便, 取 $b(0) = \dfrac{1}{2\pi}\Phi_1(\pi)$, 这种取法不影响定理中等式的成立. 上述定理的证明表明: 若对 Φ 增加一个常数, 不影响该函数的 Fourier 系数 $\hat{\Phi}(n) = b(n), n \neq 0$, 但是对 $b(0)$ 需要增加相同的常数.

定理 2.2.2　令 $\omega \in \left(0, \dfrac{\pi}{2}\right]$ 和 (Φ, Φ_1) 为一对分别定义在 $\mathrm{p}S_\omega^0(\pi)$ 和 $S_{\omega,+}^0(\pi)$ 中的全纯函数, 且满足

(i) Φ 是以 2π 为周期的, 且存在常数 c_0 使得

$$|\Phi(z)| \leqslant \frac{c_0}{|z|}, \quad z \in S_\omega^0(\pi);$$

(ii) 存在常数 c_1 使得 $\|\Phi_1\|_{H^\infty(S_{\omega,+}^0(\pi))} < c_1$, 且

$$\Phi_1'(z) = \Phi(z) + \Phi(-z), \quad z \in S_{\omega,+}^0(\pi).$$

则对任意的 $\mu \in (0, \infty)$, 存在函数 b^μ 使得 $b^\mu \in H^\infty(S_\mu^0)$, 且

$$\|b^\mu\|_{H^\infty(S_\mu^0)} \leqslant C_\mu(c_0 + c_1).$$

根据定理 2.2.1, 由 b^μ 定义的函数对在模去常数的意义下, 等于 (Φ, Φ_1). 进而, $b^\mu = b^{\mu,+} + b^{\mu,-}$,

$$b^{\mu,\pm}(\eta) = \frac{1}{2\pi}\lim_{\varepsilon \to 0}\left\{\int_{A^\pm(\varepsilon,\theta,|\eta|^{-1})}\exp(-i\eta z)\Phi(z)dz + \Phi_1(\varepsilon)\right\}, \quad \eta \in S_{\mu,\pm}^0, \quad (2\text{-}5)$$

其中 $\theta = (\mu + \omega)/2$, $A^\pm(\varepsilon, \theta, \varrho) = l(\varepsilon, \varrho) \cup c^\pm(\theta, \varrho) \cup \Lambda^\pm(\theta, \varrho)$. 这里当 $\varrho \leqslant \pi$,

$$l(\varepsilon, \varrho) = \Big\{z = x + iy: \ y = 0, \varepsilon \leqslant |x| \leqslant \varrho\Big\},$$

$$c^\pm(\theta, \varrho) = \Big\{z = \varrho\exp(i\alpha): \ \alpha \text{ 从 } \pi \pm \theta \text{ 到 } \pi, \text{ 再从 } 0 \text{ 到 } \mp\theta\Big\},$$

$$\Lambda^\pm(\theta, \varrho) = \Big\{z \in C_{\omega,\pm}^0(\pi): z = r\exp(i(\pi \pm \theta)), r \text{ 从 } \pi\sec\theta \text{ 到 } \varrho,$$

$$\text{且 } z = r\exp(\mp i\theta), r \text{ 从 } \varrho \text{ 到 } \pi\sec\theta\Big\},$$

当 $\varrho > \pi$,

$$l(\varepsilon, \varrho) = l(\varepsilon, \pi), \quad c^\pm(\theta, \varrho) = c^\pm(\theta, \pi), \quad \Lambda^\pm(\theta, \varrho) = \Lambda^\pm(\theta, \pi).$$

证明　积分路径 $l(\varepsilon, \varrho)$ 参见图 2-1. 取定 $\mu \in (0, \omega)$, 且在余下的证明中, 记 b 为 b^μ. 对 $\varepsilon \in (0, \pi)$ 和 $\eta \in S_\omega^0 \cup \{0\}$, 定义 $b_\varepsilon(\eta) = b_\varepsilon^+(\eta) + b_\varepsilon^-(\eta)$, 其中 $b_\varepsilon^\pm$ 是在 $b^\pm$ 的定义中, 在取极限 $\varepsilon \to 0$ 之前出现的函数. 我们看到对所有的 ε, $b_\varepsilon(0) = \dfrac{1}{2\pi}\Phi_1(\pi)$.

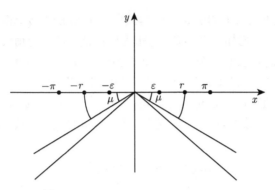

图 2-1 $l_+(\varepsilon, r) \cup c_+(r, \mu) \cup \Lambda_+(r, \mu)$

对 $|\eta|^{-1} \leqslant \pi$, 利用定理 1.3.3 中的估计, 可以证明 $b_\varepsilon(\eta)$ 是一致有界的, 并且极限 $\lim\limits_{\varepsilon \to 0+} b_\varepsilon(\eta) = b(\eta)$ 存在.

若 $|\eta|^{-1} > \pi$, 对路径 $l(\varepsilon, \pi)$ 上的积分, 使用在 $|\eta|^{-1} \leqslant \pi$ 的情形下对 $l(\varepsilon, |\eta|^{-1})$ 上的积分同样的估计. 为了估计 $c^\pm(\theta, \pi)$ 和 $\Lambda^\pm(\theta, \pi)$ 上的积分, 利用 Cauchy 定理变换积分路径, 将其转换为下列集合上的积分

$$\left\{ z = x + iy : x = -\pi, y \ 从 \ -(\pm\pi)\tan\theta \ 到 \ 0, \ 且 \ x = \pi, y \ 从 \ 0 \ 到 \ -(\pm\pi\tan\theta) \right\}.$$

然而, 只须利用 $\pm\mathrm{Re}(z) > 0$ 这一条件, 不难证明在上面提到的路径上的积分是有界的. 因而 b 是被严格定义的, 并有界.

令 F 是 $[-\pi, \pi]$ 上的任意以 2π 为周期的光滑函数. 将 F 展成 Fourier 级数. 由 b_ε 的定义, 我们有

$$2\pi \sum_{n=-\infty}^{\infty} b_\varepsilon(n) \widehat{F}_{[-\pi,\pi]}(-n) = \int_{\varepsilon < |x| \leqslant \pi} \Phi(x) F(x) dx + \Phi_1(\varepsilon) F(0).$$

令 $\varepsilon \to 0$, 得到

$$2\pi \sum_{n=-\infty}^{\infty} b(n) \widehat{F}_{[-\pi,\pi]}(-n) = \lim_{\varepsilon \to 0} \left\{ \int_{\varepsilon < |x| \leqslant \pi} \Phi(x) F(x) dx + \Phi_1(\varepsilon) F(0) \right\}.$$

记 $(G(b), G_1(b))$ 是一对由 b 按照定理 2.2.1 的模式定义的函数. 从 Parseval 等式可以推出

$$\lim_{\varepsilon \to 0} \left\{ \int_{\varepsilon < |x| < \pi} (G(b)(x) - \Phi(x)) F(x) dx + (G_1(\varepsilon) - \Phi_1(\varepsilon)) F(0) \right\}$$

$$= 2\pi (b_1(0) - b(0)) \widehat{F}_{[-\pi,\pi]}(0),$$

其中 $b_1(0)$ 是在定理 2.2.1 的 Parseval 等式中与 $(G(b), G_1(b))$ 相关的函数. 根据定理 2.2.1, 可以给 $G(b)$ 增加一个常数, 且相应地调整 $b_1(0)$ 的值使得定理 2.2.1 仍然成立. 特别地, 我们可以取一个常数使得 $b_1(0) - b(0) = 0$. 上边最后给出的等式右边变为 0. 利用对 (F_n) 的逼近以及 $F_n(0) = 0$, 可以推出对 $x \neq 0$, $G(b)(x) = \Phi(x)$. 由解析性, 可知对所有的 $z \in S_\omega^0(\pi)$, $G(b)(z) = \Phi(z)$. 对 $G_1(b)$ 使用定理 2.2.1 的结论 (ii), 结合对 Φ_1 的假设条件 (ii), 我们得到 $\Phi_1' = G_1'(b)$ 以及 $\Phi_1 - G_1$ 是一个常数. 再由性质

$$\lim_{\varepsilon \to 0}(G_1(b)(\varepsilon) - \Phi_1(\varepsilon)) = 0$$

得到 $\Phi_1 = G_1(b)$. 此外 b 的唯一性可以类似地证明. □

2.3　星形 Lipschitz 曲线上的奇异积分

在 2.2 节中得到的结果可以用来研究在 2.1 节中定义的周期 Lipschitz 曲线上的奇异积分和乘子变换之间的关系. 做变量替换 $z \to \exp(iz)$, 并在定理 2.2.1 和定理 2.2.2 中替换 $\widetilde{\Phi} = \Phi \circ \left(\frac{1}{i}\ln\right)$ 和 $\widetilde{\Phi_1} = \Phi_1 \circ \left(\frac{1}{i}\ln\right)$, 得到如下定理.

定理 2.3.1　令 $\omega \in \left(0, \frac{\pi}{2}\right]$ 和 $b \in H^\infty(S_\omega^0)$. 存在一对函数 $(\widetilde{\Phi}, \widetilde{\Phi_1})$ 使得 $\widetilde{\Phi}$ 和 $\widetilde{\Phi_1}$ 分别在 $\exp(iS_\omega^0(\pi))$ 和 $\exp(iS_{\omega,+}^0(\pi))$ 中全纯, 且对任意的 $\mu \in (0, \omega)$,

(i) $|\widetilde{\Phi}(z)| \leqslant C_{\omega,\mu}\|b\|_\infty/|1 - z|$, $z \in \exp(iS_\mu^0(\pi))$;

(ii) $\widetilde{\Phi_1} \in H^\infty(\exp(iS_\mu^0(\pi)))$, $\|\widetilde{\Phi_1}\|_{H^\infty(\exp(iS_\mu^0(\pi)))} < C_{\omega,\mu}\|b\|_\infty$ 以及

$$\widetilde{\Phi_1}'(z) = \frac{1}{iz}(\widetilde{\Phi}(z) + \widetilde{\Phi}(z^{-1})), \quad z \in \exp(iS_{\omega,+}^0(\pi));$$

(iii) 对所有定义在 $\mathbb{T}$ 上的光滑函数 $\widetilde{F}$,

$$2\pi \sum_{n=-\infty}^{\infty} b(n)\widehat{\widetilde{F}}_{\mathbb{T}}(-n) = \lim_{\varepsilon \to 0}\left\{\int_{|\ln z| > \varepsilon, z \in \mathbb{T}} \widetilde{\Phi}(z)\widetilde{F}(z)\frac{dz}{z} + \widetilde{\Phi_1}(\exp(i\varepsilon))\widetilde{F}(1)\right\}.$$

其中 $\widehat{\widetilde{F}}_{\mathbb{T}}(n)$ 是 $\widetilde{F}$ 的第 n 个 Fourier 系数, 且 $b(0) = \frac{1}{2\pi}\widetilde{\Phi_1}(\exp(i\pi))$.

定理 2.3.2　令 $\omega \in \left(0, \frac{\pi}{2}\right]$ 和 $(\widetilde{\Phi}, \widetilde{\Phi_1})$ 是分别定义在 $\exp(iS_\omega^0(\pi))$ 和 $\exp(iS_{\omega,+}^0(\pi))$ 中的函数, 满足

(i) 存在常数 c_0 使得

$$|\widetilde{\Phi}(z)| \leqslant \frac{c_0}{|1 - z|}, \quad z \in \exp(iS_\omega^0(\pi));$$

(ii) **存在常数 c_1 使得 $\|\widetilde{\Phi}_1\|_{H^\infty(\exp(iS^0_{\omega,+}(\pi)))} < c_1$ 和**

$$\widetilde{\Phi}'_1(z) = \frac{1}{iz}\Big(\widetilde{\Phi}(z) + \widetilde{\Phi}(z^{-1})\Big), \quad z \in \exp(iS^0_{\omega,+}(\pi)).$$

则对任意的 $\mu \in (0,\omega)$, 存在 $H^\infty(S^0_\mu)$ 中的函数 b^μ:

$$\|b^\mu\|_{H^\infty(S^0_\mu)} \leqslant C_\mu(c_0 + c_1).$$

由 b^μ 按照定理 2.3.1 确定的函数对, 在模去常数的意义下, 等于 $(\widetilde{\Phi}, \widetilde{\Phi}_1)$. 进而, $b^\mu = b^{\mu,+} + b^{\mu,-}$,

$$b^\pm(\eta) = \frac{1}{2\pi} \lim_{\varepsilon \to 0} \left\{ \int_{-i\ln z \in A^\pm(\varepsilon,\theta,\varrho)} z^{-\eta}\frac{dz}{z} + \widetilde{\Phi}_1(\exp(i\varepsilon)) \right\}, \quad \eta \in S^0_{\mu,\pm},$$

其中 $A^\pm(\varepsilon,\theta,\varrho)$ 是定理 2.2.2 中所定义的路径, 且

$$\widetilde{\Phi}_1(\exp(i\varepsilon)) = \int_{l(\varepsilon)} \widetilde{\Phi}(\exp(iz))dz,$$

其中 $l(\varepsilon)$ 是任意 $C^0_{\omega,\pm}$ 中从 $-\varepsilon$ 到 ε 的路径.

对正和负的幂级数的全纯展开的情形, 定理 2.3.1 和定理 2.3.2 转化为以下几个推论.

推论 2.3.1 令 $(b_n)^{\pm\infty}_{n=\pm 1} \in l^\infty$ 和 $\widetilde{\Phi}(z) = \sum\limits_{n=\pm 1}^{\pm\infty} b_n z^n, |z^{\pm 1}| < 1$, 且 $\omega \in \left(0, \frac{\pi}{2}\right)$. 如果存在 $\delta > 0$ 使得 $\omega + \delta \leqslant \frac{\pi}{2}$, 以及存在函数 $b \in H^\infty(S^0_{\omega+\delta,\pm})$ 使得对所有的 $\pm n = \pm 1, \pm 2, \cdots, b(n) = b_n$, 则函数 Φ 可以被全纯地延拓到区域 $\exp(iC^0_{\omega+\delta,\pm}(\pi))$. 进一步有

$$|\widetilde{\Phi}(z)| \leqslant \frac{C_{\omega,\delta}}{|1-z|}, \quad z \in \exp(iC^0_{\omega,\pm}(\pi)).$$

推论 2.3.2 令 $\omega \in \left(0, \frac{\pi}{2}\right)$, 且令 $\widetilde{\Phi}$ 是全纯的并满足

$$|\widetilde{\Phi}(z)| \leqslant \frac{C}{|1-z|}, \quad z \in \exp(iC^0_{\omega,\pm}(\pi)),$$

则对任意的 $\mu \in (0,\omega)$, 存在函数 b^μ 使得 $b^\mu \in H^\infty(S^0_{\mu,\pm})$ 和 $\widetilde{\Phi}(z) = \sum\limits_{n=\pm 1}^{\pm\infty} b^\mu(n) z^n$. 进而, $b^\mu = b^{\mu,+} + b^{\mu,-}$, 且对 $\eta \in S^0_{\mu,\pm}$,

$$b^{\mu,\pm}(\eta) = \frac{1}{2\pi} \lim_{\varepsilon \to 0+} \left\{ \int_{-i\ln z \in A^\pm(\varepsilon,\theta,\varrho)} \exp(-i\eta z)\widetilde{\Phi}(\exp(iz))dz + \widetilde{\Phi}_1(\exp(i\varepsilon)) \right\},$$

其中　$A^\pm(\varepsilon, \theta, \varrho)$ 由定理 2.2.2 所定义, 且

$$\widetilde{\Phi}_1(\exp(i\varepsilon)) = \int_{l(\varepsilon)} \widetilde{\Phi}(\exp(iz))dz,$$

其中　$l(\varepsilon)$ 是 $C^0_{\omega, \pm}$ 中从 $-\varepsilon$ 到 ε 的路径.

　　注 2.3.1　正如推论 2.3.2 所显示的那样, 满足 $\widetilde{\Phi}(z) = \sum b(n)z^n$ 的映射 $\widetilde{\Phi} \to b$ 不是单值的. 实际上, 若 $\mu_1 \neq \mu_2$, 且 b^{μ_1} 和 b^{μ_2} 满足要求, 则一般来讲, $b^{\mu_1} \neq b^{\mu_2}$. 这一点可以利用 $\widetilde{\Phi}(z) = z^n, n \in \mathbb{Z}^+$, 证明.

　　推论 2.3.3　对任意的 $\omega \in \left(0, \dfrac{\pi}{2}\right)$, 不存在函数 b 使得 $b \in H^\infty(S_{\omega, +})$ 且满足对 $n = 2^k, k = 1, 2, \cdots, b(n) = 1$ 以及对任意其他正整数, $b(n) = 0$.

　　证明　考虑函数

$$\widetilde{\Phi}(z) = z + z^2 + z^{2^2} + \cdots + z^{2^k} + \cdots,$$

由单复变函数论的知识得到, 在单位圆上的区间上, $\widetilde{\Phi}$ 没有全纯延拓. 也即是说, 没有这样的延拓能够按照推论 2.3.1 的方法由 $H^\infty(S^0_{\omega, +})$ 中的函数 b 得到.　　　□

　　对于定理 2.3.1 中定义的函数 b 和 $\widetilde{F}$, 由 Laurent 级数理论, 级数

$$\sum_{n=-\infty}^{\infty} b(n)\widehat{\widetilde{F}}_{\mathbb{T}}(n)z^n$$

在定义 $\widetilde{F}$ 的环道内局部地一致收敛到一个全纯函数. 注意到 $\widehat{\widetilde{F}}_{\mathbb{T}}(n) = \widehat{\widetilde{F}}_{\widetilde{\Gamma}}(n)$, 可以定义算子 $\widetilde{M}_b : \mathcal{A}(\widetilde{\Gamma}) \longrightarrow \mathcal{A}(\widetilde{\Gamma})$ 为

$$\widetilde{M}_b(\widetilde{F})(z) = 2\pi \sum_{n=-\infty}^{\infty} b(n)\widehat{\widetilde{F}}_{\widetilde{\Gamma}}(n)z^n.$$

　　另一方面, 对定理 2.3.2 中出现的函数对 $(\widetilde{\Phi}, \widetilde{\Phi}_1)$, 可以形式地记为

$$T_{(\widetilde{\Phi}, \widetilde{\Phi}_1)}\widetilde{F}(z)$$
$$= \lim_{\varepsilon \to 0} \left\{ \int_{\pi \geqslant |\mathrm{Re}(i^{-1}\ln(\eta z^{-1}))| > \varepsilon, \eta \in \widetilde{\Gamma}} \widetilde{\Phi}(z\eta^{-1})\widetilde{F}(\eta)\frac{d\eta}{\eta} + \widetilde{\Phi}_1(\exp(i\varepsilon t(z)))\widetilde{F}(z) \right\},$$

其中 $t(z)$ 是在 $S^0_{\omega, +}(\pi)$ 中的 z 处的 Γ 的单位切向量. 我们有如下定理.

　　定理 2.3.3　令 $\omega \in (\arctan N, \pi/2], b \in H^\infty(S^0_\omega)$ 且令 $(\widetilde{\Phi}, \widetilde{\Phi}_1)$ 是按照定理 2.3.1 的模式定义的与 b 相关的函数对, 则如下结论成立:

(i) $T_{(\widetilde{\Phi},\widetilde{\Phi}_1)}$ 是从 $\mathcal{A}(\widetilde{\Gamma})$ 到 $\mathcal{A}(\widetilde{\Gamma})$ 的良定的算子, 且在模恒同算子常数倍的意义下,

$$T_{(\widetilde{\Phi},\widetilde{\Phi}_1)} = \widetilde{M}_b;$$

(ii) 在 $L^2(\widetilde{\Gamma})$ 上, $\widetilde{M}_b$ 延拓为有界算子, 且算子范数被 $c\|b\|_\infty$ 控制.

证明 (i) 对任意的 $\alpha > 0$, 定义 $b_z^{\pm,\alpha}(\xi) = -z^{-\xi}b^{\pm,\alpha}(-\xi)$, 其中 $b^{\pm,\alpha}$ 是在定理 2.2.1 的证明中定义的函数. 令 $(\widetilde{\Phi}_z^{\pm,\alpha}, (\widetilde{\Phi}_z^{\pm,\alpha})_1)$ 是为按照定理 2.3.1 的模式定义的与 $b_z^{\pm,\alpha}$ 相关的函数对. 由定理 2.3.1 的 (iii) 和 Cauchy 定理, 有

$$\widetilde{M}_{b_z^{\pm,\alpha}}\widetilde{F}(z) = 2\pi \sum_{n=-\infty}^{\infty} b_z^{\pm,\alpha}(n)\widehat{\widetilde{F}}_{\widetilde{\gamma}}(n)$$

$$= 2\pi \sum_{n=-\infty}^{\infty} b_z^{\pm,\alpha}(n)\widehat{\widetilde{F}}_{\mathbb{T}}(n)$$

$$= \int_{\mathbb{T}} \widetilde{\Phi}_z^{\pm,\alpha}(\eta^{-1})\widetilde{F}(\eta)\frac{d\eta}{\eta}$$

$$= \int_{\widetilde{\Gamma}} \widetilde{\Phi}_z^{\pm,\alpha}(\eta^{-1})\widetilde{F}(\eta)\frac{d\eta}{\eta}.$$

跟定理 2.2.1 一样, 取极限 $\alpha \to 0$ 并且注意到

$$\widetilde{\Phi}_z^{\pm}(\eta^{-1}) = \widetilde{\Phi}^{\pm}(z\eta^{-1}),$$

对 $b^{\pm}$ 和 b, 我们得到所求的不等式.

(ii) 可以证明下列算子的有界性

$$T_{\Phi,\Phi_1}F(z) = \lim_{\varepsilon\to0}\left\{\int_{\pi\geqslant|\mathrm{Re}(z-\eta)|>\varepsilon} \Phi(z-\eta)F(\eta)d\eta + \Phi_1(\varepsilon t(z))F(z)\right\}, \quad F\in\mathcal{A}(\gamma),$$

其中 $t(z)$ 是 $S_{\omega,+}^0(\pi)$ 中在 z 处 Γ 的单位切向量, $\mathcal{A}(\Gamma)$ 表示以 2π 为周期且如下定义的全纯函数类: $F\in\mathcal{A}(\Gamma)$ 当且仅当 $\widetilde{F} = F\circ(i^{-1}\ln)\in\mathcal{A}(\widetilde{\Gamma})$. 由定理 2.2.1 的 (i) 中的分解, 有

$$T_{(\Phi,\Phi_1)}F(z) = \lim_{\varepsilon_n\to0}\Big\{\int_{\pi\geqslant|\mathrm{Re}(z-\eta)|>\varepsilon_n} \phi(z-\eta)F(\eta)d\eta$$

$$+ \int_{\pi\geqslant|\mathrm{Re}(z-\eta)|>\varepsilon_n} \phi_0(z-\eta)F(\eta)d\eta$$

$$+ c_1\int_{-\pi}^{\pi} F(\eta)d\eta + c_2F(z),$$

其中 $\varepsilon_n \to 0$ 是序列 $\varepsilon \to 0$ 的一个子列, 且 c_1 和 c_2 为常数.

第二个和第三个积分被 F 的 L^2-范数控制, 而第一个积分被下式控制

$$\sup_{\varepsilon>0}\left|\int_{|\mathrm{Re}(z-\eta)|>\varepsilon}\phi(z-\eta)F_1(\eta)d\eta\right|+c\mathcal{M}F_1(z),\quad \mathrm{Re}(z)\in[-\pi,\pi],$$

其中对 $|\mathrm{Re}(\eta)|\leqslant 2\pi$, $F_1(\eta)=F(\eta)$; 否则 $F_1(\eta)=0$. $\mathcal{M}F_1$ 是曲线上 F_1 的 Hardy-Littlewood 极大算子. 根据由 (ϕ,ϕ_1) 引入的算子有界性结果和 Hardy-Littlewood 极大算子的有界性, 我们得到所要的结论. □

对下述定理, 我们只陈述结果而忽略证明.

定理 2.3.4　令 $\omega\in(\arctan N,\ \pi/2]$, $\widetilde{\Phi}$ 在 $\exp(iS_\omega^0)$ 中全纯且对 ω 满足定理 2.3.2 的 (i). 若 T 是 $L^2(\widetilde{\Gamma})$ 上的有界算子且对所有属于连续函数类 $C_0(\widetilde{\Gamma})$ 的 $\widetilde{F}$,

$$T(\widetilde{F})(z)=\int_{\widetilde{\Gamma}}\widetilde{\Phi}(z\xi^{-1})\widetilde{F}(\xi)\frac{d\xi}{\xi},\quad z\notin\mathrm{supp}\ (\widetilde{F}),$$

则存在唯一的函数 $\widetilde{\Phi}_1\in H^\infty(\exp(iS_{\mu,+}^0))$, $\mu\in(0,\omega)$, 使得对 $\widetilde{F}\in C_0(\widetilde{\Gamma})$,

$$\widetilde{\Phi}_1'(z)=\frac{1}{iz}\left(\widetilde{\Phi}(z)+\widetilde{\Phi}(z^{-1})\right),\quad z\in\exp(iS_{\omega,+}^0(\pi))$$

和

$$T(\widetilde{F})=T_{(\widetilde{\Phi},\widetilde{\Phi}_1)}(\widetilde{F}).$$

2.4　星形 Lipschitz 曲线上的 H^∞ 全纯泛函演算

本节的目的是证明由 A. McIntosh 在 [53] 中建立的 H^∞ 全纯泛函演算理论可以推广到闭的 Lipschitz 曲线的情况. 进而阐明该泛函演算与算子类 $\widetilde{M}_b$ 和 $T_{(\widetilde{\Phi},\widetilde{\Phi}_1)}$ 之间的关系.

对函数 $\widetilde{F}\in\mathcal{A}(\widetilde{\Gamma})$, 定义微分算子 $\dfrac{d}{dz}\mid_{\widetilde{\Gamma}}$ 为

$$\frac{d}{dz}\mid_{\widetilde{\Gamma}}\widetilde{F}(z)=\lim_{h\to 0,\ z+h\in\widetilde{\Gamma}}\frac{\widetilde{F}(z+h)-\widetilde{F}(z)}{h},\quad z\in\widetilde{\Gamma}.$$

对 $1<p<\infty$, $\langle L^p(\widetilde{\Gamma}),\ L^{p'}(\widetilde{\Gamma})\rangle$ 是如下给出的 Banach 空间配对

$$\langle\widetilde{F},\ \widetilde{G}\rangle=\int_{\widetilde{\Gamma}}\widetilde{F}(z)\widetilde{G}(z)dz,$$

其中 $p'=(1-p^{-1})^{-1}$. 现在利用对偶, 定义 $D_{\widetilde{\Gamma},p}$ 为 $L^p(\widetilde{\Gamma})$ 中具有最大定义域的闭算子, 且对所有 $\mathcal{A}(\widetilde{\Gamma})$ 中的 $\widetilde{F}$ 和 $\widetilde{G}$, 满足

$$\left\langle D_{\widetilde{\Gamma},p}\widetilde{F},\ \widetilde{G}\right\rangle=\left\langle\widetilde{F},\ -z\frac{d}{dz}\mid_{\widetilde{\Gamma}}\widetilde{G}\right\rangle.$$

令 $\omega \in (\arctan N, \pi/2]$ 以及 $\lambda \notin S_\omega^0$. 易于证明 $D_{\widetilde{\Gamma},p}$ 是 $\widetilde{\Gamma}$ 上的曲线 Dirac 算子且 $\frac{1}{2\pi}\widetilde{\Phi}_\lambda$ 为如下定义的函数.

令 $\lambda \notin S_\omega^0$, 则在任意的星形 Lipschitz 曲线上, $b(z) = \dfrac{1}{z-\lambda}$ 对应于曲线 Dirac 算子的预解式. 如果 $\mathrm{Im}(\lambda) > 0$, 由 (1-1) 和 (1-2), 有

$$\phi_\lambda(z) = \begin{cases} i\exp(i\lambda z), & \mathrm{Re}(z) > 0, \\ 0, & \mathrm{Re}(z) < 0. \end{cases}$$

如果 $\mathrm{Im}(\lambda) < 0$, 则有

$$\phi_\lambda(z) = \begin{cases} 0, & \mathrm{Re}(z) > 0, \\ i\exp(i\lambda z), & \mathrm{Re}(z) < 0. \end{cases}$$

易于证明, 对每种情况, 均有 ϕ_λ 属于 $L^1(\mathbb{R}) \cap L^2(\mathbb{R})$. 因而对这两种情况, 均可使用定理 2.1.2.

由定义, 对 $\mathrm{Im}(\lambda) > 0$, 有

$$\Phi_\lambda(z) = \begin{cases} \dfrac{i\exp(i\lambda(z+2\pi))}{1-\exp(i\lambda 2\pi)}, & -\pi < \mathrm{Re}(z) < 0, \\[3mm] \dfrac{i\exp(i\lambda z)}{1-\exp(i\lambda 2\pi)}, & 0 < \mathrm{Re}(z) < \pi. \end{cases}$$

对 $\mathrm{Im}(\lambda) < 0$,

$$\Phi_\lambda(z) = \begin{cases} \dfrac{-i\exp(i\lambda(z-2\pi))}{1-\exp(-i\lambda 2\pi)}, & 0 < \mathrm{Re}(z) < \pi, \\[3mm] \dfrac{-i\exp(i\lambda z)}{1-\exp(-i\lambda 2\pi)}, & -\pi < \mathrm{Re}(z) < 0. \end{cases}$$

对 $\mathrm{Im}(\lambda) > 0$,

$$\widetilde{\Phi}_\lambda(z) = \begin{cases} \dfrac{i\exp(i\lambda 2\pi)z^\lambda}{1-\exp(i\lambda 2\pi)}, & -\pi < \mathrm{Re}\left(\dfrac{\ln z}{i}\right) < 0, \\[3mm] \dfrac{iz^\lambda}{1-\exp(i\lambda 2\pi)}, & 0 < \mathrm{Re}\left(\dfrac{\ln z}{i}\right) < \pi. \end{cases}$$

对 $\mathrm{Im}(\lambda) < 0$,

$$\widetilde{\Phi}_\lambda(z) = \begin{cases} \dfrac{-i\exp(-i\lambda 2\pi)z^\lambda}{1-\exp(-i\lambda 2\pi)}, & 0 < \mathrm{Re}\left(\dfrac{\ln z}{i}\right) < \pi, \\[3mm] \dfrac{-iz^\lambda}{1-\exp(-i\lambda 2\pi)}, & -\pi < \mathrm{Re}\left(\dfrac{\ln z}{i}\right) < 0. \end{cases}$$

不难验证, $D_{\widetilde{\Gamma},p}$ 为 $\widetilde{\Gamma}$ 上的曲线 Dirac 算子, 且在定理 2.3.3 的意义下, 上面给出的函数 $\dfrac{1}{2\pi}\widetilde{\Phi}_\lambda$ 是预解算子 $(D_{\widetilde{\Gamma},p} - \lambda)^{-1}$ 的卷积核. 进而,

$$\|(D_{\widetilde{\Gamma},p} - \lambda)^{-1}\| \leqslant \left\|\frac{1}{2\pi}\widetilde{\Phi}_\lambda\right\| \leqslant \sum_{n=-\infty}^{\infty} \|\phi_\lambda(\cdot + 2\pi n)\|_{L^1(\Gamma)}$$
$$= \|\phi_\lambda\|_{L^1(p\Gamma)} \leqslant \sqrt{1 + N^2}\{\mathrm{dist}(\lambda, S_\omega^0)\}^{-1}.$$

上述估计说明 $D_{\widetilde{\Gamma},p}$ 是一个 ω 型算子. 对那些在 0 和 ∞ 处均具有好的衰减性质的 H^∞ 函数 b, 可以通过谱积分定义 $b(D_{\widetilde{\Gamma},p})$ 如下:

$$b(D_{\widetilde{\Gamma},p}) = \frac{1}{2\pi}\int_\delta b(\eta)(D_{\widetilde{\Gamma},p} - \eta I)^{-1}d\eta.$$

这里 δ 是包含下列四条射线的路径:

$$\begin{cases} \{s\exp(-i\theta): \ s \ \text{从} \ \infty \ \text{到} \ 0\}, \\ \{s\exp(i\theta): \ s \ \text{从} \ 0 \ \text{到} \ \infty\}, \\ \{s\exp(-i(\pi - \theta)): \ s \ \text{从} \ \infty \ \text{到} \ 0\}, \\ \{s\exp(i(\pi + \theta)): \ s \ \text{从} \ 0\text{到} \ \infty\}, \end{cases}$$

其中 $\arctan N < \delta < \omega$.

由上述估计, 容易推出任意的 $b(D_{\widetilde{\Gamma},p})$ 是有界算子, 且

$$b(D_{\widetilde{\Gamma},p}) = \widetilde{M_b} = \widetilde{T}(\widetilde{\Phi}, 0).$$

对 Calderón-Zygmund 算子列取极限, 可以将 $b(D_{\widetilde{\Gamma},p})$ 的定义推广到所有 $H^\infty(S_\omega^0)$ 中的函数, 并可以证明

$$b(D_{\widetilde{\Gamma},p}) = \widetilde{M_b} = \widetilde{T}(\widetilde{\Phi}, \widetilde{\Phi}_1).$$

同时, 当 $b_1, b_2 \in H^\infty(S_\omega^0)$ 和 α_1, α_2 为复数时,

$$\|b(D_{\widetilde{\Gamma},p})\| \leqslant C_\omega \|b\|_\infty,$$

$$(b_1 b_2)(D_{\widetilde{\Gamma},p}) = b_1(D_{\widetilde{\Gamma},p})b_2(D_{\widetilde{\Gamma},p}),$$

$$(\alpha_1 b_1 + \alpha_2 b_2)(D_{\widetilde{\Gamma},p}) = \alpha_1 b_1(D_{\widetilde{\Gamma},p}) + \alpha_2 b_2(D_{\widetilde{\Gamma},p}).$$

下面不局限在 H^∞ 乘子的情形. 须要指出的是, 关于无穷 Lipschitz 曲线上 Fourier 乘子的方法和结果均适用于当前的情况. 主要差别在于: 函数类 $A(\widetilde{\Gamma})$ 具有足够好的性质, 且当处理 Γ 上的核时, 处理的是在 $p\Gamma$ 上由 Possion 求和公式得到的对应的核. 以下两个定理均可以由相应的 Schur 引理得到, 我们略去证明.

对 $b = (b_n)_{n=-\infty}^\infty \in l^\infty$, 定义

$$\|b\|_{M_p(\widetilde{\Gamma})} = \sup \left\{ \left\| \sum b_n \widetilde{\widehat{F}}(n) z^n \right\|_{L^p(\widetilde{\Gamma})} : \|\widetilde{F}\|_{L^p(\widetilde{\Gamma})} \leqslant 1 \right\}$$

和

$$M_p(\widetilde{\Gamma}) = \left\{ b : \|b\|_{M_p(\widetilde{\Gamma})} < \infty \right\}.$$

称 $M_p(\widetilde{\Gamma})$ 中的函数 b 为 $L^p(\widetilde{\Gamma})$-Fourier 乘子.

定理 2.4.1 令 $\widetilde{\Phi}$ 是一个定义在集合

$$\widetilde{\Gamma} - \widetilde{\Gamma} = \left\{ z - \xi : z, \xi \in \widetilde{\Gamma} \right\}$$

的单连通开邻域上的全纯函数, 满足 $|\widetilde{\Phi}(r\exp(i\theta))| \leqslant \psi(\exp(i\theta))$, 其中

$$\int_{-\pi}^{\pi} \psi(\exp(i\theta)) d\theta < \infty,$$

则

$$b = (\widetilde{\widehat{\Phi}}(n))_{n=-\infty}^\infty \in M_p(\widetilde{\Gamma}), \quad 1 < p < \infty,$$

且相应的卷积算子 $T_{\widetilde{\Phi}}$ 可以表示为

$$T_{\widetilde{\Phi}} \widetilde{F}(z) = \int_{\widetilde{\Gamma}} \widetilde{\Phi}(z\eta^{-1}) \widetilde{F}(\eta) \frac{d\eta}{\eta}, \quad \widetilde{F} \in \mathcal{A}(\widetilde{\Gamma}).$$

令 $\widetilde{\Gamma}_1$ 和 $\widetilde{\Gamma}_2$ 是两条本节所研究的那种曲线. 定义

$$M_p(\widetilde{\Gamma}_1, \widetilde{\Gamma}_2) = \left\{ b \in l^\infty : \|b\|_{M_p(\widetilde{\Gamma}_1, \widetilde{\Gamma}_2)} < \infty \right\},$$

其中

$$\|b\|_{M_p(\widetilde{\Gamma}_1, \widetilde{\Gamma}_2)} = \sup \left\{ \frac{\left\| \sum b_n \widetilde{\widehat{F}}(n) z^n \right\|_{L^p(\widetilde{\Gamma}_2)}}{\|\widetilde{F}\|_{L^p(\widetilde{\Gamma}_1)}} : \widetilde{F} \in \mathcal{A}(\widetilde{\Gamma}_1) \cap \mathcal{A}(\widetilde{\Gamma}_2) \right\}.$$

如果 $\widetilde{\Gamma}_3$ 是第三条这样的曲线, 且 $b_1 \in M_p(\widetilde{\Gamma}_1, \widetilde{\Gamma}_2)$, $b_2 \in M_p(\widetilde{\Gamma}_2, \widetilde{\Gamma}_3)$, 则 $b_2 b_1 \in M_p(\widetilde{\Gamma}_1, \widetilde{\Gamma}_3)$, 且

$$\|b_2 b_1\|_{M_p(\widetilde{\Gamma}_1, \widetilde{\Gamma}_3)} \leqslant \|b_2\|_{M_p(\widetilde{\Gamma}_2, \widetilde{\Gamma}_3)} \|b_1\|_{M_p(\widetilde{\Gamma}_1, \widetilde{\Gamma}_2)}.$$

定理 2.4.2 令 $b \in l^\infty$ 和 $f_\beta(n) = b(n) \exp(2\beta|n|)$. 如果对某个 $\beta > M = \max A(x)$, $f_\beta \in M_p(\mathbb{T})$, 其中 $\mathbb{T}$ 为单位圆且 $1 < p < \infty$, 则 $b \in M_p(\widetilde{\Gamma})$, 且有

$$\|b\|_{M_p(\widetilde{\gamma})} \leqslant (2\pi\beta)^2 (\beta^2 - M^2)^{-1} (1 + N^2)^{1/2} \|f_\beta\|_{M_p(\mathbb{T})}.$$

虽然对于平滑的曲线 Γ 有, $\|b\|_{M_2(\widetilde{\Gamma})} \leqslant C_{\widetilde{\Gamma}} \|b\|_{\infty}$. 下边的例子表明一般情形下这一事实未必成立.

取 $\Gamma(x) = x + iA(x)$ 为定义在 $[-\pi, \pi]$ 上的 Lipschitz 曲线, 且 $A(0) > 0$ 和 $m = \min A(x) < 0$. 对任意的整数 S, 令 b_S 为 l^{∞} 中序列, 满足当 $n \leqslant S, b_S(n) = 1$; 否则 $b_S(n) = 0$. 利用 $F(z) = \dfrac{1}{1 - \exp(iz)}$ 作为试验函数, 可以证明对任意的 $\varepsilon > 0$,

$$\|b_S\|_{M_2(\widetilde{\Gamma})} \geqslant C_{\varepsilon} \exp(-S(m + \varepsilon)).$$

2.5   注   记

注 2.5.1   定理 2.3.1 和定理 2.3.2 有如下形式的推广. 设 γ 是一个闭的星形 Lipschitz 曲线, 假定对于任意的 $S_{\mu,\pm}, 0 < \mu < w$, 乘子 $b(z)$ 满足 $|b(z)| \leqslant C|z \pm 1|^s$, 则可以证明函数 $\phi(z) = \sum\limits_{n=\pm 1}^{\pm \infty} b(n) z^n$ 满足估计

$$|\phi(z)| \leqslant \frac{C_{\mu}}{|1 - z|^{1+s}}, \quad z \in C_{\mu,\pm}, 0 < \mu < w. \tag{2-6}$$

反之, 若全纯函数 $\phi(z)$ 满足估计 (2-6), 则可以找到一个 b 满足 $|b(z)| \leqslant C|z \pm 1|^s$ 且 $\phi(z) = \sum\limits_{n=\pm 1}^{\pm \infty} b(n) z^n$. 详见 7.1 节.

第 3 章　Clifford 分析, Dirac 算子
与 Fourier 变换

本章叙述 Clifford 分析的一些预备知识以及一些相关的结果. 这些知识将被用于建立 Lipschitz 曲面上的卷积奇异积分和 Fourier 乘子理论. 3.1 节简要叙述 Clifford 分析的一些基本知识. 3.3 节给出一个 Futuer 定理在 Clifford 代数环境下的推广, 该推广将在第 6 章和第 7 章中用于估计闭 Lipschitz 曲面上的全纯 Fourier 乘子的核函数. 本章的参考文献包括 [48, 49, 65, 71].

3.1　Clifford 分析的预备知识

在本节中, m 和 M 表示正整数, L 等于 0 或 $m+1$, 且 $M \geqslant \max\{m, L\}$. 实 2^M 维 Clifford 代数 $\mathbb{R}_{(M)}$ 或复 2^M 维 Clifford 代数 $\mathbb{C}_{(M)}$ 有基向量 e_S, 其中 S 为 $\{1, 2, \cdots, M\}$ 的任意子集. 在下述等价意义下

$$\begin{cases} e_0 = e_\phi, \\ e_j = e_{\{j\}}, & 1 \leqslant j \leqslant M, \end{cases}$$

基向量之间的乘法运算满足

$$\begin{cases} e_0 = 1, \ e_j^2 = -e_0 = -1, & 1 \leqslant j \leqslant M, \ e_0 = 1, \\ e_j e_k = -e_k e_j = e_{\{j,k\}}, & 1 \leqslant j < k \leqslant M, \\ e_{j_1} e_{j_2} \cdots e_{j_s} = e_S, & 1 \leqslant j_1 < j_2 < \cdots < j_s \leqslant M \ \text{且} \ S = \{j_1, j_2, \cdots, j_s\}. \end{cases}$$

设 $u = \sum\limits_S u_S e_S$ 和 $v = \sum\limits_T v_T e_T$ 是 $\mathbb{R}_{(M)}$ (或 $\mathbb{C}_{(M)}$) 中的两个元素, 则它们的积可以写作

$$uv = \sum_{S,T} u_S v_T e_S e_T,$$

其中 $u_S, v_T \in \mathbb{R}$ (或 $\mathbb{C}$). $u_\phi e_\phi$ 经常写作 $u_0 e_0$ 或 u_0, 并且被称为 u 的数值部分.

通过把 $\mathbb{R}^m$ 的基向量等同于 $\mathbb{R}_{(M)}$ 或 $\mathbb{C}_{(M)}$ 中的基向量 $e_1, e_2, \cdots, e_m$, 我们将向量空间 $\mathbb{R}^m$ 嵌入 Clifford 代数 $\mathbb{R}_{(M)}$ 和 $\mathbb{C}_{(M)}$ 中. 将 $\mathbb{R}^{m+1}$ 嵌入到 Clifford 代数有两个常用的方法. 我们将 $\mathbb{R}^{m+1}$ 的标准基向量记为 $e_1, e_2, \cdots, e_m, e_L$, 且将 e_L 等价于 e_0 或 e_{m+1}.

在 $\mathbb{R}_{(M)}$ 和 $\mathbb{C}_{(M)}$ 上, 使用 Euclidean 范数 $|u| = (\sum_S |u_S|^2)^{1/2}$. 对某个仅依赖于 M 的常数 C, $|uv| \leqslant C|u||v|$. 若 $u \in \mathbb{R}^{m+1}$, 则该常数可以取 1; 若 $u \in \mathbb{C}^{m+1}$, 该常数取 $\sqrt{2}$.

将 $x \in \mathbb{R}^{m+1}$ 记为 $x = \mathbf{x} + x_L e_L$, 其中 $\mathbf{x} \in \mathbb{R}^m$ 且 $x_L \in \mathbb{R}$; 将 x 的 Clifford 共轭记为 $\bar{x} = -\mathbf{x} + x_L \bar{e}_L$, 其中 $\bar{e}_L e_L = 1$. 则

$$\bar{x}x = x\bar{x} = \sum_{j=1}^m x_j^2 + x_L^2 = |x|^2.$$

Clifford 代数 $\mathbb{R}_{(0)}$, $\mathbb{R}_{(1)}$ 和 $\mathbb{R}_{(2)}$ 分别是实数、复数和四元数. 这三个代数的一个重要的性质是, 每一个非零元均可逆. 尽管对一般的 Clifford 数来讲这并不成立, 但是每个 $\mathbb{R}^{m+1}$ 中的非零元素 $x = \mathbf{x} + x_L e_L$ 的确在 $\mathbb{R}_{(M)}$ 中存在逆元素 x^{-1}. 实际上, $x^{-1} = |x|^{-2}\bar{x} \in \mathbb{R}^{m+1} \subset \mathbb{R}_{(M)}$.

对 $\xi \in \mathbb{R}^m$, $\xi \neq 0$, 定义

$$\chi_\pm(\xi) = (1 \pm i\xi e_L |\xi|^{-1})/2,$$

使得

$$\chi_+(\xi) + \chi_-(\xi) = 1.$$

利用 $(i\xi e_L)^2 = |\xi|^2$, 得到

$$\begin{cases} \chi_+(\xi)^2 = \chi_+(\xi), \\ \chi_-(\xi)^2 = \chi_-(\xi), \\ \chi_+(\xi)\chi_-(\xi) = 0 = \chi_-(\xi)\chi_+(\xi). \end{cases}$$

进而, $i\xi e_L = |\xi|\chi_+(\xi) - |\xi|\chi_-(\xi)$, 并且实际上, 对任意数值系数的单变量多项式 $P(\lambda) = \sum a_k \lambda_k$, 有

$$P(i\xi e_L) = \sum_k a_k (i\xi e_L)^k = P(|\xi|)\chi_+(\xi) + P(-|\xi|)\chi_-(\xi).$$

因此, m 个变量的多项式 $p(\xi) = P(i\xi e_L)$ 满足 $p(0) = P(0)$ 且

$$p(\xi) = P(i\xi e_L) = P(|\xi|)\chi_+(\xi) + P(-|\xi|)\chi_-(\xi), \quad \xi \neq 0.$$

任意单变量函数 B 与 m 个变量的函数 b 可以很自然地联系到一起, 即如果 $|\xi|$ 和 $-|\xi|$ 属于 B 的定义域,

$$b(\xi) = B(i\xi e_L) = B(|\xi|)\chi_+(\xi) + B(-|\xi|)\chi_-(\xi);$$

当 0 属于 B 的定义域时, $b(\mathbf{0}) = B(0)$.

对复变量的全纯函数重复上述过程. 首先对 $\zeta = \xi + i\eta \in \mathbb{C}^m$, 定义

$$|\zeta|_\mathbb{C}^2 = \sum_{j=1}^m \zeta_j^2 = |\xi|^2 - |\eta|^2 + 2i\langle \xi, \eta \rangle,$$

其中 $\xi, \eta \in \mathbb{R}^m$, 并且注意到 $(i\zeta_L)^2 = |\zeta|_\mathbb{C}^2$. 因而 $|\zeta|_\mathbb{C}^2$ 将 $|\xi|^2$ 全纯延拓到 $\mathbb{C}^m$. 当 $|\zeta|_\mathbb{C}^2 \neq 0$, 取 $\pm|\zeta|_\mathbb{C}$ 为它的平方根, 且定义

$$\chi_\pm(\zeta) = \frac{1}{2}\left(1 \pm \frac{i\zeta_L}{|\zeta|_\mathbb{C}}\right),$$

使得

$$\begin{cases} \chi_+(\zeta) + \chi_-(\zeta) = 1, \\ \chi_+(\zeta)^2 = \chi_+(\zeta), \\ \chi_-(\zeta)^2 = \chi_-(\zeta), \\ \chi_+(\zeta)\chi_-(\zeta) = 0 = \chi_-(\zeta)\chi_+(\zeta), \end{cases}$$

且 $i\zeta_L = |\zeta|_\mathbb{C}\chi_+(\xi) - |\zeta|_\mathbb{C}\chi_-(\xi)$.

设 $P(\lambda) = \sum a_k \lambda_k$ 为单变量复系数多项式, 相应的 m 个变量的多项式定义为

$$p(\zeta) = P(i\zeta_L) = \sum_k a_k(i\zeta_L)^k,$$

且满足若 $|\zeta|_\mathbb{C}^2 \neq 0$, 则

$$\begin{aligned} p(\zeta) &= P(i\zeta_L) = P(|\zeta|_\mathbb{C})\chi_+(\zeta) + P(-|\zeta|_\mathbb{C})\chi_-(\zeta) \\ &= \frac{1}{2}\Big(P(|\zeta|_\mathbb{C}) + P(-|\zeta|_\mathbb{C})\Big) + \frac{1}{2}\frac{\Big(P(|\zeta|_\mathbb{C}) - P(-|\zeta|_\mathbb{C})\Big)i\zeta_L}{|\zeta|_\mathbb{C}}; \end{aligned}$$

若 $|\zeta|_\mathbb{C}^2 = 0$, 则

$$p(\zeta) = P(0) + P'(0)i\zeta_L.$$

设 B 为定义在 $\mathbb{C}$ 中的开子集 O 上的任意单变量复值全纯函数, 且设 b 为 m 个变量的 Clifford 值的全纯函数, 且对所有的 $\zeta \in \mathbb{C}^m$, 满足 $\{\pm|\zeta|_\mathbb{C}\} \subset O$, 则 B 和 m 可以由以下方式自然地联系起来: 如果 $|\zeta|_\mathbb{C}^2 \neq 0$, 则

$$\begin{aligned} b(\zeta) &= B(i\zeta_L) = B(|\zeta|_\mathbb{C})\chi_+(\zeta) + B(-|\zeta|_\mathbb{C})\chi_-(\zeta) \\ &= \frac{1}{2}\Big(B(|\zeta|_\mathbb{C}) + B(-|\zeta|_\mathbb{C})\Big) + \frac{1}{2}\frac{\Big(B(|\zeta|_\mathbb{C}) - B(-|\zeta|_\mathbb{C})\Big)i\zeta_L}{|\zeta|_\mathbb{C}}; \end{aligned}$$

如果 $|\zeta|_\mathbb{C}^2 = 0$, 则

$$b(\zeta) = B(0) + B'(0)i\zeta_L.$$

之所以说上述对应是自然的, 不仅是因为当 B 为多项式时, b 为所求的多项式, 还因为从 B 到 b 的映射是一个代数同态. 也就是说, 如果 F 是定义在 O 上的另一个全纯函数, 且 $c_1, c_2 \in \mathbb{C}$, 则

$$(c_1 F + c_2 B)(i\zeta e_L) = c_1 F(i\zeta e_L) + c_2 B(i\zeta e_L)$$

和

$$(FB)(i\zeta e_L) = F(i\zeta e_L)B(i\zeta e_L).$$

下面举一个例子, 对任意的实数 t, 定义以 $\lambda \in \mathbb{C}$ 为变量的全纯函数 $E_t(\lambda) = e^{-t\lambda}$. 相应的 m 个变量的函数定义如下: 如果 $|\zeta|_{\mathbb{C}}^2 \neq 0$,

$$\begin{aligned} e(te_L, \zeta) &= E_t(i\zeta e_L) = e^{-t|\zeta|_{\mathbb{C}}}\chi_+(\zeta) + e^{t|\zeta|_{\mathbb{C}}}\chi_-(\zeta) \\ &= \cosh(t|\zeta|_{\mathbb{C}}) - \sinh(t|\zeta|_{\mathbb{C}})|\zeta|_{\mathbb{C}}^{-1}i\zeta e_L; \end{aligned}$$

如果 $|\zeta|_{\mathbb{C}}^2 = 0$,

$$e(te_L, \zeta) = 1 - ti\zeta e_L,$$

则

$$e(te_L, \zeta)e(se_L, \zeta) = e((t+s)e_L, \zeta)$$

且 $e(te_L, -\zeta) = e(-te_L, \zeta)$. 此外

$$\frac{d}{dt}e(te_L, \zeta) = -i\zeta e_L e(te_L, \zeta) = -e(te_L, \zeta)i\zeta e_L.$$

另一个例子是对任意的复数 α, 定义函数 $R_\alpha(\lambda) = (\lambda - \alpha)^{-1}, \lambda \neq \alpha$. 则

$$R_\alpha(i\zeta e_L) = (i\zeta e_L - \alpha)^{-1} = (i\zeta e_L + \alpha)(|\zeta|_{\mathbb{C}}^2 - \alpha^2)^{-1}, \quad |\zeta|_{\mathbb{C}}^2 \neq \alpha^2.$$

虽然从今以后假定 $|\zeta|_{\mathbb{C}}^2 \notin (-\infty, 0]$ 且 $\mathrm{Re}|\zeta|_{\mathbb{C}} > 0$, 但是给每个 $|\zeta|_{\mathbb{C}}^2$ 的平方根指定的符号并不重要. 现在证明一些估计.

定理 3.1.1 令 $\zeta = \xi + i\eta \in \mathbb{C}^m$, 其中 $\xi, \eta \in \mathbb{R}^m$, 并假定 $|\zeta|_{\mathbb{C}}^2 \notin (-\infty, 0]$. 令

$$\theta = \arctan\left(\frac{|\eta|}{\mathrm{Re}|\zeta|_{\mathbb{C}}}\right) \in \left[0, \frac{\pi}{2}\right).$$

则

(a) $0 < \mathrm{Re}|\zeta|_{\mathbb{C}} \leqslant |\xi| \leqslant \sec\theta\,\mathrm{Re}|\zeta|_{\mathbb{C}}$,

(b) $\mathrm{Re}|\zeta|_{\mathbb{C}} \leqslant ||\zeta|_{\mathbb{C}}| \leqslant \sec\theta\,\mathrm{Re}|\zeta|_{\mathbb{C}} \leqslant |\zeta| \leqslant (1 + 2\tan^2\theta)^{1/2}\mathrm{Re}|\zeta|_{\mathbb{C}}$,

(c) $-\theta \leqslant \arg|\zeta|_{\mathbb{C}} \leqslant \theta$,

(d) $|\chi_\pm(\zeta)| \leqslant \dfrac{\sec\theta}{\sqrt{2}}$.

证明   最容易证明的是

$$||\zeta|_{\mathbb{C}}|^2 = ||\zeta|_{\mathbb{C}}^2| = \left((|\xi|^2 - |\eta|^2)^2 + 4\langle \xi,\ \eta \rangle^2\right)^{1/2} \leqslant |\xi|^2 + |\eta|^2 = |\zeta|^2,$$

从而

$$\mathrm{Re}|\zeta|_{\mathbb{C}} \leqslant ||\zeta|_{\mathbb{C}}| \leqslant |\zeta|. \tag{3-1}$$

在下列等式中取实部

$$-(\xi + i\eta)^2 = -\zeta^2 = |\zeta|_{\mathbb{C}}^2 = \left(\mathrm{Re}|\zeta|_{\mathbb{C}} + i\mathrm{Im}|\zeta|_{\mathbb{C}}\right)^2,$$

得到

$$|\xi|^2 - |\eta|^2 = (\mathrm{Re}|\zeta|_{\mathbb{C}})^2 - (\mathrm{Im}|\zeta|_{\mathbb{C}})^2 \tag{3-2}$$

或

$$2|\xi|^2 - |\zeta|^2 = 2(\mathrm{Re}|\zeta|_{\mathbb{C}})^2 - ||\zeta|_{\mathbb{C}}|^2,$$

从而, 由 (3-1), 得到 $\mathrm{Re}|\zeta|_{\mathbb{C}} \leqslant |\xi|$. 此外, 根据 (3-2), 有

$$|\xi|^2 \leqslant |\eta|^2 + (\mathrm{Re}|\zeta|_{\mathbb{C}})^2 = (\tan^2\theta + 1)(\mathrm{Re}|\zeta|_{\mathbb{C}}^2),$$

这意味着 $|\xi| \leqslant \sec\theta\mathrm{Re}|\zeta|_{\mathbb{C}}$. 这样就证明了 (a).

(3-2) 的另一个推论是

$$|\zeta|^2 = 2|\eta|^2 + (\mathrm{Re}|\zeta|_{\mathbb{C}})^2 - (\mathrm{Im}|\zeta|_{\mathbb{C}})^2 \leqslant (1 + 2\tan^2\theta)(\mathrm{Re}|\zeta|_{\mathbb{C}}^2),$$

这就证明了 (b).

(c) 是不等式 $||\zeta|_{\mathbb{C}}| \leqslant \sec\theta\mathrm{Re}|\zeta|_{\mathbb{C}}$ 的一个直接推论, 而 (d) 可由 $|\zeta| \leqslant (1 + 2\tan^2\theta)^{1/2}||\zeta|_{\mathbb{C}}|$ 推出. $\qquad\square$

定义

$$S_\mu^0 = \left\{ \zeta = \xi + i\eta \in \mathbb{C}^m : \ |\zeta|_{\mathbb{C}}^2 \notin (-\infty, 0] \ \text{且} \ |\eta| < \mathrm{Re}(|\zeta|_{\mathbb{C}})\tan\mu \right\},$$

从上述定理的 (c) 可知, 当 $\zeta \in S_\mu^0(\mathbb{C}^m)$, $|\zeta|_{\mathbb{C}} \in S_{\mu,+}^0(\mathbb{C})$ 且 $-|\zeta|_{\mathbb{C}} \in S_{\mu,-}^0$. 所以, 对任意定义在 $S_\mu^0(\mathbb{C}) = S_{\mu,+}^0(\mathbb{C}) \cup S_{\mu,-}^0$ 上的全纯函数 B, 相应的 m 个变量的全纯函数 b:

$$b(\zeta) = B(i\zeta e_L) = B(|\zeta|_{\mathbb{C}})\chi_+(\zeta) + B(-|\zeta|_{\mathbb{C}})\chi_-(\zeta)$$

定义在 $S_\mu^0(\mathbb{C}^m)$ 上. 进而, 由 (d), 如果 B 有界, 则

$$\|b\|_\infty \leqslant \sqrt{2}\sec\mu\|B\|_\infty.$$

令

$$H^\infty(S_\mu^0(\mathbb{C}^m)) = H^\infty(S_\mu^0(\mathbb{C}^m), \mathbb{C}_{(M)})$$

为 $S_\mu^0(\mathbb{C}^m)$ 上有界 Clifford 值的全纯函数所构成的 Banach 空间, 我们有如下结果.

定理 3.1.2　上述定义的映射 $B \to b$ 是一个 1-1 的、从 $H^\infty(S_\mu^0(\mathbb{C}))$ 到 $H^\infty(S_\mu^0(\mathbb{C}^m))$ 的代数同态.

证明　只须证明该映射为 1-1 的. 实际上这可以由下述公式推出, 而且从 b 到 B 的反向结果也成立.

$$B(\lambda) = \frac{2}{\sigma_{m-1}} \int_{|\xi|=1} b(\lambda\xi)\chi_\pm(\xi)d\xi, \quad \lambda \in S_{\mu,\pm}^0(\mathbb{C}),$$

其中 σ_{m-1} 是 $\mathbb{R}^m$ 中的单位 $(m-1)$- 球的表面积. □

到现在为止, 我们已经考虑了 Clifford 值的 m 个变量的全纯函数. 而通常讲的 Clifford 分析是对 $m+1$ 个变量的 Clifford 解析函数 (Clifford monogenic function) 进行研究. 在下一节中, 我们将两者用 Fourier 变换联系起来. 这就需要使用指数函数

$$\begin{aligned}
e(x,\zeta) &= e(\mathbf{x} + x_L e_L, \zeta) \\
&= e^{i\langle \mathbf{x}, \zeta \rangle} e(x_L e_L, \zeta) \\
&= e^{i\langle \mathbf{x}, \zeta \rangle} (e^{-x_L|\zeta|_\mathbb{C}} \chi_+(\zeta) + e^{x_L|\zeta|_\mathbb{C}} \chi_-(\zeta)),
\end{aligned}$$

对任意的 $x = \mathbf{x} + x_L e_L \in \mathbb{R}^{m+1}$, 该函数是 $\zeta \in \mathbb{C}^m$ 上的全纯函数, 且对任意的 $\zeta \in \mathbb{C}^m$, 是关于变量 $x \in \mathbb{R}^{m+1}$ 的左 Clifford 解析函数. 该函数满足

$$\begin{cases}
e(x,\zeta)e(y,\zeta) = e(x+y,\zeta); \\
e(x,-\zeta) = e(-x,\zeta).
\end{cases}$$

特别地, 当 $\mathbf{x} \in \mathbb{R}^m$ 和 $\xi \in \mathbb{R}^m$ 时, $e(\mathbf{x}, \xi) = e^{i\langle \mathbf{x}, \xi \rangle}$, 即 Fourier 理论中通常的指数函数. 此外, 对任意的 $\zeta \in \mathbb{C}^m$, $e(x,\zeta)\overline{e_L}$ 也是以 $x \in \mathbb{R}^{n+1}$ 为变量的右 Clifford 解析函数. 我们指出

$$e(x,\zeta) = \exp i(\langle \mathbf{x}, \zeta \rangle - x_L \zeta e_L) = \sum_{k=0}^\infty \frac{1}{k!}(i(\langle \mathbf{x}, \zeta \rangle - x_L \zeta e_L))^k.$$

为了下边使用的方便, 我们回顾 Clifford 分析的一些知识. 微分算子

$$D = \mathbf{D} + \frac{\partial}{\partial x_L} e_L, \text{ 其中, } \mathbf{D} = \sum_{k=1}^m \frac{\partial}{\partial x_k} e_k,$$

在 $m+1$ 个变量的 C^1 函数 $f = \sum\limits_S f_S e_S$ 上的作用为

$$Df = \sum_{k=1}^m \frac{\partial f_S}{\partial x_k} e_k e_S + \frac{\partial f_S}{\partial x_L} e_L e_S$$

和

$$fD = \sum_{k=1}^m \frac{\partial f_S}{\partial x_k} e_S e_k + \frac{\partial f_S}{\partial x_L} e_S e_L.$$

令 f 为一个定义在 $\mathbb{R}^{m+1}$ 的开子集上, 在 $\mathbb{R}_{(M)}$ 或 $\mathbb{C}_{(M)}$ 中取值的 C^1 函数. 如果 $Df = 0$, 则称 f 为左 Clifford 解析函数; 如果 $fD = 0$, 则称 f 为右 Clifford 解析函数. 对左 Clifford 解析或右 Clifford 解析函数而言, 它们的每一个分量都是调和的. 不难证明, 对固定的 ζ, 函数 $e(x,\zeta)$ 是以 x 为变量的左和右 Clifford 解析函数. 这是因为,

$$\frac{\partial}{\partial x_L} e_L e(x,\zeta) = -e_L i\zeta e_L e(x,\zeta) = -e_L i\overline{e_L}\zeta e(x,\zeta)$$
$$= -i\zeta e(x,\zeta) = -\mathbf{D}e(x,\zeta).$$

在 $\mathbb{R}^{m+1} \setminus \{0\}$ 上定义函数 k 为

$$k(x) = \frac{1}{\sigma_m} \frac{\overline{x}}{|x|^{m+1}}, \quad x \neq 0,$$

σ_m 是 $\mathbb{R}^{m+1}$ 中单位 m- 球的面积. 在 Clifford 分析中, 对上述 k, 相应的 Cauchy 积分公式如下.

定理 3.1.3 令 Ω 是 $\mathbb{R}^{m+1}$ 中具有 Lipschitz 边界 $\partial\Omega$ 的有界开子集, 且对几乎所有的 $y \in \partial\Omega$, 有外法向量为 $n(y)$. 假定 f 是 $\Omega \cup \partial\Omega$ 的邻域上的左 Clifford 解析函数且 g 为 $\Omega \cup \partial\Omega$ 的邻域上的右 Clifford 解析函数. 则

(i) $\displaystyle\int_\Sigma g(y)n(y)f(y)dS_y = 0,$

(ii) $\displaystyle\int_{\partial\Omega} g(y)n(y)k(x-y)dS_y = \begin{cases} g(x), & x \in \Omega, \\ 0, & x \notin \Omega \cup \partial\Omega, \end{cases}$

(iii) $\displaystyle\int_{\partial\Omega} k(x-y)n(y)f(y)dS_y = \begin{cases} f(x), & x \in \Omega, \\ 0, & x \notin \Omega \cup \partial\Omega, \end{cases}$

(i) 是 Gauss 散度定理的一个直接推论, 而 (ii) 和 (iii) 可由 (i) 和下列易证的等式推出 ([48]):

$$\int_{|y-x|=r} n(y)k(y-x)dS_y = \int_{|y-x|=r} k(y-x)n(y)dS_y = 1, \quad r > 0.$$

我们还需要如下结果 ([23]):

定理 3.1.4 假定 f 是 $\mathbb{R}^{n+1} \setminus \{0\}$ 上的右 Clifford 解析函数, 且对 $x \in \mathbb{R}^{n+1} \setminus \{0\}$, 满足 $|f(x)| \leqslant C/|x|^n$, 则对某个常数 $c \in \mathbb{C}_{(n)}$, $f(x) = c\overline{x}/|x|^{n+1}$.

3.2　叠加 Dirac 算子的 Möbius 协变性

本节在 Clifford 环境下导出 Dirac 算子

$$\underline{D}^l = \left(\sum_{i=1}^n e_i \frac{\partial}{\partial x_i} \right)$$

和

$$D^l = \left(\frac{\partial}{\partial x_0} + \underline{D} \right)^l$$

的基本解, 由此推出叠加 Dirac 算子的 Möbius 协变性 ([65]).

对 $\alpha > 0$, 定义算子 $\underline{D}^{-\alpha}$ 为

$$\underline{D}^{-\alpha} f(\underline{x}) = c_n \int_{\mathbb{R}^n} e^{-i\langle \underline{x},\, \underline{\xi} \rangle} (i\underline{\xi})^{-\alpha} \hat{f}(\underline{\xi}) d\underline{\xi},$$

其中 $(i\underline{\xi})^{-\alpha}$ 定义为

$$(i\underline{\xi})^{-\alpha} = |\underline{\xi}|^{-\alpha} \chi_+(\underline{\xi}) + |-\underline{\xi}|^{-\alpha} \chi_-(\underline{\xi})$$

和

$$\chi_\pm(\underline{\xi}) = \frac{1}{2} \left(1 \pm \frac{i\underline{\xi}}{|\underline{\xi}|} \right).$$

因此如果 $\alpha = l$ 为正整数, 则有

$$(i\underline{\xi})^{-l} = \begin{cases} \dfrac{1}{|\underline{\xi}|^l}, & l \text{ 是偶数}, \\[2mm] \dfrac{i\underline{\xi}}{|\underline{\xi}|^{l+1}}, & l \text{ 是奇数}. \end{cases}$$

因此

$$\underline{D}^{-\alpha} f(\underline{x}) = \frac{c_n}{2} \Big[\int_{\mathbb{R}^n} e^{-i\langle \underline{x},\underline{\xi} \rangle} |\underline{\xi}|^{-\alpha} \hat{f}(\underline{\xi}) d\underline{\xi} + \underline{D} \int_{\mathbb{R}^n} e^{-i\langle \underline{x},\underline{\xi} \rangle} |\underline{\xi}|^{-\alpha-1} \hat{f}(\underline{\xi}) d\underline{\xi}$$
$$+ \int_{\mathbb{R}^n} e^{-i\langle \underline{x},\underline{\xi} \rangle} (-|\underline{\xi}|)^{-\alpha} \hat{f}(\underline{\xi}) d\underline{\xi} + \underline{D} \int_{\mathbb{R}^n} e^{-i\langle \underline{x},\underline{\xi} \rangle} (-|\underline{\xi}|)^{-\alpha-1} \hat{f}(\underline{\xi}) d\underline{\xi} \Big].$$

如果 $0 < \alpha, \alpha + 1 < n$, 由公式 ([92])

$$\left(\frac{1}{|\underline{\xi}|^\beta} \right)^\vee = c_{n,\beta} \frac{1}{|\underline{x}|^{n-\beta}},$$

可以推出

$$\underline{D}^{-\alpha} f(\underline{x}) = K_{n,\alpha} * f(\underline{x}),$$

其中

$$K_{n,\alpha}(\underline{x}) = c_{n,\alpha}(1 + e^{-i\alpha\pi})\frac{1}{|\underline{x}|^{n-\alpha}} + d_{n,\alpha}(1 - e^{-i\alpha\pi})\underline{D}\left(\frac{1}{|\underline{x}|^{n-\alpha-1}}\right).$$

对一般的 $\alpha > 0$, 同样的方式推出

$$K_{n,\alpha}(\underline{x}) = c_{n,\alpha}(1 + e^{-i\alpha\pi})G_{n,\alpha}(\underline{x}) + d_{n,\alpha}(1 - e^{-i\alpha\pi})\underline{D}G_{n,\alpha+1}(\underline{x}),$$

其中 $G_{n,\beta}$ 是对应于符号 $|\underline{\xi}|^\beta$ 的算子 $|\underline{D}|^\beta$ 的基本解. 从而, 对奇数 n,

$$K_{n,l}(\underline{x}) = \begin{cases} c_{n,l}\dfrac{\underline{x}}{|\underline{x}|^{n-l+1}}, & l \text{ 是奇数}, \\ c_{n,l}\dfrac{1}{|\underline{x}|^{n-l}}, & l \text{ 是偶数}. \end{cases} \tag{3-3}$$

对 n 为偶数,

$$K_{n,l}(\underline{x}) = \begin{cases} c_{n,l}\dfrac{\underline{x}}{|\underline{x}|^{n-l+1}}, & l \text{ 是奇数且} l < n, \\ c_{n,l}\dfrac{1}{|\underline{x}|^{n-l}}, & l \text{ 是偶数且} l < n, \\ (c_{n,l}\log|\underline{x}| + d_{n,l})\dfrac{\underline{x}}{|\underline{x}|^{n-l+1}}, & l \text{ 是奇数且} l > n, \\ (c_{n,l}\log|\underline{x}| + d_{n,l})\dfrac{1}{|\underline{x}|^{n-l}}, & l \text{ 是偶数且} l > n. \end{cases} \tag{3-4}$$

现在导出算子 $D^l, l \in \mathbb{Z}_+$. 记 $D_0 = \dfrac{\partial}{\partial x_0}$, 则

$$D^{-l} = (D_0 + \underline{D})^{-l} = (D_0 - \underline{D})^l(D_0^2 - \underline{D}^2)^{-l}.$$

由 Fourier 变换, $(D_0^2 - \underline{D}^2)^{-l}$ 的符号是 $|\xi|^{-2l}$. 对 $0 < 2l < n + 1$, $|\underline{\xi}|^{-2l}$ 的 Fourier 逆变换是 $c_{n,l}|x|^{-(n+1-2l)}$. 这表明算子 D^{-l} 的核是

$$L_{n,l}(x) = c_{n,l}(D_0 - \underline{D})^l\left(\frac{1}{|x|^{n+1-2l}}\right), \quad 0 < 2l < n + 1.$$

直接计算得到

$$L_{n,l}(x) = c_{n,l}\frac{x_0^{l-1}\overline{x}}{|x|^{n+1}}, \quad l \in \mathbb{Z}_+. \tag{3-5}$$

对任意的元素 $x = x_0 + x_1e_1 + \cdots + x_ne_n$, 记 $x = x_0 + \underline{x}$, 且 $\underline{x} = x_1e_1 + \cdots + x_ne_n \in \mathbb{R}^n$. 定义两个基本的运算

$$(e_{i_1} \cdots e_{i_l})^* =: e_{i_l} \cdots e_{i_1},$$

$$(e_{i_1} \cdots e_{i_l})' = (-1)^l(e_{i_1} \cdots e_{i_l}).$$

令 Γ_n 表示由 Clifford 代数中可以写成 $\mathbb{R}^n$ 中非零向量的乘积的那些元素构成的乘法群. 对任意的 $a, b \in \Gamma_n \cup \{0\}$, $\bar{a}a = |a|^2$ 和 $|ab| = |a| \cdot |b|$. 如果 $a \in \Gamma_n$, 则 $a = \prod\limits_{j=1}^{M(a)} a_j$, 其中 $a_j \in \mathbb{R}^n$. 一般来讲, 这样的表示和 $M(a)$ 都不是唯一的, 记 $m(a)$ 为所有这样的表示中的 $M(a)$ 的最小值. 如果 $a \in \mathbb{R} \setminus \{0\}$, 则设 $m(a) = 0$. 所以, $m(\underline{x}) = 1$, 且对 $a \in \Gamma_n$, $aa^* = a^*a = (-1)^{m(a)}|a|^2$. 一个作用在 $\mathbb{R}^n$ 上由刚体运动、伸缩和求逆运算生成的, 旋转不变的群, 称之为 Möbius 群. 所有从 $\mathbb{R}^n \cup \{\infty\}$ 到 $\mathbb{R}^n \cup \{\infty\}$ 的 Möbius 变换均可表示为

$$\phi(\underline{x}) = (a\underline{x} + b)(c\underline{x} + d)^{-1},$$

其中 $a, b, c, d \in \Gamma \cup \{0\}$ 且

$$ad^* - bc^* \in \mathbb{R} \setminus \{0\}, \quad a^*c, cd^*, d^*b, ba^* \in \mathbb{R}^n.$$

进而, 在 2×2 分块矩阵乘法作用下, 变换 ϕ 和 Clifford 矩阵 $\begin{pmatrix} a & b \\ c & d \end{pmatrix}$ 之间的等价关系是一个同态. 为简便起见, 用假定 $ad^* - bc^* = 1$ 将 Möbius 变换标准化. 考虑如下形式的乘子

$$T_l(\phi)f(\underline{x}) = J_{l,\phi} \cdot f(\phi(\underline{x})),$$

其中

$$J_{l,\phi}(\underline{x}) = \begin{cases} \dfrac{(c\underline{x} + d)^*}{|c\underline{x} + d|^{n-l+1}}, & l \text{ 是奇数}, \\ \dfrac{1}{|c\underline{x} + d|^{n-l}}, & l \text{ 是偶数}, \end{cases} \tag{3-6}$$

且 $l \in \mathbb{Z}$.

下面利用 $K_{n,l}$, $\underline{D}^l$ 和共形权 $J_{l,\phi}$ 之间的紧密关系给出 Bojarski 的一个结果的一个另证 ([ ]).

定理 3.2.1　对 $l \in \mathbb{Z}_+$, 叠加 Dirac 算子 $\underline{D}^l$ 与 Möbius 变换群的表示 T_l, T_{-l} 可交换, 即对 $c \neq 0$,

$$\underline{D}^l(T_l f) = \begin{cases} (-1)^{m(c)+1}T_{-l}(\underline{D}^l f), & l \text{ 是奇数}, \\ T_{-l}(\underline{D}^l f), & l \text{ 是偶数}. \end{cases} \tag{3-7}$$

如果 $c = 0$, 则必有 $d \neq 0$ 且最后一个公式里的因子 $(-1)^{m(c)+1}$ 应该替换为 $(-1)^{m(d)}$.

证明　只证明 $c \neq 0$ 的情况. $c = 0$ 的情形证明是类似的, 且更加简单一些. 略去细节, 我们只须证明

$$(T_l f) = \begin{cases} (-1)^{m(c)+1}\underline{D}^{-l}T_{-l}(\underline{D}^l f), & l \text{ 是奇数}, \\ \underline{D}^{-l}T_{-l}(\underline{D}^l f), & l \text{ 是偶数}. \end{cases} \tag{3-8}$$

首先假定 n 为奇数或者 n 为偶数且 $l < n$. 设 ψ 为 ϕ 的逆. 如果 $\underline{y} = \phi(\underline{x}) = (a\underline{x}+b)(c\underline{x}+d)^{-1} \in \mathbb{R}^n$, 则 $\underline{y}(c\underline{x}+d) = a\underline{x}+b$ 且因此有 $\underline{x} = \psi(\underline{y}) = (\underline{y}c-a)^{-1}(-\underline{y}d+b)$. 令 $z = z(\underline{y}) = \underline{y} - a$, $A = b - ac^{-1}d$, 从而有

$$\underline{x} = z^{-1}A - c^{-1}d. \tag{3-9}$$

另一方面, 因为 $\underline{x} = \underline{x}^*$, $\underline{y} = \underline{y}^*$, (3-9) 等价于

$$\underline{x} = A^*(z^*)^{-1} - d^*(c^*)^{-1}. \tag{3-10}$$

由 Möbius 变换和公式 (3-9), 可以看出 $c \neq 0$ 推出 $A \neq 0$. 我们有

$$\underline{D}^{-l}(T_{-l}(\underline{D}^l f))(\psi(\underline{x})) = c_{n,l} \int K_{n,l}(\psi(\underline{x}) - \underline{y}) \cdot J_{-l,\phi}(\underline{y})(\underline{D}^l f)(\phi(\underline{y})) d\underline{y} \tag{3-11}$$

$$= c_{n,l} \int K_{n,l}(\psi(\underline{x}) - \psi(\underline{y})) \cdot J_{-l,\phi}(\psi(\underline{y}))(\underline{D}^l f)(\underline{y}) \left| \frac{d\psi(\underline{y})}{d\underline{y}} \right| d\underline{y},$$

其中 $\left| \dfrac{d\psi(\underline{y})}{d\underline{y}} \right|$ 是 Jacobian 矩阵. 注意到 $\underline{x} = \psi(\underline{y})$ 也是一个 Möbius 变换, 利用文献 [1] 中的公式 (2.4) 和条件 $ad^* - bc^* = 1$, 我们看到 Jacobian 矩阵等于 $|z(y)|^{-2n}$. 由等式 (3-4) 和 (3-6), 以及

$$\psi(\underline{x}) - \psi(\underline{y}) = (z^{-1}(\underline{x}) - z^{-1}(\underline{y}))A,$$

$$z^{-1}(\underline{x}) - z^{-1}(\underline{y}) = -z^{-1}(\underline{x})(z(\underline{x}) - z(\underline{y}))z^{-1}(\underline{y})$$

$$z(\underline{x}) - z(\underline{y}) = (\underline{x} - \underline{y})c,$$

可以推出 (3-11) 等于

$$-c_{n,l} \frac{z^{-1}(\underline{x})}{|z^{-1}(\underline{x})|^{n-l+1}} \int \frac{(\underline{x} - \underline{y})}{|\underline{x} - \underline{y}|^{n-l+1}} \frac{c}{|c|^{n-l+1}} \frac{z^{-1}(\underline{y})}{|z^{-1}(\underline{y})|^{n-l+1}} \frac{A}{|A|^{n-l+1}}$$

$$\cdot \frac{A^*}{|A|^{n-l+1}} \frac{(z^{-1}(\underline{y}))^*}{|z^{-1}(\underline{y})|^{n-l+1}} \frac{c^*}{|c|^{n-l+1}} (\underline{D}^l f)(\underline{y}) \frac{1}{|z(\underline{y})|^{2n}} d\underline{y}$$

$$= c_{n,l} \frac{1}{|A|^{2n}} \frac{(-1)^{m(c)}}{|c|^{2n}} \frac{z^{-1}(\underline{x})}{|z^{-1}(\underline{x})|^{n-l+1}} \int \frac{(\underline{x} - \underline{y})}{|\underline{x} - \underline{y}|^{n-l+1}} (\underline{D}^l f)(\underline{y})(\underline{y})$$

$$= \frac{1}{|A|^{2n}} \frac{(-1)^{m(c)}}{|c|^{2n}} \frac{z^{-1}(\underline{x})}{|z^{-1}(\underline{x})|^{n-l+1}} \int K_{n,l}(\underline{x} - \underline{y})(\underline{D}^l f)(\underline{y})(\underline{y}) dy$$

$$= \frac{1}{|A|^{2n}} \frac{(-1)^{m(c)}}{|c|^{2n}} \frac{z^{-1}(\underline{x})}{|z^{-1}(\underline{x})|^{n-l+1}} f(\underline{x}),$$

在以上估计中, 我们使用了 $m(z^{-1}A) = 1$. 将 $\underline{x}$ 替换为 $\phi(\underline{x})$ 并且注意到 $(\underline{x} + d^*c^{*-1}) = z^{-1}(\phi(\underline{x}))A$, 我们得到

$$\underline{D}^{-l}(T_{-l}(\underline{D}^l f))(\underline{x}) = \frac{(-1)^{m(c)}cA^*}{|cA|^{n+l+1}} \frac{(cx + d)^*}{|cx + d|^{n-l+1}} f(\phi(\underline{x})).$$

由 $bc^* = ad^* - 1$ 和 $c^{-1}d \in \mathbb{R}^n$ 可以推出 $b = -(c^*)^{-1} + ac^{-1}d$ 和 $A = -(c^*)^{-1}$. 从而可以推出 (3-8).

对于 l 为偶数的情况证明是类似的, 唯一的差别是我们须要在 l 为偶数的情况下分别使用公式 (3-3), (3-4) 和 (3-6). 下面考虑情形 $l \geqslant n$ 其中 n 为偶数. 与上边 l 为奇数的情况一样, 由 (3-4), 可以推出

$$
\begin{aligned}
&\underline{D}^{-l}(T_{-l}(\underline{D}^l f))(\psi(\underline{x}))\\
&= \frac{1}{|A|^{2n}} \frac{(-1)^{m(c)}}{|c|^{2n}} \frac{z^{-1}(\underline{x})}{|z^{-1}(\underline{x})|^{n-l+1}} \int \Big[(-c_{n,l})\log|z(\underline{x})| + (c_{n,l}\log|\underline{x}-\underline{y}| + d_{n,l})\\
&\quad + c_{n,l}\log|c| + (-c_{n,l}\log|z(\underline{y})|)\Big] \frac{\underline{x}-\underline{y}}{|\underline{x}-\underline{y}|^{n-l+1}}(\underline{D}^l f)(\underline{y})d\underline{y}\\
&= \sum_{i=1}^{4} I_i.
\end{aligned}
$$

当 n 为偶数, l 为奇数且 $l \geqslant n$ 时, $(\underline{x}-\underline{y})/|\underline{x}-\underline{y}|^{n-l+1} = \pm(\underline{x}-\underline{y})^{l-n}$, $I_1 = I_3 = 0$. 对 I_2, 由基本解的性质可以推出

$$
I_2 = \frac{1}{|A|^{2n}} \frac{(-1)^{m(c)}}{|c|^{2n}} \frac{z^{-1}(\underline{x})}{|z^{-1}(\underline{x})|^{n-l+1}} f(\underline{x}).
$$

下面证明 $I_4 = 0$. 实际上, 因为

$$
\frac{\underline{x}-\underline{y}}{|\underline{x}-\underline{y}|^{n-l+1}} = \pm[(\underline{x}-ac^{-1}) - (\underline{y}-ac^{-1})]^{l-n} = \sum_{k+j=l-n} h_{kj}(\underline{x}-ac^{-1})^k(\underline{y}-ac^{-1})^j,
$$

由分部积分, 有

$$
\begin{aligned}
I_4 &= -c_{n,l} \sum_{k+j=n-l} h_{kj}(\underline{x}-ac^{-1})^k \int (\log|\underline{y}-ac^{-1}| + \log|c|)(\underline{y}-ac^{-1})^j(\underline{D}^l f)((\underline{y}))d\underline{y}\\
&= -c_{n,l} \sum_{k+j=n-l} h_{kj}(\underline{x}-ac^{-1})^k \int \log|\underline{y}-ac^{-1}|(\underline{y}-ac^{-1})^j(\underline{D}^l f)((\underline{y}))d\underline{y}\\
&= -c_{n,l} \sum_{k+j=n-l, j<l-n} h_{kj}(\underline{x}-ac^{-1})^k\\
&\quad \cdot \int (\log|\underline{y}-ac^{-1}| + \log|c|)(\underline{y}-ac^{-1})^j(\underline{D}^l f)((\underline{y}))d\underline{y}\\
&\quad - c_{n,l} h_{0,l-n} \int \log|\underline{y}-ac^{-1}|(\underline{y}-ac^{-1})^{l-n}(\underline{D}^l f)((\underline{y}))d\underline{y}\\
&= \pm h_{0,l-n} \int c_{n,l}(\log|\underline{y}-ac^{-1}| + d_{n,l}) \frac{(\underline{y}-ac^{-1})}{|\underline{y}-ac^{-1}|^{n-l+1}}(\underline{D}^l f)((\underline{y}))d\underline{y}\\
&= \pm h_{0,l-n} f(ac^{-1})\\
&= 0,
\end{aligned}
$$

其中最后一步使用了如下事实: 函数 $f \circ \phi$ 是紧支集函数, 所以

$$f(ac^{-1}) = f \circ \phi \circ \psi(ac^{-1}) = f \circ \phi(\infty) = 0.$$

和前边一样, 仍然得到

$$\underline{D}^{-l}(T_{-l}(\underline{D}^l f))(\psi(\underline{x})) = \frac{1}{|A|^{2n}} \frac{(-1)^{m(c)}}{|c|^{2n}} \frac{z^{-1}(\underline{x})}{|z^{-1}(\underline{x})|^{n-l+1}} f(\underline{x}).$$

再将 $\underline{x}$ 替换为 $\phi(\underline{x})$, 这就在当 l 为奇数, $l \geqslant n$ 且 n 为偶数的情况下得到了 (3-8). 对于 l 为偶数的情况可以类似处理. □

现在考虑对于算子 D^l 是否能够建立类似的共形协变性. 实际上如果将 Möbius 变换、变换之间的等价关系以及相应的 Clifford 矩阵中的 $\mathbb{R}^n$ 元素替换为 $\mathbb{R}_1^n$ 元素, 则所有的结论仍然成立. 现在令 ϕ 表示一个从 $\mathbb{R}_1^n \cup \{\infty\}$ 到 $\mathbb{R}_1^n \cup \{\infty\}$ 的 Möbius 变换且 g 是从 $\mathbb{R}_1^n \cup \{\infty\}$ 到 $\mathbb{R}_1^n \cup \{\infty\}$ 的一个固定的函数, 定义为

$$g(x) = \frac{x^*}{|x|^{n+1}}, \quad x = x_0 + \underline{x}.$$

定义

$$S_1(\phi)f(x) = L_{n,1}((cx+d)^*)f(\phi(x)),$$

$$S_{-1}(\phi)f(x) = g(cx+d)f(\phi(x)).$$

我们有如下结果.

定理 3.2.2

$$D(S_1 f) = S_{-1}(Df). \tag{3-12}$$

证明 根据算子 D 的基本解表达式和 (3-5), 并将定理 3.2.1 证明中的 $\underline{x}$ 和 $\underline{y}$ 分别替换为 x 和 y, 我们有

$$D^{-1}(S_{-1}(Df))(\psi(x)) = \int L_{n,1}(\psi(x) - \psi(y))g(cz^{-1}(y)A)(Df)(y)\frac{1}{|z(y)|^{2(n+1)}}dy$$

$$= c_{n,1}\frac{-\overline{z^{-1}(x)}}{|z^{-1}(x)|} \int \frac{\overline{(x-y)cz^{-1}(y)A}}{|x-y|^{n+1}|c|^{n+1}|z^{-1}(y)|^{n+1}|A|^{n+1}}$$

$$\times \frac{A^*(z^{-1}(y))^*c^*}{|A|^{n+3}|z^{-1}(y)|^{n+3}|c|^{n+3}} \frac{1}{|z(y)|^{2(n+1)}}dy$$

$$= \frac{-1}{|Ac^*|^{2n+2}} \frac{-\overline{z^{-1}(x)}}{|z^{-1}(x)|} \int L_{n,1}(x-y)(Df)(y)dy$$

$$= \frac{-1}{|Ac^*|^{2n+2}} \frac{-\overline{z^{-1}(x)}}{|z^{-1}(x)|} f(x).$$

将 x 替换为 $\phi(x)$ 并利用 $Ac^* = -1$, 我们得到 (3-12). □

3.3　Fueter 定理

本节的主要参考文献为 [71]. 本节中, 我们的底空间为由 $e_0, e_1, \cdots, e_n$ 张成的实线性扩张 $\mathbb{R}^{n+1}$, 其中 e_0 等价于单位元 1 而 $e_i e_j + e_j e_i = -2\delta_{ij}$. $\mathbb{R}^{n+1}$ 被嵌入到由 $e_1, \cdots, e_n$ 生成的实 Clifford 代数 $\mathbb{R}_{(n)}$. $\mathbb{R}^{n+1}$ 中的元素表示为 $x = x_0 + \underline{x}$, 其中 $x_0 \in \mathbb{R}$ 且 $\underline{x} = x_1 e_1 + \cdots + x_n e_n$, $x_j \in \mathbb{R}$. 如果 $x \neq 0$, 则存在逆元素 x^{-1}: $x^{-1} = \dfrac{\overline{x}}{|x|^2}$, 其中 $\overline{x} = x_0 - \underline{x}$. 我们将研究 $\mathbb{R}^{n+1}$ 值的和 Clifford 值的函数, 以及由 Dirac 算子

$$D = \frac{\partial}{\partial x_0} + e_1 \frac{\partial}{\partial x_1} + \cdots + e_n \frac{\partial}{\partial n}$$

引入的左和右 Clifford 解析性. 本节中, 一个函数如果既是左 Clifford 解析的, 又是右 Clifford 解析的, 那么该函数被称为是 Clifford 解析的. Cauchy 核表示为 $E(x) = \dfrac{\overline{x}}{|x|^{n+1}}$. 一个函数 f 的 Kelvin 反演是 $I(f)(x) = E(x) f(x^{-1})$. 符号 $\mathbb{Z}$ 和 $\mathbb{Z}^+$ 分别表示整数集与正整数集.

本节中, 对 $\mathbb{R}^{n+1}$ 上的函数 f, 其 Fourier 变换定义为

$$\mathcal{F}(f)(\xi) = \int_{\mathbb{R}^{n+1}} e^{2\pi i \langle x, \xi \rangle} f(x) dx.$$

另一个需要用到的结果是 ([46, 92])

$$\mathcal{F}\left(\frac{P_k(\cdot)}{|\cdot|^{k+n+1-\alpha}} \right)(\xi) = \gamma_{k,\alpha} \frac{P_k(\xi)}{|\xi|^{k+\alpha}}, \tag{3-13}$$

其中 $0 < \alpha < n+1$, $k \in \mathbb{Z}^+$, P_k 是齐次 k 次调和多项式, 且

$$\gamma_{k,\alpha} = i^k \pi^{(n+1)/2-\alpha} \frac{\Gamma\left(\dfrac{k}{2} + \dfrac{\alpha}{2} \right)}{\Gamma\left(\dfrac{k}{2} + \dfrac{(n+1)}{2} - \dfrac{\alpha}{2} \right)},$$

(Γ 表示通常的 Gamma 函数).

函数 g 的 Fourier 逆变换 $\mathcal{R}(g)$ 定义为

$$\mathcal{R}(g)(x) = \int_{\mathbb{R}^{n+1}} e^{-2\pi i \langle x, \xi \rangle} g(\xi) d\xi.$$

Schwartz 类中的函数的 Fourier 变换仍然属于 Schwartz 类, 在此情况之下, Fourier 反演公式成立: $\mathcal{R}\mathcal{F}(f) = f$. 下边所说的 Fourier 变换及其逆变换均指在分布意义下的.

对定义在 $\mathbb{R}^{n+1}$ 上的函数 g, 我们可以引入 Fourier 乘子变换 M_g: $M_g f = \mathcal{R}(g \mathcal{F} f)$. 容易证明, 由 $-4\pi^2 |\xi|^2$ 引入的 Fourier 乘子变换等于 Laplace 微分算子.

令 f^0 是一个定义在上半复平面的开集 O 中的复值函数. 记 $f^0 = u + iv$, 其中 u 和 v 是实数值的. 对 $x \in \overrightarrow{O}$, 记

$$\overrightarrow{f}^0(x) = u(x_0, |\underline{x}|) + \frac{x}{|\underline{x}|} v(x_0, |\underline{x}|),$$

其中

$$\overrightarrow{O} = \left\{ x \in \mathbb{R}^{n+1} : (x_0, |\underline{x}|) \in O \right\}.$$

$\overrightarrow{f}^0$ 被称为是由 f^0 诱导的函数, 且称 $\overrightarrow{O}$ 为由 O 诱导的集合.

我们研究具有如下形式的函数

$$g(x) = p(x_0, |\underline{x}|) + i \frac{x}{|\underline{x}|} q(x_0, |\underline{x}|),$$

其中 p 和 q 是实值的. 称 p 和 q 分别为 g 的实部与虚部.

内蕴函数和集合的概念自然地适用于我们的理论. 在复平面 $\mathbb{C}$ 上, 如果一个集合是开集并且关于实轴对称, 则该集合被称为是一个内蕴集. 如果一个函数定义在一个内蕴集上且在定义域内满足 $\overline{f^0(z)} = f^0(\bar{z})$, 则该函数成为一个内蕴函数. 对 $f^0 = u + iv$ 而言, 上述条件等价于 u 关于第二个变量为偶函数, 而 v 关于第二个变量为奇函数. 特别地, $v(x_0, 0) = 0$, 即如果在 f^0 的定义域内将其限制到实轴上, 那么它是实值的.

用 τ 表示映射

$$\tau(f^0) = \Delta^{(n-1)/2} \overrightarrow{f}^0,$$

其中 f^0 为任意全纯内蕴函数, 且微分运算是在分布意义下的. 为方便起见, 在内蕴集 $\overrightarrow{O}$ 的外部, 令 $\overrightarrow{f}^0 = 0$.

值得注意的是, 对奇数 $n \in \mathbb{Z}^+$, 算子 $\Delta^{(n-1)/2}$ 是一个逐点微分算子, 而对偶数 $n \in \mathbb{Z}^+$, $\Delta^{(n-1)/2}$ 是由 $(2\pi i |\xi|)^{n-1}$ 诱导出的从某些函数映射到分布的 Fourier 乘子算子. 如果 b 是定义在一个内蕴集上的复值函数, 则

$$g^0(z) = \frac{(b(z) + \overline{b}(\bar{z}))}{2} \text{ 和 } b^0(z) = \frac{(b(z) - \overline{b}(\bar{z}))}{2i}$$

均为定义在同一集合上的内蕴函数, 而且 $b = g^0 + i b^0$.

上述观察使得我们能够将 τ 的定义域延拓到定义在内蕴集上的复值函数 b 上, 而这些 b 未必是内蕴函数. 对这样的函数 b, 我们定义

$$\tau(b) = \tau(g^0) + i\tau(b^0).$$

按照这种方式延拓的映射 τ 对加法和实数的数乘运算是线性的. 由此注记, 我们可以只须要考虑全纯的内蕴函数. 对这些内蕴函数, 在它们定义域内以实数点为中心的圆环内, Laurent 级数展开的系数都是实的. 故而只须考虑函数 $\tau((\cdot)^{-k})$, $k \in \mathbb{Z}$. 对 $k \in \mathbb{Z}^+$, 定义

$$P^{(-k)} = \tau((\cdot)^{-k}), \quad P^{(k-1)} = I(P^{(-k)}).$$

我们有以下定理.

定理 3.3.1　令 $k \in \mathbb{Z}^+$, 则

(i) $P^{(-k)}$ 和 $P^{(k-1)}$ 是 Clifford 解析函数;

(ii) $P^{(-k)}$ 是 $n+1-k$ 次齐次的且 $P^{(k-1)}$ 是 $k-1$ 次齐次的;

(iii) 如果 n 为奇数, 则 $P^{(k-1)} = \tau((\cdot)^{n+k-2})$.

证明　(i) 利用 Fourier 变换和如下关系

$$\overrightarrow{(\cdot)^{-k}}(x) = \left(\frac{\overline{x}}{|x|^2}\right)^k = \frac{(-1)^{k-1}}{(k-1)!}\left(\frac{\partial}{\partial x_0}\right)^{k-1}\left(\frac{\overline{x}}{|x|^2}\right),$$

得到

$$\begin{aligned}
P^{(-k)}(x) &= \tau((\cdot)^{-k})(x) \\
&= \frac{(-1)^{k-1}}{(k-1)!}\left(\frac{\partial}{\partial x_0}\right)^{k-1}\mathcal{RF}\left(\Delta^{(n-1)/2}\frac{\overline{x}}{|x|^2}\right) \\
&= \frac{(-1)^{k-1}}{(k-1)!}\left(\frac{\partial}{\partial x_0}\right)^{k-1}\mathcal{R}\left(\gamma_{1,n}(2\pi i|\xi|)^{n-1}\frac{\overline{\xi}}{|\xi|^{n+1}}\right) \\
&= \frac{(-1)^{k-1}}{(k-1)!}\left(\frac{\partial}{\partial x_0}\right)^{k-1}\gamma_{1,n}^2(2\pi i)^{n-1}\frac{\overline{x}}{|x|^{n+1}} \\
&= \frac{(-1)^{k-1}}{(k-1)!}\kappa_n\left(\frac{\partial}{\partial x_0}\right)^{k-1}E(x),
\end{aligned} \tag{3-14}$$

其中令

$$\kappa_n = (2\pi i)^{n-1}\gamma_{1,n}^2 = (2i)^{n-1}\Gamma^2((n+1)/2).$$

这意味着对 $k \in \mathbb{Z}^+$, $P^{(-k)}$ 是 Clifford 解析函数. $P^{(k)}$ 的 Clifford 解析性可由 Kelvin 反演的性质推出, 或可由 Bojarski 的结果推出, 参见文献 [66].

(ii) 可由上边得到的 $P^{(-k)}$ 的表示和 Kelvin 反演的性质得到.

(iii) 令 $n = 2m+1$. 我们有

$$\kappa_n = (-1)^m 2^{2m}(m!)^2 = (-1)^m((2m)!!)^2.$$

以下对 k 使用数学归纳法. $k = 1$ 的情形归结为易证的等式 $\Delta^m(x^{2m}) = (-1)^m(2m)!!$. 对于 $k > 1$ 我们需要如下引理.

引理 3.3.1 令 $f^0(z) = u(x_0, y) + iv(x_0, y)$ 是定义在上半复平面中开集 U 上的全纯函数. 记 $u_0 = u$, $v_0 = v$, 且对 $s \in \mathbb{Z}^+$, 记

$$u_s = 2s \frac{\partial u_{s-1}}{\partial y} \frac{1}{y}$$

和

$$v_s = 2s \left(\frac{\partial v_{s-1}}{\partial y} \frac{1}{y} - \frac{v_{s-1}}{y^2} \right) = 2s \frac{\partial}{\partial y} \frac{v_{s-1}}{y},$$

则

$$\Delta^s \overrightarrow{f}^0(x) = u_s(x_0, |\underline{x}|) + \frac{\underline{x}}{|\underline{x}|} v_s(x_0, |\underline{x}|), \quad x_0 + i|\underline{x}| \in U.$$

该引理可以用数学归纳法通过计算 $\Delta(u_{s-1} + iv_{s-1})$ 并使用下述在文献 [82] 中得到的关系来证明:

$$\frac{\partial u_{s-1}}{\partial x_0} = \frac{\partial v_{s-1}}{\partial y} + 2(s-1) \frac{v_{s-1}}{y}, \quad \frac{\partial u_{s-1}}{\partial y} = -\frac{\partial v_{s-1}}{\partial x_0}.$$

我们将使用 [82] 中得到的如下公式: 对任意的函数 $f^0 = u + iv$ 和 $r \in \mathbb{Z}^+$,

$$(\overrightarrow{f}^0)^r(x) = \sum_{l=0}^{[r/2]} (-1)^l \binom{r}{2l} u^{r-2l} v^{2l}$$

$$+ \frac{\underline{x}}{|\underline{x}|} \sum_{l=0}^{[r/2]} (-1)^l \binom{r}{2l+1} u^{r-2l-1} v^{2l+1}, \tag{3-15}$$

其中 $\binom{r}{l}$ 是二项式系数, 对 $l > r$, $\binom{r}{l} = 0$, 且 $[s]$ 表示不超过 s 的最大整数.

对 $f^0(z) = z$, 使用公式 (3-15), 并由 $r = 2m$ 和引理 3.3.1, 我们可以推出 $\Delta^m(x^{2m}) = (-1)^m((2m)!!)^2$, 这就证明了 $k = 1$ 的情形. 现在假定 $P^{(k)} = \tau((\cdot)^{n+k-1})$, 我们须要证明 $P^{(k+1)} = \tau((\cdot)^{n+k})$. 这就相当于证明

$$\frac{-1}{k+1} \frac{\partial}{\partial x_0} (I(\Delta^m((\cdot)^{2m+k}))) = I(\Delta^m((\cdot)^{2m+k+1})), \tag{3-16}$$

其中 $k \in \mathbb{Z}^+$ 或 $k = 0$.

由公式 (3-15) 和引理 3.3.1, 我们有

$$\Delta((\cdot)^{2m+k})(x)$$

$$= (2m)!! \Bigg[\sum_{l=0}^{m+[k/2]} (-1)^l \binom{2m+k}{2l} (2l)(2l-2)\cdots(2l-2m+2) x_0^{2m+k-2l} y^{2l-2m}$$

$$+ \frac{\underline{x}}{y} \sum_{l=0}^{m+[k/2]} (-1)^l \binom{2m+k}{2l+1} (2l)(2l-2)\cdots(2l-2m+2) x_0^{2m+k-2l-1} y^{2l+1-2m} \Bigg],$$

其中取 $y = |\underline{x}|$.

应用 Kelvin 反演, 即用 $x_0|x|^{-2}$, $y|x|^{-2}$ 和 $-\underline{x}/y$ 分别代替 x_0, y 和 $\underline{x}/y$, 上式变为

$$(2m)!! \frac{\overline{x}}{|x|^{n+2k+1}} \left[\sum_{l=0}^{m+[k/2]} (-1)^l \binom{2m+k}{2l} \right.$$

$$(2l)(2l-2)\cdots(2l-2m+2)x_0^{2m+k-2l}y^{2l-2m} + \frac{x}{y} \sum_{l=0}^{m+[k/2]} (-1)^{l+1} \binom{2m+k}{2l+1}$$

$$\left. \times (2l)(2l-2)\cdots(2l-2m+2)x_0^{2m+k-2l-1}y^{2l+1-2m} \right]. \tag{3-17}$$

对 (3-17) 作用微分算子 $[-1/(k+1)]\partial/\partial x_0$, 得到

$$\frac{-(2m)!!}{k+1} E(x) \frac{1}{|x|^{2k+2}} \left\{ \left(-(n+2k)x_0 + \frac{x}{y}y \right) [\cdots] + (x_0^2 + y^2) \frac{\partial}{\partial x_0} [\cdots] \right\}, \tag{3-18}$$

其中 $[\cdots]$ 与 (3-17) 中的 $[\cdots]$ 内容相同.

接下来有

$$\left(-(n+2k)x_0 + \frac{x}{y}y \right) [\cdots] = \left\{ \sum_{l=0}^{m+[k/2]} (-1)^{l+1} \binom{2m+k}{2l} (n+2k) \right.$$

$$\times (2l)(2l-2)\cdots(2l-2m+2)x_0^{2m+k-2l}y^{2l-2m}$$

$$+ \sum_{l=0}^{m+[k/2]} (-1)^l \binom{2m+k}{2l+1}$$

$$\left. \times (2l)(2l-2)\cdots(2l-2m+2)x_0^{2m+k-2l-1}y^{2l+1-2m} \right\}$$

$$+ \frac{x}{y} \left\{ \sum_{l=0}^{m+[k/2]} (-1)^{l+1} \binom{2m+k}{2l+1} (n+2k) \right.$$

$$\times (2l)(2l-2)\cdots(2l-2m+2)x_0^{2m+k-2l}y^{2l+1-2m}$$

$$+ \sum_{l=0}^{m+[k/2]} (-1)^l \binom{2m+k}{2l}$$

$$\left. \times (2l)(2l-2)\cdots(2l-2m+2)x_0^{2m+k-2l}y^{2l+1-2m} \right\}$$

和

$$(x_0^2 + y^2)\frac{\partial}{\partial x_0}[\cdots]$$

$$= \Bigg\{ \sum_{l=0}^{m+[k/2]} (-1)^l \begin{pmatrix} 2m+k \\ 2l \end{pmatrix} (2l)(2l-2)\cdots(2l-2m+2)(2m+k-2l)$$

$$\times (x_0^{2m+k-2l+1}y^{2l-2m} + x_0^{2m+k-2l-1}y^{2l-2m+2})$$

$$+ \frac{x}{y}\Bigg\{ \sum_{l=0}^{m+[k/2]} (-1)^{l+1} \begin{pmatrix} 2m+k \\ 2l+1 \end{pmatrix} (2l)(2l-2)\cdots(2l-2m+2)(2m+k-2l-1)$$

$$\times (x_0^{2m+k-2l}y^{2l+1-2m} + x_0^{2m+k-2l-2}y^{2l+1-2m+2})\Bigg\}.$$

把 (3-18) 的实部中一般的二项式 $x_0^{2m+k+1-2l}y^{2l-2m}$ 的系数, 跟

$$I(\Delta^m((\cdot)^{2m+k+1}))(x) = E(x)(\Delta^m((\cdot)^{2m+k+1}))(x^{-1})$$

的实部中二项式的系数做比较, 就会发现后者具有表达式 (3-17), 只是用 $k+1$ 代替了 k. 因而只须证明

$$-2l(n+2k)\begin{pmatrix} 2m+k \\ 2l \end{pmatrix} + (2m-2l)\begin{pmatrix} 2m+k \\ 2l-1 \end{pmatrix}$$

$$+2l(2m+k-2l)\begin{pmatrix} 2m+k \\ 2l \end{pmatrix} + (2m-2l)(2m+k-2l+2)\begin{pmatrix} 2m+k \\ 2l-2 \end{pmatrix}$$

$$= -(k+1)2l\begin{pmatrix} 2m+k+1 \\ 2l \end{pmatrix}. \tag{3-19}$$

由

$$(s-l)\begin{pmatrix} s \\ l \end{pmatrix} = (l+1)\begin{pmatrix} s \\ l+1 \end{pmatrix},$$

(3-19) 左边第二和第四部分之和为

$$2l(2m-2l)\begin{pmatrix} 2m+k \\ 2l-1 \end{pmatrix}, \tag{3-20}$$

而第一个和第三部分之和为

$$
\begin{aligned}
-2l(2l+k+1)\begin{pmatrix} 2m+k \\ 2l \end{pmatrix} &= [-4l^2 - 2l(k+1)]\begin{pmatrix} 2m+k \\ 2l \end{pmatrix} \\
&= -2l(2m+k-2l+1)\begin{pmatrix} 2m+k \\ 2l-1 \end{pmatrix} \\
&\quad -2l(k+1)\begin{pmatrix} 2m+k \\ 2l \end{pmatrix}.
\end{aligned}
\tag{3-21}
$$

由 (3-20) 和 (3-21) 的右边, 以及

$$
\begin{pmatrix} s \\ l \end{pmatrix} + \begin{pmatrix} s \\ l-1 \end{pmatrix} = \begin{pmatrix} s+1 \\ l \end{pmatrix},
$$

我们得到 (3-19). 类似的方法可以证明 (3-18) 的虚部与 $I(\Delta^m((\cdot)^{2m+k+1}))$ 的虚部之间的等价性. 这就证明了 (iii). □

对任意的 $x = x_0 + \underline{x} \in \mathbb{R}^n$. 下面考虑定理 3.3.1 如下形式的推广 ([71]). 令 P_k 表示一个 $\underline{x}$ 的 k 次齐次的多项式, 且满足

$$
\underline{\partial} P_k(\underline{x}) = 0.
$$

是否有

$$
D\Delta^{k+(n-1)/2}\left(\left(u(x_0, \underline{x}) + \frac{\underline{x}}{|\underline{x}|} v(x_0, \underline{x}) P_k(\underline{x}) \right) \right) = 0.
$$

首先证明, 若 $l \in \mathbb{Z}$, 函数

$$
\Delta^{k+(n-1)/2}\left((x_0 + \underline{x})^l P_k(\underline{x}) \right)
\tag{3-22}
$$

仍为左 Clifford 解析函数.

首先证明 l 为负数的情况. 通过简单计算可以看出

$$
(x_0 + \underline{x})^{-l} = \left(\frac{\overline{x}}{|x|^2} \right)^l = \frac{(-1)^{l-1}}{(l-1)!} \left(\frac{\partial}{\partial x_0} \right)^l \left(\frac{\overline{x}}{|x|^2} \right), \quad l = 1, 2, \cdots,
$$

只须证明

$$
\Delta^{k+(n-1)/2}\left(\frac{\overline{x}}{|x|^2} P_k(\underline{x}) \right)
$$

是左 Clifford 解析函数即可.

引理 3.3.2　函数 $Q_{k+1}(x) = \overline{x} P_k(\underline{x})$ 是调和的和 $k+1$ 次齐次的.

证明 由定义, 可以直接验证

$$\left(\frac{\partial}{\partial x_0}\right)^2 Q_{k+1}(x) = 0.$$

利用二阶导数的 Leibniz 公式, 可以得到

$$\left(\frac{\partial}{\partial x_i}\right)^2 Q_{k+1}(x) = 2\left(\frac{\partial}{\partial x_i}\right)(\overline{x})\left(\frac{\partial}{\partial x_i}\right)P_k(\underline{x}) + \overline{x}\left(\frac{\partial}{\partial x_i}\right)P_k(\underline{x})^2.$$

因而

$$\Delta Q_{k+1}(x) = -2\underline{\partial}P_k(\underline{x}) + \overline{x}\underline{\Delta}P_k(\underline{x}) = 0. \qquad \square$$

在定理 3.3.1 的证明中, 使用了如下形式的 Bochner 型公式 ([92]): 在缓增分布意义下, 有

$$\left(\frac{Q_j(\cdot)}{|\cdot|^{j+(n+1)-\alpha}}\right)^{\wedge}(\xi) = \gamma_{j,\alpha}\frac{Q_j(\cdot)(\xi)}{|\xi|^{j+\alpha}}, \quad j \in \mathbb{Z}_+, 0 < \alpha < n+1, \tag{3-23}$$

其中 Q_j 为 j 次齐次的调和多项式, 且

$$\gamma_{j,\alpha} = i^j \pi^{(n+1)/2-\alpha}\frac{\Gamma(j/2+\alpha/2)}{\Gamma(j/2+(n+1)/2-\alpha/2)}.$$

通过 Fourier 变换, (3-23) 等价于如下等式: 对任意的 $\mathbb{R}_1^n$ 上的 Schwartz 类函数 ϕ, 以及 $j \in \mathbb{Z}_+, 0 < \alpha < n+1$,

$$\int_{\mathbb{R}_1^n}\frac{Q_j(x)}{|x|^{j+(n+1)-\alpha}}\hat{\phi}(x)dx = i^j\pi^{(n+1)/2-\alpha}\frac{\Gamma(j/2+\alpha/2)}{\Gamma(j/2+(n+1)/2-\alpha/2)}\int_{\mathbb{R}_1^n}\frac{Q_j(x)}{|x|^{j+\alpha}}\phi(x)dx.$$

下面将上述公式推广到 $\text{Re}(\alpha) > -j$ 和 $j \in \mathbb{Z}_+$ 的情形.

引理 3.3.3 对 $-j < \beta, \alpha < (n+1)+j, \alpha+\beta = n+1$, 以及 $j \in \mathbb{Z}_+$, 对任意的 $\mathbb{R}_1^n$ 上的 Schwartz 类函数 ϕ, 有

$$\pi^{\beta/2}\Gamma\left(\frac{j+\beta}{2}\right)\int_{\mathbb{R}_1^n}\frac{Q_j(x)}{|x|^{j+\beta}}\hat{\phi}(x)dx = i^j\pi^{\alpha/2}\Gamma\left(\frac{j+\alpha}{2}\right)\int_{\mathbb{R}_1^n}\frac{Q_j(x)}{|x|^{j+\alpha}}\phi(x)dx. \tag{3-24}$$

证明 对 $0 < \alpha < n+1$, 公式 (3-23) 的两边都是全纯的. 对 $j \geqslant 1$, 根据球调和多项式之间的正交性质,

$$\int_{\mathbb{R}_1^n}\frac{Q_j(x)}{|x|^{j+\beta}}\hat{\phi}(x)dx$$

$$= \lim_{\varepsilon \to 0+}\int_{\varepsilon<|x|\leqslant 1}\frac{Q_j(x)}{|x|^{j+(n+1)-\alpha}}\left(\hat{\phi}(x) - \hat{\phi}(0) - \frac{1}{(j-1)!}\left(\sum_{i=0}^n x_i\frac{\partial}{\partial x_i}\right)^{j-1}\hat{\phi}(0)\right)dx$$

$$+ \int_{|x|>1}\frac{Q_j(x)}{|x|^{j+(n+1)-\alpha}}\hat{\phi}(x)dx,$$

从而可以全纯地延拓到 $\mathrm{Re}(\alpha) > -j$. 类似地, 公式 (3-23) 的右边也可以全纯地延拓到 $\mathrm{Re}(\alpha) > -j$. $\qquad\square$

命题 3.3.1　令 $l \in \mathbb{Z}_+$, $n+1$ 为奇数且 k 非负, 则函数

$$\Delta^{k+(n-1)/2}\left(\left(\frac{\overline{x}}{|x|^2}\right)^l P_k(\underline{x})\right), \quad l \in \mathbb{Z}_+$$

均是左 Clifford 解析的.

证明　在引理 3.3.3 中, 令 $\alpha = 2 - j$, 则有

$$\lim_{\varepsilon \to 0+} \int_{|x|>\varepsilon} \frac{Q_j(x)}{|x|^{j+(n+1)+j-2}} \hat{\phi}(x)dx$$

$$= i^j \pi^{(n+1)/2+(j-2)} \frac{1}{\Gamma((n+1)/2+j-1)} \int_{\mathbb{R}_1^n} \frac{Q_j(x)}{|x|^2} \phi(x)dx.$$

将 ϕ 替换为 $\Delta^{k+(n+1)/2}\phi$, 并将 j 替换为 $k+1$, 我们得到

$$\lim_{\varepsilon \to 0+} \int_{|x|>\varepsilon} \frac{Q_{k+1}(x)}{|x|^{(n+1)+k}} |x|^{2k+(n-1)} \hat{\phi}(x)dx = \beta_k \int_{\mathbb{R}_1^n} \Delta^{k+(n-1)/2}\left(\frac{Q_{k+1}(x)}{|x|^2}\right) \phi(x)dx,$$

其中

$$\beta_k = 2^{1-n-2k} i^{2-n-k} \pi^{-k-(n-1)/2} \frac{1}{\Gamma((n+1)/2+k)}.$$

因此得到

$$\int_{\mathbb{R}_1^n} \frac{Q_{k+1}(x)}{|x|^2} \hat{\phi}(x)dx = \beta_k \int_{\mathbb{R}_1^n} \Delta^{k+(n-1)/2}\left(\frac{Q_{k+1}(x)}{|x|^2}\right) \phi(x)dx.$$

将 Q_{k+1} 替换为 $\overline{x}P_k(\underline{x})$, 得到

$$\int_{\mathbb{R}_1^n} \frac{Q_{k+1}(x)}{|x|^2} \hat{\phi}(x)dx = \int_{\mathbb{R}_1^n} \left(\frac{\overline{\cdot}}{|\cdot|^2}P_k(\cdot)\right)^{\wedge}(x)\phi(x)dx$$

$$= \gamma_{1,n}^{-1} \int_{\mathbb{R}_1^n} E * (P_k(\underline{\partial})\delta)(x)\phi(x)dx,$$

其中 $E(x) = \frac{\overline{x}}{|x|^{n+1}} = \gamma_{1,n}(\frac{\overline{\cdot}}{|\cdot|^2})^{\wedge}(x)$ 是 $\mathbb{R}_1^n$ 上的 Cauchy 核, δ 为 Dirac 函数. 因而,

$$\Delta^{k+(n-1)/2}\left(\frac{\overline{x}}{|x|^2}P_k(\underline{x})\right) = \gamma_{1,n}^{-1}\beta_k^{-1}E * (P_k(\underline{\partial})\delta)(x) = \gamma_{1,n}\beta_k^{-1}EP_k(\underline{\partial})(x).$$

这表明函数

$$\Delta^{k+(n-1)/2}\left(\frac{\overline{x}}{|x|^2}P_k(\underline{x})\right)$$

是左 Clifford 解析的. 进而

$$
\begin{aligned}
\Delta^{k+(n-1)/2}\left((x_0+\underline{x})^{-l}P_k(\underline{x})\right) &= \Delta^{k+(n-1)/2}\left(\left(\frac{\overline{x}}{|x|^2}\right)^l P_k(\underline{x})\right) \\
&= \Delta^{k+(n-1)/2}\left(\frac{(-1)^{l-1}}{(l-1)!}\left(\frac{\partial}{\partial x_0}\right)^{l-1}\left(\frac{\overline{x}}{|x|^2}\right)P_k(\underline{x})\right) \\
&= \gamma_{1,1}\beta_k^{-1}\left(\frac{\partial}{\partial x_0}\right)^{l-1}EP_k(\underline{\partial})(x).
\end{aligned}
\tag{3-25}
$$

所以

$$
\Delta^{k+(n-1)/2}\left((x_0+\underline{x})^{-l}P_k(\underline{x})\right), \quad l\in\mathbb{Z}_+
$$

均是左 Clifford 解析的. $\qquad\square$

下面对 $l\geqslant 0$ 的情形证明函数

$$
\Delta^{k+(n-1)/2}\left((x_0+\underline{x})^l P_k(\underline{x})\right)
\tag{3-26}
$$

仍为左 Clifford 解析函数. 首先讨论算子 $D\Delta^{k+(n-1)/2}$ 的基本解. 以下假定 $2s = 2k+(n-1)$. 因此 $2s$ 可能是奇数也可能是偶数, 而且 $2s$ 为偶数当且仅当 $n+1$ 为偶数.

引理 3.3.4　如果将 $\mathbb{R}^{n+1}$ 中的算子 $\underline{\partial}^{2s+1}$ 的基本解中的 $\underline{x}$ 换为 $\overline{x}$, 我们就得到 $\mathbb{R}^n_1$ 中的算子 $D|D|^{2s}$ 的基本解.

证明　我们按照 $2s$ 的奇偶性分两种情形讨论.

(i) **情形 1**　$2s$ 为偶数. 算子 $D|D|^{2s}$ 的基本解对应的 Fourier 乘子是 $c_{n,k}\dfrac{1}{\xi}\dfrac{1}{|\xi|^{2s}}$ $= c_{n,k}\dfrac{\overline{\xi}}{|s|^{2s+2}}$, 其中 $c_{n,k}$ 为一个依赖于 n 和 k 的常数. 算子 $|D|^{2s+2}$ 的一个基本解是一个径向函数, 与 $\mathbb{R}^{n+1}$ 中的算子 $\underline{\partial}^{2s+2}$ 相同. 我们将该基本解记为 $K(x)$. 根据 (3-3) 和 (3-4), 当 $n+1$ 为偶数且 $2s+2 < n+1$ 时,

$$
K(x) = \frac{1}{|x|^{n-2s-1}}.
$$

当 $n+1$ 为偶数且 $2s+2 \geqslant n+1$ 时,

$$
K(x) = (c\log|x| + d)\frac{1}{|x|^{n-2s-1}}.
$$

则 $\overline{D}K$ 是算子 $D|D|^{2s}$ 的一个基本解. 因而函数 $\overline{D}K$ 可以表示为: 当 $n+1$ 为偶数且 $2s+2 < n+1$ 时,

$$
K(x) = \frac{\overline{x}}{|x|^{n-2s+1}};
$$

当 $n+1$ 为偶数且 $2s+2 \geqslant n+1$ 时,

$$K(x) = (c \log |x| + d) \frac{\overline{x}}{|x|^{n-2s+1}}.$$

(ii) **情形 2** $2s$ 为奇数. 首先因为 $\xi \overline{\xi} = |\xi|^2$, 所以 $\frac{1}{\xi} \frac{1}{|\xi|^{2s}} = \frac{1}{|\xi|} \frac{\overline{\xi}}{|\xi|^{2s+1}}$. 另外,

算子 $D|D|^{2s-1}$ 的一个基本解对应的 Fourier 乘子为 $\frac{\overline{\xi}}{|\xi|^{2s+1}}$. 根据 (3-3) 和 (3-4),

当 $n+1$ 为奇数时, 该基本解为 $\overline{x}/|x|^{n-2s+2}$. 因为 $1/|\xi|$ 的 Fourier 变换是 Riesz 位

势 $1/|x|^n$, 则在缓增分布意义下, $D|D|^{2s}$ 的基本解可以表示为如下卷积形式:

$$\frac{1}{|\cdot|^n} * \frac{\overline{(\cdot)}}{|\cdot|^{n-2s+2}}.$$

不难看出, 卷积本身在远离原点时是一个局部可积函数. 实际上, 多次作用 Laplace
算子, 上述分布就变为一个除原点以外的局部可积函数. 其次我们说明, 作为一个
分布, 该卷积是 $2s-n$ 齐次的. 为了看到这一点, 令 M 和 N 分别表示由 $\frac{1}{|x|^n}$ 和

$\frac{\overline{x}}{|x|^{n-2s+2}}$ 诱导出的广义函数, 则对任意 Schwartz 类函数 ϕ, 均有

$$\langle M * N(x),\ \phi(x/\delta) \rangle = \delta^{(n+1)+(2s-n)} \langle M * N(x),\ \phi(x) \rangle.$$

记 $\tau_\delta f(x) = f(\delta x)$. 根据 M 和 N 的齐次性质, 可知

$$\begin{aligned}
\langle M * N(x),\ \phi(x/\delta) \rangle &= \langle M * N,\ \tau_{\delta^{-1}} \phi(x) \rangle \\
&= \langle N(x),\ M * (\tau_{\delta^{-1}} \phi)(x) \rangle \\
&= \delta \langle N(x),\ \tau_{\delta^{-1}} M * \phi(x) \rangle \\
&= \delta^{1+2s} \langle N,\ M * \phi \rangle \\
&= \delta^{1+2s} \langle M * N,\ \phi \rangle.
\end{aligned}$$

令 ρ 表示 $\mathbb{R}_1^n$ 中以原点为中心的旋转变换, 对应的矩阵表示为 (ρ_{ij}) 且 ρ 在 x 上
的作用记为 $\rho^{-1}x$. ρ 在函数上的作用记为 $\rho(f)(x) = f(\rho^{-1}x)$. 因为 M 为数值函数
而 N 为向量值函数, 所以函数 $M * N$ 是向量值的 $2s-n$ 次齐次函数. 将该向量值
函数记为 $K(x) = M * N(x)$, 则可得

$$\begin{aligned}
\langle \rho \overline{K(x)},\ \phi(x) \rangle &= \langle \overline{K(x)},\ \rho^{-1} \phi(x) \rangle \\
&= \langle \overline{N(x)},\ M * \rho^{-1} \phi(x) \rangle \\
&= \langle \overline{N(\rho^{-1}x)},\ M * \phi(x) \rangle \\
&= \langle (\rho_{ij}) \overline{(N(x))},\ M * \phi(x) \rangle \\
&= (\rho_{ij}) \langle \overline{K(x)},\ \phi(x) \rangle \\
&= \langle (\rho_{ij}) \overline{(K(x))},\ \phi(x) \rangle,
\end{aligned}$$

即 $\overline{K}(\rho^{-1}x) = \rho(\overline{K(x)})$. 对 $\overline{K(x)}/|x|^{2s-n}$ 使用文献 [90] 第三章第 1.2 节中的引理, 得到 $\overline{K(x)}/|x|^{2s-n} = Cx/|x|$, 因此有

$$M * N(x) = \frac{C\overline{x}}{|x|^{n-2s+1}}. \qquad \square$$

下面证明当 $l \in \mathbb{Z}_+$ 时, 函数

$$\Delta^{k+(n-1)/2}\left((x_0 + \underline{x})^{-l} P_k(\underline{x})\right)$$

均是左 Clifford 解析的. 我们需要算子 $D\Delta^{k+(n-1)/2}$ 的如下交换关系.

引理 3.3.5 令 n 为任意的正整数, 则对 $s = k + (n-1)/2$ 和 $\mathbb{R}_1^n \setminus \{0\}$ 上任意的无穷可微函数 g, 有

$$(D\Delta^s)\left(\frac{\overline{x}}{|x|^{(n+1)-2s}}g(x^{-1})\right) = \alpha_{n,s} \frac{x}{|x|^{(n+1)+2s+2}}(D\Delta^s)(g)(x^{-1}), \qquad (3\text{-}27)$$

其中 $\alpha_{n,s}$ 是一个依赖于 n 和 s 的常数.

证明 记 $L = D\Delta^s = D|D|^{2s}$. 因为 $n+1$ 为奇数, 根据引理 3.3.4, L 的基本解为 $G(x) = \dfrac{C\overline{x}}{|x|^{n-2s+1}}$. 我们有

$$L^{-1}\left(\frac{(\cdot)}{|(\cdot)|^{(n+1)+2s+2}}(Lg)((\cdot)^{-1})\right)(x^{-1})$$

$$= \int_{\mathbb{R}_1^n} G(x^{-1} - y^{-1}) \frac{y^{-1}}{|y^{-1}|^{(n+1)+2s+2}} \frac{1}{|y|^{2n+2}}(Lg)(y)dy$$

$$= C\frac{\overline{x^{-1}}}{|x^{-1}|^{n-2s+1}} \int_{\mathbb{R}_1^n} \frac{-\overline{(x-y)}}{|x-y|^{n-2s+1}} \frac{\overline{y^{-1}}}{|y^{-1}|^{n-2s+1}}$$

$$\times \frac{y^{-1}}{|y^{-1}|^{(n+1)+2s+2}} \frac{1}{|y|^{2n+2}}(Lg)(y)dy$$

$$= \frac{C\overline{x^{-1}}}{|x^{-1}|^{n-2s+1}} \int_{\mathbb{R}_1^n} \frac{\overline{x-y}}{|x-y|^{n-2s+1}}(Lg)(y)dy$$

$$= \frac{C\overline{x^{-1}}}{|x^{-1}|^{n-2s+1}} g(x).$$

从而可以推出

$$L\left(\frac{\overline{(\cdot)}}{|\cdot|^{(n+1)-2s}}g((\cdot)^{-1})\right)(x) = C\frac{x}{|x|^{(n+1)+2s+2}}(Lg)(x^{-1}). \qquad \square$$

在引理 3.3.5 中, 取 $g(x) = \left(\dfrac{\overline{x}}{|x|^2}\right)^l P_k(\underline{x})$, $l \in \mathbb{Z}_+$. 因为

$$g(x^{-1}) = (-1)^k x^l |x|^{-2k} P_k(\underline{x}),$$

可以得到

$$\left(D\Delta^{k+(n-1)/2}\right)\left((-1)^k \underline{x}^{l-1} P_k(\underline{x})\right)$$

$$= \alpha_{n,s} \frac{\underline{x}}{|\underline{x}|^{2n+2k+2}} \left(D\Delta^{k+(n-1)/2}\right)\left(\left(\frac{\overline{\cdot}}{|\cdot|^2}\right)^l P_k(\underline{\cdot})\right)(\underline{x}^{-1}). \qquad (3\text{-}28)$$

由命题 3.3.1, 可知 (3-28) 的右端为零, 从而推出

$$\left(D\Delta^{k+(n-1)/2}\right)\left((x_0+\underline{x})^{l-1} P_k(\underline{x})\right) = 0, \quad l \in \mathbb{Z}_+.$$

基于以上预备性的引理, 我们给出定理 3.3.1 的推广形式.

定理 3.3.2　令 f 是定义在上半复平面中的开集 B 中的解析函数. 定义集合

$$\overrightarrow{B} = \left\{x = x_0 + \underline{x} \in \mathbb{R}_1^n, \ (x_0, |\underline{x}|) \in B\right\}.$$

(i) 令 $P_k(\underline{x})$ 是 k 次齐次的且左 Clifford 解析的. 如果 $k+(n-1)/2$ 为非负整数, 则在集合 $\overrightarrow{B}$ 中, 函数

$$\Delta^{k+(n-1)/2}[f(x_0+\underline{x})P_k(\underline{x})]$$

是左 Clifford 解析的.

(ii) 如果 $(n-1)/2$ 为奇数且 k 为非负整数, $P_k(\underline{x})$ 为 k 次齐次的左 Clifford 解析多项式, 则在集合 $\overrightarrow{B}$ 中, 函数

$$\Delta^{k+(n-1)/2}[f(x_0+\underline{x})P_k(\underline{x})]$$

是左 Clifford 解析的.

证明　我们只须说明函数

$$\Delta^{k+(n-1)/2}((x_0+\underline{x})^l P_k(\underline{x})), \quad l \in \mathbb{Z},$$

的 Clifford 解析性可以推出

$$\Delta^{k+(n-1)/2}(f(x_0+\underline{x})P_k(\underline{x}))$$

也是 Clifford 解析的. 通过平移变换, 假定 f 在复平面上一个以原点为中心的圆盘内是全纯的. 此外, 定义全纯函数

$$g(z) = \frac{1}{2}[f(z) + \overline{f}(\overline{z})] \text{ 和 } h(z) = \frac{1}{2i}[f(z) - \overline{f}(\overline{z})],$$

容易看出 $f(z) = g(z) + ih(z)$, 则可以进一步假定 f 的 Taylor 展开是实系数的. 下面证明:

(i) 级数

$$\sum_{l=-\infty}^{-1} c_l z^l \quad \text{和} \quad \sum_{l=-\infty}^{-1} c_l \Delta^{k+(n-1)/2}[(x_0 + \underline{x})^l P_k(\underline{x})]$$

有相同的收敛半径;

(ii) 级数

$$\sum_{l=0}^{\infty} c_l z^l \quad \text{和} \quad \sum_{l=0}^{\infty} c_l \Delta^{k+(n-1)/2}[(x_0 + \underline{x})^l P_k(\underline{x})]$$

有相同的收敛半径.

对 (i), 根据 (3-25) 和 (3-14) 可以推出

$$|\Delta^{k+(n-1)/2}[(x_0 + \underline{x})^l P_k(\underline{x})]| \leqslant C(1 + |l|)^{n+2k} \frac{1}{|x|^{n+k+|l|-1}}.$$

这说明 (i) 中的两个级数有相同的收敛半径.

下面证明 (ii). 此时 n 为偶数. 因为 $\Delta^s = |D|^{-1}\Delta^{k+n/2}$, $s = k + \dfrac{n-1}{2}$, 算子 Δ^s 的基本解可以表示为 Riesz 位势 $\dfrac{1}{|x|^n}$ 和算子 $\Delta^{k+n/2}$ 的基本解的卷积. 在空间维数 $n+1$ 为奇数的情形下, $\Delta^{k+n/2}$ 的基本解为 $C/|x|^{(n+1)-2s-1}$, 其中 C 是一个仅依赖于 n 和 k 的常数. 根据引理 3.3.4, 算子 Δ^s 的基本解可以表示为 $C/|x|^{(n+1-2s)}$. 再利用引理 3.3.5, 得到

$$\Delta^s \left(\frac{1}{|x|^{(n+1)-2s}} g(x^{-1}) \right) = \frac{1}{|x|^{(n+1)+2s+2}} (\Delta^s g)(x^{-1}).$$

令 $g(x) = \left(\dfrac{\overline{x}}{|x|^2} \right)^l P_k(\underline{x})$, 则 $g(x^{-1}) = |x|^{-2k+2}(-1)^k x^l P_k(\underline{x})$. 将 s 换为 $s+1$, 可以得到

$$\Delta^{k+1+(n-1)/2} \left((-1)^k x^l P_k(\underline{x}) \right) = \frac{C}{|x|^{2n+2k+2}} \Delta^{(k+1)+(n-1)/2} \left(\left(\frac{\overline{x}}{|x|^2} \right)^l P_k(\underline{x}) \right)(x^{-1}).$$

利用 Newton 位势和 (3-25), 在分布意义下有

$$\Delta^{k+\frac{n-1}{2}} \left(x^l P_k(\underline{x}) \right) = \frac{C}{(l-1)!} \int_{\mathbb{R}_1^n} \frac{1}{|x-y|^{n-1}} \Delta \left[\frac{1}{|y|^{2n+2k-2}} \left(\partial_0^{l-1} E P_k(\underline{\partial}) \right)(y^{-1}) \right] dy.$$

因而得到

$$|\Delta^{k+(n-1)/2}[(x_0 + \underline{x})^l P_k(\underline{x})]| \leqslant C(1 + |l|)^{n+2k} |x|^{l-k-n+1}. \qquad \square$$

3.4　锥形区域上的 Clifford 解析函数

本节的材料主要取自 [48].

首先定义

$$\mathbb{R}^{m+1}_+ = \{x = \mathbf{x} + x_L e_L \in \mathbb{R}^{m+1} : x_L > 0\}$$

中单位向量的某些集合. 对这些单位向量, 使用度量 $\angle(n, y) = \cos^{-1}\langle n, y \rangle$.

令 N 是 $\mathbb{R}^{m+1}_+$ 中包含 e_L 的一个单位向量的紧集, 且令

$$\mu_N = \sup_{n \in N} \angle(n, e_L).$$

则 $0 \leqslant \mu_N < \pi/2$. 对 $0 < \mu < \pi/2 - \mu_N$, 定义 N 在单位球面上的开邻域 N_μ 为

$$N_\mu = \{y \in \mathbb{R}^{m+1}_+ : \text{ 对某个 } n \in N, |y| = 1, \angle(y, n) < \mu\}.$$

对每个单位向量 n, 令 C_n^+ 为开半空间

$$C_n^+ = \{x \in \mathbb{R}^{m+1} : \langle x, n \rangle > 0\},$$

且定义 $\mathbb{R}^{m+1}$ 中的开锥如下. 令

$$\begin{cases} C_{N_\mu}^+ = \cup\{C_n^+ : n \in N_\mu\}, \\ C_{N_\mu}^- = -C_{N_\mu}^+, \\ S_{N_\mu} = C_{N_\mu}^+ \cap C_{N_\mu}^-. \end{cases}$$

定义 3.4.1　定义 Banach 空间 $K(C_{N_\mu}^+)$ 为由从 $C_{N_\mu}^+$ 到 $\mathbb{C}_{(M)}$, 并满足

$$\|\Phi\|_{K(C_{N_\mu}^+)} = \frac{1}{2}\sigma_m \sup_{x \in C_{N_\mu}^+} |x|^m |\Phi(x)| < \infty$$

的右 Clifford 解析函数 Φ 组成的空间.

类似地, 可以定义 $K(C_{N_\mu}^-)$.

定义 3.4.2　定义 Banach 空间 $K(S_{N_\mu})$ 为由函数对 $(\Phi, \underline{\Phi})$ 组成的空间, 其中 Φ 为从 S_{N_μ} 到 $\mathbb{C}_{(M)}$ 的右 Clifford 解析函数, 而 $\underline{\Phi}$ 在 $(0, +\infty)e_L$ 上连续, 使得 $(\Phi, \underline{\Phi})$ 满足

$$\underline{\Phi}(Re_L) - \underline{\Phi}(re_L) = \int_{r \leqslant |\mathbf{x}| \leqslant R} \Phi(\mathbf{x}) d\mathbf{x} e_L$$

和

$$\|(\Phi, \underline{\Phi})\|_{K(S_{N_\mu})} = \frac{1}{2}\sigma \sup_{x \in S_{N_\mu}} |x|^m |\Phi(x)| + \sup_{r > 0} |\underline{\Phi}(re_L)| < +\infty.$$

值得注意的是, $\underline{\Phi}$ 是由 Φ 依据一个附加的常数确定的, 并且

$$\underline{\Phi}'(re_L) = \int_{|\mathbf{x}|=r} \Phi(\mathbf{x})d\mathbf{x}e_L.$$

进而, $\underline{\Phi}$ 可以唯一连续延拓到锥形区域

$$T_{N_\mu} = \left\{ y = \mathbf{y} + y_L e_L \in \mathbb{R}_+^{m+1} : y^\perp \subset S_{N_\mu} \right\},$$

该延拓满足

$$\underline{\Phi}(y) - \underline{\Phi}(z) = \int_{A(y,z)} f(x)n(x)dS_x,$$

其中 $A(y,z)$ 是 S_{N_μ} 中连接 $(m-1)$- 球面

$$S_y = \left\{ x \in \mathbb{R}^{m+1} : \langle x,y \rangle = 0 \text{ 和 } |x| = |y| \right\}$$

和 $(m-1)$- 球面 S_x 的光滑有向 m 流形, 且对所有的 $y \in T_{N_\mu}$,

$$|\underline{\Phi}(y)| \leq \|(\Phi,\underline{\Phi})\|_{K(S_{N_\mu})}.$$

当 N 是旋转对称时, 即

$$N = \left\{ n = \mathbf{n} + n_L e_L \in \mathbb{R}_+^{m+1} : |n| = 1, n_L \geq |\mathbf{n}|\cot\omega \right\},$$

使用符号

$$T_\mu^0 = T_{N_{\mu-\omega}} = \left\{ y = \mathbf{y} + y_L e_L \in \mathbb{R}^{m+1} : y_L > |x|\cot\mu \right\}.$$

下面叙述这些空间之间的关系. 这里 $H_{y,\pm}$ 表示具有边界 S_y 的半球

$$H_{y,\pm} = \left\{ x \in \mathbb{R}^{m+1} : \pm\langle x,y \rangle \geq 0 \text{ 且 } |x| = |y| \right\}.$$

定理 3.4.1 (i) 假定 $\Phi_\pm \in K(C_{N_\mu}^\pm)$. 定义 T_{N_μ} 上的函数 $\underline{\Phi}_\pm$ 为

$$\underline{\Phi}_\pm(y) = \pm\int_{H_{y,\pm}} \Phi_\pm(x)n(x)dS_x, \quad y \in T_{N_\mu},$$

其中 $n(x) = x/|x|$ 是半球 $H_{y,\pm}$ 的法向量, 则有

$$(\Phi,\underline{\Phi}) = (\Phi_+ + \Phi_-, \ \underline{\Phi}_+ + \underline{\Phi}_-) \in K(S_{N_\mu})$$

和

$$\|(\Phi,\underline{\Phi})\|_{K(S_{N_\mu})} \leq \|\Phi_+\|_{K(C_{N_\mu}^+)} + \|\Phi_-\|_{K(C_{N_\mu}^-)}.$$

(ii) 反之, 假定 $(\Phi, \underline{\Phi}) \in K(S_{N_\mu})$, 则存在唯一的函数 $\Phi_\pm \in K(C_{N_\mu}^\pm)$ 满足 $\Phi = \Phi_+ + \Phi_-$ 和 $\underline{\Phi} = \underline{\Phi}_+ + \underline{\Phi}_-$. 且对所有的 $n \in N_\mu$ 和 $x \in C_n^\pm \subset C_{N_\mu}^\pm$,

$$\Phi_\pm(x) = \pm \lim_{\varepsilon \to 0} \left(\int_{\langle y, n \rangle = 0, \, |y| \geqslant \varepsilon} \Phi(y) n(x) k(x-y) dS_y + \underline{\Phi}(\varepsilon e_L) k(x) \right),$$

其中 $k(x) = \dfrac{1}{\sigma} \dfrac{\overline{x}}{|x|^{m+1}}$, 且 $(\Phi, \underline{\Phi})$ 满足

$$\|\Phi_\pm\|_{K(C_{N_\mu}^\pm)} \leqslant c \|(\Phi, \underline{\Phi})\|_{K(S_{N_\mu})},$$

其中 c 仅依赖于 μ_N, μ 和维数 m.

证明　(i) 为证明

$$\underline{\Phi}_\pm(y) - \underline{\Phi}_\pm(z) = \int_{A(y,z)} \Phi_\pm(x) n(x) dS_x,$$

对右 Clifford 解析函数 $\Phi_\pm$ 使用 Cauchy 定理. 范数的上界可以直接推出.

(ii) 是 [48] 中结果的一个直接推论. 换句话说, 存在一个自然的同构

$$K(S_{N_\mu}) \simeq K(C_{N_\mu}^+) \oplus K(C_{N_\mu}^-).$$

我们也需要 $K(C_{N_\mu}^\pm)$ 的闭线性子空间 $M(C_{N_\mu}^\pm)$. $M(C_{N_\mu}^\pm)$ 中的函数既是左 Clifford 解析的也是右 Clifford 解析的. $K(S_{N_\mu})$ 中使得

$$M(S_{N_\mu}) \simeq M(C_{N_\mu}^+) \oplus M(C_{N_\mu}^-)$$

的子空间 $M(S_{N_\mu})$ 为

$$M(S_{N_\mu}) = \left\{ (\Phi, \underline{\Phi}) \in K(S_{N_\mu}) : \Phi \text{ 是左 Clifford 解析的并且满足 (3-29)} \right\},$$

其中当 $r > 0$ 时,

$$\int_{|\mathbf{y}|=r} \langle \mathbf{y}, \mathbf{x} \rangle r^{-1} (e_L \Phi(\mathbf{y}) \mathbf{y} - \mathbf{y} \Phi(\mathbf{y} e_L)) dS_y + \mathbf{x} \underline{\Phi}(r e_L) - e_L \underline{\Phi}(r e_L) \mathbf{x} e_L = 0. \quad (3\text{-}29)$$

不难看出,

(i) 积分的值与 r 无关,

(ii) 当 $\Phi \in M(C_{N_\mu}^\pm)$ 时, 积分等于 0.

剩下的只需要证明当 $(\Phi, \underline{\Phi}) \in M(S_{N_\mu})$ 时, 定理 3.4.1 的 (ii) 中定义的函数 $\Phi_\pm$ 是左 Clifford 解析的. 我们略去细节, 参见文献 [48].　　　　　　□

现在考虑卷积. 假定 $\Phi \in K(C_{N_\mu}^+)$, $\Psi \in M(C_{N_\mu}^+)$ 和 $x \in C_n^+ \subset C_{N_\mu}^+$, 定义 $(\Phi * \Psi)(x)$ 为

$$
\begin{aligned}
(\Phi * \Psi)(x) &= \int_{\langle y,n\rangle=\delta} \Phi(x-y)n(y)\Psi(y)dS_y \\
&= \left(\int_{\langle y,n\rangle=0,\ |y|\geqslant\varepsilon} \Phi(x-y)n(y)\Psi(y)dS_y + \underline{\Phi}(\varepsilon e_L)\Psi(x) \right),
\end{aligned}
$$

其中 $0 < \delta < \langle x, n\rangle$. 由 Cauchy 定理, Φ 是右 Clifford 解析的以及 Ψ 为左 Clifford 解析的可以推出该积分不依赖于曲面的选择. 另一方面, Ψ 的左 Clifford 解析性可以推出 $\Phi * \Psi$ 是右 Clifford 解析的, 且实际上, 从下面的定理 3.5.1 可以看出, 对所有的 $\nu < \mu$,

$$
\|\Phi * \Psi\|_{K(C_{N_\nu}^+)} \leqslant c_{\nu,\mu}\|\Phi\|_{K(C_{N_\mu}^+)}\|\Psi\|_{K(C_{N_\mu}^+)}.
$$

如果进一步有 $\Psi_1 \in M(C_{N_\mu}^+)$, 则 $\Psi * \Psi_1$ 既是左 Clifford 解析的也是右 Clifford 解析的, 且

$$
\Phi * (\Psi * \Psi_1) = (\Phi * \Psi) * \Psi_1.
$$

对定义在 $C_{N_\mu}^-$ 上的函数也有对应的结果.

如果 $(\Phi, \underline{\Phi}) \in K(S_{N_\mu})$ 且 $(\Psi, \underline{\Psi}) \in M(S_{N_\mu})$, 定义

$$
(\Phi, \underline{\Phi}) * (\Psi, \underline{\Psi}) \in M(S_{N_\mu}) = (\Phi_+ * \Psi_+ + \Phi_- * \Psi_-,\ \underline{\Phi_+ * \Psi_+} + \underline{\Phi_- * \Psi_-}).
$$

则可以推出对所有的 $\nu < \mu$,

$$
\|(\Phi, \underline{\Phi}) * (\Psi, \underline{\Psi})\|_{K(S_{\nu,+}^0)} \leqslant C_{\nu,\mu}\|(\Phi, \underline{\Phi})\|_{K(S_{\mu,+}^0)}\|(\Psi, \underline{\Psi})\|_{K(S_{\mu,+}^0)}.
$$

令 K_N^+ 是 $\mathbb{R}^m \setminus \{0\}$ 上对某个 $\mu > 0$ 依 Clifford 解析地延拓到 $\Phi \in K(C_{N_\mu}^+)$ 的函数组成的线性空间. 类似地定义 K_N^-, K_N, M_N^+, M_N^- 和 M_N, 使得

$$
K_N \simeq K_N^+ \oplus K_N^-
$$

和

$$
M_N \simeq M_N^+ \oplus M_N^-,
$$

而 M_N, M_N^+ 和 M_N^- 均为卷积代数. 既属于 K_N^+ 又属于 K_N^- 的函数满足: 对某个 $c \in \mathbb{C}_{(M)}$, 具有形式 $\Phi(\mathbf{x}) = ck(\mathbf{x})$, 其中

$$
k(\mathbf{x}) = \frac{1}{\sigma_m}\frac{-\mathbf{x}}{|\mathbf{x}|^{m+1}}, \quad \mathbf{x} \in \mathbb{R}^m \setminus \{0\},
$$

且有 Clifford 解析延拓

$$k(x) = \frac{1}{\sigma_m} \frac{\overline{x}}{|x|^{m+1}}.$$

K_N^+ 在 K_N 中的嵌入定义为 $ck \in K_N^+ \to (ck,\ c/2) \in K_N$, 而 K_N^- 在 K_N 中的嵌入定义为: $ck \in K_N^- \to (ck,\ -c/2) \in K_N$.

3.5　锥形区域上的 Fourier 变换

本节的主要参考文献为 [48]. 本节的目的是定义函数 $\Phi \in K_N^\pm$ 的 Fourier 变换 $\mathcal{F}_\pm(\Phi)$, 并定义 $(\Phi, \underline{\Phi})$ 的 Fourier 变换 $\mathcal{F}(\Phi, \underline{\Phi})$. 这些变换被证明是定义在 $\mathbb{C}^m$ 中的锥形区域上的有界全纯函数. 我们也证明 $\mathcal{F}_+$, $\mathcal{F}_-$ 和 $\mathcal{F}$ 是从卷积代数 M_N^+, M_N^- 和 M_N 到全纯函数代数的代数同态.

首先将每一个满足 $n_L > 0$ 的单位向量 $n = \mathbf{n} + n_L e_L \in \mathbb{R}^{m+1}$ 与 $\mathbb{C}^m$ 中如下定义的实 m 维曲面 $n(\mathbb{C}^m)$ 对应起来.

$$\begin{aligned}
n(\mathbb{C}^m) &= \left\{ \zeta = \xi + i\eta \in \mathbb{C}^m : \xi \neq 0 \text{ 且 } n_L \eta = (n_L^2 |\xi|^2 + \langle x, \mathbf{n} \rangle^2)^{1/2} \mathbf{n} \right\} \\
&= \left\{ \zeta = \xi + i\eta \in \mathbb{C}^m : |\zeta|_{\mathbb{C}}^2 \notin (-\infty, 0] \text{ 且 } n_L \eta = \mathrm{Re}(|\zeta|_{\mathbb{C}}) \mathbf{n} \right\} \\
&= \left\{ \zeta = \xi + i\eta \in \mathbb{C}^m : |\zeta|_{\mathbb{C}}^2 \notin (-\infty, 0] \text{ 且对某个 } \kappa > 0, \eta + \mathrm{Re}(|\zeta|_{\mathbb{C}}) e_L = \kappa n \right\},
\end{aligned}$$

其中

$$|\zeta|_{\mathbb{C}}^2 = \sum_{j=1}^m \zeta_j^2 = |\xi|^2 - |\eta|^2 + 2i \langle x, \eta \rangle.$$

对应到不同单位向量的曲面是不同的, 特别地, $e_L(\mathbb{C}^m) = \mathbb{R}^m \setminus \{0\}$. 在这些曲面上, $|\xi|$, $|\zeta|$, $\mathrm{Re}(|\zeta|_{\mathbb{C}})$ 和 $\||\zeta|_{\mathbb{C}}\|$ 都是等价的. 实际上, 由定理 3.1.1,

$$\mathrm{Re}|\zeta|_{\mathbb{C}} \leqslant |\xi| \leqslant (n_L)^{-1} \mathrm{Re}|\zeta|_{\mathbb{C}},$$

并且对所有的 $\zeta \in n(\mathbb{C}^m)$,

$$\mathrm{Re}|\zeta|_{\mathbb{C}} \leqslant \||\zeta|_{\mathbb{C}}\| \leqslant (n_L)^{-1} \mathrm{Re}|\zeta|_{\mathbb{C}} \leqslant |\zeta| \leqslant (n_L)^{-1} (1 + |\mathbf{n}|^2)^{1/2} \mathrm{Re}|\zeta|_{\mathbb{C}}.$$

进而, 在 $n(\mathbb{C}^m)$ 的第一个定义中使用的参数表示是光滑的, 即

$$\left| \det \left(\frac{\partial \zeta_j}{\partial \xi_k} \right) \right| \leqslant \frac{1}{n_L}, \quad \xi \neq 0.$$

为证明这一点, 不失一般性, 我们可以假定 $n = n_1 e_1 + n_L e_L$, 所以

$$\zeta = \xi + i \frac{n_1}{n_L} (|\xi|^2 n_L^2 + \xi_1^2 n_1^2)^{1/2} e_1.$$

则, 如果 $j \geqslant 2$, $\partial\zeta_j/\partial\xi_k = \delta_{jk}$ 且

$$\frac{\partial\zeta_1}{\partial\xi_k} = \delta_{1k} + \frac{in_1\xi_k(n_L^2 + \delta_{1k}n_1^2)}{n_L(|\xi|^2n_L^2 + \xi_1^2n_1^2)^{1/2}}.$$

因此当 $k \geqslant 2$ 时,

$$\left|\frac{\partial\zeta_1}{\partial\xi_1}\right| \leqslant \frac{1}{n_L} \text{ 且 } \left|\frac{\partial\zeta_1}{\partial\xi_k}\right| \leqslant n_1.$$

对 Jacobian 行列式的估计成立.

对上面定义的单位向量的开集 N_μ, 我们定义 $\mathbb{C}^m$ 中的开锥 $N_\mu(\mathbb{C}^m)$ 如下:

$$N_\mu(\mathbb{C}^m) = \bigcup_{n \in N_\mu} n(\mathbb{C}^m)$$
$$= \Big\{\zeta = \xi + i\eta \in \mathbb{C}^m : |\zeta|_{\mathbb{C}}^2 \notin (-\infty, 0] \text{ 且对某个 } \kappa > 0 \text{ 和 } n \in N_\mu,$$
$$\eta + \mathrm{Re}(|\zeta|_{\mathbb{C}})e_L = \kappa n\Big\}.$$

因为 $N_\mu(\mathbb{C}^m) \subset S_{\mu N+\mu}^0(\mathbb{C}^m)$, 定理 3.1.1 中的估计均成立, 其中 $\theta = \mu N + \mu$.

如 N 是旋转对称的, 即

$$N = \Big\{n = \mathbf{n} + n_L e_L \in \mathbb{R}_+^{m+1} : |n| = 1, n_L \geqslant |\mathbf{n}|\cot w\Big\},$$

我们有 $S_\mu^0(\mathbb{C}^m) = N_{\mu-w}(\mathbb{C}^m)$. 令函数在复 Clifford 代数 $\mathbb{C}_{(M)}$ 中取值, $H_\infty(N_\mu(\mathbb{C}^m))$ 表示所有从 $N_\mu(\mathbb{C}^m)$ 到 $\mathbb{C}_{(M)}$ 的有界全纯函数组成的 Banach 空间, 其范数定义为

$$\|b\|_\infty = \sup\Big\{|b(\zeta)| : \zeta \in N_\mu(\mathbb{C}^m)\Big\}.$$

指数函数定义为

$$e(x,\zeta) = e_+(x,\zeta) + e_-(x,\zeta),$$

其中

$$e_+(x,\zeta) = e^{i\langle\mathbf{x},\zeta\rangle}e^{-x_L|\zeta|_{\mathbb{C}}}\chi_+(\zeta)$$

和

$$e_-(x,\zeta) = e^{i\langle\mathbf{x},\zeta\rangle}e^{x_L|\zeta|_{\mathbb{C}}}\chi_-(\zeta).$$

对固定的 ζ, 这些函数是以 $x \in \mathbb{R}^{m+1}$ 为变量的左 Clifford 解析整函数. 对固定的 x, 这些函数是以 $\zeta \in N_\mu(\mathbb{C}^m)$ 为变量的全纯函数. 并且还满足如下估计:

$$|e_+(x,\zeta)| = e^{-\langle\mathbf{x},\eta\rangle - x_L\mathrm{Re}|\zeta|_{\mathbb{C}}}|\chi_+(\zeta)|$$
$$\leqslant \frac{\sec(\mu N+\mu)}{\sqrt{2}}e^{-\langle x,n\rangle\mathrm{Re}|\zeta|_{\mathbb{C}}/n_L}, \quad \zeta \in n(\mathbb{C}^m),$$

和

$$|e_-(x,\zeta)| = e^{-\langle \mathbf{x},\eta \rangle + x_L \text{Re}|\zeta|_{\mathbb{C}}}|\chi_-(\zeta)|$$
$$\leqslant \frac{\sec(\mu_N + \mu)}{\sqrt{2}} e^{-\langle x,n \rangle \text{Re}|\zeta|_{\mathbb{C}}/n_L}, \quad \zeta \in \overline{n}(\mathbb{C}^m).$$

令

$$H_\infty^\pm(N_\mu(\mathbb{C}^m)) = \Big\{ b \in H_\infty(N_\mu(\mathbb{C}^m)) : \ b\chi_\pm = b \Big\},$$

则任意函数 $b \in H_\infty(N_\mu(\mathbb{C}^m))$ 可以唯一地分解为

$$b = b_+ + b_-, \ \text{其中} \ b_\pm = b\chi_\pm \in H_\infty^\pm(N_\mu(\mathbb{C}^m)).$$

$H_\infty^\pm(N_\mu(\mathbb{C}^m))$ 是 $H_\infty(N_\mu(\mathbb{C}^m))$ 的闭线性子空间. 实际上, 对所有的

$$b \in H_\infty(N_\mu(\mathbb{C}^m)),$$

有

$$\|b\chi_\pm\|_\infty \leqslant \sqrt{2}\|b\|_\infty\|\chi_\pm\|_\infty \leqslant \sec(\mu_N + \mu)\|b\|_\infty.$$

所以

$$H_\infty(N_\mu(\mathbb{C}^m)) = H_\infty^+(N_\mu(\mathbb{C}^m)) \oplus H_\infty^-(N_\mu(\mathbb{C}^m)).$$

我们还引入子代数

$$\mathcal{A}(N_\mu(\mathbb{C}^m)) = \Big\{ b \in H_\infty(N_\mu(\mathbb{C}^m)) : \ \text{对所有的} \ \zeta, \ \zeta e_L b(\zeta) = b(\zeta)\zeta e_L \Big\}.$$

类似地定义 $\mathcal{A}^\pm(N_\mu(\mathbb{C}^m))$, 且注意到如果 $b \in \mathcal{A}(N_\mu(\mathbb{C}^m))$, 则

$$b_\pm = b\chi_\pm \in \mathcal{A}^\pm(N_\mu(\mathbb{C}^m)),$$

使得

$$\mathcal{A}(N_\mu(\mathbb{C}^m)) = \mathcal{A}^+(N_\mu(\mathbb{C}^m)) \oplus \mathcal{A}^-(N_\mu(\mathbb{C}^m)).$$

属于 $\mathcal{A}(N_\mu(\mathbb{C}^m))$ 中的一类特殊的函数 b 形如

$$b(\zeta) = B(i\zeta e_L) = B(|\zeta|_{\mathbb{C}})\chi_+(\zeta) + B(-|\zeta|_{\mathbb{C}})\chi_-(\zeta),$$

其中 $B \in H_\infty(S_{\mu_N+\mu}^0(\mathbb{C}))$. 所有属于 $H_\infty(N_\mu(\mathbb{C}^m))$ 中的数值全纯函数也属于 $\mathcal{A}(N_\mu(\mathbb{C}^m))$, 其中最简单的例子是 $r_k(\zeta) = i\zeta_k/|\zeta|_{\mathbb{C}}$, $k = 1, 2, \cdots, m$.

令 H_N^+ 是 $\mathbb{R}^m \setminus \{0\}$ 上所有对某个 $\mu > 0$ 可以全纯延拓到 $b \in H_\infty^+(N_\mu(\mathbb{C}^m))$ 的函数 b 组成的代数. 而 H_N^- 表示由所有 $\mathbb{R}^m \setminus \{0\}$ 上对某个 $\mu > 0$ 可以全纯延拓

到 $b \in H_\infty^-(\overline{N}_\mu(\mathbb{C}^m))$ 的函数 b 组成的代数, 其中 $\overline{N} = \{\overline{n} \in \mathbb{R}^{m+1} : n \in N\}$, 则 $H_N^+ \cap H_N^- = \{0\}$.

定义 H_N 为 $H_N = H_N^+ + H_N^-$, 则

$$H_N = H_N^+ \oplus H_N^-.$$

令 $\mathcal{A}_N^+$, $\mathcal{A}_N^-$ 和 $\mathcal{A}_N$ 分别为 H_N^+, H_N^- 和 H_N 中由所有满足 $\xi e_L b(\xi) = b(\xi)\xi e_L, \xi \neq 0$ 的函数构成的子空间, 则

$$\mathcal{A} = \mathcal{A}_N^+ \oplus \mathcal{A}_N^-.$$

如果假定 N 是连通的, 这些全纯延拓是唯一的. 实际上假定 $\mathbb{R}_+^{m+1}$ 中的单位向量的紧集 N 满足更强的条件: N 关于 e_L 是星形的, 即若 $n \in N$ 且 $0 \leqslant \tau \leqslant 1$, 则

$$(\tau n + (1 - \tau e_L))/|\tau n + (1 - \tau e_L)| \in N).$$

在这种情况之下, 开集 N_μ 也是关于 e_L 的星形区域, 且 $N_\mu(\mathbb{C}^m)$ 是 $\mathbb{C}^m$ 中的连通开子集.

定理 3.5.1　令 N 为 $\mathbb{R}_+^{m+1}$ 中单位向量的紧集, 且关于 e_L 为星形的. 对任意的 $(\Phi, \underline{\Phi}) \in K_N$, 存在唯一的函数 $b \in H_N$ 满足 Parseval 等式

$$(2\pi)^{-m} \int_{\mathbb{R}^m} b(\xi)\hat{u}(-\xi)d\xi = \lim_{\alpha \longrightarrow 0+} \int_{\mathbb{R}^m} \Phi(\mathbf{x} + \alpha e_L)e_L u(\mathbf{x})d\mathbf{x}$$

$$= \lim_{\varepsilon \to 0} \left(\int_{|\mathbf{x}| \geqslant \varepsilon} \Phi(\mathbf{x})e_L u(\mathbf{x})d\mathbf{x} + \underline{\Phi}(\varepsilon e_L)u(\mathbf{0}) \right), \quad (3\text{-}30)$$

对所有 Schwartz 空间 $\mathcal{S}(\mathbb{R}^m)$ 中的函数 u 成立. 因此 $b\overline{e_L}$ 是 $(\Phi, \underline{\Phi})$ 的分布 Fourier 变换, 记为 $b = \mathcal{F}(\Phi, \underline{\Phi})e_L$.

Fourier 变换 $\mathcal{F}$ 是线性变换且满足下列性质.

(i) $\mathcal{F}$ 是从 K_N 到 H_N 上的 1-1 映射. 也就是说, 对任意的 $b \in H_N$, 存在唯一的函数 $(\Phi, \underline{\Phi}) \in K_N$ 使得 $b = \mathcal{F}(\Phi, \underline{\Phi})e_L$. 实际上, 如果 $b = b_+ + b_-$ 且 $b_\pm = b\chi_\pm \in H_N^\pm$, 则

$$(\Phi, \underline{\Phi}) = (\Phi_+, \underline{\Phi}_+) + (\Phi_-, \underline{\Phi}_-),$$

其中 $\Phi_\pm = \mathcal{G}_\pm(b_\pm \overline{e_L}) \in K_N^\pm$. 记 $(\Phi, \underline{\Phi}) = \mathcal{G}(b\overline{e_L})$, 并称 $\mathcal{G}$ 为 Fourier 逆变换.

(ii) 如果 $0 < \nu < \mu \leqslant \pi/2 - \mu_N$ 和 $(\Phi, \underline{\Phi}) \in K(S_{N_\mu})$, 则 $b_+ \in H_\infty^+(N_\nu(\mathbb{C}^m))$, $b_- \in H_\infty^-(\overline{N}_\nu(\mathbb{C}^m))$ 且

$$\|b_\pm\|_\infty \leqslant c_\nu \|(\Phi, \underline{\Phi})\|_{K(S_{N_\mu})},$$

其中常数 c_ν 仅依赖于 ν.

(iii) 如果 $0 < \nu < \mu \leqslant \pi/2 - \mu_N$, $b_+ \in H^+_\infty(N_\mu(\mathbb{C}^m))$ 且 $b_- \in H^-_\infty(\overline{N}_\mu(\mathbb{C}^m))$, 则 $(\Phi, \underline{\Phi}) \in K(S_{N_\nu})$ 且

$$\|(\Phi, \underline{\Phi})\|_{K(S_{N_\nu})} \leqslant c_\nu(\|b_+\|_\infty + \|b_-\|_\infty)$$

其中常数 c_ν 依赖于 ν.

(iv) $(\Phi, \underline{\Phi}) \in M_N$ 当且仅当 $b \in \mathcal{A}_N$.

(v) 如果 $(\Phi, \underline{\Phi}) \in K_N$, $(\Psi, \underline{\Psi}) \in M_N$, $b = \mathcal{F}(\Phi, \underline{\Phi})e_L$ 且 $f = \mathcal{F}(\Psi, \underline{\Psi})e_L$, 则

$$bf = \mathcal{F}((\Phi, \underline{\Phi}) * (\Psi, \underline{\Psi}))e_L.$$

(vi) 映射 $(\Phi, \underline{\Phi}) \longmapsto b$ 是从卷积代数 M_N 到函数代数 $\mathcal{A}_N$ 的代数同态.

(vii) 如果 $(\Phi, \underline{\Phi})$, $(\Psi, \underline{\Psi}) \in K_N$, $b = \mathcal{F}(\Phi, \underline{\Phi})e_L$, $f = \mathcal{F}(\Psi, \underline{\Psi})e_L$, 且如果 $f = pb$, 其中 p 是一个取值在 $\mathbb{C}_{(M)}$ 中的 m 个变量的多项式, 则

$$\Psi = p\Big(-i\frac{\partial}{\partial x_1}, \cdots, -i\frac{\partial}{\partial x_m}\Big)\Phi.$$

(viii) 如果 $0 < \nu < \mu \leqslant \pi/2 - \mu_N$, $s > -m$, b_+ (或 b_-) 可以全纯地延拓到有界函数, 对某个 c_s 和所有的 $\zeta \in N_\mu(\mathbb{C}^m)$ (相应地, $\zeta \in \overline{N}_\mu(\mathbb{C}^m)$), 该函数满足 $|b_\pm(\zeta)| \leqslant c_s|\zeta|^s$. 那么, 存在 $c_{s,\nu}$ 使得对所有的 $x \in C^+_{N_\nu}$,

$$|\Phi(x)| \leqslant c_{s,\nu}|x|^{-m-s};$$

另外对所有的 $y \in T_{N_\mu}$,

$$|\underline{\Phi}(y)| \leqslant c_{s,\nu}|y|^{-s}.$$

特别地, 当 $-m < s < 0$ 时, 有 $\lim_{y \to 0} \underline{\Phi}(y) = 0$.

证明　不失一般性, 只对 $C^+_{N_\mu}$, $N_\mu(\mathbb{C}^m)$, K^+_N, M^+_N, $H^+_\infty(N_\mu(\mathbb{C}^m))$, H^+_N, $\mathcal{A}^+_N$ 和 $\mathcal{F}_+$ 的情形验证 (i)~(viii). 对于 $C^-_{N_\mu}$, $\overline{N}_\mu(\mathbb{C}^m)$, K^-_N, M^-_N, $H^-_\infty(\overline{N}_\mu(\mathbb{C}^m))$, H^-_N, $\mathcal{A}^-_N$ 和 $\mathcal{F}_-$ 的情形证明是类似的. 在本定理证明中, 常数 c 可能依赖于 μ_N, μ 和维数 m, 且根据情况不同取不同的值. 如果常数依赖于 ν 记为 c_ν. 令 $\Phi \in K(C^+_{N_\mu})$. Parseval 等式的任何一种形式都在 $\mathbb{R}^m$ 上唯一地确定 b.

按如下方式构造 b. 对 $\alpha > 0$, 定义 $\Phi_\alpha(x) = \Phi(x + \alpha e_L)$, $x + \alpha e_L \in C^+_{N_\mu}$. 我们有

$$\|\Phi_\alpha\|_{K(C^+_{N_\mu})} = \frac{1}{2}\sigma_m \sup\Big\{|x|^m|\Phi(x + \alpha e_L)| : x \in C^+_{N_\mu}\Big\}$$

$$\leqslant \sup\Big\{|y|^m|\Phi(y)| : y \in C^+_{N_\nu} + \alpha e_L\Big\} \leqslant \|\Phi\|_{K(C^+_{N_\mu})}.$$

对

$$\zeta \in n(\mathbb{C}^m) \subset N_\nu(\mathbb{C}^m) \subset N_\mu(\mathbb{C}^m), \quad \nu < \mu,$$

定义

$$b_\alpha(\zeta) = \int_\sigma \Phi_\alpha(x) n(x) e_+(-x, \zeta) dS_x,$$

其中 σ 是如下定义的曲面

$$\sigma = \left\{ x \in \mathbb{R}^{m+1} : \langle x, n \rangle = -|x| \sin(\mu - \nu) \right\}.$$

注意到被积函数是连续的且在无穷远处周期衰减的. 和往常一样, $n(x)$ 表示 σ 的法向量且 $n_L(x) > 0$. 实际上, 对 $x \in \sigma$,

$$|e_+(-x, \zeta)| \leqslant \frac{\sec(\mu_N + \mu)}{\sqrt{2}} e^{\langle x, n \rangle \operatorname{Re}|\zeta|_{\mathbb{C}/n_L}}$$

$$\leqslant \frac{\sec(\mu_N + \mu)}{\sqrt{2}} e^{-|x||\xi| \sin \theta},$$

其中 $\theta = \mu - \nu$.

由于这一事实及 Clifford 解析函数的 Cauchy 定理, 并注意到 Φ_α 是右 Clifford 解析的且 $e_+(-x, \zeta)$ 关于 x 是左 Clifford 解析的, 我们看到 $b_\alpha(\zeta)$ 的定义不依赖于曲面 σ 的选择. 所以 $b_\alpha(\zeta)$ 全纯地依赖于 $\zeta \in N_\mu(\mathbb{C}^m)$. 进而对所有的 $\alpha, \beta > 0$,

$$b_\alpha(\zeta) e^{\alpha|\zeta|_\mathbb{C}} = \int_\sigma \Phi(x + \alpha e_L) n(x) e_+(-(x + \alpha e_L), \zeta) dS_x$$

$$= \int_\sigma \Phi(x + \beta e_L) n(x) e_+(-(x + \beta e_L), \zeta) dS_x$$

$$= b_\beta(\zeta) e^{\beta|\zeta|_\mathbb{C}}.$$

因此将 b 定义为 $N_\mu(\mathbb{C}^m)$ 上满足如下条件的全纯函数

$$b(z) = b_\alpha(\zeta) e^{\alpha|\zeta|_\mathbb{C}}, \quad \forall \alpha > 0.$$

我们将证明对所有的 $z \in N_\mu(\mathbb{C}^m)$,

$$|b_\alpha(\zeta)| \leqslant c_\nu \|\Phi\|_{K(C_{N_\mu}^+)}, \tag{3-31}$$

其中 c_ν 与 α 无关且

$$(2\pi)^{-m} \int_{\mathbb{R}^m} b_\alpha(\xi) \hat{u}(-\xi) d\xi = \int_{\mathbb{R}^m} \Phi(\mathbf{x} + \alpha e_L) u(\mathbf{x}) d\mathbf{x}. \tag{3-32}$$

跟 (ii) 中的估计一样, Parseval 等式 (3-30) 的第一种形式作为一个推论成立.

我们证明 (3-31). 令

$$\zeta \in n(\mathbb{C}^m) \subset N_\nu(\mathbb{C}^m) \subset N_\mu(\mathbb{C}^m)$$

且 $\theta = \mu - \nu$. 利用 Cauchy 定理变换积分曲面, 从而

$$b_\alpha(\zeta) = \left(\int_{\sigma(0,0,|\zeta|^{-1})} + \int_{\tau(\theta,|\zeta|^{-1})} + \int_{\sigma(\theta,|\zeta|^{-1},\infty)} \right) \Phi_\alpha(x)n(x)e_+(-x,\zeta)dS_x,$$

其中

$$\sigma(\theta,r,R) = \left\{ x \in \mathbb{R}^{m+1} : \langle x,n \rangle = |x|\sin\theta,\ r \leqslant |x| \leqslant R \right\},$$
$$\tau(\theta,R) = \left\{ x \in \mathbb{R}^{m+1} : |x| = R, 0 \geqslant \langle x,n \rangle \geqslant -R\sin\theta \right\}.$$

我们需要几个估计. 假定 $R \leqslant |\zeta|^{-1}$,

$$\left| \int_{\sigma(0,0,R)} \Phi_\alpha(x)ne_+(-x,\zeta)dS_x \right|$$
$$\leqslant c \left| \int_{\sigma(0,0,R)} \Phi_\alpha(x)ne(-x,\zeta)dS_x \right|$$
$$\leqslant c \left| \int_{\sigma(0,0,R)} \Phi_\alpha(x)n(e(-x,\zeta)-1)dS_x \right| + c \left| \int_{\langle x,n \rangle \geqslant 0, |x|=R} \Phi_\alpha(x)ndS_x \right|$$
$$\leqslant c\|\Phi_\alpha\|_{K(C_{N_\mu}^+)} \left(\sup \left\{ |\nabla_y e(-y,\zeta)| : y \in \sigma(0,0,R) \right\} \int_{\sigma(0,0,R)} |x|^{-m}|x|dS_x + 1 \right)$$
$$\leqslant c\|\Phi_\alpha\|_{K(C_{N_\mu}^+)}(R|\zeta|+1) \leqslant c\|\Phi_\alpha\|_{K(C_{N_\mu}^+)}. \tag{3-33}$$

假定 $R \geqslant |\zeta|^{-1}$,

$$\left| \int_{\tau(\theta,R)} \Phi_\alpha(x)n(x)e_+(-x,\zeta)dS_x \right| \leqslant c\|\Phi_\alpha\|_{K(C_{N_\mu}^+)}R^{-m} \int_{\tau(\theta,R)} e^{\langle x,n \rangle \mathrm{Re}|\zeta|_c/n_L}dS_x$$
$$= c\|\Phi_\alpha\|_{K(C_{N_\mu}^+)} \int_{\tau(\theta,1)} e^{\langle x,n \rangle R\,\mathrm{Re}|\zeta|_c/n_L}dS_x$$
$$= c\|\Phi_\alpha\|_{K(C_{N_\mu}^+)} \int_{-\theta}^0 e^{R\,\mathrm{Re}|\zeta|_c \sin\Phi/n_L}d\Phi$$
$$\leqslant \frac{c}{R|\zeta|}\|\Phi_\alpha\|_{K(C_{N_\mu}^+)}$$
$$\leqslant c\|\Phi_\alpha\|_{K(C_{N_\mu}^+)}. \tag{3-34}$$

当 $R \geqslant |\zeta|^{-1}$,

$$\left| \int_{\sigma(\theta,R,\infty)} \Phi_\alpha(x)n(x)e_+(-x,\zeta)dS_x \right|$$

$$\leqslant c\|\Phi_\alpha\|_{K(C_{N_\mu}^+)} \int_{\sigma(\theta,R,\infty)} |x|^{-m} e^{\langle x,n \rangle \mathrm{Re}|\zeta|_{\mathbb{C}}/n_L} dS_x$$

$$= c\|\Phi_\alpha\|_{K(C_{N_\mu}^+)} \int_R^\infty s^{-1} e^{-s \sin\theta \mathrm{Re}|\zeta|_{\mathbb{C}}/n_L} dS_x$$

$$\leqslant \frac{c_\nu}{R|\zeta|} \|\Phi_\alpha\|_{K(C_{N_\mu}^+)}. \tag{3-35}$$

对 $R = |\zeta|^{-1}$, 使用上述三个估计, 以及前面 b_α 的表示, 就可得到 (3-31).

现在证明 (3-32). 如果对 $\zeta \in \mathbb{R}^m$, 定义 $b_{\alpha,N}(\xi)$ 为

$$b_{\alpha,N}(\xi) = \int_{|\mathbf{X}| \leqslant N} \Phi_\alpha(\mathbf{X})e_L e^{i\langle \mathbf{x},\xi \rangle} d\mathbf{x},$$

则由通常的 Parseval 等式推出对 $u \in \mathcal{S}(\mathbb{R}^m)$,

$$(2\pi)^{-m} \int_{\mathbb{R}^m} b_{\alpha,N}(\xi)\hat{u}(-\xi)d\xi = \int_{|\mathbf{x}| \leqslant N} \Phi(\mathbf{x} + \alpha e_L)u(\mathbf{x})d\mathbf{x}.$$

我们将证明

$$\text{对所有的 } \xi \in \mathbb{R}^m \text{ 和 } N > 0, |b_{\alpha,N}(\xi)| \leqslant c\|\Phi\|_{K(C_{N_\mu}^+)}, \tag{3-36}$$

$$\text{对任意的 } \xi \in \mathbb{R}^m, \text{ 当 } N \to \infty, b_{\alpha,N}(\xi)\chi_+(\xi) \to b_\alpha(\xi) \tag{3-37}$$

以及

$$\text{对任意的 } \xi \in \mathbb{R}^m, \text{ 当 } N \to \infty, b_{\alpha,N}(\xi)\chi_-(\xi) \to 0_\alpha(\xi). \tag{3-38}$$

则 (3-32) 由以上估计和 Lebesgue 控制收敛定理得到.

为了证明 (3-36) 和 (3-37), 在 σ, $\sigma(\theta,\tau,R)$ 和 $\tau(\theta,R)$ 的定义中, 令 $n = e_L$, 使用估计 (3-33) $\sim$ (3-35).

首先当 $|\xi|^{-1} \leqslant N$ 时, 证明 (3-36). 取 $0 < \theta < \mu$, 并使用 Cauchy 定理, 有

$$b_{\alpha,N}(\xi)\chi_+(\xi)$$

$$= \left(\int_{\sigma(0,0,|\xi|^{-1})} + \int_{\tau(\theta,|\xi|^{-1})} + \int_{\sigma(\theta,|\xi|^{-1},N)} - \int_{\tau(\theta,N)} \right) \Phi_\alpha(x)n(x)e_+(-x,\xi)dS_x,$$

所以 $b_{\alpha,N}(\xi)\chi_+(\xi)$ 对 ξ 和 N 的一致有界性可以由 (3-33)$\sim$ (3-35) 推出. 另一方面, 利用与 (3-34) 的证明类似的推导,

$$|b_{\alpha,N}(\xi)\chi_-(\xi)| \leqslant \frac{c}{N|\xi|} \|\Phi\|_{K(C_{N_\mu}^+)} \leqslant c\|\Phi_\alpha\|_{K(C_{N_\mu}^+)}.$$

当 $|\xi|^{-1} \geqslant N$, 利用 (3-33), 我们可以证明 (3-36).

为了证明 (3-37), 固定 $\xi \in \mathbb{R}^m$, $\xi \neq 0$, 并利用 Cauchy 定理得到

$$b_\alpha(\xi) - b_{\alpha,N}(\xi)\chi_+(\xi) = \left(\int_{\tau(\theta,N)} + \int_{\sigma(\theta,N,\infty)} \right) \Phi_\alpha(x)n(x)e_+(-x,\xi)dS_x,$$

所以, 由 (3-34) 和 (3-35), 当 $N \to 0$ 时,

$$\left| b_\alpha(\xi) - b_{\alpha,N}(\xi)\chi_+(\xi) \right| \leqslant \frac{c}{N|\xi|} \|\Phi_\alpha\|_{K(C_{N\mu}^+)} \to 0.$$

进而, (3-38) 由以上估计推出.

正如前边提到的, Parseval 等式 (3-30) 的第一种形式成立. 下一个目的是证明 (3-30) 的第二种形式. 令 $\varepsilon > 0$, 则

$$(2\pi)^{-m} \int_{\mathbb{R}^m} b(\xi)\hat{u}(-\xi)d\xi$$

$$= \lim_{\alpha \to 0+} \left(\int_{|\mathbf{x}| \geqslant \varepsilon} \Phi_\alpha(\mathbf{x} + \alpha e_L)e_L u(\mathbf{x})d\mathbf{x} + \int_{|\mathbf{x}| \leqslant \varepsilon} \Phi_\alpha(\mathbf{x} + \alpha e_L)e_L u(\mathbf{0})d\mathbf{x} \right.$$

$$\left. + \int_{|\mathbf{x}| \leqslant \varepsilon} \Phi_\alpha(\mathbf{x} + \alpha e_L)e_L(u(\mathbf{x}) - u(\mathbf{0}))d\mathbf{x} \right)$$

$$= \int_{|\mathbf{x}| \geqslant \varepsilon} \Phi(\mathbf{x})e_L u(\mathbf{x})d\mathbf{x}$$

$$+ \underline{\Phi}(\varepsilon)u(\mathbf{0}) + \lim_{\alpha \to 0+} \left(\int_{|\mathbf{x}| \leqslant \varepsilon} \Phi_\alpha(\mathbf{x} + \alpha e_L)e_L(u(\mathbf{x}) - u(\mathbf{0}))d\mathbf{x} \right),$$

其中在第二个积分的估计中使用了 Cauchy 定理.

现在当 $u \in \mathcal{S}(\mathbb{R}^m)$,

$$\overline{\lim}_{\varepsilon \to 0} \lim_{\alpha \to 0+} \left(\int_{|\mathbf{x}| \leqslant \varepsilon} \left| \Phi(\mathbf{x} + \alpha e_L)e_L(u(\mathbf{x}) - u(\mathbf{0})) \right| d\mathbf{x} \right)$$

$$\leqslant \overline{\lim}_{\varepsilon \to 0} \lim_{\alpha \to 0+} \left(C \int_{|\mathbf{x}| \leqslant \varepsilon} |\mathbf{x} + \alpha e_L|^{-m} |u(\mathbf{x}) - u(\mathbf{0})| d\mathbf{x} \right)$$

$$\leqslant \overline{\lim}_{\varepsilon \to 0} \left(C \int_{|\mathbf{x}| \leqslant \varepsilon} |\mathbf{x}|^{-m} |u(\mathbf{x}) - u(\mathbf{0})| d\mathbf{x} \right) = 0$$

所以

$$(2\pi)^{-m} \int_{\mathbb{R}^m} b(\xi)\hat{u}(-\xi)d\xi = \lim_{\varepsilon \to 0} \left(\int_{|\mathbf{x}| \geqslant \varepsilon} \Phi(\mathbf{x})e_L u(\mathbf{x})d\mathbf{x} + \underline{\Phi}(\varepsilon)u(\mathbf{0}) \right).$$

这就证明了 (ii).

现在证明 (i) 和 (iii). 易于验证 $\mathcal{F}_+$ 是 1-1 的. 通过构造 Fourier 逆变换 $\mathcal{G}_+$, 证明该映射是到 H_N^+ 上的.

考虑函数 $b \in H_\infty^+(N_\mu(\mathbb{C}^m))$. 对 $n \in N_\mu$ 和

$$x = \mathbf{x} + x_L e_L \in C_n^+ \subset C_{N_\mu}^+,$$

定义

$$\Phi_n(x) = (2\pi)^{-m} \int_{n(\mathbb{C}^m)} b(\zeta) e(x, \zeta) d\zeta_1 \wedge d\zeta_2 \wedge \cdots \wedge d\zeta_m \overline{e_L}$$

$$= (2\pi)^{-m} \int_{n(\mathbb{C}^m)} b(\zeta) e_+(x, \zeta) d\zeta_1 \wedge d\zeta_2 \wedge \cdots \wedge d\zeta_m \overline{e_L}.$$

在曲面 $n(\mathbb{C}^m)$ 上, 被积函数在无穷远处是按指数衰减的. 实际上, 当 $\zeta \in n(\mathbb{C}^m)$, 则

$$|e^{i\langle \mathbf{x}, \zeta \rangle} e^{-x_L |\zeta|_c}| \leqslant c e^{-\langle x, n \rangle \operatorname{Re} \zeta |_c / n_L}$$

且 $\langle x, n \rangle > 0$. 进而, $e(x, \zeta)\overline{e_L}$ 是右 Clifford 解析的, 所以 Φ_n 是 C_n^+ 上的右 Clifford 解析函数, 且满足

$$|\Phi_n(x)| \leqslant \frac{c}{\langle x, n \rangle^m} \|b\|_\infty,$$

其中 c 仅依赖于 μ_N 和 μ.

进而被积函数全纯地依赖于单复变量 $z = \langle \zeta, \mathbf{n} \rangle$. 因此由 N_μ 的星形性质和 z-平面中的 Cauchy 定理, 我们发现对所有的满足 $x_L > 0$ 的 $x \in C_n^+$, $\Phi_n(x) = \Phi_{e_L}(x)$. 因此存在唯一的 $C_{N_\mu}^+$ 上的右 Clifford 解析函数 Φ, 在 C_n^+ 上等于 $\Phi_n(x)$. 称 Φ 为 $b\overline{e_L}$ 的 Fourier 变换并记 $\Phi = \mathcal{G}_+(b\overline{e_L})$. 上述对 Φ_n 的估计表明对所有的 $\nu < \mu$, $\Phi \in K(C_{N_\nu}^+)$ 且

$$\|\Phi\|_{K(C_{N_\nu}^+)} \leqslant c_\nu \|b\|_\infty.$$

对于特殊情形 $x_L = 0$ 和对所有 $\zeta \in N_\mu(\mathbb{C}^m)$,

$$|b(\zeta)| \leqslant c(1 + |\zeta|^{m+1})^{-1},$$

则由 Cauchy 定理, 可以变换积分曲面而得到

$$\mathcal{G}_+(b\overline{e_L})(\mathbf{x}) = \Phi(\mathbf{x}) = (2\pi)^{-m} \int_{\mathbb{R}^m} b(\xi) e^{i\langle \mathbf{x}, \xi \rangle} d\xi \overline{e_L} = \check{b}(\mathbf{x})\overline{e_L},$$

即为 $b\overline{e_L}$ 的通常的 Fourier 逆变换.

我们证明 b 和 $\Phi = \mathcal{G}_+(b\overline{e_L})$ 满足 Parseval 等式 (3-30), 由此可以推出 $\mathcal{G}_+$ 实际上是 Fourier 变换 $\mathcal{F}_+$ 的逆, 从而完成 (i) 和 (iii) 的证明.

对 $\alpha > 0$, 令 $b_\alpha(\zeta) = b(\zeta) e^{-\alpha |\zeta|_c}$, 则对 $\mathbf{x} \in \mathbb{R}^m$,

$$\Phi(\mathbf{x} + \alpha e_L) = \mathcal{G}_+(b\overline{e_L})(\mathbf{x} + \alpha e_L) = \mathcal{G}_+(b_\alpha \overline{e_L})(\mathbf{x}) = (b_\alpha)\check{\,}(\mathbf{x})\overline{e_L}.$$

利用通常的 Parseval 等式可以得到

$$(2\pi)^{-m} \int_{\mathbb{R}^m} b_\alpha(\xi)\hat{u}(-\xi)d\xi = \int_{\mathbb{R}^m} \Phi(\mathbf{x}+\alpha e_L)e_L u(\mathbf{x})d\mathbf{x},$$

并因此有对所有的 $u \in \mathcal{S}(\mathbb{R}^m)$,

$$(2\pi)^{-m} \int_{\mathbb{R}^m} b(\xi)\hat{u}(-\xi)d\xi = \lim_{\alpha \to 0+} \int_{\mathbb{R}^m} \Phi(\mathbf{x}+\alpha e_L)e_L u(\mathbf{x})d\mathbf{x}.$$

现在证明 (iv). 取 $\Phi \in K(C_{N_\mu}^+)$, 则 Φ 是左 Clifford 解析的 (同时也是右 Clifford 解析的) 当且仅当对所有的 $x \in C_{N_\mu}^+$,

$$\mathbf{D}e_L\Phi(x) = (\Phi e_L)\mathbf{D}(x),$$

其中两边均等于 $-\dfrac{\partial \Phi}{\partial x_L}(x)$.

令 $b\overline{e_L} = \mathcal{F}_+(\Phi)$, 定义 b_α 如上, 并且两次使用相对于 b_α 的 Parseval 等式, 可以看到, 对于所有的 $u \in \mathcal{S}(\mathbb{R}^m)$,

$$(2\pi)^{-m} \int_{\mathbb{R}^m} \xi e_L b_\alpha(\xi)\hat{u}(-\xi)d\xi = -i \int_{\mathbb{R}^m} (\mathbf{D}e_L\Phi)(\mathbf{x}+\alpha e_L)e_L u(\mathbf{x})d\mathbf{x}$$

和

$$(2\pi)^{-m} \int_{\mathbb{R}^m} b_\alpha(\xi)\xi e_L\hat{u}(-\xi)d\xi = -i \int_{\mathbb{R}^m} (\Phi e_L\mathbf{D})(\mathbf{x}+\alpha e_L)e_L u(\mathbf{x})d\mathbf{x}.$$

从而 $\Phi \in M(C_{N_\mu}^+)$ 当且仅当对所有的 $u \in \mathcal{S}(\mathbb{R}^m)$, $\mathbf{D}e_L\Phi(x) = (\Phi e_L)\mathbf{D}(x)$. 该等式成立的充分必要条件是

$$\mathbf{D}e_L\Phi(\mathbf{x}+\alpha e_L) = (\Phi e_L)\mathbf{D}(\mathbf{x}+\alpha e_L), \quad \forall x \in \mathbb{R}^m \setminus \{0\}.$$

上述等式等价于 $\xi e_L b_\alpha(\xi) = b_\alpha(\xi)\xi e_L$. 上述等式又等价于 $\zeta e_L b(\zeta) = b(\zeta)\zeta e_L$ 对所有的 $z \in N_\mu(\mathbb{C}^m)$ 成立. 这就证明了 (iv).

剩下的部分可以类似地证明, 其中 (viii) 中的估计要求对 (iii) 的证明做适当修改. □

我们将 $\mathcal{F}_-$ 的逆记为 $\mathcal{G}_- : H_N^- \to K_N^-$, 称 $\mathcal{F}_-$ 为 Fourier 变换且称 $\mathcal{G}_-$ 为 Fourier 逆变换.

注 3.5.1 令 $N = \overline{N}$. 则 $b_+ \in H_\infty^+(N_\mu(\mathbb{C}^m))$ 以及 $b_- \in H_\infty^-(\overline{N}_\mu(\mathbb{C}^m))$ 当且仅当

$$b \in H_\infty(N_\mu(\mathbb{C}^m)).$$

令 $B \in H^\infty(S_\mu^0(\mathbb{C}))$, 其中 $0 < \mu < \pi/2$. 我们已经看到 B 很自然地与如下定义的函数 $b \in H^\infty(S_\mu^0(\mathbb{C}^m))$ 联系起来:

$$b(\zeta) = B(i\zeta e_L) = B(|\zeta|_{\mathbb{C}})\chi_+(\zeta) + B(-|\zeta|_{\mathbb{C}})\chi_-(\zeta).$$

实际上

$$b \in \mathcal{A}(S_\mu^0(\mathbb{C}^m)) = \left\{ b \in H^\infty(S_\mu^0(\mathbb{C}^m)) : \zeta e_L b(\zeta) = b(\zeta)\zeta e_L, \forall \zeta \right\},$$

且映射 $B \longmapsto b$ 是一个从 $H^\infty(S_\mu^0(\mathbb{C}))$ 到 $\mathcal{A}(S_\mu^0(\mathbb{C}^m))$ 的 1-1 的代数同态.

$$C_{\mu,+}^0 = \left\{ Z = X + iY \in \mathbb{C} : z \neq 0, Y > -|X|\tan\mu \right\},$$

$$C_{\mu,-}^0(\mathbb{C}) = -C_{\mu,+}^0(\mathbb{C}),$$

$$S_{\mu,+}^0(\mathbb{C}) = \left\{ \lambda \in \mathbb{C} : \lambda \neq 0, |\arg(\lambda)| < \mu \right\},$$

$$S_{\mu,-}^0(\mathbb{C}) = -S_{\mu,+}^0(\mathbb{C}),$$

$$C_{\mu,+}^0 = \left\{ x = \mathbf{x} + x_L e_L \in \mathbb{R}^{m+1} : x_L > -|\mathbf{x}|\tan\mu \right\},$$

$$C_{\mu,-}^0 = -C_{\mu,+}^0, \quad S_\mu^0 = C_{\mu,+}^0 \cap C_{\mu,-}^0,$$

$$T_\mu^0 = \left\{ y = \mathbf{y} + y_L e_L \in \mathbb{R}^{m+1} : y_L > |\mathbf{y}|\cot\mu \right\},$$

$$S_\mu^0(\mathbb{C}^m) = \left\{ \zeta = \xi + i\eta \in \mathbb{C}^m : |\zeta|_{\mathbb{C}}^2 \notin (-\infty, 0] \text{ 且 } |\eta| < \mathrm{Re}(|\zeta|_{\mathbb{C}})\tan\mu \right\}.$$

用 B 的 Fourier 逆变换来求 b 的 Fourier 逆变换. 首先假定 $B \in H^\infty(S_{\mu,+}^0(\mathbb{C}))$. 在这种情况下, B 的 Fourier 逆变换 $\Phi = \mathcal{G}(B)$ 是一个定义在 $C_{\mu,+}^0(\mathbb{C})$ 上的复值全纯函数. 特别地, 当 $\mathrm{Im}(Z) > 0$ 时,

$$\Phi(Z) = \frac{1}{2\pi} \int_0^\infty B(r)e^{irZ} dr.$$

且因此有 $b \in H_\infty^+(S_\mu^0(\mathbb{C}))$. 令 $\Phi = \mathcal{G}_+(be_L)$. 因此, 当 $x_L > 0$,

$$
\begin{aligned}
\Phi(x) &= \frac{1}{(2\pi)^m} \int_{\mathbb{R}^m} B(|\xi|)e_+(x,\xi)d\xi\overline{e_L} \\
&= \frac{1}{2(2\pi)^m} \int_{\mathbb{R}^m} (\overline{e_L} + \frac{i\xi}{|\xi|})B(|\xi|)e^{-x_L|\xi|}e^{i\langle \mathbf{x},\xi\rangle}d\xi \\
&= \frac{1}{2(2\pi)^m} \int_{S^{m-1}} (\overline{e_L} + i\tau) \int_0^\infty B(r)e^{-x_L r}e^{i\langle \mathbf{x},\tau\rangle r}r^{m-1}drdS_\tau \\
&= \frac{1}{2(2\pi i)^{m-1}} \int_{\mathbb{S}^{m-1}} (\overline{e_L} + i\tau)\Phi^{(m-1)}(\langle \mathbf{x},\tau\rangle + ix_L)dS_\tau \\
&= \frac{1}{2(2\pi i)^{m-1}} \int_{\mathbb{S}^{m-1}} (\overline{e_L} + i\langle \mathbf{x},\tau\rangle\mathbf{x}|\mathbf{x}|^{-2})\Phi^{m-1}(\langle \mathbf{x},\tau\rangle + ix_L)dS_\tau \\
&= \frac{\sigma_{m-2}}{2(2\pi i)^{m-1}} \int_{-1}^1 (1-t^2)^{(m-3)/2}(\overline{e_L} + \frac{it\mathbf{x}}{|\mathbf{x}|})\Phi^{(m-1)}(|\mathbf{x}|t + ix_L)dt, \quad (3\text{-}39)
\end{aligned}
$$

其中 $\Phi^{(m-1)}$ 是 Φ 的第 $(m-1)$- 阶导数. 在 $C_{\mu,+}^0$ 上, Φ 延拓到一个左和右的 Clifford 解析函数. 对所有的 $\nu < \mu$, 该函数属于 $M(C_{\nu,+}^0)$.

当 $B \in H^\infty(S_{\mu,-}^0(\mathbb{C}))$, $\Phi = \mathcal{G}(B)$ 且

$$b(\zeta) = B(i\zeta e_L) = B(-|\zeta|_{\mathbb{C}})\chi_-(\zeta),$$

有 $b \in H_\infty^-(S_\mu^0(\mathbb{C}^m))$. 因而可以构造 $\Phi = \mathcal{G}_-(b\overline{e_L})$. 我们看到, 当 $x_L < 0$,

$$\begin{aligned}
\Phi(x) &= \frac{1}{(2\pi)^m} \int_{\mathbb{R}^m} B(-|\xi|)e_-(x,\xi)d\xi\overline{e_L} \\
&= \frac{1}{2(2\pi)^m} \int_{\mathbb{R}^m} (\overline{e_L} - \frac{i\xi}{|\xi|})B(-|\xi|)e^{-x_L|\xi|}e^{i\langle \mathbf{x},\xi\rangle}d\xi \\
&= \frac{1}{2(2\pi)^m} \int_{S^{m-1}} (\overline{e_L} - i\tau) \int_0^{+\infty} B(-r)e^{x_L r}e^{i\langle \mathbf{x},\tau\rangle r}r^{m-1}drdS_\tau \\
&= \frac{(-1)^{m-1}}{2(2\pi)^m} \int_{S^{m-1}} (\overline{e_L} + i\tau) \int_{-\infty}^0 B(-r)e^{-x_L r}e^{i\langle \mathbf{x},\tau\rangle r}r^{m-1}drdS_\tau \\
&= \frac{1}{2(-2\pi i)^{m-1}} \int_{S^{m-1}} (\overline{e_L} + i\tau)\Phi^{(m-1)}(\langle \mathbf{x},\tau\rangle + ix_L)dS_\tau \\
&= \frac{\sigma_{m-2}}{2(-2\pi i)^{m-1}} \int_{-1}^1 (1-t^2)^{(m-3)/2}(\overline{e_L} + \frac{it\mathbf{x}}{|\mathbf{x}|})\Phi^{(m-1)}(|\mathbf{x}|t + ix_L)dt.
\end{aligned}$$

当 $B \in H_\infty(S_\mu^0(\mathbb{C}))$, 记 $B = B_+ + B_-$, 其中 $B_+ = B\chi_{\mathrm{Re}z>0} \in H_\infty(S_{\mu,+}^0(\mathbb{C}))$ 且 $B_- = B\chi_{\mathrm{Re}z<0} \in H_\infty(S_{\mu,-}^0(\mathbb{C}))$. 则 $b = b_+ + b_-$, 其中 $b_\pm$ 是与 $B_\pm$ 相关的函数. 可以使用这一分解将 $b\overline{e_L}$ 的 Fourier 逆变换 $\mathcal{G}(b\overline{e_L}) = (\Phi, \underline{\Phi})$ 与 B 的 Fourier 逆变换 $\mathcal{G}(B) = (\Phi, \Phi_1)$ 联系起来.

最后为了使读者更好地理解 $(\Phi(z), \Phi_1(z))$ 和 (b, B) 之间的关系, 以及 $(\Phi(z), \Phi_1(z))$ 和 $(\Phi(x), \underline{\Phi}(y))$ 的关系我们举两个例子, 更多的例子参见文献 [47].

例 3.5.1　跟往常一样,

$$k(x) = \frac{1}{\sigma_m}\frac{\overline{x}}{|x|^{m+1}}.$$

(i) $(\Phi(z), \Phi_1(z)) = (0,1)$, $B(\lambda) = 1$, $b(\zeta) = 1$;

(ii) $(\Phi(z), \Phi_1(z)) = \left(\frac{i}{2\pi z}, \frac{1}{2}\right)$, $B(\lambda) = \chi_{\mathrm{Re}>0}$, $b(\zeta) = \chi_+(\zeta)$;

(iii) $(\Phi(z), \Phi_1(z)) = \left(\frac{i}{2\pi z}, \frac{1}{2}\right)$, $B(\lambda) = \chi_{\mathrm{Re}<0}$, $b(\zeta) = \chi_-(\zeta)$;

(iv) $(\Phi(z), \Phi_1(z)) = \left(\frac{i}{\pi z}, 0\right)$, $B(\lambda) = \mathrm{sgn}(\lambda)$, $b(\zeta) = \frac{i\zeta e_L}{|\zeta|_{\mathbb{C}}}$.

以下的例子描述了函数对 $(\Phi(z), \Phi_1(z))$ 和 $(\Phi(x), \underline{\Phi}(y))$ 之间的关系.

例 3.5.2 (i) 令 $(\Phi(z),\ \Phi_1(z)) = \left(\dfrac{1}{(z+it)}, -i\pi + \log\left(\dfrac{z+it}{z-it}\right)\right)\ (t>0)$, 则

$$(\Phi(x),\underline{\Phi}(y)) = (k(x+te_L),\ \underline{\Phi}(y)), \quad \lim_{y\to 0}\underline{\Phi}(y) = 0.$$

(ii) 令 $(\Phi(z),\ \Phi_1(z)) = \dfrac{t}{2\pi}\left(\dfrac{-1}{(z+it)^2}, \dfrac{2z}{z^2+t^2}\right)\ (t>0)$, 则

$$(\Phi(x),\underline{\Phi}(y)) = \left(-t\dfrac{\partial k}{\partial t}(x+te_L),\ \underline{\phi}(y)\right), \quad \lim_{y\to 0}\underline{\Phi}(y) = 0.$$

(iii) 令 $(\Phi(z),\ \Phi_1(z)) = \Gamma(1+is)\left(\dfrac{i}{2\pi}e^{-\pi s/2}z^{-1-is}, (\pi s)^{-1}\sinh(\pi s/2)z^{-is}\right)$, 则

$$(\Phi(x),\underline{\Phi}(y)) = \left(\dfrac{-1}{\Gamma(1-is)}\int_0^\infty t^{-is}\dfrac{\partial k}{\partial t}(x+te_L)dt,\ \underline{\Phi}_s(y)\right),$$

其中函数 $\underline{\Phi}_s$ 表示为

$$\underline{\Phi}_s(rn) = \dfrac{r^{-is}}{\Gamma(1-is)}\int_0^\infty t^{is-1}F(m,n_L,\tau)d\tau\overline{e_L}n,$$

其中 $r>0$, $|n|=1$, 且 F 是实值函数并满足

$$|F(m,n_L,t)| \leqslant c(m,n_L)\dfrac{t^m}{(1+t)^{m+1}}.$$

特别地, 当 $n = e_L$,

$$\underline{\Phi}_s(re_L) = \dfrac{\sigma_{m-1}r^{-is}}{\Gamma(1-is)}\int_0^\infty \dfrac{t^{m+is-1}}{(1+t^2)^{(m+1)/2}}dt, \quad r>0.$$

(为证明这一点, 首先证明前一行的函数 Φ 具有形式 $\Phi(rn) = F(m,n_L,r/t)\overline{e_L}n$.)

函数 Φ_1 和 Φ 实际上只有在零点附近才有意义, 且当它们趋于 0 时, 这些函数并不会出现在 Parseval 等式或卷积公式中. 文献 [58] 中已经证明如果 $|B(\lambda)| \leqslant c_s|\lambda|^s$ 对所有的 $\lambda \in S^0_{\mu,+}(\mathbb{C})$ 和某个 $s<0$ 成立, 则当 $z\to 0$ ($z\in S_{\nu,+}(\mathbb{C})$, $\nu<\mu$), $\Phi_1(z)\to 0$. 对所有的 $\zeta\in S^0_\mu(\mathbb{C})$, 也有 $|b(\zeta)| \leqslant c_s|\zeta|^s$. 因此由定理 3.5.1 的 (viii) 可以推出当 $y\to 0$ ($y\in T^0_\nu$, $\nu<\mu$), $\underline{\Phi}(y)\to 0$. 所以当 $|B(\lambda)| \leqslant c_s|\lambda|^s$, $s<0$, 没必要求出 Φ_1 和 $\underline{\Phi}$.

下面将注意力转向函数 $B = B_+ = B\chi_{\mathrm{Re}z>0}$, 并在公式 (3-39) 中代替 Φ 和 $\underline{\Phi}$. 我们利用如下事实: 当 $\tau\in\mathbb{S}^{m-1}$ 且 $a,b\in\mathbb{R}$,

$$(\overline{e_L}+i\tau)(a+ib)^k = (\overline{e_L}+i\tau)(a-be_L\tau)^k,$$

得到

$$\frac{\overline{x}}{\sigma_m |x|^{m+1}} = \frac{1}{2(2\pi i)^{m-1}} \int_{\mathbb{S}^{m-1}} (\overline{e_L} + i\tau) \frac{i}{2\pi} \frac{(-1)^{m-1}(m-1)!}{(\langle \mathbf{x}, \ \tau \rangle + ix_L)^m} dS_\tau$$

$$= \frac{(m-1)!}{2} \left(\frac{i}{2\pi} \right)^m \int_{\mathbb{S}^{m-1}} (\overline{e_L} + i\tau)(\langle \mathbf{x}, \ \tau \rangle - x_L e_L \tau)^{-m} dS_\tau,$$

其中 $x_L > 0$. 如果对右边取实部, 即为 Sommen 在文献 [87] 中给出的 Cauchy 核的平面波分解.

对函数 $B = \chi_{\mathrm{Re}z<0}$, 得到

$$\frac{\overline{x}}{\sigma_m |x|^{m+1}} = \frac{-(m-1)!}{2} \left(\frac{-i}{2\pi} \right)^m \int_{\mathbb{S}^{m-1}} (\overline{e_L} + i\tau)(\langle \mathbf{x}, \ \tau \rangle - x_L e_L \tau)^{-m} dS_\tau,$$

其中 $x_L < 0$, 这与 Sommen 的公式是一致的, 详见文献 [79].

3.6　注　　记

注 3.6.1　定理 3.3.1 的思想是探寻 Clifford 分析与单变量复分析之间存在的相似性. 通过对应关系 $z^k \to P^{(k)}$, 四元数分析与单变量复分析之间的某些相似性在文献 [71] 中已经得到了.

四元数空间与在 $n = 3$ 时的情形并不完全一致. 四元数是一个完全的代数, 而后者不是. Fueter 定理告诉我们, τ 将单变量的全纯函数映射成四元数值的正则函数. M. Sce 证明过如下结果: 如果 n 为奇数, 则 τ 将定义在上半复平面中开子集上的全纯函数映射成 Clifford 解析函数, 从而推广了 Fueter 的结果. 定理 3.3.1 中的 (iii) 表明, 若 n 为奇数, 我们通过 Kelvin 反演得到的推广结果与 Sce 对 $f^0(z) = z^k$, $k \in \mathbb{Z}$ 的结果一致.

然而若 n 为偶数, Fueter 或 Sce 利用微分算子 $\Delta^{(n-1)/2}$ 的方法未必有效. 利用 Fourier 乘子变换, Fueter 或 Sce 的方法可以首先推广到负指数的幂函数, 即 $f^0(z) = z^k, -k \in \mathbb{Z}^+$; 而对于非负指数的幂函数, 则不能用微分算子进行推广, 而采取 Kelvin 反演 ([71]).

注 3.6.2　在文献 [88] 中, F. Sommmen 证明, 如果 $n+1$ 是一个正的偶数, P_k 为任意 $\underline{x}$ 的 k 次齐次多项式, 且对于 Dirac 算子 $\underline{D}$ 是左 Clifford 解析的, 即 $\underline{D}P_k(\underline{x}) = 0$, 则

$$D\Delta^{k+(n-1)/2} \left(u(x_0, \underline{x}) + \frac{\underline{x}}{|\underline{x}|} v(x_0, \underline{x}) P_k(\underline{x}) \right) = 0.$$

易见上述结果是定理 3.3.2 的特殊情况.

第4章 无穷 Lipschitz 图像上的卷积奇异积分

作为 Lipschitz 曲线上奇异积分算子有界性的高维空间的推广, 相应的问题是 Lipschitz 曲面 Σ 上 Cauchy 积分算子的 $L^p(\Sigma)$ 有界性. 维数的增加需要采用新的方法和思路解决以上问题. 1994 年, C. Li, A. McIntosh 和 S. Semmes 将 $\mathbb{R}^{d+1}$ 嵌入到 Clifford 代数 $\mathbb{R}_{(d)}$ 中, 并且考虑定义在锥形区域上的全纯函数类 $K(S_{w,\pm})$. 他们证明了, 如果函数 $\phi(x)$ 属于 $K(S_{w,\pm})$, 则在 Lipschitz 曲面上以 $\phi(x)$ 为核函数的奇异积分算子 T_ϕ 是 $L^p(\Sigma)$ 有界的.

本章的主要内容是利用 Clifford 值的鞅, 给出 Lipschitz 曲面上的 Cauchy 积分算子 L^2 有界性的证明. 并且说明如何用同样的方法证明 Clifford 值的 $T(b)$ 定理. 证明的思想跟文献 [11] 类似, 但是有些差别. 我们定义 $\mathbb{R}^d$ 上原子 σ- 域的适当的序列. 因为 Clifford 代数是非交换的, 需要将每个原子对应到一对 Clifford 值的 Haar 函数. 因此适当的 Haar 系实际上是一族 Clifford 值的函数. 我们只利用鞅的技术证明函数 f 和它的 Littlewood-Paley 函数 $S(f)$ 之间的 L^2 范数等价性. 参见 [31].

4.1　Clifford 值的鞅

首先引入相关的鞅理论和 Clifford 值函数的 Littlewood-Paley 估计. 令 X 为一个集合, $\mathcal{B}$ 是 X 中一个 σ- 域, ν 是 $\mathcal{B}$ 上的一个非负测度, 并且 $\{\mathcal{F}_n\}_{n=-\infty}^{\infty}$ 是一个 X 中的 σ- 域的非递减族, 满足条件:

(i) $\bigcup\limits_{n=-\infty}^{\infty} \mathcal{F}_n$ 生成 $\mathcal{B}$;

(ii) $\bigcap\limits_{n=-\infty}^{\infty} \mathcal{F}_n = \{\varnothing,\, X\}$;

(iii) 测度 ν 在 $\mathcal{B}$ 和每个 $\mathcal{F}_n$ 上是 σ- 有限的.

令 $\mathcal{F}$ 是 $\mathcal{B}$ 的一个次 σ- 域 (sub-σ-field), 使得 ν 在 $\mathcal{F}$ 上是 σ- 有限的. 因为 $(X,\, \mathcal{F})$ 是 σ- 有限的, X 可以写成 $X = \bigcup\limits_{j} U_j$, 其中 $U_j \in \mathcal{F}$ 和 $\nu(U_j) < +\infty$. 如果 f 是局部可积的, $(X, \mathcal{B}, \nu)$ 上的数值函数, 即在任意具有有限 ν 测度的集合上积分有限的函数, 该函数的条件期望 $\widetilde{E}(f \mid \mathcal{F})$ 是良定的. 在任意的 U_j 上, $\widetilde{E}(f \mid \mathcal{F})$ 等于 $f\mid_{U_j}$ 关于 $(\mathcal{F}\mid_{U_j},\, \nu\mid_{U_i})$ 的条件期望. 如果 A 是 $\mathcal{F}$ 中任意具有有限 ν- 测度的集合, 则

$$\int_A \widetilde{E}(f \mid \mathcal{F})d\nu = \int_A f d\nu. \tag{4-1}$$

如果 f 是可积的, 则对任意的 $A \in \mathcal{F}$, 无论其是否具有有限 ν- 测度, (4-1) 都是成立的.

条件期望的定义可以延拓到 $\mathbb{A}_d$ 值的局部可积函数, 实际上, 若 $f = \sum_S f_S e_S$, 则

$$\widetilde{E}(f \mid \mathcal{F}) = \sum_S \widetilde{E}(f_S \mid \mathcal{F}) e_S.$$

鞅的刻画性质 (4-1) 对 $\mathbb{A}_d$- 值函数 f 也成立.

我们用 $L^p(\mathcal{F}, d\nu; \mathbb{R}_{(d)})$ 表示 X 上 $\mathbb{R}_{(d)}$- 值 $\mathcal{F}$- 可测函数的 Lebesgue L^p 空间或简单地记作 $L^p(d\nu; \mathbb{R}_{(d)})$, $1 \leqslant p \leqslant \infty$. 而 $L^1_{\text{loc}}(d\nu; \mathbb{R}_{(d)})$ 具有明确的意义.

假定 ψ 是 X 上的取值在 $\mathbb{R}^{1+d}$ 中的 L^∞ 函数,

定义 4.1.1　假定几乎处处有 $\widetilde{E}(\psi \mid \mathcal{F}) \notin 0$, 且令 $f \in L^1_{loc}(d\nu; \mathbb{R}_{(d)})$, 则 f 关于 $\mathcal{F}$ 的左和右的条件期望 E^l 和 E^r 由如下公式给出

$$E^l(f) = E^l(f \mid \mathcal{F}) = \widetilde{E}(\psi \mid \mathcal{F})^{-1} \widetilde{E}(\psi f \mid \mathcal{F}) \tag{4-2}$$

和

$$E^r(f) = E^r(f \mid \mathcal{F}) = \widetilde{E}(f\psi \mid \mathcal{F}) \widetilde{E}(\psi \mid \mathcal{F})^{-1}. \tag{4-3}$$

f 对于 $\mathcal{F}_n$ 的左条件期望表示为 $E^l(f \mid \mathcal{F}_n)$ 或 $E^l_n(f)$, f 对于 $\mathcal{F}_n$ 的右条件期望表示为 $E^r(f \mid \mathcal{F}_n)$ 或 $E^r_n(f)$.

只有对函数 ψ 作进一步假设, E^l 和 E^r 才具有好的映射性质.

命题 4.1.1　假定 $1 \leqslant p \leqslant \infty$. 算子 E^l 和 E^r 在 L^p 上有界当且仅当存在常数 $c_0 > 0$ 使得对几乎处处的 x,

$$c_0^{-1} \leqslant |\widetilde{E}(\psi \mid \mathcal{F})(x)| \leqslant c_0. \tag{4-4}$$

证明　适当改变 [16] 中相应的证明, 可以得到本定理的证明.　　　□

如果函数 $\psi \in L^\infty(X; \mathbb{R}^{1+d})$ 且满足 (4-4), 称该函数关于 $\mathcal{F}$ 是拟增长的. 现在假定对一般的 $\mathcal{F}$, 条件 (4-4) 成立, 且对所有的 $\mathcal{F}_n$, (4-4) 中的常数与 n 无关. 如果该假设成立, 且如果 $f \in L^1_{loc}(d\nu; \mathbb{R}_{(d)})$, 则 $E^l(f)$ 和 $E^r(f)$ 是局部可积的. E^l 和 E^r 具有如下的基本性质.

命题 4.1.2　(a) 如果 $g \in L^\infty(\mathcal{F}, d\nu; \mathbb{R}_{(d)})$, 则 $E^l(fg) = E^l(f)g$. 类似地, 右条件期望 E^r 与关于 g 的左乘运算可交换.

(b) $E^l(1) = E^r(1) = 1$.

(c) 如果 $f \in L^1_{loc}(d\nu; \mathbb{R}_{(d)})$, 且 A 是有限测度的 (或 $f \in L^1(d\nu; \mathbb{R}_{(d)})$, 且 A 可测), 则

$$\int_A \psi E^l(f) d\nu = \int_A \psi f d\nu, \tag{4-5}$$

$$\int_A E^r(f)\psi d\nu = \int_A f\psi d\nu. \tag{4-6}$$

(d) 对 $n \leqslant m$, 有

$$E_n(E_m(f)) = E_n(f), \tag{4-7}$$

其中 E_n 表示关于 $\mathcal{F}_n$ 的左的 (或右的) 条件期望.

(e) 记 $\Delta_n^l = E_n^l - E_{n-1}^l$ 和 $\Delta_n^r = E_n^r - E_{n-1}^r$, 以及

$$\langle f,\ g \rangle_\psi = \int f\psi g d\nu,$$

则有, 对所有的 $n \neq m$ 和 $f, g \in L^2(d\nu; \mathbb{R}_{(d)})$,

$$\langle \Delta_n^r f,\ \Delta_m^l g \rangle_\psi = 0.$$

证明 (a) 和 (b) 是显然的. 为了证明 (c), 假定 $A \in \mathcal{F}$. 则因为 $E^l f$ 且 A 是 $\mathcal{F}$- 可测的,

$$\int_A \psi E^l f d\nu = \int_X \chi_A \psi E^l f d\nu = \int_X \widetilde{E}(\chi_A \psi E^l f) d\nu = \int_X \chi_A \widetilde{E}(\psi) E^l f d\nu = \int_A \psi f d\nu.$$

对 E^r, 可以类似地证明.

(d) 的证明如下: 例如对左条件期望,

$$\begin{aligned}
E_n^l(E_m^l(f)) &= \widetilde{E}_n(\psi)^{-1} \widetilde{E}_n(\psi \widetilde{E}_m(\phi)^{-1} \widetilde{E}_m(\psi f)) \\
&= \widetilde{E}_n(\psi)^{-1} \widetilde{E}_n(\widetilde{E}_m[\psi \widetilde{E}_m(\psi)^{-1} \widetilde{E}_m(\psi f)]) \\
&= \widetilde{E}_n(\psi)^{-1} \widetilde{E}_n(\psi f) = E_n^l(f).
\end{aligned}$$

对右条件期望的证明是类似的.

最后证明 (e). 对 $n > m$,

$$\begin{aligned}
\langle \Delta_n^r f, + \Delta_m^l g \rangle_\psi &= \int \Delta_n^r f \psi \Delta_m^l g d\nu \\
&= \int \widetilde{E}_{n-1}(\Delta_n^r f \psi \Delta_m^l g) d\nu \\
&= \int \widetilde{E}_{n-1}(\Delta_n^r f \psi) \Delta_m^l g d\nu \\
&= \int \widetilde{E}_{n-1}(\Delta_n^r f \psi) \widetilde{E}_{n-1}(\psi)^{-1} \widetilde{E}_{n-1}(\psi) \Delta_m^l g d\nu \\
&= \int \widetilde{E}_{n-1}^r(\Delta_n^r f) \widetilde{E}_{n-1}(\psi) \Delta_m^l g d\nu = 0,
\end{aligned}$$

其中最后一步使用了 (4-7). 对 $m > n$, 证明是类似的. □

定义 4.1.2　令 $f \in L^1_{loc}(d\nu; \mathbb{R}_{(d)})$. 对应于 $\{\mathcal{F}_n\}_{n=-\infty}^{\infty}$, 由 f 生成的左鞅是序列 $\{f^l_n\}_{n=-\infty}^{\infty} = \{E^l_n(f)\}_{n=-\infty}^{\infty}$. 如果极限 $f^l_{-\infty} = \lim\limits_{n \to -\infty} E^l_n(f)$ 几乎处处存在, 左 Littlewood-Paley 平方函数定义为

$$S^l(f) = \left(|f^l_{-\infty}|^2 + \sum_{n=-\infty}^{\infty} |\Delta^l_n f|^2 \right)^{1/2}.$$

右鞅和右 Littlewood-Paley 平方函数可以类似地定义. 如果 $f \in \bigcup\limits_{1 \leqslant p < \infty} L^p(d\nu;$ $\mathbb{R}_{(d)})$, 且 $\nu(X) = +\infty$, 则 $f^l_{-\infty} = 0$.

如果 $f \in L^1_{loc}(d\nu; \mathbb{A}_d)$, f 的 BMO 范数定义为

$$\|f\|_{BMO} = \sup_n \|\widetilde{E}_n(|f - \widetilde{E}_{n-1}f|^2)\|_{\infty}^{1/2}. \tag{4-8}$$

我们需要如下事实: 如果 $\psi \in L^\infty(d\nu; \mathbb{R}^{1+n})$, 则 $\psi \in BMO$, 且对任意的 n,

$$\widetilde{E}_n\left(\sum_{k=n}^{\infty} |\widetilde{\Delta}_k(\psi)|^2 \right) \leqslant C\|\psi\|_{BMO}^2 \leqslant C\|\psi\|_{\infty}^2. \tag{4-9}$$

由 John-Nirenberg 不等式, (4-8) 的右边等价于

$$\sup_n \left\| \widetilde{E}_n\left(\left| f - \widetilde{E}_n(f) \right| \right) \right\|_{\infty}.$$

证明参见 [24] 和 [28].

如下的 Littlewood-Paley 结果是本节的一个主要结果. 我们用 C 或 c 表示一个具体的值随情况变化的常数.

引理 4.1.1　存在一个依赖于 c_0 和 d 的常数 $c > 0$, 使得对所有的 $f \in L^2_{loc}(d\nu;$ $\mathbb{R}_{(d)})$,

$$c^{-1}\|S(f)\|_{L^2} \leqslant \|f\|_{L^2} \leqslant c\|S(f)\|_{L^2}, \tag{4-10}$$

其中 S 表示 S^l 或 S^r.

证明　只考虑左鞅的情形, 对右鞅的情形证明是类似的. 令 n_0 固定, 并考虑序列 $\{\mathcal{F}_n\}_{n \geqslant n_0}$ 和对应的平方函数:

$$\left(\sum_{n \geqslant n_0 + 1} |\Delta^l_n f|^2 \right)^{1/2}.$$

如果 $n \geqslant n_0 + 1$, 则有

$$\begin{aligned}
\Delta^l_n f &= \widetilde{E}(\psi \mid \mathcal{F}_n)^{-1} \widetilde{E}(\psi f \mid \mathcal{F}_n) - \widetilde{E}(\psi \mid \mathcal{F}_{n-1})^{-1} \widetilde{E}(\psi f \mid \mathcal{F}_{n-1}) \\
&= \left[\widetilde{E}(\psi \mid \mathcal{F}_n)^{-1} - \widetilde{E}(\psi \mid \mathcal{F}_{n-1})^{-1} \right] \widetilde{E}(\psi f \mid \mathcal{F}_n) \\
&\quad + \widetilde{E}(\psi \mid \mathcal{F}_{n-1})^{-1} \left[\widetilde{E}(\psi f \mid \mathcal{F}_n)^{-1} - \widetilde{E}(\psi f \mid \mathcal{F}_{n-1})^{-1} \right].
\end{aligned} \tag{4-11}$$

因此由 (4-4),

$$|\delta_n^l(f)|^2 \leqslant C\Big(|\widetilde{\Delta}_n(\psi)|^2|\widetilde{E}(\psi f \mid \mathcal{F}_n)|^2 + |\widetilde{\Delta}_n(\psi f)|^2\Big). \tag{4-12}$$

因为 ν 在 $\mathcal{F}_{n_0}$ 上是 σ- 有限的, 可以记 $X = \bigcup\limits_{j=1}^{\infty} U_j$, 其中 $U_1 \subseteq U_2 \subseteq \cdots$ 且集合 U_j 属于 $\mathcal{F}_{n_0}$ 并有有限测度. 固定 $M \geqslant 1$. 然后由 (4-12) 和标准的 Littlewood-Paley 估计,

$$\int_{U_M} \sum_{n \geqslant n_0+1} |\Delta_n^l f|^2$$

$$\leqslant C\left(\int_{U_M} \sum_{n \geqslant n_0+1} |\widetilde{E}_n(\psi f \mid \mathcal{F}_n)|^2 |\widetilde{\Delta}_n \psi|^2 d\nu + \int_{U_M} \sum_{n \geqslant n_0+1} |\widetilde{\Delta}_n(\psi f)|^2 d\nu\right)$$

$$\leqslant C\left(\int_{U_M} \sum_{n \geqslant n_0+1} |\widetilde{E}_n^*(\psi f)|^2 |\widetilde{\Delta}_n(\psi)|^2 d\nu + \int_X |\psi f|^2 d\nu\right)$$

$$\leqslant C\left(\int_{U_M} \sum_{n \geqslant n_0+1} |\widetilde{E}_n^*(\psi f)|^2 |\widetilde{\Delta}_n(\psi)|^2 d\nu + \int_X |f|^2 d\nu\right), \tag{4-13}$$

其中

$$\widetilde{E}_n^*(f) = \sup_{n_0+1 \leqslant j \leqslant n} \left|\widetilde{E}(f \mid \mathcal{F}_j)\right|.$$

对 $n \geqslant n_0 + 1$, 令 $T_n = \sum\limits_{k=n}^{\infty} |\widetilde{\Delta}_k \psi|^2$, 并设 $T_{n_0} = 0$. 如果 $N > n_0$, 则有

$$\sum_{n=n_0+1}^{N} |\widetilde{E}_n^*(\psi f)|^2 |\widetilde{\Delta}_n(\psi)|^2$$

$$= \sum_{n=n_0+1}^{N} |\widetilde{E}_n^*(\psi f)|^2 (T_n - T_{n+1})$$

$$= \sum_{n=n_0}^{N-1} T_{n+1}\Big[|\widetilde{E}_{n+1}^*(\psi f)|^2 - |\widetilde{E}_n^*(\psi f)|^2\Big] - |\widetilde{E}^*(\psi f)|^2 T_{N+1}.$$

从 (4-9) 和 (4-14) 可以推出

$$\int_{U_M} \sum_{n \geqslant n_0+1} |\widetilde{E}_n^*(\psi f)|^2 |\widetilde{\Delta}_n(\psi)|^2 d\nu$$

$$\leqslant \int_{U_M} \sum_{n=n_0}^{\infty} \left(\sum_{k=n+1}^{\infty} |\widetilde{\Delta}_k(\psi)|^2\right) \Big[|\widetilde{E}_{n+1}^*(\psi f)|^2 - |\widetilde{E}_n^*(\psi f)|^2\Big] d\nu$$

$$\leqslant \int_{U_M} \sum_{n=n_0}^{\infty} \widetilde{E}_{n+1} \left(\sum_{k=n+1}^{\infty} |\widetilde{\Delta}_k(\psi)|^2 \right) \left[|\widetilde{E}_{n+1}^*(\psi f)|^2 - |\widetilde{E}_n^*(\psi f)|^2 \right] d\nu$$

$$\leqslant \|\psi\|_{BMO}^2 \int_{U_M} |\psi f|^{*2} d\nu$$

$$\leqslant C \|\psi\|_{\infty}^2 \int_{U_M} |f|^2 d\nu. \tag{4-14}$$

在最后一步中, 使用了极大函数在 $L^2(U_m)$ 上的有界性. 常数不依赖于 M 或 n_0.

利用 (4-13) 和 (4-14), 我们得到

$$\int_{U_M} \sum_{n \geqslant n_0+1} |\Delta_n^l f|^2 d\nu \leqslant C \int_{U_M} |f|^2 d\nu. \tag{4-15}$$

在 (4-15) 中, 先令 $M \to \infty$, 再令 $n_0 \to -\infty$, 可以推出 (4-10) 左边的不等式.

为证明 (4-10) 右边的不等式, 须要注记下列事实. 如果 $g \in L^2(d\nu; \mathbb{R}_{(d)})$, 则

(a) $\lim\limits_{n \to +\infty} E_n^l g = g = \lim\limits_{n \to +\infty} E_n^r g$ 在 L^2- 意义下成立.

(b) $\lim\limits_{n \to -\infty} E_n^l g = 0 = \lim\limits_{n \to -\infty} E_n^r g$ 在 L^2- 意义下成立.

(c) $g = \sum\limits_{n=-\infty}^{\infty} \Delta_n^l g = \sum\limits_{n=-\infty}^{\infty} \Delta_n^r g$.

这些结果可以利用文献 [24] 的第 5 章中证明数量值结果的方法得到. 条件 (4-4) 在证明中起了重要的作用.

假定 $f, g \in L^2(d\nu; \mathbb{A}_d)$. 则由 (4-4) 和 (4-10) 中右边的不等式,

$$\left| \int_X f\psi g d\nu \right| = \left| \int_X \left(\sum_{n=-\infty}^{\infty} \Delta_n^r g \right) \psi \left(\sum_{m=-\infty}^{\infty} \Delta_m^l f \right) d\nu \right|$$

$$= \left| \int_X \left(\sum_{n=-\infty}^{\infty} \Delta_n^r g \psi \Delta_n^l f \right) d\nu \right|$$

$$\leqslant C \|S^r g\|_2 \|S^l f\|_2. \tag{4-16}$$

在 (4-16) 中, 对所有使得 $\|g\|_2 \leqslant 1$ 的 g 取上确界, 并再次使用条件 (4-4), 这就完成了定理的证明. □

现在构造一个特别的例子, 以及相关的适应于分析 Cauchy 积分的 Haar 函数. 令 $X = \mathbb{R}^d$, $\mathcal{B}$ 为 Borel σ- 域, 且令 $d\nu$ 为 Lebesgue 测度, 有时简记为 dx. 可测集 U 的 Lebesgue 测度记为 $|U|$. 令 $\mathcal{F}_0$ 为由边长为 1 且定点位于整数格点的方体族生成的 σ- 域.

令 $\mathcal{F}_0$ 是由边长为 1, 端点位于整数格点的方体 $\mathcal{J}_0$ 生成的 σ- 域 (σ-field). 用垂直于 x_1 轴且均分 I 的与 x_1 轴平行的边长的超平面等分 I. 将这样得到的拟二进方体 (dyadic-quasi-cube) 族记为 $\mathcal{J}_1$ 并记 $\mathcal{F}_1$ 为 $\mathcal{J}_1$ 生成的 σ- 域.

下面进一步用垂直于 x_2 轴且平分拟二进方体与 x_2 轴平行的边长的超平面等分该拟二进方体, 将这样得到的二进方体族记为 $\mathcal{J}_2$, 并记 $\mathcal{F}_2$ 为 $\mathcal{J}_2$ 生成的 σ- 域.

最后令 $\mathcal{J} = \bigcup_{n=-\infty}^{\infty} \mathcal{J}_n$. 注意到任意的 $I \in \mathcal{J}$ 是一个二进拟方体, 即 $I \in \mathcal{J}_{n-1}$, 并且可以写作 $I = I_1 \cup I_2$, 其中 I_1 和 I_2 是 $\mathcal{J}_n$ 中的二进拟方体.

从现在起, 只讨论左鞅, 因此简化记号, 用 E_n, Δ_n, f_n 等代替 E_n^l, Δ_n^l, f_n^l 等. 函数 $\psi \in L^\infty(X : \mathbb{R}^{1+d}) = L^\infty(\mathbb{R}^d; \mathbb{R}^{1+d})$ 仍假定满足 (4-4), 但是对应到刚才构造的 σ- 域中的特别的序列 $\{\mathcal{F}_n\}_{-\infty}^\infty$. 下述引理是本节的另一个基本性质.

引理 4.1.2 对任意的 $I \in \mathcal{J}_{n-1}$, $I = I_1 \cup I_2$, 其中 $I_1, I_2 \in \mathcal{J}_n$, 存在一对 $\mathbb{R}^d$ 上的 $\mathbb{A}_d$ 值函数 α_I, β_I 和一个正的常数 C 使得

(i)

$$\alpha_I = a_1\chi_{I_1} + a_2\chi_{I_2} \quad (a_j \in \mathbb{R}_{(d)});$$
$$\beta_I = b_1\chi_{I_1} + b_2\chi_{I_2} \quad (b_j \in \mathbb{R}_{(d)});$$

(ii) 对所有的 $f \in L_{loc}^1(\mathbb{R}^d; \mathbb{R}_{(d)})$,

$$\Delta_n f(x) = \alpha_I(x)\langle\beta_I, f\rangle_\psi \quad (x \in I),$$

(iii) $C^{-1}|I|^{-1/2} \leqslant |\alpha_I(x)| \leqslant C|I|^{-1/2}$, 且对所有的 $x \in I$, $C^{-1}|I|^{-1/2} \leqslant |\beta_I(x)| \leqslant C|I|^{-1/2}$;

(iv)

$$\int \psi\alpha_I dx = \int \beta_I\psi dx = 0.$$

证明 像 (i) 中那样, 定义 α_I 和 β_I. 剩下的问题是选择 a_1, a_2, b_1 和 b_2 使得 (ii)~(iv) 成立.

考虑 (ii). 因为 $\mathcal{F}_n$ 和 $\mathcal{F}_{n-1}$ 是原子, 在 I 上, 我们有

$$\widetilde{E}_{n-1}f = \Big(\frac{1}{|I|}\int_I f(y)dy\Big)\chi_I.$$

且对 $\widetilde{E}_n(f)$ 具有类似的公式. 令

$$u = \int_I \psi(t)dt, \quad u_j = \int_{I_j} \psi(t)dt \quad (j = 1, 2),$$

则在 I 上,

$$\Delta_n f = \widetilde{E}(\psi \mid \mathcal{F}_n)^{-1}\widetilde{E}(\psi f \mid \mathcal{F}_n) - \widetilde{E}(\psi \mid \mathcal{F}_{n-1})^{-1}\widetilde{E}(\psi f \mid \mathcal{F}_{n-1})$$

$$= u_1^{-1}\Big(\int_{I_1}\psi f dx\Big)\chi_{I_1} + u_2^{-1}\Big(\int_{I_2}\psi f dx\Big)\chi_{I_2}$$

$$- u^{-1}\Big(\int_{I_1}\psi f dx + \int_{I_2}\psi f dx\Big)(\chi_{I_1} + \chi_{I_2})$$

$$= \Big((u_1^{-1} - u^{-1})\int_{I_1}\psi f dx - u^{-1}\int_{I_2}\psi f dx\Big)\chi_{I_1}$$

$$+ \Big((u_2^{-1} - u^{-1})\int_{I_2}\psi f dx - u^{-1}\int_{I_1}\psi f dx\Big)\chi_{I_2}.$$

另一方面,

$$\alpha_I\langle\beta_I,\ f\rangle_\psi = \Big(a_1 b_1\int_{I_1}\psi f dx + a_1 b_2\int_{I_2}\psi f dx\Big)\chi_{I_1}$$

$$+ \Big(a_2 b_2\int_{I_2}\psi f dx + a_2 b_1\int_{I_1}\psi f dx\Big)\chi_{I_2}.$$

比较最后两个表达式, 选择 a_i, b_i $(i = 1, 2)$ 使得

$$a_1 b_1 = u_1^{-1} - u^{-1}, \quad a_2 b_2 = u_2^{-1} - u^{-1}, \quad a_1 b_2 = -u^{-1} = a_2 b_1.$$

令 $u = u_1 + u_2$, 并应用基本等式

$$a^{-1} - b^{-1} = a^{-1}(b - a)b^{-1} = b^{-1}(b - a)a^{-1}, \tag{4-17}$$

上述方程组可以更简单地表示为

$$a_1 b_1 = u^{-1}u_2 u_1^{-1}, \quad a_2 b_2 = u^{-1}u_1 u_2^{-1}, \quad a_1 b_2 = -u^{-1}, \quad a_2 b_1 = -u^{-1}. \tag{4-18}$$

(4-18) 的解具有下列形式

$$a_1 = u^{-1}u_2 c, \quad a_2 = -u^{-1}u_1 c, \quad b_1 = c^{-1}u_1^{-1}, \quad b_2 = -c^{-1}u_2^{-1}, \tag{4-19}$$

其中 c 是 $\mathbb{A}_d$ 中的任意一个可逆元. 我们想要选择 c 使得 (iii) 成立. 实际上, 由 (i) 和 (4-19) 明显可以看到如果 c 取成 $|I|^{-1/2}$, 那么 (iii) 成立.

现在只剩下验证 (iv). 从 (i) 和 (4-19), 有

$$\int\psi\alpha_I dx = \int\psi(a_1\chi_{I_1} + a_2\chi_{I_2})dx$$

$$= u_1 a_1 + u_2 a_2$$

$$= (u_1 u^{-1}u_2 - u_2 u^{-1}u_1)c$$

$$= u_1 u^{-1}(u - u_1)c - (u - u_1)u^{-1}u_1 c = 0.$$

从 (4-19), 有 $\int\beta_I\psi dx = 0$. □

4.2 鞅形式的 $T(b)$ 定理

本节给出 Cauchy 积分算子有界性的鞅的证明. 主要定理如下. 假定 Cauchy 积分为主值积分. 我们研究的积分是定义在 $\mathbb{R}^d$ 而不是在 Σ 上的. 所谓的主值指的是将 Σ 中的欧氏球投影到 $\mathbb{R}^d$ 上, 并且在它们的补集上积分. 然后取极限, 气球的半径趋近于零.

定理 4.2.1   如果 Σ 是一个 Lipschitz 图像, 则 Cauchy 奇异积分算子是从 $L^2(\Sigma; \mathbb{R}_{(d)})$ 到 $L^2(\Sigma; \mathbb{R}_{(d)})$ 上有界的.

令 $\phi(v) = A(v)e_0 + v$ $(v \in \mathbb{R}^d)$ 是由 A 定义的 Lipschitz 函数, 其图像 Σ 的单位法向量是

$$n(\phi(v)) = (e_0 - \nabla A(v))\sqrt{1 + |\nabla A(v)|^2}.$$

相应的 Cauchy 奇异积分表达式为

$$T_\Sigma h(\phi(u)) = \int_{\mathbb{R}^d} \frac{\overline{\phi(v) - \phi(u)}}{|\phi(v) - \phi(u)|^{1+d}} n(\phi(v)) h(\phi(v))\sqrt{1 + |\nabla A(v)|^2} dv$$

$$= \int_{\mathbb{R}^n} \frac{\overline{\phi(v) - \phi(u)}}{|\phi(v) - \phi(u)|^{1+d}} \psi(v) h(\phi(v)) dv,$$

其中 $\psi(v) = e_0 - \nabla A(v)$. 因为 $|\nabla A(v)| \leqslant C$, 我们看到 T_Σ 在 $L^2(\Sigma; \mathbb{R}_{(d)})$ 上有界当且仅当算子

$$T: f \mapsto \int_{\mathbb{R}^d} \frac{\overline{\phi(v) - \phi(u)}}{|\phi(v) - \phi(u)|^{1+d}} f(v) dv \tag{4-20}$$

是从 $L^2(\mathbb{R}^d; \mathbb{A}_d)$ 到 $L^2(\mathbb{R}^d; \mathbb{A}_d)$ 有界的.

如果 I 是一个二进拟方体, 则主值积分

$$T(\psi\chi_I)(u) = \text{p.v.} \int_{\mathbb{R}^n} \frac{\overline{\phi(v) - \phi(u)}}{|\phi(v) - \phi(u)|^{1+d}} \psi(v) \chi_I(v) dv$$

存在并且定义了一个局部可积函数. 事实上 $T(\psi\chi_I)(u)$ 在集合 $\mathbb{R}^d \setminus I$ 上的存在性和局部可积性是直观的. 进而在 $\mathbb{R}^d \setminus I$ 中, 当 $u \to \partial I$ 时, $T(\psi\chi_I)(u)$ 的奇异性为 $O(\log(\text{dist}(u, \partial I)))$. 为了处理 $u \in I$ 的情形, 只须考虑

$$T_\Sigma F(x) = \text{p.v.} \int_\Sigma \frac{\overline{y-x}}{|y-x|^{1+d}} n(y) F(y) d\sigma(y),$$

其中 F 在 $\phi(I)$ 之外消失并且满足一个一致的 Lipschitz 条件. 记

$$T_\Sigma F(x) = \text{p.v.} \int_\Sigma \int_\Sigma \frac{\overline{y-x}}{|y-x|^{1+d}} n(y)\left[F(y) - F(x)\right] d\sigma(y)$$

$$+ \int_\Sigma \frac{\overline{y-x}}{|y-x|^{1+d}} n(y) F(x) d\sigma(y).$$

F 的 Lipschitz 常数给出了第一个积分的适当的控制, 而核函数 $y - x/|y - x|^{1+d}$ 的 Clifford 解析性和消失性以及 Cauchy 定理, 给出了第二个积分的一个适当的控制.

(4-20) 中的算子具有形式

$$Tf(u) = \int_{\mathbb{R}^d} K(u, v) f(v) dv.$$

下述引理给出了核函数 K 的基本性质.

引理 4.2.1　对所有的 $x \neq y$, $|x - x'| < 1/2|x - y|$, 核函数 K 满足不等式

$$|K(x, y)| \leqslant C |x - y|^{-d} \quad (x \neq y), \tag{4-21}$$

$$|K(x, y) - K(x', y)| \leqslant C \frac{|x - x'|}{|x - y|^{1+d}} \tag{4-22}$$

和

$$|K(y, x) - K(y, x')| \leqslant C \frac{|x - x'|}{|x - y|^{1+d}}. \tag{4-23}$$

令 $\mathcal{S}$ 表示二进拟方体的特征函数集的 $\mathbb{R}_{(d)}$ 上的线性包络. 与函数 ψ 的点态乘积的空间 $\mathcal{S}\psi$ 是 $\mathbb{R}_{(d)}$ 上的一个左线性空间. 由 [21] 中的思想, 可以将 $T\psi$ 定义为一个 $\mathcal{S}\psi$ 的子空间 $(\mathcal{S}\psi)_0$ 上的 Clifford 左线性泛函演算. 该空间由积分为 0 的函数组成: 固定 $g\psi \in (\mathcal{S}\psi)_0$, 并选择 N 足够大使得以 0 为心以 N 为半径的球 B_N 包含 g 的支集. 然后定义

$$T\psi(g\psi) = T(\psi\chi_{B_N})(g\psi) + \iint g(x)\psi(x)\Big[K(x, y) - K(0, y)\Big]\Big[1 - \chi_{B_N}(y)\Big]\psi(y) dx dy$$

$$= I_N^{(1)} + I_N^{(2)}.$$

由核 K 的性质 (4-22) 和 (4-23), 该定义有意义. 一个重要的事实是

$$\langle \beta_J, \, T\psi \rangle_\psi = T\psi(\beta_J \psi) = 0. \tag{4-24}$$

上述结论可以通过下面两步推出

(a) 当 $N \to \infty$ 时, $I_N^{(2)} \to 0$.

(b) 由 Cauchy 核的 Clifford 解析性, 使用 Cauchy 定理 (见 [5]), 可以证明 $\lim\limits_{N \to \infty} T(\psi\chi_{B_N})(x)$ 存在且与 $x \in \mathrm{supp}\beta_J$ 无关.

因为 $\beta_J \psi$ 积分为 0, 可以推出

$$\lim_{N \to \infty} T(\psi\chi_{B_N})(\beta_J \psi) = 0$$

在 (b) 的证明中, 我们研究的对象是曲面 Σ.

我们注意到, 如果 T^t 是算子 $f \mapsto \int f(y)K(y,x)dy$, 则对所有的二进拟方体 I, J,

$$\langle T^t(\chi_I \psi), \chi_J \rangle_\psi = \langle \chi_I, T(\psi \chi_J) \rangle_\psi.$$

类似于 T, 有

$$\langle T^t \psi, \beta_J \rangle_\psi = T^t \psi(\psi \beta_J) = 0. \tag{4-25}$$

由引理 4.1.2, 如果 $f \in L^2(\mathbb{R}^d; \mathbb{R}_{(d)})$, 则有

$$f = \sum_{n=-\infty}^{\infty} \Delta_n f = \sum_I \alpha_I \langle \beta_I, f \rangle_\psi$$

并且

$$
\begin{aligned}
T(\psi f) &= \sum_{J \in \mathcal{J}} T(\psi \alpha_J) \langle \beta_J, f \rangle_\psi \\
&= \sum_{J,I} \alpha_I \langle \beta_I, T(\psi \alpha_J) \rangle_\psi \langle \beta_J, f \rangle_\psi \\
&= \sum_I \alpha_I \sum_J \langle \beta_I, T(\psi \alpha_J) \rangle_\psi \langle \beta_J, f \rangle_\psi.
\end{aligned}
$$

令 $u_{IJ} = \langle \beta_I, T(\psi \alpha_J) \rangle_\psi$. 由引理 4.1.1 和引理 4.1.2, 只须证明 $l^2(\mathcal{J}; \mathbb{R}_{(d)})$ 上由矩阵 (u_{IJ}) 定义的线性变换是有界的. 我们需要如下形式的 Schur 引理.

引理 4.2.2 (Schur) *假定存在一族正数 (ω_I) 和常数 C 使得*

$$\sum_J |\omega_J u_{IJ}| \leqslant C \omega_I \quad (I \in \mathcal{J}) \tag{4-26}$$

且

$$\sum_I |\omega_I u_{IJ}| \leqslant C \omega_J \quad (I \in \mathcal{J}), \tag{4-27}$$

则矩阵 (u_{IJ}) 定义了 $l^2(\mathcal{J}; \mathbb{R}_{(d)})$ 上的一个有界算子.

证明 证明可以类似于数量值的情况得到 (参见 [11]). □

下面叙述一些与 $|\langle \beta_I, T(\psi \alpha_J) \rangle_\psi|$ 的估计相关的基本事实. 假定 I 和 J 分别是 $\mathcal{F}_n$ 和 $\mathcal{F}_m$ 中的原子, 并假定 $n \geqslant m$. 如果原子 $A \in \mathcal{F}_n$ 不包含在 J (或 J^c 中), 但是它的一部分边界与 J 的边界相同, 则 A 被称为是连接到 J 的 (或连接到 J^c 的). 我们用 $I+J$ 表示与 I 属于相同的 σ- 域且连接到 J 的那些原子 A 的集合与 J 的并集. 特别地, $2J$ 表示 J 与那些属于 $\mathcal{F}_n$ 且连接到 J 的原子的并集. J 的左下顶点 x_J 是 J 的坐标最小的端点.

引理 4.2.3　*令 I 和 J 分别为 $\mathcal{F}_n$ 和 $\mathcal{F}_m$ 的原子且 $n \geqslant m$. 存在与 m 和 n 无关的常数 C 使得如果 $I \subseteq 2J \backslash J$, 则*

$$\int_{I \times J} |x - y|^{-d} dx dy \leqslant C|I| \left(\log \frac{|J|}{|I|} + 1 \right).$$

其证明是一个初等的计算. ☐

引理 4.2.4　*令 I 和 J 是 $\displaystyle\bigcup_{j=-\infty}^{\infty} \mathcal{F}_j$ 中的原子, 则*

(i) *对所有的 $x \notin 2J$,*

$$|T(\psi \alpha_J)| \leqslant C|J|^{1/2+1/d}|x - x_J|^{-1-d}; \tag{4-28}$$

(ii) *如果 $I \subseteq (2J)^c$, 则*

$$|\langle \beta_I, \, T(\psi \alpha_J) \rangle_\psi| \leqslant C|I|^{-1/2}|J|^{1/2+1/d} \int_I |x - x_J|^{-1-d} dx; \tag{4-29}$$

(iii) *对所有的 $x \notin J$,*

$$|T(\psi \alpha_J)(x)| \leqslant C|J|^{-1/2} \int_J |x - y|^{-d} dy;$$

(iv) *如果 $I \subseteq 2J \backslash J$, 则*

$$|\langle \beta_I, \, T(\psi \alpha_J) \rangle_\psi| \leqslant C \frac{|I|^{1/2}}{|J|^{1/2}} \left(\log \frac{|J|}{|I|} + 1 \right).$$

(在上边的 (i)~(iv) 中, 常数 C 不依赖于 I 和 J)

证明　先证明 (i). 这可以由 Haar 函数的消失性质推出. 因此

$$T(\psi \alpha_J) = \int K(x, y) \psi(y) \alpha_J(y) dy$$

$$= \int_J [K(x, y) - K(x, x_J)] \psi(y) \alpha_J(y) dy.$$

所以从 (4-23) 推出如果 $x \notin 2J$, 则

$$|T(\psi \alpha_J)(x)| \leqslant C|J|^{-1/2} \int_J \frac{|y - x_J|}{|x - x_J|^{1+d}} dy$$

$$\leqslant C|J|^{1/2}|x - x_J|^{-1-d} \sup_{y \in J} |y - x_J|$$

$$\leqslant C|J|^{1/2+1/d}|x - x_J|^{-1-d}.$$

对 (ii), 这可以由引理 4.1.2 的 (i) 和 (iii) 推出.

(iii) 可由 (4-21) 推出.

(iv) 由 (iii) 和引理 4.2.3 推出. ☐

把对

$$\sum_I |I|^t |\langle \beta_I,\, T(\psi \alpha_J)\rangle_\psi|$$

的估计分成三部分, 每一部分都根据原子 I 和 J 的大小和性质, 分成几种情形.

情形 1 原子 I 的和大于 J.

固定 $J \in \mathcal{F}_m$ 并考虑集合 $2J$. 令 x_J 是 J 的左下端点. 考虑 $I \in \mathcal{F}_n,\, n < m$.

(a) 如果 I 位于 $2J$ 之外, 则由引理 4.2.4 的 (ii) 和引理 4.1.2 的 (iii),

$$|\langle \beta_I,\, T(\psi \alpha_J)\rangle_\psi| \leqslant C|I|^{-1/2}|J|^{1/2+1/d}\int_I |x-x_J|^{-1-d}dx.$$

因而, 在这种情形之下, 如果 $t < 1/2$, 对 Schur 和的估计为

$$\sum_{I \in \bigcup_{n<m} \mathcal{F}_n, I \subseteq (2J)^c} |I|^t |\langle \beta_I,\, T(\psi \alpha_J)\rangle_\psi|$$

$$\leqslant C\sum_{k=1}^{\infty}(2^k|J|)^{t-1/2}\sum_{I\in\mathcal{F}_{m-k},\, I\subseteq(2J)^c}|J|^{1/2+1/d}\int_I |x-x_J|^{-1-d}dx$$

$$\leqslant C\sum_{k=1}^{\infty}2^{k(t-1/2)}|J|^{t+1/d}\int_{(2J)^c}|x-x_J|^{-1-d}dx$$

$$\leqslant C\sum_{k=1}^{\infty}2^{k(t-1/2)}|J|^t$$

$$\leqslant C|J|^t.$$

(b) 固定 $n < m$, 与 $2J$ 相交的二进拟方体存在两种情况: 一种是包含在 $2J\backslash J$, 另一种包含在 J. 如果 I 含于 $2J\backslash J$, 则因为 I 和 J 的测度的比值有上界, 远离 0 以及不依赖于 I 和 J, 由引理 4.2.4 的 (iv) 可知

$$|I|^t |\langle \beta_I,\, T(\psi \alpha_J)\rangle_\psi| \leqslant C\frac{|I|^{t+1/2}}{|J|^{1/2}}\Big(\log\frac{|J|}{|I|}+1\Big) \leqslant C|J|^t.$$

因为这样的项是有限个, 且个数不依赖于 I 和 J, 则相应部分的 Schur 和是 $O(|J|^t)$.

如果 I 包含 J 且大于 J, 则 I 可以写作 $I = I_1 \cup I_2$, 其中 I_1 和 I_2 是 $\mathcal{F}_{n+1}$ 中的原子. 假定 $J \subseteq I_1$, 并记 $\beta_I = \beta_1\chi_{I_1} + \beta_2\chi_{I_2}$, 则

$$\langle \beta_1\chi_{I_1},\, T(\psi\alpha_J)\rangle_\psi = -\langle \beta_1\chi_{I_1^c},\, T(\psi\alpha_J)\rangle_\psi.$$

参见 (4-24) 和 (4-25). 现在 I_1^c 包含区域 $2J\backslash J$, 在该区域上可以使用引理 4.2.4 的 (i). 特别地,

$$|\langle \beta_1 \chi_{I_1}, \, T(\psi \alpha_J) \rangle_\psi|$$

$$= \left| \beta_1 \int_{I_1^c} \psi(x) T(\psi \alpha_J)(x) dx \right|$$

$$\leqslant C|\beta_1| \left(\int_{2J \setminus J} |T(\psi \alpha_J)(x)| dx + \int_{(2J)^c} |T(\psi \alpha_J)(x)| dx \right)$$

$$\leqslant C|I|^{-1/2}|J|^{-1/2} \int_{2J \setminus J} dx \int_J |x - y|^{-d} dy$$

$$+ C|I|^{-1/2}|J|^{1/2+1/d} \int_{(2J)^c} |x - x_J|^{-1-d} dx$$

$$\leqslant C \left\{ |I|^{-1/2}|J|^{-1/2} + |I|^{-1/2}|J|^{1/2} \right\} \leqslant C \frac{|J|^{1/2}}{|I|^{1/2}}, \tag{4-30}$$

倒数第二步是依据引理 4.2.3. 至于 $\langle \beta_2 \chi_{I_2}, \, T(\psi \alpha_J) \rangle_\psi$, 我们有 I_2 与 J 不相交; 所以可以得到与 (4-30) 类似的证明.

对应于满足 $I \supseteq J$ 的二进拟方体的 Schur 和的估计为

$$\sum_{I \in \bigcup_{n<m} \mathcal{F}_n, \, I \supseteq J} |I|^t |\langle \beta_I, \, T(\psi \alpha_J) \rangle_\psi| \leqslant C \sum_{k=1}^\infty (2^k|J|)^{t-1/2} |J|^{1/2} \leqslant C|J|^t,$$

其中 $t < 1/2$.

情形 2　原子 I 的和小于 J.

对于此种情形, 我们处理原子 $J \in \mathcal{F}_m$ 和 $I \in \mathcal{F}_n$ 此处 $n > m$.

(a) 如果 I 位于 $2J$ 之外, 则 J 位于 $2I$ 之外. 所以对 T^t 使用引理 4.2.4 的 (i), 得到

$$|T^t(\beta_I \psi)(x)| \leqslant C|I|^{1/2+1/d} |x - x_I|^{-1-d},$$

并且因此有

$$|\langle T^t(\beta_I \psi), \, \alpha_J \rangle_\psi| \leqslant C|I|^{1/2+1/d} |J|^{-1/2} \int_J |x - x_I|^{-1-d} dx$$

$$\leqslant C|I|^{1/2+1/d} |J|^{1/2} |x - x_J|^{-1-d}$$

$$\leqslant C|I|^{1/d-1/2} |J|^{1/2} \int_I |x - x_J|^{-1-d} dx,$$

中间的一步是因为 $I \subseteq (2J)^c$. 相应的 Schur 和的估计为

$$\sum_{I\in\bigcup_{n>m}\mathcal{F}_n,\ I\cap 2J=\emptyset} |I|^{t+1/d-1/2}|J|^{1/2}\int_I |x-x_J|^{-1-d}dx$$

$$\leqslant C\sum_{k=1}^{\infty}(2^{-k}|J|)^{t+1/d-1/2}|J|^{1/2}\int_{(2J)^c}|x-x_J|^{-1-d}dx$$

$$\leqslant C\sum_{k=1}^{\infty}(2^{-k})^{t+1/d-1/2}|J|^t\leqslant C|J|^t,$$

其中 $t>1/2-1/d$.

(b) 如果 $I\cap J=\varnothing$ 且 $I\subseteq 2J\setminus(I+J)$, 则 $J\subseteq(2I)^c$. 所以对 T^t 使用引理 4.2.4 的 (ii),

$$|\langle\beta_I,\ T(\psi\alpha_J)\rangle_\psi|=C|\langle T^t(\beta_I\psi),\ \alpha_J\rangle_\psi|$$

$$\leqslant C|J|^{-1/2}|I|^{1/2+1/d}\int_J|x-x_I|^{-1-d}dx. \tag{4-31}$$

令 $d(x,\ J)$ 表示点 x 到 J 的距离. 原子 I 的边长可能不相等. 令 $l(I)$ 是最小的边长. 则由 (4-31) 可以推出

$$|\langle\beta_I,\ T(\psi\alpha_J)\rangle_\psi|\leqslant C|J|^{-1/2}|I|^{1/2+1/d}\frac{1}{d(x_I,\ J)}$$

$$\leqslant C|J|^{-1/2}|I|^{1/2+1/d}|I|^{-1}\int_I\frac{dx}{d(x,\ J)+l(I)}. \tag{4-32}$$

令 L 和 l 是 J 的最大和最小边长. 则 $L\leqslant 2l$ 且 $l^d\leqslant|J|\leqslant 2^dl^d$. 二进拟方体 $I\in\mathcal{F}_{m+k}$ 的最小边长为 $l(I)\geqslant l/2^{k/d+1}$. 由 (4-32) 可知相应部分的 Schur 和的估计为: 若 $t>1/2-1/d$, 则

$$\sum_{I\in\bigcup_{n>m},\ I\subseteq 2J\setminus(I+J)}|I|^t|\langle\beta_I,\ T(\psi\alpha_J)\rangle_\psi|$$

$$\leqslant\sum_{k=1}^{\infty}(2^{-k}|J|)^{t+1/d-1/2}|J|^{-1/2}\int_{2J\setminus(I+J)}\frac{dx}{d(x,J)+2^{-k/d-1}l}$$

$$\leqslant C\sum_{k=1}^{\infty}(2^{-k}|J|)^{t+1/d-1/2}|J|^{-1/2}\int_0^{3L}dx_1\cdots\int_0^{3L}dx_{d-1}\int_{2^{-k/d-1}l}^{2l}\frac{du}{u+2^{-k/d-1}l}$$

$$\leqslant C\sum_{k=1}^{\infty}(2^{-k}|J|)^{t+1/d-1/2}|J|^{-1/2}|J|^{(d-1)/d}\log\left(\frac{2l+2^{-k/d-1}l}{2^{-k/d}l}\right)$$

$$\leqslant C\sum_{k=1}^{\infty}(2^{-k})^{t+1/d-1/2}\frac{k}{d}|J|^t\leqslant C|J|^t.$$

(c) 如果 $I \subseteq (I+J) \backslash J$, 我们有 $I \subseteq 2J \backslash J$ 且因此根据引理 4.2.4 的 (iv),

$$|\langle \beta_I, \ T(\psi \alpha_J) \rangle_\psi| \leqslant C \frac{|I|^{1/2}}{|J|^{1/2}} \Big(\log \frac{|J|}{|I|} + 1 \Big). \tag{4-33}$$

在区域 $(I+J) \backslash J$ 中, 存在 $O(L^{d-1}/(2^{-k/d-1}l)^{d-1})$ 个原子属于 $\mathcal{F}_n$. 换而言之, 存在 $O(2^{k(1-1/d)})$ 个原子. 由 (4-33), 若 $t > 1/2 - 1/d$, 相应的 Schur 和的估计为

$$C \sum_{k=1}^{\infty} (2^{-k}|J|)^{t+1/2} |J|^{-1/2} k 2^{k(1-1/d)} = C|J|^t \sum_{k=1}^{\infty} k (2^{-k})^{t-1/2+1/d} \leqslant C|J|^t.$$

(d) 如果 $I \subseteq J$, 且 I 是连接到 J^c, 记 $J = J_1 + J_2$, 其中 J_1 和 J_2 是 $\mathcal{F}_{n+1}$ 中的原子. 令 $\alpha_J = \alpha_1 \chi_{J_1} + \alpha_2 \chi_{J_2}$, 且假定 $I \subseteq J_1$.

首先考虑那些连接到 J_1^c 的原子 $I \subseteq J_1$. 我们有

$$\begin{aligned}
|\langle \beta_I, \ T(\psi \alpha_1 \chi_{J_1}) \rangle_\psi| &= |\langle \beta_I, \ T(\psi \alpha_1 \chi_{J_1^c}) \rangle_\psi| \\
&= |\langle T(\beta_1 \psi), \ \alpha_I \chi_{J_1^c} \rangle_\psi| \\
&\leqslant \left| \int_{J_1^c \cap 2I} T^t(\beta_I \psi)(x) \alpha_1 dx \right| + \left| \int_{J_1^c \backslash 2I} \cdots \right|.
\end{aligned}$$

因此由引理 4.2.3, 以及对 $T^t(\beta_I \psi)$ 使用引理 4.2.4 的 (i), 我们有

$$\begin{aligned}
|\langle \beta_I, \ T(\psi \alpha_1 \chi_{J_1}) \rangle_\psi| &\leqslant C|I|^{-1/2} |J|^{-1/2} \int_{2I \backslash I} dx \int_I |x-y|^{-d} dy \\
&\quad + C|I|^{1/2+1/d} \int_{(2I)^c} |x - x_I|^{-1-d} dx \\
&\leqslant C|I|^{-1/2} |J|^{-1/2} |I| \log \Big(\frac{|I|}{|I|} + 1 \Big) + C|I|^{1/2} |J|^{-1/2} \\
&\leqslant C \frac{|I|^{1/2}}{|J|^{1/2}}. \tag{4-34}
\end{aligned}$$

因为 $J_2 \subseteq J_1^c$, 采用类似于 (4-34) 的估计可以证明

$$|\langle \beta_I, \ T(\psi \alpha_2 \chi_{J_2}) \rangle_\psi| \leqslant C \frac{|I|^{1/2}}{|J|^{1/2}}. \tag{4-35}$$

在 $\mathcal{F}_{m+k}$ 中存在 $O(2^{k(1-1/d)})$ 个的原子连接到 J_1^c. 从 (4-34) 和 (4-35) 可以推出对应于连接 J_1^c 的原子的 Schur 和的估计为

$$C \sum_{k=1}^{\infty} (2^{-k}|J|)^{t+1/2} |J|^{-1/2} |J|^{-1/2} 2^{k(1-1/d)} = C|J|^t \sum_{k=1}^{\infty} (2^{-k})^{t-1/2+1/d} \leqslant C|J|^t,$$

其中 $t > 1/2 - 1/d$.

(e) 如果 $I \subseteq J$, 且 I 与 J_1^c 不连接, 则采用类似于引理 4.2.4 的 (i) 的估计,

$$
|\langle \beta_I, \, T(\psi \alpha_1 \chi_{J_1}) \rangle_\psi| = \left| \int T^t(\beta_I \psi)(x) \psi(x) \alpha_1 \chi_{J_1^c}(x) dx \right|
$$
$$
\leqslant C|J|^{-1/2} \int_{J_1^c} |T^t(\beta_I \psi)(x)| dx
$$
$$
\leqslant C|I|^{1/2+1/d}|J|^{-1/2} \int_{J_1^c} |x - x_I|^{-1-d} dx
$$
$$
\leqslant C|I|^{1/2+1/d}|J|^{-1/2} \frac{1}{d(x, \, J_1^c)}.
$$

对 $|\langle \beta_I, \, T(\phi \alpha_2 \chi_{J_2}) \rangle_\psi|$, 类似的估计成立. 所以相应的 Schur 和的估计为

$$
\sum_{k=1}^{\infty} (2^{-k}|J|)^{t+1/2+1/d}|J|^{-1/2} \sum_{j=1}^{2^{k(1-1/d)}} \frac{1}{jl2^{-k/d}}
$$
$$
\leqslant C \sum_{k=1}^{\infty} (2^{-k}|J|)^{t+1/2+1/d}|J|^{-1/2-1/d}2^k \log(2^{k(1-1/d)})
$$
$$
\leqslant C \sum_{k=1}^{\infty} k(2^{-k})^{t-1/2+1/d}|J|^t
$$
$$
\leqslant C|J|^t,
$$

其中 $t > 1/2 - 1/d$.

情形 3 原子具有相同的体积.

这里只须估计 $\langle \beta_I, \, T(\psi \alpha_I) \rangle_\psi$, 这是因为对 Schur 和的其他部分类似于情形 1 的讨论适用.

根据引理 4.1.2, 只须证明对所有二进拟方体 I,

$$
|\langle \chi_I, \, T(\psi \chi_I) \rangle_\psi| \leqslant C|I|.
$$

为此须要使用 Cauchy 核的 Clifford 解析性从 T 回到 T_Σ. 坐标映射为 $\phi(v) = A(v)c_0 + v$. 对于很小的 $\varepsilon > 0$ 和 $x = \phi(u)(u \in I)$, 考虑

$$
\int_{|x-y|>\varepsilon} \frac{\overline{y-x}}{|y-x|^{1+d}} n(y) \chi_{\phi(I)}(y) d\sigma(y). \tag{4-36}
$$

令 P_x 为在 x 处与 Σ 相切的超平面; 设 $a(u) = \mathrm{dist}(u, \, \partial\phi I)$, 和 $b = b(x) = \mathrm{dist}(x, \, \partial\phi(I))$. 记 (4-36) 为

$$
\int_{b>|x-y|>\varepsilon} \cdots + \int_{|x-y|>b} \cdots = I_1 + I_2,
$$

则

$$|I| \leqslant C \log \Big(\frac{C|I|^{1/d}}{a(u)} \Big).$$

由 Cauchy 定理, 记

$$I_1 = \int_{S_b} + \int_{S_\varepsilon} + \int_{x,\, y \in P_x,\, b > |x-y| > \varepsilon}, \tag{4-37}$$

其中 S_b 和 S_ε 是半径分别为 b 和 ε 的球面位于 Σ 和 P_x 之间的部分. 因为核函数是反对称的, 且在 S_b 和 S_ε 上的积分被一个与 x, ε 和 b 无关的常数控制, 则 (4-37) 中第三个积分为 0. 因此

$$|\langle \chi_I,\, T(\psi \chi_I) \rangle_\psi| \leqslant C|I| + C \int_I \log \Big(\frac{C|I|^{1/d}}{a(u)} \Big)\, du \leqslant C|I|.$$

假定 b_1 和 b_2 是两个拟增长 (pseudoaccretive) 函数. 空间 $b_1 L^2(\mathbb{R}^d; \mathbb{R}_{(d)})$ 定义为包含形如 $b_1 f$, $f \in L^2(\mathbb{R}^d; \mathbb{R}_{(d)})$ 的积的函数. 类似地, 可以定义 $L^2(\mathbb{R}^d; \mathbb{R}_{(d)}) b_2$. 这些空间与 $L^2(\mathbb{R}^d; \mathbb{R}_{(d)})$ 线性同构. 令 $\mathcal{S}$ 表示拟二进方体的特征函数在 $\mathbb{R}_{(d)}$ 上的有限线性组合的空间. 则 $b_1 \mathcal{S}$ 在 $b_1 L^2(\mathbb{A}_d)$ 中稠密. 用 $(\mathcal{S} b_2)^*$ 表示 $\mathcal{S} b_2$ 上取值在 $\mathbb{R}_{(d)}$ 中的 Clifford 左线性泛函空间. 类似地, $(b_1 \mathcal{S})^*$ 表示 $b_1 \mathcal{S}$ 上的 Clifford 右线性泛函.

令 T 是从 $b_1 \mathcal{S}$ 到 $(\mathcal{S} b_2)^*$ 的 Clifford 右线性映射, 且令 $\Delta = \{(x, y) : x = y\}$. 称 T 是一个标准的 Calderón-Zygmund 算子, 如果存在一个在 $(\mathbb{R}^d \times \mathbb{R}^d) \backslash \Delta$ 上取值的 $\mathbb{A}_d$ 中的 C^∞ 函数 K 满足:

(i) 对 $x \neq y$,

$$|K(x,\, y)| \leqslant C \frac{1}{|x-y|^d}; \tag{4-38}$$

(ii) 存在常数 δ 使得对 $0 < \delta \leqslant 1$ 和 $|y - y_0| < \frac{1}{2}|y - x|$,

$$|K(x, y) - K(x, y_0)| + |K(y, x) - K(y_0, x)| \leqslant C \frac{|y - y_0|^\delta}{|x - y|^{d+\delta}}; \tag{4-39}$$

(iii) 对所有的支集不相交的 $f, g \in \mathcal{S}$,

$$T(b_1 f)(g b_2) = \iint g(x) b_2(x) K(x, y) b_1(y) f(y)\, dx\, dy. \tag{4-40}$$

与 (4-40) 相符, 记

$$T(b_1 f)(g b_2) = \langle g,\, T(b_1 f) \rangle_{b_2}.$$

如果 T^t 是一个从 $\mathcal{S} b_2$ 到 $(b_1 \mathcal{S})^*$ 的左线性映射, 使得对所有的 $f, g \in \mathcal{S}$,

$$\langle g,\, T(b_1 f) \rangle_{b_2} = \langle T^t(g b_2),\, f \rangle_{b_1},$$

并且 T 与核 K 相关, 则 T^t 在下述意义下与核 $K(y,x)$ 相关:

$$T^t(gb_2)(b_1 f) = \int \left(\int g(x)b_2(x)K(x,y)dx \right) b_1(y)f(y)dy.$$

如果存在常数 C 使得对所有的拟二进方体 Q,

$$|T(b_1\chi_Q)(\chi_Q b_2)| \leqslant C|Q|,$$

则称 T 相对于 b_1 和 b_2 是弱有界的. 该定义形式上与文献 [21] 和 [22] 中通常的定义是不同的. 在本定义中, 试验函数被取为光滑的. 然而 [20] 中的定义是等价的.

如果 $h \in L^\infty(\mathbb{R}^d; \mathbb{R}^{1+d})$, 则 Th 可以定义为 $\mathcal{S}b_2$ 中由积分为零函数组成的子空间 $(\mathcal{S}b_2)_0$ 上的线性泛函. 在下边的定理中, $T(b_1) \in BMO$ 指的是存在局部可积, 属于 BMO 的函数 ϕ 使得对所有的 $g \in (\mathcal{S}b_2)_0, \langle g, T(b_1) \rangle_{b_2} = \langle g, \phi \rangle_{b_2}$. 对 $T^t(b_2)$ 可做类似的解释. 对 σ- 域的序列, BMO 是在 (4-8) 中定义的空间.

定理 4.2.2 ($T(b)$ 定理) 令 T 和 T^t 定义如上, T 与标准的 Calderón-Zygmund 核 K 相关, 则 T 可以延拓到从 $b_1 L^2(\mathbb{R}^d; \mathbb{R}_{(d)})$ 到 $L^2(\mathbb{R}^d; \mathbb{R}_{(d)})b_2$ 的有界线性算子当且仅当

(i) $T(b_1), T^t(b_2) \in BMO$;

(ii) T 对于 b_1 和 b_2 是弱有界的.

证明 条件 (i) 和 (ii) 的必要性可以基于文献 [65], [89] 和 [91] 中的证明进行适当的修改得到.

为了证明充分性, 首先处理 $T(b_1) = T^t(b_2) = 0$ 这一情形. 对每一对函数 b_1 和 b_2, 我们将相应的基底对记为 $\{(\alpha_I^{(1)}, \beta_I^{(1)})\}_{I \in \mathcal{J}}$ 和 $\{(\alpha_I^{(2)}, \beta_I^{(2)})\}_{I \in \mathcal{J}}$. 则形式上, 有如下表示

$$T(b_1 f) = \sum_{I,J} \alpha_I^{(2)} \langle \beta_I^{(2)}, Tb_1\alpha_J^{(1)} \rangle_{b_2} \langle \beta_J^{(1)}, f \rangle_{b_1}.$$

令

$$u_{IJ} = \langle \beta_I^{(2)}, Tb_1\alpha_J^{(1)} \rangle_{b_2}.$$

只须证明对一个适当的数 t, 当 ω_I 取成 $|I|^t$ 时, 引理 4.2.2 的条件满足.

因为 $T(b_1) = T^t(b_2) = 0$, 且与 T 相关的核满足 (4-38) 和 (4-39), 对于现在这种更一般的算子 T, 引理 4.2.4 仍然成立. 由于假设 $T(b_1) = T^t(b_2) = 0$, 通过检验, 可以发现对于情形 1 和情形 2 的证明仍适用于当前的情况. 因此由弱有界性假设, 相对于情形 3 的 Schur 和估计成立.

一般的情形: $T(b_1), T^t(b_2) \in BMO$. 令 $T(b_1) = \phi_1$, 和 $T^t(b_2) = \phi_2$. 定义

$$U_i f = \sum_{k=-\infty}^{\infty} \Delta_k^{(j)}(\phi_i)E_{k-1}^{(i)}(b_i^{-1}f) \tag{4-41}$$

$i, j = 1, 2, i \neq j$, 其中 $E_k^{(i)}$ 和 $\Delta_k^{(i)}$ 是左条件期望算子和相对于拟增长函数 b_i 的左鞅微分. 显然 $U_i b_i = \phi_i, i = 1, 2$. 算子 U_i 的核 K_i 一致地由如下形式给出

$$K_i(x, y) = \sum_{k=-\infty}^{\infty} \sum_{I \in \mathscr{J}_{k-1}} \chi_I(x) \alpha_I^{(j)}(x) \langle \beta_I^{(j)}, \phi_i \rangle_{b_j} \left(\int_I b_i \right)^{-1} \chi_I(y). \tag{4-42}$$

利用表达式 (4-42), 容易验证

$$\Delta_m^{(i)} U_i f = \Delta_m^{(j)}(\phi_i) E_{m-1}^{(i)}(b_i^{-1} f).$$

我们声明

$$\|S^{(i)}(U_i f)\|_2 \leqslant C \|f\|_2, \tag{4-43}$$

$S^{(i)}$ 表示与 b_i 相关的 Littlewood-Paley 平方函数, 并且因此有 U_i 在 L^2 上是有界的. 为了证明 (4-43), 首先注意到

$$\|S^{(i)}(U_i f)\|_2^2$$

$$= \int \sum_k |\Delta_k^{(j)}(\phi_i) E_{k-1}^{(i)}(b_i^{-1} f)|^2 dx$$

$$\leqslant C \int \sum_k |\Delta_k^{(j)}(\phi_i)|^2 \left(E_{k-1}^{(i)*}(b_i^{-1} f) \right)^2 dx$$

$$\leqslant C \int \sum_{k=-\infty}^{\infty} \widetilde{E}_{k-1} \left(\sum_{m=k}^{\infty} |\Delta_m^{(j)}(\phi_i)|^2 \right) \left[\left(E_{k-1}^{(i)*}(b_i^{-1} f) \right)^2 - \left(E_{k-2}^{(i)*}(b_i^{-1} f) \right)^2 \right] dx, \tag{4-44}$$

其中 $E_k^{(i)*} g = \sup_{m \leqslant k} |E_m^{(i)} g|$. 现在, 对每个 k,

$$\widetilde{E}_{k-1} \left(\sum_{m=k}^{\infty} |\Delta_m^{(j)}(\phi_i)|^2 \right) \leqslant C \|\phi_i\|_{BMO}^2. \tag{4-45}$$

这是因为, 如果 $I \in \mathscr{J}_{k-1}$, 则可以将 σ- 域 $\{\mathscr{F}_m\}_{m=k-1}^{\infty}$ 限制到 I 上并且推出在 I 上,

$$\widetilde{E}_{k-1} \left(\sum_{m=k}^{\infty} |\Delta_m^{(j)}(\phi_i)|^2 \right)$$

$$= \frac{1}{|I|} \int_I \sum_{m=k}^{\infty} |\Delta_m^{(j)}(\phi_i)|^2 dx$$

$$= \frac{1}{|I|} \int_I \sum_{m=k}^{\infty} |\Delta_m^{(j)}(\phi_i - E_{k-1}^{(j)}(\phi_i))|^2 dx$$

$$= \frac{C}{|I|^{(j)}} \int_I \left| \phi_i - \frac{1}{|I|^{(j)}} \int_I b_j \phi_i \right|^2 dx$$

$$= \frac{C}{|I|} \int_I \left| \phi_i - \frac{1}{|I|} \int_I \phi_i dy + \frac{1}{|I|^{(j)}} \int_I b_j \left(\phi_i - \frac{1}{|I|} \int_I \phi_i dz \right) dx \right|^2$$

$$\leqslant C\|\phi_i\|^2_{BMO},$$

其中使用了 $|I^{(j)}| = \int_I b_j dx$. 这就导出 (4-45). 回到 (4-43), 因而有

$$\|S^{(i)}(U_i f)\|^2_2 \leqslant C\|\phi_i\|^2_{BMO} \int (Mf)^2 dx \leqslant C\|f\|^2_2,$$

Mf 表示通常的 Hardy-Littlewood 极大函数. 这就证明了 (4-43).

由引理 4.1.1, U_i 在 L^2 上有界. 算子 U_i^t 在 L^2 上仍是有界的. 如果 $i \neq j$, 因为 $\int b_j \alpha_I^{(j)} dx = 0$,

$$\langle U_i^t(b_j),\ f \rangle_{b_i} = \langle b_j,\ U_i(b_i f) \rangle$$

$$= \sum_{k=-\infty}^\infty \sum_{I \in \mathcal{J}_{k-1}} \left(\int b_j \alpha_I^{(j)} \right) \langle \beta_I^{(j)},\ \phi_i \rangle_{b_j} \left(\int_I b_i \right)^{-1} \left(\int_I b_i f \right)$$

$$= 0.$$

所以如果 $i \neq j$, 则有 $U_i^t(b_j) = 0$. 现在令 $R = t - U_1 - U_2^t$. 我们有

$$R(b_1) = R^t(b_2) = 0. \tag{4-46}$$

算子 R 也是弱有界的. 利用定理 4.2.1 的证明方法, 我们想要证明 R 和 T 在 L^2 上有界. 这样就简化到验证算子 R 和 R^t 满足与引理 4.2.4 中相同的条件. 引理 4.2.4 的 (iii) 和 (iv) 的证明只用到核 K 的性质 (4-21). 考虑与算子 U_1 和 U_2^t 相关的核. 对 $i = 1, 2$, 它们由 (4-42) 给出. 现在对固定的 $x \neq y$ 和 k, 存在至多一个 $I \in \mathcal{J}_{k-1}$, 记为 I_{k-1}, 使得 (4-42) 中的直和项不等于 0. 对这样的一个项,

$$|x - y| \leqslant C2^{-k}, \tag{4-47}$$

其中 C 与 x, y 和 k 无关. 令 k_0 是使得 (4-47) 成立的最大整数. 由 (4-47), (4-42) 中的和的范数至多为

$$C \sum_{k=-\infty}^{k_0} |I_{k-1}|^{-1/2} \frac{1}{|I_{k-1}|} \int_{I_{k-1}} |\beta_{I_{k-1}}^{(j)}(y) b_j(y)| |\phi_i - (\phi_i)_{I_{k-1}}| dy$$

$$\leqslant C\|\phi_i\|_{BMO} \sum_{k=-\infty}^{k_0} |I_{k-1}|^{-1}$$

$$\leqslant C\|\phi_i\|_{BMO} \sum_{k=-\infty}^{k_0} 2^{dk}$$

$$\leqslant C\|\phi_i\|_{BMO} 2^{dk_0}$$

$$\leqslant C\|\phi_i\|_{BMO} |x-y|^{-d}.$$

关于引理 4.2.4 的 (i) 和 (ii), 我们注意到, 如果 J 是一个二进拟方体, 且 $x \notin 2J$, 则

$$U_1(b_1\alpha_J^{(1)})(x) = \sum_{-\infty}^{\infty} \sum_{I\in\mathscr{I}_{k-1}} \alpha_I^{(2)}(x)\chi_I(x)\langle\beta_I^{(2)},\ \phi_1\rangle_{b_2} \left(\int_I b_1\right)^{-1} \left(\int_I b_1\alpha_J^{(1)}\right)$$

为 0. 实际上, 只有当 $I \subseteq J$ 时, 二重求和的项中的最后一个因子不为 0. 但是因为 $x \notin 2J$, 则 $\chi_I(x) = 0$. 所以该项为 0. 对 U_2^t 类似的讨论也成立. 因此, 引理 4.2.4 的 (i) 和 (ii), 以及 (iii) 和 (iv) 对算子 R^t 成立. 算子 R^t 可以类似地处理. 假定 $R(b_1) = R^t(b_2) = 0$, 定理 4.2.1 的证明如作适当改动, 也适应于算子 R.　　　　□

4.3　$S(f)$ 和 f^* 之间的 Clifford 鞅的 Φ-等价性

在 4.2 节中起中心作用的是 Clifford 鞅和它的平方函数之间的 L^2- 范数等价性. 因为极大函数 f^* 是 L^2 有界的, 这表明 f^* 和它的平方函数之间的 L^2 等价性. 该结论与函数 $\Phi(t) = t^2$ 相关. 本节的目的是将该结果推广到一般的函数 Φ. 本节的参考文献为 [51].

令 $(\Omega, \mathcal{F}, \nu)$ 是一个非负 σ- 有限的空间, ϕ 是一个有界的 Clifford 值可测函数. 考虑 Clifford 值测度 $d\mu = \phi\nu$. 与 $d\mu$ 相关的鞅和子 σ- 域的族满足

$$\{\mathcal{F}_n\}_{-\infty}^{\infty} \text{ 非减}, \mathcal{F} = \cup\mathcal{F}_n, \cap\mathcal{F}_n = \varnothing, \tag{4-48}$$

$$(\Omega, \mathcal{F}_n, \nu) \text{ 完备}, \sigma\text{- 有限}, \forall n. \tag{4-49}$$

令 $e_1, \cdots, e_d$ 为 $\mathbb{R}^d$ 的基向量且满足

$$e^2 = -1, \ e_ie_j = -e_je_i, i \neq j, \ i,j = 1,2,\cdots,d, \tag{4-50}$$

且 $\mathbb{R}_{(d)}$ 是实数域上 2^d 维的, 由 e_A 张成的代数, 或实 Clifford 代数, 其中 $\{1,\cdots,d\}$ 生成的 Clifford 代数, 其中 $e_A = e_{j_1}\cdots e_{j_l}$, $A = \{j_1,\cdots,j_l\}, j_1 < \cdots < j_l, 1 \leqslant l \leqslant d$, $e_\varnothing = e_0 = 1$. 我们将使用 $\mathbb{R}_{(d)}$ 中的如下范数:

$$|\lambda| = \left(\sum_A \lambda_A^2\right)^{1/2}, \quad \lambda = \sum_A \lambda_A e_A. \tag{4-51}$$

对该范数, 有如下关系

$$|\lambda\mu| \leqslant k|\lambda||\mu|, \quad \forall\lambda, \mu \in \mathbb{R}_{(d)}, \tag{4-52}$$

其中 k 是仅依赖于维数 d 的常数. 当 λ 和 μ 中至少有一个, 记为 λ, 具有形式 $\lambda = \sum\limits_{i=0}^{d} \lambda_i e_i$, 即为 $\mathbb{R}^{d+1} \subset R^{(d)}$ 中的一个向量时, 我们有

$$k^{-1}|\lambda||\mu| \leqslant |\lambda\mu|. \tag{4-53}$$

对一个鞅 $f = (f_n)_{-\infty}^{\infty}$, 极大和平方函数分别定义为

$$f_n^* = \sup_{k \leqslant n} |f_k|, \quad f^* = f_\infty^*. \tag{4-54}$$

$$S_n(f) = \left(|f_{-\infty}|^2 + \sum_{-\infty}^{n} |\Delta_k f|^2\right)^{1/2}, \quad S(f) = S_\infty(f)$$

其中 $f_{-\infty} = \lim\limits_{n \to -\infty} f_n$. 对 $1 \leqslant p \leqslant \infty$, $f = \{f_n\}_{-\infty}^{\infty}$ 被称为是 L^p 有界的, 如果

$$\|f\|_p = \sup_n \|f_n\|_p < \infty. \tag{4-55}$$

在下一个命题中, 我们证明极大算子 f^* 的有界性.

命题 4.3.1 令 $1 < p \leqslant \infty$. 极大算子* 是 (p, p) 型的和弱 $(1, 1)$ 型的. 对 $1 < p \leqslant \infty$, 任意的 L^p 有界鞅 $f = \{f_n\}_{-\infty}^{\infty}$ 由满足 $\|f\|_p \approx \sup_n \|f_n\|_p$ 的某函数 $f \in L^p(\nu)$ 生成.

证明 令 $f = \{f_n\}_{-\infty}^{\infty}$ 是一个鞅, 则一方面

$$f_n = E(f_{n+1} \mid \mathcal{F}_n) = \tilde{E}(\phi \mid \mathcal{F}_n)^{-1}\tilde{E}(\phi f_{n+1} \mid \mathcal{F}_n).$$

另一方面,

$$f_n = E(f_{n+2} \mid \mathcal{F}_n) = \tilde{E}(\phi \mid \mathcal{F}_n)^{-1}\tilde{E}(\phi f_{n+2} \mid \mathcal{F}_n)$$
$$= \tilde{E}(\phi \mid \mathcal{F}_n)^{-1}\tilde{E}(\tilde{E}(\phi f_{n+2} \mid \mathcal{F}_{n+1}) \mid \mathcal{F}_n).$$

上述估计给出

$$\tilde{E}(\phi f_{n+1}) = \tilde{E}(\tilde{E}(\phi f_{n+2} \mid \mathcal{F}_n) \mid \mathcal{F}_n).$$

因此 $\{\tilde{E}(\phi f_{n+1})\}_{-\infty}^{\infty}$ 是相对于 $(\Omega, \mathcal{F}, \nu, \{\mathcal{F}_n\}_{-\infty}^{\infty})$ 的鞅. 从 f_n 的表示可以推出关系

$$\tilde{E}(\phi f_{n+1} \mid \mathcal{F}_n) = \tilde{E}(\phi \mid \mathcal{F}_n)f_n,$$

因此, 它也是 L^p 有界的. 进而, 有

$$\sup_n \|f_n\|_p \approx \sup_n \|\tilde{E}(\phi f_{n+1} \mid \mathcal{F}_n)\|_p,$$

$$f^* \approx \sup_n |\tilde{E}(\phi f_{n+1} \mid \mathcal{F}_n)|.$$

因此根据经典情形的结果, $*$ 是 (p,p) 型的和弱 $(1,1)$ 型的. 现在对 $1 < p \leqslant \infty$ 和任意整数 $M > 0$, 我们分解 $\Omega = \cup_k \Omega_k$, 其中 $\Omega_k \in \mathcal{F}_{-M}$ 和 $|\Omega_k| < \infty$. 因为对任意的 k, $\{\tilde{E}(\phi f_{n+1} \mid \mathcal{F}_n)\chi_{\Omega_k}\}_{n \geqslant -M}$ 是一个经典的鞅, 我们可以得到某个 $\phi f \in L^p(\Omega_k, \nu)$ 使得在 Ω_k 上,

$$\tilde{E}(\phi f_{n+1} \mid \mathcal{F}_n) = \tilde{E}(\phi f \mid \mathcal{F}_n), \quad n \geqslant -M.$$

因此

$$\begin{aligned}
f_n &= \tilde{E}(\phi \mid \mathcal{F}_n)^{-1} \tilde{E}(\phi f_{n+1} \mid \mathcal{F}_n) \\
&= \tilde{E}(\phi \mid \mathcal{F}_n)^{-1} \tilde{E}(\phi f \mid \mathcal{F}_n) \\
&= E(f \mid \mathcal{F}_n), \quad n \geqslant -M.
\end{aligned}$$

令 $M \to \infty$, 可以看到 $f_n = E(f \mid \mathcal{F}_n), \forall n$. 进一步地, 我们有

$$\|f\chi_{\Omega_k}\|_p \leqslant C \sup_n \|f_n \chi_{\Omega_k}\|_p$$

和

$$\|f\|_p \leqslant C \sup_n \|f_n\|_p.$$

此外, $\sup_n \|f_n\|_p \leqslant C\|f\|_p$ 以及 $\|f\|_p \approx \sup_n \|f_n\|_p$. 　　　　□

　　由于命题 4.3.1, 可以将一个 L^p 有界的鞅和生成这个鞅的函数按如下方式等价起来:

$$f = \{f_n\}_{-\infty}^{\infty} = \{E(f \mid \mathcal{F}_n), \forall n\}_{-\infty}^{\infty}.$$

　　命题 4.3.2　令 $1 \leqslant p \leqslant \infty$, $f = \{f_n\}_{-\infty}^{\infty}$ 是一个 L^p 有界的鞅, 则

$$\lim_{n \to \infty} f_n = f, \text{ 对 } 1 < p \leqslant \infty, \tag{4-56}$$

其中 f 是命题 4.3.1 中的推广了 $\{f_n\}_{-\infty}^{\infty}$ 的函数, 且

$$\lim_{n \to \infty} f_n \text{ 存在, 对 } p = 1, \tag{4-57}$$

$$\lim_{n \to \infty} f_n = 0, \text{ 对 } 1 \leqslant p < \infty. \tag{4-58}$$

证明 令 $\Omega = \cup\Omega_k$, $\Omega_k \in \mathcal{F}_0$, $|\Omega_k| < \infty, \forall k$. 则 $\{\tilde{E}(\phi \mid \mathcal{F}_n)\chi_{\Omega_k}\}_{n>0}$ 和 $\{\tilde{E}(\phi f_{n+1} \mid \mathcal{F}_n)\chi_{\Omega_k}\}_{n>0}$ 是相对于 $(\Omega_k, \mathcal{F} \cap \Omega_k, \{\mathcal{F}_n \cap \Omega_k\}_{n \geqslant 0})$ 的 L^p 有界的鞅, 且它们的相对极限是

$$\begin{cases} \text{在任意的 } \Omega_k \text{ 几乎处处有, } \lim_{n\to\infty} \tilde{E}(\phi \mid \mathcal{F}_n) = \phi; \\ \text{在任意的 } \Omega_k \text{ 上, 对某个 } g, \text{几乎处处有 } \lim_{n\to\infty} \tilde{E}(\phi f_{n+1} \mid \mathcal{F}_n) = \phi g; \\ \text{对 } 1 < p \leqslant \infty, g = f. \end{cases}$$

上述极限表明 (4-56) 和 (4-57) 成立. 现在我们证明 (4-58). 记 $\theta(\omega) = \varlimsup_{n\to-\infty} |f_n|$. 则 $\theta(\omega) \leqslant f^*(\omega)$ 和 $\theta(\omega)$ 是 $\cap\mathcal{F}_n$ 可测的. 这就推出 $\theta(\omega) = a \geqslant 0$ 几乎处处成立. 由 $*$ 的弱 (p,p) 型, 对 $1 \leqslant p < \infty$, 有

$$|\{\theta(\omega) > \lambda\}|_{\nu} \leqslant |\{f^* > \lambda\}|_{\nu} \leqslant \left(\frac{C}{\lambda}\|f\|_p\right)^p, \quad \forall\lambda > 0.$$

所以 $a = 0$. 这就给出了 (4-58). $\square$

令 Φ 是一个从 $\mathbb{R}^+$ 到 $\mathbb{R}^+$ 的非减且连续函数, 满足 $\Phi(0) = 0$ 和温和的增长条件

$$\Phi(2u) \leqslant C_1\Phi(u), \quad u > 0. \tag{4-59}$$

以下证明 $S(f)$ 和 f^* 之间的 Φ- 等价, 其中 f 是满足如下条件的鞅:

$$|\Delta_n f| \leqslant D_{n-1}, \quad \forall n, \tag{4-60}$$

其中 $D = \{D_n\}$ 是一个非负的、非减的、对于 $\{\mathcal{F}_n\}$ 的适应过程. 我们只须考虑 $\{\mathcal{F}_n\}_{n \geqslant 0}$ 的情形.

定理 4.3.1 令 $f = \{f_n\}_{n \geqslant 0}$ 是一个 l- 或 r- 鞅, 满足 (4-60), 则

$$\int_\Omega \Phi(S(f))d\nu \leqslant C\int_\Omega \Phi(f^* + D_\infty)d\nu, \tag{4-61}$$

$$\int_\Omega \Phi(f^*)d\nu \leqslant C\int_\Omega \Phi(S(f) + D_\infty)d\nu, \tag{4-62}$$

其中涉及的常数仅依赖于 C_0 和 C_1.

证明 我们使用 "停时" 技术和 "好 λ" 不等式. 令 α 是任意的大于 1 的实数, $\beta > 0$ 待定且 λ 为任意的层. 注意到

$$|f_n| \leqslant |f_{n-1}| + |\Delta_n f| \leqslant f_{n-1}^* + D_{n-1} = \rho_{n-1}.$$

定义停时 $\tau = \inf\{n: \rho_n > \beta\lambda\}$ 和相应的 "停鞅"

$$f^{(\tau)} = \{f_n^{(\tau)}\}_{n \geqslant 0} = \{f_{\min(n,\tau)}\}_{n \geqslant 0}.$$

则有

$$\{\tau < \infty\} = \{\rho_\infty > \beta\lambda\}, \quad f^{(\tau)*} = \sup_n |f_{\min(n,\tau)}| \leqslant f_\tau^* \leqslant \rho_{\tau-1} \leqslant \beta\lambda.$$

现在考虑适应过程 $\{S_n(f^{(\tau)}) > \lambda\}$ 并定义停时

$$T = \inf\{n : \ S_n(f^{(\tau)}) > \lambda\}.$$

则有

$$\{T < \infty\} = \{S(f^{(\tau)}) > \lambda\}, \quad S_{T-1}(f^{(\tau)}) \leqslant \lambda.$$

因此

$$\{S(f) > \alpha\lambda\} \subset \{\tau < \infty\} \cup \{\tau = \infty, \ S_\tau(f)^2 > \alpha^2\lambda^2\}$$
$$\subset \{\tau < \infty\} \cup \{S(f^{(\tau)})^2 - S_{T-1}(f^\tau)^2 > (\alpha^2 - 1)\lambda^2\}$$

和

$$\tilde{E}(\chi_{S(f^{(\tau)})^2 - S_{T-1}(f^\tau)^2 > (\alpha^2-1)\lambda^2} \mid \mathcal{F}_T)$$
$$\leqslant \frac{1}{(\alpha^2-1)\lambda^2} \tilde{E}(S(f^{(\tau)})^2 - S_{T-1}(f^\tau)^2 \mid \mathcal{F}_T).$$

现在考虑新的底空间 $(\Omega, \mathcal{F}, \nu, \{\mathcal{J}_n\}_{n\geqslant 0})$, 使得 $J_n = \mathcal{F}_{T+n}$, 以及鞅

$$g = \{g_n\}_{n\geqslant 0}, \ \text{这里} \ g_n = f^{(\tau)}_{T+n} - f^{(\tau)}_{T-1},$$

则有

$$\Delta_n g = f^{(\tau)}_{T+n} - f^{(\tau)}_{T-1} - (f^{(\tau)}_{T+n-1} - f^{(\tau)}_{T-1}) = \Delta_{T+n} f^{(\tau)}$$

和

$$S(g)^2 = \sum_{n=0}^\infty |\Delta_n g|^2 = \sum_{n=0}^\infty |\Delta_{T+n} f^{(\tau)}|^2$$
$$= \sum_{k=T}^\infty |\Delta_k f^{(\tau)}|^2 = S(f^{(\tau)})^2 - S_{T-1}(f^{(\tau)})^2.$$

由引理 4.1.1, 得到

$$\tilde{E}(S(f^{(\tau)})^2 - S_{T-1}(f^{(\tau)})^2 \mid \mathcal{F}_T) = \tilde{E}(S(g)^2 \mid \mathcal{J}_l)$$
$$\leqslant C\tilde{E}(|g|^2 \mid \mathcal{J}_0)$$
$$= C\tilde{E}(|f^{(\tau)} - f^{(\tau)}_{T-1}| \mid \mathcal{F}_T)$$
$$\leqslant C\beta^2\lambda^2.$$

现在, 因为 $\{S(f^\tau) > \alpha\lambda\} \subset \{T \leqslant \infty\}$, 我们有

$$
|\{S(f^{(\tau)}) > \alpha\lambda\}|_\nu \leqslant \int_{\{T<\infty\}} \chi_{\{S(f^{(\tau)})>\alpha\lambda\}} d\nu
$$

$$
= \int_{\{T<\infty\}} \tilde{E}(\chi_{\{S(f^{(\tau)})>\alpha\lambda\}} \mid \mathcal{F}_T) d\nu
$$

$$
\leqslant \int_{\{T<\infty\}} \tilde{E}(\chi_{\{S(f^{(\tau)})^2 - S_{T-1}(f^{(\tau)})^2 > (\alpha^2-1)\lambda^2\}} \mid \mathcal{F}_T) d\nu
$$

$$
\leqslant \frac{C\beta^2}{\alpha^2-1} |\{S(f^{(\tau)}) > \lambda\}|_\nu \leqslant \frac{C\beta^2}{\alpha^2-1} |\{S(f) > \lambda\}|_\nu,
$$

因此

$$
|\{S(f) > \alpha\lambda\}|_\nu \leqslant |\{\rho_\infty > \beta\lambda\}|_\nu + \frac{C\beta^2}{\alpha^2-1} |\{S(f) > \lambda\}|_\nu.
$$

此即对于 $(S(f),\ f^* + D_\infty)$ 的 "好 λ" 不等式. 对于 $(f^*,\ S(f) + D_\infty)$ 的 "好 λ" 不等式是类似的. 从这些不等式, 我们得到 (4-61) 和 (4-62) (参见 [51]).   □

在下列两种情况下, 可以摆脱 D_∞:

(i) Φ 是凸的;

(ii) $(\Omega, \mathcal{F}, \nu, \{\mathcal{F}_n\}_{-\infty}^\infty)$ 在某种意义下是正则的.

为简便起见, 只考虑最简单的正则性, 也就是二进的情况: 每个 $\mathcal{F}_n$ 是原子的, 其中的原子 $I^{(n)} = I_1^{(n+1)} + I_2^{(n+1)}$ 满足 $\|I_1^{(n+1)}|_\mu| = \|I_2^{(n+1)}|_\mu|$. 一个略微一般的正则性适用于我们的情形.

定理 4.3.2 *在 Φ 的额外条件 (i) 和 $(\Omega, \mathcal{F}, \nu, \{\mathcal{F}_n\}_{-\infty}^\infty)$ 的额外条件 (ii) 之下, 有*

$$
\int_\Omega \Phi(S(f)) d\nu \approx \int_\Omega \Phi(f^*) d\nu,
$$

其中等价关系之中的所有常数仅依赖于 C_0 和 C_1.

证明   首先考虑 $\{\mathcal{F}_n\}_{n\geqslant 0}$. Davis 的分解在如下情形中成立: 任意的 Clifford 鞅 $f = \{f_n\}_{n\geqslant 0}$ 可以被分解成两个鞅的和: $g = \{g_n\}_{n\geqslant 0}$ 和 $h = \{h_n\}_{n\geqslant 0}$ 且满足

$$
|\Delta_n g| \leqslant 4d_{n-1}^*, \quad d^* = \sup_{k\leqslant n} |d_k|, \quad d_k = \Delta_k f \tag{4-63}
$$

和

$$
\int_\Omega \Phi\left(\sum_{n=0}^\infty |\Delta_n h|\right) d\nu \leqslant C \int_\Omega \Phi(d^*) d\nu, \ \forall\ 凸的\Phi. \tag{4-64}
$$

现在对 $f = \{f_n\}_{n\geqslant 0}$, 有

$$
\int_\Omega \Phi(S(f)) d\nu \leqslant C \int_\Omega \Phi(S(g)) d\nu + C \int_\Omega \Phi(S(h)) d\nu
$$

$$
\leqslant C \int_\Omega \Phi(g^*) + C \int_\Omega \Phi(d^*) + C \int_\Omega \Phi\left(\sum_{n=0}^\infty |\Delta_n h|\right) d\nu
$$

$$
\leqslant C \int_\Omega \Phi(f^*) d\nu.
$$

对于反向不等式, 证明是类似的. 现在考虑二进的情况. 我们声明在这种情形之下, (4-60) 对任意的鞅 $f = \{f_n\}_{-\infty}^{\infty}$ 和某个适当定义的 $D = \{D_n\}$ 成立. 实际上,

$$D_{n-1}\,|_{I^{n-1}} = \sup_{k \leqslant n} \max(|\Delta_k f|\,|_{I_1^{(k)}},\ |\Delta_k f|\,|_{I_2^{(k)}})$$

是一个非负的、非减的和适应的过程, 使得

$$|\Delta_n f| \leqslant D_{n-1}$$

和

$$D_\infty \leqslant C \min(f^*,\ S(f)).$$

只有最后一个断言是需要证明的. 实际上,

$$\int_{I^{(k-1)}} \Delta_k f\, d\mu = 0$$

表明

$$\int_{I_1^{(k-1)}} \Delta_k f\, d\mu = -\int_{I_2^{(k-1)}} \Delta_k f\, d\mu.$$

这就给出

$$\Delta_k f\,|_{I_1^{(k)}}\,\left|I_1^{(k)}\right|_\mu = -\Delta_k f\,|_{I_2^{(k)}}\,|I_2^{(k)}|_\mu$$

或

$$\frac{\left|\Delta_k f\,|_{I_1^{(k)}}\right|}{\left|\Delta_k f\,|_{I_2^{(k)}}\right|} = \frac{\left|I_2^{(k)}|_\mu\right|}{\left|I_1^{(k)}|_\mu\right|}.$$

因此, 在 $I^{(k-1)}$ 上,

$$\max(|\Delta_k f|\,|_{I_1^{(k)}},\ |\Delta_k f|\,|_{I_2^{(k)}}) \leqslant C|\Delta_k f|,$$

并且

$$D_\infty \leqslant C \sup_k |\Delta_k f| \leqslant C \min(S(f),\ f^*). \qquad \square$$

4.4　注　　记

注 4.4.1　在文献 [32] 前后, 文献 [50], [62] 用其他方法证明了类似的有界性结果.

第5章 无穷 Lipschitz 图像上的 全纯 Fourier 乘子

在欧氏空间 $\mathbb{R}^n$ 上, 经典的卷积奇异积分算子和 Fourier 乘子之间存在着一一对应的关系. 由于在 Lipschitz 曲面上, 关于 Fourier 变换的 Plancherel 等式不再成立, 所以由于上述困难, 在 Lipschitz 曲面上, 相应的奇异 Cauchy 积分算子和 Fourier 乘子之间的关系长期以来未得到解决. 1994 年, 李春, A. McIntosh 和 T. Qian 利用 Clifford 分析工具, 引入了 Lipschitz 曲面上的全纯乘子类 $H(S_{\omega,\pm}^c)$. 在文献 [47] 中, 利用 Dirac 算子泛函演算的思想, 李春, A. McIntosh 和钱涛证明了如下结果: 对于 $\phi \in K(S_{\omega,\pm})$, 存在一个全纯函数 $b \in H(S_{\omega,\pm}^c)$, 使得在 Lipschitz 曲面上, 任意一个以 ϕ 为核函数的奇异积分算子 T_ϕ 都一一对应到一个 Fourier 乘子 M_b. 本章将系统地阐述由以上三位作者建立的理论.

5.1 无穷Lipschitz 曲面上的卷积奇异积分

令 Σ 表示由点 $x = \mathbf{x} + g(\mathbf{x})e_L \in \mathbb{R}^{m+1}$ 组成的Lipschitz 曲面, 其中 $\mathbf{x} \in \mathbb{R}^m$, 且 g 是一个实值的Lipschitz 函数满足

$$\|\nabla g\|_\infty = \sup_{x \in \mathbb{R}^m} \Big(\sum_{j=1}^{m} \Big| \frac{\partial g}{\partial x_j} \Big|^2 \Big)^{1/2} \leqslant \tan\omega, \infty,$$

其中 $0 \leqslant \omega < \dfrac{\pi}{2}$.

单位法向量 $n(x) \in \mathbb{R}_+^{m+1}$ 对几乎处处的 $x \in \Sigma$ 有定义. 取 N 为 $\mathbb{R}_+^{m+1}$ 中单位向量的紧集, 且关于 e_L 为星形的, $\mu_N \leqslant \omega$, 且对几乎所有的 $x \in \Sigma$ 包含 $n(x)$.

令 χ 是 $\mathbb{C}_{(M)}$ 上的有限维左模. 如果 $1 \leqslant p < \infty$, 则 $L^p(\Sigma)$ 是满足如下条件的函数 $u : \Sigma \to \chi$ 的等价类组成的空间: u 对于测度

$$dS_{\mathbf{x}} = \sqrt{1 + |\nabla g(\mathbf{x})|^2} d\mathbf{x}$$

可测, 且

$$\|u\|_p = \Big(\int_\Sigma |u(\mathbf{x})|^p dS_{\mathbf{x}} \Big)^{1/p} < +\infty.$$

在本节剩余的部分, 固定 Σ, N 和 χ, 并且假定 $1 < p < \infty$. 与通常一样, $\mathcal{L}(L^p(\Sigma))$ 表示 $L^p(\Sigma)$ 上的有界线性算子的 Banach 代数. 如下几个定理是文献 [48] 中主要结果的推广.

定理 5.1.1　假定 $1 < p < \infty$.

(i) 如果 $\Phi \in K_N^+$ 或 K_N^-, 存在如下定义的 $T_\Phi \in \mathcal{L}(L^p(\Sigma))$, 对所有的 $u \in L^p(\Sigma)$ 和几乎所有的 $x \in \Sigma$,

$$
\begin{aligned}
(T_\Phi u)(x) &= \lim_{\delta \to 0+} \int_\Sigma \Phi(x \pm \delta e_L - y) n(y) u(y) dS_y \\
&= \lim_{\varepsilon \to} \left(\int_{|x-y| \geqslant \varepsilon, y \in \Sigma} \Phi(x-y) n(y) u(y) dS_y + \underline{\Phi}(\varepsilon n(x)) u(x) \right).
\end{aligned}
$$

进而, 如果 $\Phi \in K(C_{N_\mu}^\pm)$ 对所有的 $0 < \mu \leqslant \pi/2 - \omega$ 成立, 则对某些仅依赖于 ω, μ 和 p 的常数 $C_{\omega,\mu,p}$,

$$
\|T_\Phi u\|_p \leqslant C_{\omega,\mu,p} \|\Phi\|_{K(C_{N_\mu}^+)} \|u\|_p.
$$

(ii) 如果 $(\Phi, \underline{\Phi}) \in K_N$, 对所有的 $u \in L^p(\Sigma)$ 和几乎所有的 $x \in \Sigma$, 存在 $T_{(\Phi, \underline{\Phi})} \in \mathcal{L}(L^p(\Sigma))$ 定义为

$$
(T_{(\Phi, \underline{\Phi})} u)(x) = \lim_{\varepsilon \to 0} \left(\int_{|x-y| \geqslant \varepsilon, y \in \Sigma} \Phi(x-y) n(y) u(y) dS_y + \underline{\Phi}(\varepsilon n(x)) u(x) \right).
$$

进而, 如果 $(\Phi, \underline{\Phi}) \in K(S_{N_\mu})$, $0 < \mu \leqslant \dfrac{\pi}{2} - \omega$, 则对某些仅依赖于 ω, μ 和 p 的常数,

$$
\|T_{(\Phi, \underline{\Phi})} u\|_p \leqslant C_{\omega,\mu,p} \|(\Phi, \underline{\Phi})\|_{K(S_{N_\mu})} \|u\|_p.
$$

对 Φ_+ 和 Φ_-,

$$
T_{(\Phi, \underline{\Phi})} = T_{\Phi_+} + T_{\Phi_-}.
$$

由 (i) 和定理 3.4.1 可以直接推出 (ii).

我们指出空间 K_N^+, K_N^- 和 K_N 并不是卷积代数, 但是子空间 M_N^+, M_N^- 和 M_N 是卷积代数.

定理 5.1.2　从 $\Phi \in M_N^\pm$ 到 $T_\Phi \in \mathcal{L}(L^p(\Sigma))$ 的映射和从 $(\Phi, \underline{\Phi}) \in M_N$ 到 $T_{(\Phi, \underline{\Phi})} \in \mathcal{L}(L^p(\Sigma))$ 的映射都是代数同态.

令

$$
k(x) = \frac{\overline{x}}{(\sigma_m |x|^{m+1})}, \quad x \neq 0,
$$

则 k 属于 M_N^+ 和 M_N^-. 当在 M_N^+ 中考虑该函数时, 记作 k_+. 当在 M_N^- 中考虑该函数时, 记作 k_-. 此外

$$
(2k, 0) = (k_+, 1/2) + (k_-, 1/2) \in M_N.
$$

$L^p(\Sigma)$ 上相应的有界线性算子是

$$C_\Sigma = T_{(2k,0)}, \ P_+ = T_{k_+} \text{ 和} P_- = -T_{k_-}.$$

由定理 5.1.1, 我们知道对所有的 $u \in L^p(\Sigma)$ 和几乎所有的 $x \in \Sigma$, 这些算子定义为

$$(P_\pm u)(x) = \pm \lim_{\delta \to 0+} \int_\Sigma k(x \pm \delta e_L - y)n(y)u(y)dS_y$$

和

$$(C_\Sigma u)(x) = 2 \lim_{\varepsilon \to 0} \int_{|x-y| \geqslant \varepsilon, y \in \Sigma} k(x-y)n(y)u(y)dS_y.$$

本节的出发点是研究 C_Σ 的有界性问题. 由定理 5.1.1 和定理 5.1.2 马上可以推出下述性质.

定理 5.1.3 令 $\Phi_\pm \in M_N^\pm$. Cauchy 奇异积分算子 P_+, P_- 和 C_Σ 是 $L^p(\Sigma)$ 上的有界线性算子, 且满足下列等式.

(1) $P_+ + P_- = I$, $P_+ - P_- = C_\Sigma$ (Plemelj 公式);

(2) $P_+ T_{\Phi_+} = T_{\Phi_+} P_+ = T_{\Phi_+}$, $P_- T_{\Phi_+} = T_{\Phi_+} P_- = 0$,

$P_- T_{\Phi_-} = T_{\Phi_-} P_- = T_{\Phi_-}$, $P_+ T_{\Phi_-} = T_{\Phi_-} P_+ = 0$;

(3) $P_+^2 = P_+$, $P_-^2 = P_-$, $P_+ P_- = P_- P_+ = 0$, $C_\Sigma^2 = I$;

(4) $T_{\Phi_+} T_{\Phi_-} = T_{\Phi_-} T_{\Phi_+} = 0$.

定义 Hardy 空间 $L^{p,\pm}(\Sigma)$ 为投影算子 $P_\pm$ 的像, 因而

$$L^p(\Sigma) = L^{p,+}(\Sigma) \oplus L^{p,-}(\Sigma).$$

算子 T_{Φ_+} 将 $L^p(\Sigma)$ 映到 $L^{p,+}(\Sigma)$ 且在 $L^{p,-}(\Sigma)$ 上为 0, 而算子 T_{Φ_-} 将 $L^p(\Sigma)$ 映到 $L^{p,-}(\Sigma)$ 且在 $L^{p,+}(\Sigma)$ 上为 0. 所以可以定义 $T_{\Phi_\pm} \in \mathcal{L}(L^{p,\pm}(\Sigma))$ 使得

$$T_{(\Phi,\underline{\Phi})} = T_{\Phi_+} \oplus T_{\Phi_-},$$

其中跟定理 3.4.1 中一样, $(\Phi, \underline{\Phi})$ 与 Φ_+ 和 Φ_- 相关.

在 3.5 节的最后, 我们使用了 Fourier 理论来证明 $(2k_j, 0) \in K_N$, 其中

$$k_j(x) = -\frac{x_j}{(\sigma_m |x|^{m+1})}, \ x \in \mathbb{R}^m \setminus \{0\}, \quad j = 1, 2, \cdots, m.$$

所以算子 $R_{j,\Sigma} = T_{2k_j}$ 是 $L^p(\Sigma)$ 上的有界线性算子. 这些算子可以被看作是 Σ 上的 Riesz 变换. 现在这些算子是否是 L^p 有界的问题是本节研究建立 Fourier 理论的动机之一. 由于 $R_{j,\Sigma}$ 不仅仅是 C_Σ 的第 j 个成分, 这些算子的有界性是 Cauchy 算子 $C_\Sigma = \sum e_j R_{j,\Sigma}$ 有界性的一个直接推论.

定理 5.1.4　Riesz 变换 $R_{j,\Sigma}$ 是 $L^p(\Sigma)$ 上的有界线性算子, 且满足

$$R_{j,\Sigma}R_{k,\Sigma} = R_{k,\Sigma}R_{j,\Sigma}, \quad \sum e_j R_{j,\Sigma} = C_\Sigma \text{ 和 } \sum (R_{j,\Sigma})^2 = -I.$$

以下是定理 5.1.1 和定理 5.1.2 的进一步推论. 当 $\Phi \in K_N^+$, 且 $\delta > 0$, 则 $\Phi_\delta \in K_N^+$ 定义为 $\Phi_\delta(x) = \Phi(x + \delta e_L)$. 特别地, $k_\delta \in M_N^+$, 其中

$$k_\delta(x) = k_{+\delta}(x) = k_+(x + \delta e_L).$$

如果 p 是一个取值在 $C_{(M)}$ 中的 m 个变量的多项式, 则 $p(-i\mathbf{D})k_\delta \in K_N^+$, 其中

$$p(-i\mathbf{D})k_\delta(x) = p\left(-i\frac{\partial}{\partial x_1}, \ -i\frac{\partial}{\partial x_2}, \cdots, \ -i\frac{\partial}{\partial x_m}\right) k_+(x + \delta e_L).$$

定理 5.1.5　令 $\alpha > 0$ 和 $\delta > 0$.

(i) 如果 $\Phi \in K_N^+$, 则 $\Phi * k_\delta = \Phi_\delta \in K_N^+$, 且 $T_\Phi T_{k_\delta} = T_{\Phi_\delta}$.

(ii) 如果 $\Phi \in M_N^+$, 则 $k_\delta * \Phi = \Phi_\delta \in M_N^+$, 且 $T_{k_\delta} T_\Phi = T_{\Phi_\delta}$.

(iii) $k_\alpha * k_\delta = k_{\alpha+\delta} \in M_N^+$, 且 $T_{k_\alpha} T_{k_\delta} = T_{k_{\alpha+\delta}}$.

假定 p 和 q 是两个多项式, 其中 p 满足 $p(\xi)\xi e_L = \xi e_L p(\xi)$. 则 $p(-i\mathbf{D})k_\delta \in M_N^+$ 且

(iv) $k_\alpha * p(-i\mathbf{D})k_\delta = p(-i\mathbf{D})k_{\alpha+\delta} \in M_N^+$ 且

$$T_{k_\alpha} T_{p(-i\mathbf{D})k_\delta} = T_{p(-i\mathbf{D})k_{\alpha+\delta}}.$$

(v) $q(-i\mathbf{D})k_\alpha * p(-i\mathbf{D})k_\delta = (qp)(-i\mathbf{D})k_{\alpha+\delta} \in K_N^+$, 且

$$T_{q(-i\mathbf{D})k_\alpha} T_{p(-i\mathbf{D})k_\delta} = T_{(qp)(-i\mathbf{D})k_{\alpha+\delta}}.$$

令 Ω_+ 为 Σ 上方的 $\mathbb{R}^{m+1}$ 的开子集. 也就是

$$\Omega_+ = \left\{ X \in \mathbb{R}^{m+1}: \ X = x + \delta e_L, \ x \in \Sigma, \delta > 0 \right\}.$$

对 $u \in L^p(\Sigma)$, 定义 $C_\Sigma^+ u$ 为 Ω_+ 上的左 Clifford 解析函数:

$$(C_\Sigma^+ u)(X) = \int_\Sigma k(X - y)n(y)u(y)dS_y, \quad X \in \Omega_+.$$

则对几乎所有的 $x \in \Sigma$, 当 $\delta \to 0+$,

$$(C_\Sigma^+ u)(x + \delta e_L) = T_{k_\delta} u(x) \to P_+ u(x).$$

该极限在 L^p 意义下也存在 (参见文献 [48]). 也就是当 $\delta \to 0+$ 时,

$$\|T_{k_\delta} u - P_+ u\|_p \to 0.$$

虽然当 X 逼近 Σ 时极限不需要总是存在, 但是可以在取极限之前对 $(C_\Sigma^+ u)(X)$ 做微分. 更一般地, 给定任意取值在 $\mathbb{C}_{(M)}$ 中的 m 个变量的多项式 p. 虽然当 X 逼近 Σ 时极限未必存在, 可以构造

$$p(-i\mathbf{D})(C_\Sigma^+ u)(X) = p\Big(-i\frac{\partial}{\partial X_1}, \ -i\frac{\partial}{\partial X_2}, \cdots, -i\frac{\partial}{\partial X_m} \Big)(C_\Sigma^+)(X).$$

如果

$$p(-i\mathbf{D})(C_\Sigma^+ u)(x + \delta e_L) = T_{p(-i\mathbf{D})k_\delta} u(x)$$

当 $\delta \to 0+$ 时的极限在 $L^p(\Sigma)$ 中不存在时, 定义该极限为 $p(-i\mathbf{D}_\Sigma)u(x)$.

准确地讲, 定义 $p(-i\mathbf{D}_\Sigma)$ 为从 $\mathcal{D}^+(p(-i\mathbf{D}_\Sigma)) \subset L^{p,+}(\Sigma)$ 到 $L^p(\Sigma)$ 的线性变换:

$$\mathcal{D}^+(p(-i\mathbf{D}_\Sigma)) = \Big\{ u \in L^{p,+}(\Sigma) : \ T_{p(-i\mathbf{D})k_\delta} u \to w \in L^p(\Sigma) \Big\}$$

且 $p(-i\mathbf{D}_\Sigma)u = w$.

如果对某个 $v \in L^{p,+}(\Sigma)$, $u = T_{k_\delta} v$, 则 u 是左 Clifford 解析函数 U 在 Σ 上的限制, 其中

$$U(X) = (C_\Sigma^+ v)(X + \alpha e_L), \quad X + \alpha e_L \in \Omega_+.$$

这样的函数 u 属于 $\mathcal{D}^+(p(-i\mathbf{D}_\Sigma))$ 且

$$p(-i\mathbf{D}_\Sigma)u = (p(-i\mathbf{D})U)\,|_\Sigma.$$

特别地, 考虑函数

$$q_k(x) = i\xi_k, \quad k = 1, 2, \cdots, m$$

和

$$q(\xi) = i\xi e_L = \sum_{k=1}^{m} i\xi_k e_k e_L.$$

利用这些函数, 定义算子 $D_{k,\Sigma} = q_k(-i\mathbf{D}_\Sigma)$ 和 $\mathbf{D}_\Sigma e_L = q(-i\mathbf{D}_\Sigma)$, 使得对上边特别提到的函数 u,

$$\mathbf{D}_\Sigma e_L u = (\mathbf{D}e_L U)\,|_\Sigma$$

和

$$D_{k,\Sigma} u = \frac{\partial U}{\partial X_k}, \quad k = 1, 2, \cdots, m.$$

当 Σ 可以写成参数化表示 $x = \mathbf{s} + g(\mathbf{s})e_L$ 时, 这些函数可以用参数 $\mathbf{s}$ 来表示. 我们得到

$$D_{k,\Sigma} u(\mathbf{s} + g(\mathbf{s})e_L) = \Big(\frac{\partial}{\partial s_k} + \frac{\partial g}{\partial s_k}(e_L - \mathbf{D}g)^{-1}\mathbf{D}_\mathbf{s} \Big) u(\mathbf{s} + g(\mathbf{s})e_L)$$

和

$$\mathbf{D}_{\Sigma}e_L u(\mathbf{s}+g(\mathbf{s})e_L) = \sum_{k=1}^{m} e_k e_L D_{k,\Sigma} u(\mathbf{s}+g(\mathbf{s})e_L)$$
$$= (e_L - \mathbf{D}g)^{-1}\mathbf{D_s}u(\mathbf{s}+g(\mathbf{s})e_L)$$

对所有使得 $u = T_{k_\alpha}v$ 的函数 u 成立, 其中 $v \in L^{p,+}(\Sigma)$. 在下边的定理中, 我们将会看到 $\mathbf{D}_{\Sigma}$ 的这一表示对任意属于它的定义域的函数 u 成立.

从下述定理可以推出这些算子是 $L^{p,+}(\Sigma)$ 中的闭线性算子. 在下边两节中, 我们将研究如何将定理 5.1.1 中的卷积算子表示为 $(D_{k,\Sigma})$ 和 $\mathbf{D}_{\Sigma}$ 的有界全纯函数. 仍然假设 $1 < p < \infty$.

定理 5.1.6　令 p 是一个取值在 $\mathbb{C}_{(M)}$ 的 m 个变量的多项式, 则 $p(-i\mathbf{D}_{\Sigma})$ 是从 $L^{p,+}(\Sigma)$ 到 $L^p(\Sigma)$ 的线性变换, 其定义域 $\mathcal{D}^+(p(-i\mathbf{D}_{\Sigma}))$ 在 $L^{p,+}(\Sigma)$ 中稠密.

如果 $p(\xi)\xi e_L = \xi e_L p(\xi)$, 则 $p(-i\mathbf{D}_{\Sigma})u \in L^{p,+}(\Sigma)$, 对所有的 $u \in \mathcal{D}^+(p(-i\mathbf{D}_{\Sigma}))$ 成立, 并且实际上 $p(-i\mathbf{D}_{\Sigma})$ 是 $L^{p,+}(\Sigma)$ 中的闭线性算子.

假定 p 和 q 是两个多项式, 使得 p 满足 $p(\xi)\xi e_L = \xi e_L p(\xi)$. 令 $u \in \mathcal{D}^+(p(-i\mathbf{D}_{\Sigma}))$, 则 $p(-i\mathbf{D}_{\Sigma})u \in \mathcal{D}^+(q(-i\mathbf{D}_{\Sigma}))$ 当且仅当 $u \in \mathcal{D}^+((qp)(-i\mathbf{D}_{\Sigma}))$, 在此情形下

$$q(-i\mathbf{D}_{\Sigma})p(-i\mathbf{D}_{\Sigma})u = (qp)(-i\mathbf{D}_{\Sigma})u.$$

证明　因为任意的函数 $u \in L^{p,+}(\Sigma)$ 是 $T_{k_\alpha}u \in \mathcal{D}^+(p(-i\mathbf{D}_{\Sigma}))$ 当 $\alpha \to 0$ 时的极限, 定义域 $\mathcal{D}^+(p(-i\mathbf{D}_{\Sigma}))$ 在 $L^{p,+}(\Sigma)$ 中稠密.

下面完成定理的证明, 假定

$$p(\xi)\xi e_L = \xi e_L p(\xi).$$

令 $u \in \mathcal{D}^+(p(-i\mathbf{D}_{\Sigma}))$. 在定理 5.1.5 中, 我们看到当 $\delta > 0$, $p(-i\mathbf{D})k_\delta \in M_N^+$. 当 $\alpha > 0$,

$$T_{k_\alpha}T_{p(-i\mathbf{D})k_\delta} = T_{p(-i\mathbf{D})k_{\alpha+\delta}}u.$$

令 δ 趋于 0, 得到

$$T_{k_\alpha}p(-i\mathbf{D}_{\Sigma})u = T_{p(-i\mathbf{D})k_\alpha}u.$$

令 α 趋于 0, 得到

$$p(-i\mathbf{D}_{\Sigma})u = P_+ p(-i\mathbf{D}_{\Sigma})u \in L^{p,+}(\Sigma).$$

为了证明 $p(-i\mathbf{D}_{\Sigma})$ 是 $L^{p,+}(\Sigma)$ 中的闭算子, 在 $\mathcal{D}^+(p(-i\mathbf{D}_{\Sigma}))$ 中选取序列 (v_n) 使得 $v_n \to v \in L^{p,+}(\Sigma)$ 和 $p(-i\mathbf{D})v_n \to w \in L^{p,+}(\Sigma)$. 我们需要证明 $v \in \mathcal{D}^+(p(-i\mathbf{D}_{\Sigma}))$ 和 $p(-i\mathbf{D}_{\Sigma})v = w$. 对任意的 $\alpha > 0$,

$$T_{k_\alpha}p(-i\mathbf{D}_{\Sigma})v_n \to T_{k_\alpha}w$$

且

$$T_{k_\alpha} p(-i\mathbf{D}_\Sigma) v_n = T_{p(-i\mathbf{D})k_\alpha} v_n \to T_{p(-i\mathbf{D})k_\alpha} v,$$

使得 $T_{p(-i\mathbf{D})k_\alpha} v = T_{k_\alpha} w$. 因而

$$T_{p(-i\mathbf{D})k_\alpha} v = T_{k_\alpha} w \to w, \alpha \to 0.$$

我们得到 $v \in \mathcal{D}(p(-i\mathbf{D}_\Sigma))$ 且 $p(-i\mathbf{D}_\Sigma) v = w$.

由定理 5.1.5, 也可以得到

$$T_{q(-i\mathbf{D})k_\alpha} T_{p(-i\mathbf{D})k_\delta} = T_{(qp)(-i\mathbf{D})k_{\alpha+\delta}} u,$$

且因此, 令 δ 趋于 0, 得到

$$T_{q(-i\mathbf{D})k_\alpha} p(-i\mathbf{D}_\Sigma) u = T_{(qp)(-i\mathbf{D})k_\alpha} u.$$

令 α 趋于 0, 得到 $p(-i\mathbf{D}_\Sigma) u \in \mathcal{D}^+(q(-i\mathbf{D}_\Sigma))$ 当且仅当 $u \in \mathcal{D}^+((qp)(-i\mathbf{D}_\Sigma))$, 且在此情况下,

$$q(-i\mathbf{D}_\Sigma) p(-i\mathbf{D}_\Sigma) u = (qp)(-i\mathbf{D}_\Sigma) u. \qquad \square$$

用类似的方法, 可以定义从定义域 $\mathcal{D}^-(p(-i\mathbf{D}_\Sigma)) \subset L^{p,-}(\Sigma)$ 到 $L^p(\Sigma)$ 的线性变换 $p(-i\mathbf{D}_\Sigma)$.

最后, 定义 $L^p(\Sigma)$ 中的线性算子 $p(-i\mathbf{D}_\Sigma)$ 为

$$p(-i\mathbf{D}_\Sigma) u = p(-i\mathbf{D}_\Sigma) P_+ u + p(-i\mathbf{D}_\Sigma) P_- u,$$

其中稠密定义域为

$$\mathcal{D}(p(-i\mathbf{D}_\Sigma)) = \mathcal{D}^+(p(-i\mathbf{D}_\Sigma)) \oplus \mathcal{D}^-(p(-i\mathbf{D}_\Sigma))$$
$$\subset L^{p,+}(\Sigma) \oplus L^{p,-}(\Sigma) = L^p(\Sigma).$$

定理 5.1.7 当 $L^{p,+}(\Sigma)$ 换为 $L^p(\Sigma)$ 且 $\mathcal{D}^+(p(-i\mathbf{D}_\Sigma))$ 换为 $\mathcal{D}(p(-i\mathbf{D}_\Sigma))$ 时, 定理5.1.6 仍然成立.

假定 U 是带 $\Sigma + (-t, t)e_L$ 上的左 Clifford 解析函数. 函数 u_α 定义为

$$u_\alpha(x) = U(x + \alpha e_L), \quad x \in \Sigma,$$

在 $L^p(\Sigma)$, $\alpha \in (-t, t)$ 上是一致有界的. 令 $u = u_0 = U |_\Sigma$. 则由 $L^{p,+}(\Sigma)$ 中 $p(-i\mathbf{D}_\Sigma)$ 的定义后的注释, $P_+ u = T_{k_\alpha} P_+ u_{-\alpha}$ 以及对 $P_- u$ 类似的结论, 可以推出对任意的多项式 p,

$$p(-i\mathbf{D}_\Sigma) = (p(-i\mathbf{D})U) |_\Sigma.$$

特别地, 对这样的左 Clifford 解析函数 U, 当 $u = U |_\Sigma$,

$$\mathbf{D}_\Sigma e_L u = (\mathbf{D} e_L U) |_\Sigma \text{ 且} D_{k,\Sigma} u = \frac{\partial U}{\partial X_k} |_\Sigma, \quad k = 1, 2, \cdots, m.$$

5.2　m 个变量的函数的 H^∞ 泛函演算

令 $(\Phi, \underline{\Phi}) \in K(S_{N_\mu})$. 可以将 $b = \mathcal{F}(\Phi, \underline{\Phi})e_L$ 看作对应于有界线性算子 $T_{(\Phi, \underline{\Phi})}$ 的 Fourier 乘子. 同时也将从 $b \in H_N$ 到 $T_{(\Phi, \underline{\Phi})} \in \mathcal{L}(L^p(\Sigma))$ 的映射看成是

$$-i\mathbf{D}_\Sigma = \sum_{k=1}^{m} = ie_k D_{k,\Sigma}$$

的有界 H^∞ 泛函演算, 并记

$$T_{(\Phi, \underline{\Phi})} = b(-i\mathbf{D}_\Sigma) = b(-iD_{1,\Sigma}, \; -iD_{2,\Sigma}, \cdots, -iD_{m,\Sigma}).$$

为了使之更加自然, 我们引入比 H_N 更大的代数 $\mathcal{P}_N$. $\mathcal{P}_N$ 由所有从 $\mathbb{R}^m \setminus \{0\}$ 到 $\mathbb{C}_{(M)}$ 的函数 b 组成, 使得 $b_+ = b\chi_+$ 全纯地延拓到 $\overline{N_\mu(\mathbb{C}^m)}$, 并且对某个 s 和 $c \geqslant 0$, 该延拓满足

$$|b_\pm(\zeta)| \leqslant c(1 + |\zeta|^s).$$

对这样的 $b \in \mathcal{P}_N$, 函数 $b_{+\delta}$ 和 $b_{-\delta}$ 分别属于 H_N^+ 和 H_N^-, 其中对 $\delta > 0$, $b_{+\delta}(\zeta) = b_+(\zeta)e^{-\delta|\zeta|c}$ 和 $b_{-\delta}(\zeta) = b_-(\zeta)e^{-\delta|\zeta|c}$. 因此

$$\Phi_{\pm\delta} = \mathcal{G}_\pm(b_{\pm\delta}\overline{e_L}) \in K_N^+.$$

定义 $b(-i\mathbf{D}_\Sigma)$ 为 $L^p(\Sigma)$ 中以

$$\mathcal{D}(b(-i\mathbf{D}_\Sigma)) = \left\{ u \in L^p(\Sigma): \; T_{\Phi_{\pm\delta}} \to w_\pm \in L^p(\Sigma) \text{ 当 } \delta \to 0 \right\}$$

为定义域的线性算子如下:

$$b(-i\mathbf{D}_\Sigma)u = w_+ + w_-.$$

由下列事实可以推出上述定义是有意义的.

定理 5.2.1　假定 $1 < p < \infty$. 令 $b \in \mathcal{P}_N$.

(i) 如果 $b \in H_N$, 则 $b(-i\mathbf{D}_\Sigma) = T_{(\Phi, \underline{\Phi})} \in \mathcal{L}(L^p(\Sigma))$, 其中 $(\Phi, \underline{\Phi})e_L = \mathcal{G}(b)$. 特别地,

$$1(-i\mathbf{D}_\Sigma) = I, \quad \chi_\pm(-i\mathbf{D}_\Sigma) = P_\pm,$$
$$(r_j e_L)(-i\mathbf{D}_\Sigma) = R_{j,\Sigma},$$
$$r(-i\mathbf{D}_\Sigma) = C_\Sigma = \sum e_j R_{j,\Sigma},$$

其中 $r(\xi) = i\xi|\xi|^{-1}e_L$.

(ii) 如果对 $0 < \mu \leqslant \pi/2 - \omega$, $b_+ = b\chi_+ \in H_\infty^+(N_\mu(\mathbb{C}^m))$ 且 $b_- = b\chi_- \in H_\infty^-(\overline{N_\mu}(\mathbb{C}^m))$, 则

$$\|b(-i\mathbf{D}_\Sigma)u\|_p \leqslant C_{\omega,\mu,p}(\|b_+\|_\infty + \|b_-\|_\infty)\|u\|_p$$

对仅依赖于 ω, μ, p (和维数 m) 的常数 $C_{\omega,\mu,p}$ 成立.

(iii) 如果 b 是一个 m 个变量的多项式, 则 $b(-i\mathbf{D}_\Sigma)$ 的定义与5.1 节中所给定义一致.

(iv) $b(-i\mathbf{D}_\Sigma)$ 的定义域 $\mathcal{D}(b(-i\mathbf{D}_\Sigma))$ 在 $L^p(\Sigma)$ 中稠密.

(v) 如果对所有的 $\xi \in \mathbb{R}^m \setminus \{0\}$, 有 $b(\xi)\xi e_L = \xi e_L b(\xi)$, 则 $b(-i\mathbf{D}_\Sigma)$ 是 $L^p(\Sigma)$ 中的闭线性算子.

(vi) 如果 $u \in \mathcal{D}(b(-i\mathbf{D}_\Sigma))$, $f \in \mathcal{P}_N$ 和 $c \in \mathbb{C}_{(M)}$, 则 $u \in \mathcal{D}(f(-i\mathbf{D}_\Sigma))$ 当且仅当 $u \in \mathcal{D}((cb + f)(-i\mathbf{D}_\Sigma))$, 而且 $cb(-i\mathbf{D}_\Sigma)u + f(-i\mathbf{D}_\Sigma)u = (cb + f)(-i\mathbf{D}_\Sigma)u$.

(vii) 如果对所有的 $\xi \in \mathbb{R}^m \setminus \{0\}$, 有 $b(\xi)\xi e_L = \xi e_L b(\xi)$, $u \in \mathcal{D}(b(-i\mathbf{D}_\Sigma))$ 和 $f \in \mathcal{P}_N$, 则 $b(-i\mathbf{D}_\Sigma)u \in \mathcal{D}(f(-i\mathbf{D}_\Sigma))$ 当且仅当 $u \in \mathcal{D}((fb)(-i\mathbf{D}_\Sigma))$, 而且

$$f(-i\mathbf{D}_\Sigma)b(-i\mathbf{D}_\Sigma)u = (fb)(-i\mathbf{D}_\Sigma)u.$$

证明　当 $b \in H_N$, 令 $b_+ = b\chi_+$ 和 $\Phi_+ = \mathcal{G}_+(b_+\overline{e_L})$, 所以有

$$\Phi_{+\delta}(x) = \mathcal{G}_+(b_{+\delta}\overline{e_L})(x) = \Phi_+(x + \delta e_L).$$

因此, 对所有的 $u \in L^p(\Sigma)$, 当 $\delta \to 0$, 在 $L^p(\Sigma)$ 中, $T_{\Phi_{+\delta}}u \to T_{\Phi_+}u$. 故 $u \in \mathcal{D}(b(-i\mathbf{D}_\Sigma))$ 和

$$b(-i\mathbf{D}_\Sigma)u = T_{\Phi_+}u = T_{\Phi_+}u + T_{\Phi_-}u = T_{(\Phi,\underline{\Phi})}.$$

(ii) 中的估计可由定理 3.5.1 的 (iii) 和定理 5.1.1 的 (ii) 推出.
为了证明 (iii), 使用等式

$$\mathcal{F}_\pm(p(-i\mathbf{D}_\Sigma)k_{\pm\delta})e_L = p_{\pm\delta},$$

该等式可由定理 3.5.1 的 (vii) 推出. 证明的其余部分可以模仿定理 5.1.6 得到.　□

下面给出几个应用. 考虑如下调和函数的边值问题.

$$\begin{cases} \Delta U(X) = \displaystyle\sum_{k=1}^m \frac{\partial^2 U}{\partial X_k^2}(X) + \frac{\partial^2 U}{\partial x_L^2}(X) = 0, \quad X \in \Omega_+, \\ \left(\displaystyle\sum_{k=1}^m \beta_k \frac{\partial U}{\partial X_k} + \beta_L \frac{\partial U}{\partial x_L}\right)\Big|_\Sigma = w \in L^p(\Sigma, \mathbb{C}), \end{cases}$$

其中 β_k, $\beta_L \in \mathbb{C}$ 且 $2 \leqslant p < \infty$.

对于 $\beta_L = 1$ 和 $\beta_k = 0$, $k = 1, 2, \cdots, m$ 的特殊情形, 这一问题的解为

$$U(\mathbf{X}) = U(\mathbf{X} + X_L e_L) = -\int_{X_L}^{\infty} (C_{\Sigma_0}^+ v)(\mathbf{X} + t e_L) dt,$$

其中 $v = (P_{+0})^{-1} w \in L^p(\Sigma)$. 这里 $C_{\Sigma_0}^+$ 表示 Cauchy 积分 C_Σ^+

$$(C_{\Sigma_0}^+ v)(\mathbf{X}) = \int_\Sigma \langle \overline{k(\mathbf{X} - y)}, n(y) \rangle v(y) dS_y, \quad \mathbf{X} \in \Omega_+$$

的数值部分, 即 Σ 上的双层位势算子, 且 $P_{+0} = \dfrac{1}{2}(I + C_{\Sigma_0})$, 其中 C_{Σ_0} 是 Σ 上的奇异双层位势算子. P_{+0} 在 $L^p(\Sigma, \mathbb{C})$ 的可逆性由 Verchota 在文献 [97] 中得到.

对于一般的情况, 即 β_k 和 β_L 均为复数, 我们假定对某个 $\kappa > 0$,

如果 $n \in N$ 和 $t \in \mathbb{R}^{m+1}$, 使得 $|t| = 1$ 和 $\langle n, t \rangle = 0$, 有 $|\langle \beta, n + it \rangle| \geqslant \kappa$, (5-1)

其中 $\beta = \sum \beta_k e_k + \beta_L e_L$. (这是使得边值问题可解的 β 最弱的条件. 这是因为, 如果 Σ 在点 $x \in \Sigma$ 的一个邻域中是光滑的, 则 Agmon, Douglis, Nirenberg 的覆盖条件表明在 x 处不存在 Σ 的单位切向量 t 满足

$$\langle \beta, n(x) + it \rangle = 0,$$

其中 $n(x)$ 是 x 处的 Σ 的单位法向量)

可以证明由 (5-1) 可以推出

$$|\langle \beta, |\zeta|_\mathbb{C} e_L - i\zeta \rangle| \geqslant \kappa ||\zeta|_\mathbb{C}|, \quad \text{对所有的} \zeta \in N(\mathbb{C}^m) \text{成立}, \tag{5-2}$$

且因此有定义为

$$b(\zeta) = \frac{|\zeta|_\mathbb{C}}{\langle \beta, |\zeta|_\mathbb{C} e_L - i\zeta \rangle}$$

的全纯函数 b 在 $N(\mathbb{C}^m)$ 的界为 κ^{-1}, 并且实际上, 对某些充分小的 μ, 该函数在 $N_\mu(\mathbb{C}^m)$ 上的界为 $2\kappa^{-1}$. (为了从 (5-1) 推出 (5-2), 取 $\zeta \in N(\mathbb{C}^m)$, 即存在 $n \in N$ 和 $c > 0$ 使得 $\eta + \mathrm{Re}(|\zeta|_\mathbb{C}) e_L = cn$. 利用 (5-1) 以及取定的 n 和 $t = c^{-1}(-\xi + \mathrm{Im}(|\zeta|_\mathbb{C}) e_L)$, 可以推出所要的结论.)

因此 $b(-i\mathbf{D}_\Sigma)$ 是 $L^p(\Sigma, \mathbb{C}_{(M)})$ 上的有界线性算子. 注意到等式:

$$\left(\sum_{k=1}^m \beta_k \zeta_k - \beta_L \zeta e_L \right) b(\zeta) \chi_+(\zeta) = -\zeta e_L \chi_+(\zeta),$$

可以直接证明我们边值问题的解为

$$U(\mathbf{X}) = U(\mathbf{X} + X_L e_L) = -\int_{X_L}^{\infty} (C_\Sigma^+ b(-i\mathbf{D}_\Sigma) v)_0 (\mathbf{X} + t e_L) dt,$$

其中 $\mathbf{X} \in \Omega_+$ 和 $v = (P_{+0})^{-1}w \in L^p(\Sigma, \mathbb{C})$.

进而当 $x \in \Sigma$ 和 $\delta > 0$,

$$(C_\Sigma^+ b(-i\mathbf{D}_\Sigma)v)_0(x + \delta e_L) = (T_{\Phi_\delta}v)_0(x)$$

其中 $\Phi = \mathcal{G}_+(b\chi_+\overline{e_L}) \in M_N^+$. 所以积分可以表示为

$$(C_\Sigma^+ b(-i\mathbf{D}_\Sigma)v)_0(\mathbf{X}) = \int_\Sigma \langle \overline{\Phi(\mathbf{X} - y)},\ n(y)\rangle v(y)dS_y,$$

其中 $\mathbf{X} \in \Omega_+$.

我们强调指出在 3.5 节中建立的 Fourier 理论已经被用来证明假设 (5-1) 推出 $\Phi \in M_N^+$, 并且因此有 $T_\Phi \in \mathcal{L}(L^p(\Sigma, \mathbb{C}_{(M)}))$. 下面证明一个覆盖引理. 特别地, 该引理可以被用来证明 $b(-i\mathbf{D}_\Sigma)$ 的几种其他的定义与通过上述奇异积分所给出的定义的等价性. 我们仍然假设 $1 < p < \infty$.

引理 5.2.1 (覆盖引理) 假定 $0 < \mu \leqslant \pi/2 - \omega$. 令

$$b_{(\alpha)} = b_{(\alpha)+} + b_{(\alpha)-},$$

其中 $b_{(\alpha)+}$ 是 $H_\infty^+(N_\mu(\mathbb{C}^m))$ 中函数的一致有界网格, 且在每个形如

$$\left\{\zeta \in N_\mu(\mathbb{C}^m):\ 0 < \delta \leqslant |\zeta| \leqslant \Delta < \infty\right\}$$

的集合上一致地收敛到函数 $b_+ \in H_\infty^+(N_\mu(\mathbb{C}^m))$, 并且 $b_{(\alpha)-}$ 是 $H_N^-(\overline{N}_\mu(\mathbb{C}^m))$ 中的函数的一致有界网格, 且类似地收敛到函数 $b_- \in H_\infty^-(\overline{N}_\mu(\mathbb{C}^m))$. 令 $b = b_+ + b_-$, 则对任意的 $u \in L^p(\Sigma)$, $b_{(\alpha)}(-i\mathbf{D}_\Sigma)u$ 收敛到 $b(-i\mathbf{D}_\Sigma)u$. 因此

$$\|b(-i\mathbf{D}_\Sigma)\| \leqslant \sup_\alpha \|b_{(\alpha)}(-i\mathbf{D}_\Sigma)\|.$$

证明 实际上利用定义可以直接推出

$$\Phi_{(\alpha)\pm} = \mathcal{G}_\pm(b_{(\alpha)\pm}\overline{e_L})$$

收敛到 $\Phi_\pm = \mathcal{G}_\pm(b_\pm\overline{e_L})$ 且因此有, 对每个 $u \in L^p(\Sigma)$,

$$b_{(\alpha)}(-i\mathbf{D}_\Sigma)u = T_{\Phi_{(\alpha)+}}u + T_{\Phi_{(\alpha)-}}u$$

收敛到

$$T_{\Phi_+}u + T_{\Phi_-}u = b(-i\mathbf{D}_\Sigma)u. \qquad \square$$

下面是一个简单的推论. 我们在陈述时, 只假定函数定义在形如 $S_\mu^0(\mathbb{C}^m)$ 的集合上, 而不是在更一般的集合 $N_\mu(\mathbb{C}^m)$ 和 $\overline{N}_\mu(\mathbb{C}^m)$ 上.

定理 5.2.2　令 b 为全纯函数, 满足在 $S_\mu^0(\mathbb{C}^m)$ 上, 对某个 $\mu \in (\omega, \pi/2)$, d 和 $c \geqslant 0$, $|b(\zeta)| \leqslant c(1 + |\zeta|^d)$. 假定对所有的 $\xi \in \mathbb{R}^m$, $b(\xi)\xi e_L = \xi e_L b(\xi)$. 且假定对所有的 $\zeta \in S_\mu^0(\mathbb{C}^m)$, $b(\zeta)$ 有逆 $b(\zeta)^{-1} \in \mathbb{C}_{(M)}$. 最后假定存在 $s \geqslant 0$ 使得

$$|b(\zeta)^{-1}| \leqslant c(|\zeta|^s + |\zeta|^{-s}), \quad \zeta \in S_\mu^0(\mathbb{C}^m),$$

则算子 $b(-i\mathbf{D}_\Sigma)$ 是 1-1 的, 且在 $L^p(\Sigma)$ 中有稠密的值域 $\mathcal{R}(b(-i\mathbf{D}_\Sigma))$.

证明　令

$$F_{(n)}(\lambda) = (n\lambda)^s(i + n\lambda)^{-s}(\chi_{\mathrm{Re}>0}(\lambda)e^{-\lambda/n} + \chi_{\mathrm{Re}<0}(\lambda)e^{\lambda/n}),$$

其中 $\lambda \in S_\mu^0(\mathbb{C}), n = 1, 2, \cdots$, 则序列 $(F_{(n)})$ 是一致有界的且在任意形如

$$\left\{\lambda \in S_\mu^0(\mathbb{C}) : 0 < \delta \leqslant |\lambda| \leqslant \Delta < \infty\right\}$$

的集合上, 一致收敛到 1. 对任意的 n, 定义 $f_{(n)} \in H_\infty(S_\mu^0(\mathbb{C}^m))$ 为

$$f_{(n)}(\zeta) = F_{(n)}(|\zeta|_{\mathbb{C}})\chi_+(\zeta) + F_{(n)}(-|\zeta|_{\mathbb{C}})\chi_-(\zeta),$$

则序列 $(f_{(n)})$ 是一致有界的且在每个形如

$$\left\{\zeta \in S_\mu^0(\mathbb{C}^m) : 0 < \delta \leqslant |\zeta| \leqslant \Delta < \infty\right\}$$

的集合上, 一致收敛到 1. 令

$$g_{(n)} = f_{(n)}b^{-1} \in H_\infty(S_\mu^0(\mathbb{C}^m))$$

和

$$h_{(n)} = b^{-1}f_{(n)} \in H_\infty(S_\mu^0(\mathbb{C}^m)).$$

使得 $f_{(n)} = g_{(n)}b = bh_{(n)}$.

假定 $u \in \mathcal{D}(b(-i\mathbf{D}_\Sigma))$, 且假定 $b(-i\mathbf{D}_\Sigma)u = 0$. 由定理 5.2.1 的 (vii) 可知

$$f_{(n)}(-i\mathbf{D}_\Sigma)u = g_{(n)}(-i\mathbf{D}_\Sigma)b(-i\mathbf{D}_\Sigma)u = 0,$$

且, 由引理 5.2.1, $f_{(n)}(-i\mathbf{D}_\Sigma)u$ 趋向于 u. 所以 $u = 0$. 我们得到 $b(-i\mathbf{D}_\Sigma)$ 是一个 1-1 算子.

令 $w \in L^p(\Sigma)$, 则

$$f_{(n)}(-i\mathbf{D}_\Sigma)w = b(-i\mathbf{D}_\Sigma)h_{(n)}(-i\mathbf{D}_\Sigma)w \in \mathcal{R}(b(-i\mathbf{D}_\Sigma))$$

且

$$\lim_{n\to\infty} f_{(n)}(-i\mathbf{D}_\Sigma)w = w.$$

我们得到 $\mathcal{R}(b(-i\mathbf{D}_\Sigma))$ 在 $L^p(\Sigma)$ 中稠密.　　　□

5.3 单变量函数的 H^∞ 泛函演算

我们将注意力转向与单变量全纯函数相关的函数 b. 对任意的定义在 $S_\mu^0(\mathbb{C})$ 上的全纯函数 B, 其中 $\omega < \mu \leqslant \pi/2$, 存在定义在 $S_\mu^0(\mathbb{C})$ 上的函数 b:

$$b(\zeta) = B(i\zeta e_L) = B(|\zeta|_{\mathbb{C}})\chi_+(\zeta) + B(-|\zeta|_{\mathbb{C}})\chi_-(\zeta).$$

所以当 $b(-i\mathbf{D}_\Sigma)$ 本身被定义时, 很自然地定义算子 $B(\mathbf{D}_\Sigma e_L)$ 为 $B(\mathbf{D}_\Sigma e_L) = b(-i\mathbf{D}_\Sigma)$.

由定理 3.1.2 和定理 5.2.1 可以推出从 $H_\infty(S_\mu^0(\mathbb{C}))$ 到 $\mathcal{L}(L^p(\Sigma))$ 的映射 $B \to B(\mathbf{D}_\Sigma e_L)$ 是一个有界的代数同态.

我们指出, 我们经常使用的条件 $b(\zeta)\zeta e_L = \zeta e_L b(\zeta)$, 被形如 $b(\zeta) = B(i\zeta e_L)$ 的函数 b 自动满足.

令 H_ω 为如下 $\mathbb{R} \setminus \{0\}$ 上的函数 B 的线性空间: 对某些 $\mu > \omega$, 函数 B 有全纯延拓 $B \in H_\infty(S_\mu^0(\mathbb{C}))$, 而且令 $\mathcal{P}_\omega$ 为 $\mathbb{R} \setminus \{0\}$ 上满足下列条件的函数 B 组成的线性空间: 对某些 $\mu > \omega$, 这些函数 B 全纯地延拓到 $S_\mu^0(\mathbb{C})$ 且在 $S_\mu^0(\mathbb{C})$ 上对某个 s 和 $c \geqslant 0$, 满足

$$|B(\zeta)| \leqslant c(1 + |\zeta|^s).$$

定理 5.3.1 假定 $1 < p < \infty$. 令 $B \in \mathcal{P}_\omega$.

(i) 算子 $B(\mathbf{D}_\Sigma e_L)$ 是 $L^p(\Sigma)$ 中的闭线性算子, 且定义域 $\mathcal{D}(B(\mathbf{D}e_L))$ 在 $L^p(\Sigma)$ 中稠密.

(ii) 如果 $B \in H_\omega$, 则

$$B(\mathbf{D}_\Sigma e_L) = T_{(\Phi, \underline{\Phi})} \in \mathcal{L}(L^p(\Sigma)),$$

其中 $\mathcal{F}(\Phi, \underline{\Phi})e_L = b$ 且 $b(\xi) = B(i\xi e_L)$. 特别地,

$$\begin{cases} 1(\mathbf{D}_\Sigma e_L) = I, \\ \chi_{\mathrm{Re} > 0}(\mathbf{D}_\Sigma e_L) = P_+, \\ \chi_{\mathrm{Re} < 0}(\mathbf{D}_\Sigma e_L) = P_-, \\ \mathrm{sgn}(\mathbf{D}_\Sigma e_L) = C_\Sigma. \end{cases}$$

(iii) 如果 $B \in H_\infty(S_\mu^0(\mathbb{C}))$ 且 $\omega < \mu < \pi/2$, 则对仅依赖于 ω, μ, p 和维数 m 的常数 $C_{\omega, \mu, p}$,

$$\|B(\mathbf{D}e_L)u\|_p \leqslant C_{\omega, \mu, p}\|B\|_\infty\|u\|_p, \quad u \in L^p(\Sigma).$$

(iv) 如果 $u \in \mathcal{D}(B(\mathbf{D}_\Sigma e_L))$, $F \in \mathcal{P}_\omega$ 且 $c \in \mathbb{C}$, 则 $u \in \mathcal{D}(F(\mathbf{D}_\Sigma e_L))$ 当且仅当 $u \in \mathcal{D}((cB + F)(\mathbf{D}_\Sigma e_L))$, 此时

$$cB(\mathbf{D}_\Sigma e_L)u + F(\mathbf{D}_\Sigma e_L)u = (cB + F)(\mathbf{D}_\Sigma e_L)u.$$

(v) 如果 $u \in \mathcal{D}(B(\mathbf{D}_\Sigma e_L))$ 和 $F \in \mathcal{P}_\omega$, 则 $B(\mathbf{D}_\Sigma e_L)u \in \mathcal{D}(F(\mathbf{D}_\Sigma e_L))$ 当且仅当 $u \in \mathcal{D}((FB)(\mathbf{D}_\Sigma e_L))$, 此时

$$F(\mathbf{D}_\Sigma e_L)B(\mathbf{D}_\Sigma e_L)u = (FB)(\mathbf{D}_\Sigma e_L)u.$$

(vi) 复的谱 $\sigma(B(\mathbf{D}_\Sigma e_L))$ 是

$$\bigcap\left\{(B(S_\mu^0(\mathbb{C}))^{cl} : \mu > \omega\right\}$$

的子集. 实际上, 对所有的 $u \in L^p(\Sigma)$,

$$\|(B(\mathbf{D}_\Sigma e_L) - \alpha I)^{-1}u\|_p \leqslant C_{\omega,\mu,p}\frac{\|u\|_p}{\text{dist}\{\alpha, B(S_\mu^0(\mathbb{C}))\}}.$$

(vii) 假定存在 $\mu \in (\omega, \pi/2)$, $s \geqslant 0$ 和 $c > 0$ 使得

$$|B(\lambda)| \geqslant c|\lambda|^s(1 + |\lambda|^{2s})^{-1}, \ \lambda \in S_\mu^0(\mathbb{C}).$$

则算子 $B(\mathbf{D}_\Sigma e_L)$ 是 1-1 的, 且在 $L^p(\Sigma)$ 中有稠密的值域 $\mathcal{R}(B(\mathbf{D}_\Sigma e_L))$.

证明　前五条是定理 5.2.1 的直接推论. 为证明 (vi), 令 α 为一个复数使得对某个 $\mu > \omega$,

$$d = \text{dist}\left\{\alpha, B(S_\mu^0(\mathbb{C}))\right\} > 0.$$

则

$$F = (B - \alpha)^{-1} \in H_\infty(S_\mu^0(\mathbb{C}))$$

且

$$\|F\|_\infty \leqslant d^{-1},$$

所以, 根据 (ii) 和 (iii),

$$F(\mathbf{D}_\Sigma e_L) \in \mathcal{L}(L^p(\Sigma))$$

且

$$\|F(\mathbf{D}_\Sigma e_L)u\|_p \leqslant C_{\omega,\mu,p}d^{-1}\|u\|_p$$

对所有的 $u \in L^p(\Sigma)$ 成立.

因此, 由 (iv) 和 (v), 对所有的 $u \in L^p(\Sigma)$,

$$(B(\mathbf{D}_\Sigma e_L) - \alpha I)F(\mathbf{D}_\Sigma e_L)u = u$$

且对所有的 $u \in \mathcal{D}(B(\mathbf{D}_\Sigma e_L))$,

$$F(\mathbf{D}_\Sigma e_L)(B(\mathbf{D}_\Sigma e_L) - \alpha I)u = u.$$

故有

$$(B(\mathbf{D}_\Sigma e_L) - \alpha I)^{-1} = F(\mathbf{D}_\Sigma e_L).$$

这就证明了 (vi).

(vii) 是定理 5.2.2 的一个推论. □

在 $L^p(\Sigma)$ 上的闭线性算子 $\mathbf{D}_\Sigma e_L$ 定义为: 当 $B(\lambda) = \lambda$, $\mathbf{D}_\Sigma e_L = B(\mathbf{D}_\Sigma e_L)$. 由定理 5.3.1 的 (vi) 可以推出, 该算子的谱 $\sigma(\mathbf{D}_\Sigma e_L)$ 是集合

$$S_\omega(\mathbb{C}) = S_{\omega+}(\mathbb{C}) \cup S_{\omega-}(\mathbb{C})$$

的子集, 其中

$$S_{\omega\pm}(\mathbb{C}) = \left\{\lambda \in \mathbb{C} : \lambda = 0 \text{或} |\arg(\pm\lambda)| \leqslant \omega\right\}.$$

进而, 对所有的 $\mu > \omega$, 存在 $c_{\omega,\mu,p}$ 使得对所有的 $\alpha \notin S_\mu(\mathbb{C})$ 和所有的 $u \in L^p(\Sigma)$, 有

$$\|(\mathbf{D}_\Sigma e_L - \alpha)^{-1} u\|_p \leqslant c_{\omega,\mu,p} |\alpha|^{-1} \|u\|_p.$$

也就是说, $\mathbf{D}_\Sigma e_L$ 是 $L^p(\Sigma)$ 中的 ω 型算子. 实际上, 利用 (vii), 我们看出 $\mathbf{D}_\Sigma e_L$ 是一个 $L^p(\Sigma)$ 上的 ω 型的 1-1 算子, 在 $L^p(\Sigma)$ 中具有稠密的定义域 $\mathcal{D}(\mathbf{D}_\Sigma e_L)$ 和稠密的值域 $\mathcal{R}(\mathbf{D}_\Sigma e_L)$.

我们看到 $\mathbf{D}_\Sigma e_L$ 在 $L^{p,\pm}(\Sigma)$ 上的限制是 $L^{p,\pm}(\Sigma)$ 中的闭线性算子, 算子的谱属于 $S_{\omega\pm}(\mathbb{C})$, 且实际上, $\mp\mathbf{D}_\Sigma e_L$ 是 $L^{p,\pm}(\Sigma)$ 中的全纯 C_0- 半群 $u \mapsto T_{k\pm\alpha}u, \alpha > 0$ 的无穷小生成元.

下一个定理表明, $\mathbf{D}_\Sigma e_L$ 的预解式和多项式等价于它们的对应 $B(\mathbf{D}_\Sigma e_L)$. 因此可以将映射 $B \mapsto B(\mathbf{D}_\Sigma e_L)$ 合理地看作是单算子 $\mathbf{D}_\Sigma e_L$ 的泛函演算, 在 5.2 节中定义的映射

$$b \mapsto b(-i\mathbf{D}_\Sigma) = b(-iD_{1,\sigma}, -iD_{2,\Sigma}, \cdots, -iD_{m,\Sigma})$$

可以看作是 m 交换的算子 $-iD_{k,\Sigma}, k = 1, 2, \cdots, m$ 的泛函演算. 当 $L = 0$ 时, $\mathbf{D}_\Sigma e_L$ 就是由 Murry 和 McIntosh 在文献 [63] 和 [54] 中考虑的算子.

定理 5.3.2 假定 $1 < p < \infty$.

(i) 如果 $\alpha \notin S_\omega(\mathbb{C})$, 定义 $R_\alpha(\lambda) = (\lambda - \alpha)^{-1}$, 其中 $R_\alpha(i\zeta e_L) = (i\zeta e_L - \alpha)^{-1}$. 则

$$R_\alpha(\mathbf{D}_\Sigma e_L) = (\mathbf{D}_\Sigma e_L - \alpha I)^{-1} \in \mathcal{L}(L^p(\Sigma)).$$

(ii) 对正整数 k, 定义 $S_k(\lambda) = \lambda^k$, 使得 $S_k(i\zeta e_L) = (i\zeta e_L)^k$, 则 $\mathcal{D}(S_k(\mathbf{D}_\Sigma e_L)) = \mathcal{D}((\mathbf{D}e_L)^k)$ 且 $S_k(\mathbf{D}_\Sigma e_L)u = (\mathbf{D}_\Sigma e_L)^k u$ 对所有的 $u \in \mathcal{D}((\mathbf{D}_\Sigma e_L)^k)$ 成立.

(iii) 给定一个复值的单变量多项式 $P(\lambda) = \sum\limits_{k=0}^{k=d} a_k \lambda^k$ 且 $a_d \neq 0$, 定义

$$P(\mathbf{D}_\Sigma e_L)u = \sum a_k (\mathbf{D}_\Sigma e_L)^k u, \ u \in \mathcal{D}(P(\mathbf{D}_\Sigma e_L)) = \mathcal{D}((\mathbf{D}_\Sigma e_L)^d).$$

则 $\mathcal{D}(P(\mathbf{D}_\Sigma e_L)) = \mathcal{D}((\mathbf{D}_\Sigma e_L)^d)$, 且 $P(\mathbf{D}_\Sigma e_L)u = (\mathbf{D}_\Sigma e_L)^d u$ 对所有的 $u \in \mathcal{D}(\mathbf{D}_\Sigma e_L)$ 成立.

(iv) 如果 Σ 可以参数化表示为 $x = \mathbf{s} + g(\mathbf{s})e_L, \ s \in \mathbb{R}^m$, 则

$$\mathcal{D}(\mathbf{D}e_L) = W_p^1(\Sigma) = \left\{ u \in L^p(\Sigma) : \ \frac{\partial}{\partial s_j} u(\mathbf{s} + g()e_L) \in L^p(\mathbb{R}^m, ds), \ j = 1, 2, \cdots, m \right\}$$

且

$$(\mathbf{D}_\Sigma e_L u)(\mathbf{s} + g(\mathbf{s})e_L) = (e_L - \mathbf{D}g)^{-1} \mathbf{D}_\mathbf{s} u(\mathbf{s} + g(\mathbf{s})e_L), \ u \in W_p^1(\Sigma).$$

证明 (i) 到 (iii) 的证明只须要重复定理 5.3.1 的 (iv) 和 (v) (参见定理 5.3.1 的 (vi) 的证明).

为证明 (iv), 令 $\mathbf{A}_\Sigma$ 为闭线性算子, 在 $L^p(\Sigma)$ 中定义域为 $W_p^1(\Sigma)$, 对所有的 $u \in W_p^1(\Sigma)$, 定义为

$$(\mathbf{A}_\Sigma u)(\mathbf{s} + g(\mathbf{s})e_L) = (e_L - \mathbf{D}g)^{-1} \mathbf{D}_s u(\mathbf{s} + g(\mathbf{s})e_L),$$

且 $\mathbf{A}_\Sigma - iI$ 是 1-1 的. 参见 [54] (实际上, 可以直接看出 $\mathbf{A}_\Sigma$ 是 ω 型算子).

给定 $u \in \mathcal{D}(\mathbf{D}_\Sigma e_L)$, 记 $u = u_+ + u_-$, 其中 $u_\pm = P_\pm u$, 并且, 对 $\delta > 0$, 令 $u_{+\delta} = T_{k+\delta} u_+$. 在 5.1 节中, 我们看到当 $\delta \to 0$ 时, $u_{+\delta} \in \mathcal{D}(\mathbf{D}_\Sigma e_L)$, $u_{+\delta} \to u_+$ 和 $\mathbf{D}_\Sigma e_L u_{+\delta} \to \mathbf{D}_\Sigma e_L u_+$. 此外 $u_{+\delta} \in W_p^1(\Sigma)$, 且在 5.1 节中, 我们看到 $\mathbf{D}_\Sigma e_L u_{+\delta} = \mathbf{A}_\Sigma u_{+\delta}$. 算子 $\mathbf{A}_\Sigma$ 是闭的这一事实表明 $u_+ \in \mathcal{D}(\mathbf{A}_\Sigma)$ 且 $\mathbf{D}_\Sigma e_L u_+ = \mathbf{A}_\Sigma u_+$. 类似地处理 u_-, 我们发现 $u \in \mathcal{D}(\mathbf{A}_\Sigma)$ 且 $\mathbf{D}_\Sigma e_L u = \mathbf{A}_\Sigma u$. 利用 $(\mathbf{A}_\Sigma - iI)$ 是 1-1 的和 $(\mathbf{D}_\Sigma e_L - iI)$ 是映射到 $L^p(\Sigma)$ 上的这两个事实, 我们看到 $\mathcal{D}(\mathbf{A}_\Sigma)$ 小于 $\mathcal{D}(\mathbf{D}_\Sigma e_L)$, 这样就完成了证明. □

对 $B \in H_\omega$, 且实际上对 $B \in \mathcal{P}_\omega$, 算子 $B(\mathbf{D}_\Sigma e_L)$ 与 [53], [58], [60] 和 [15] 中使用全纯泛函演算的定义得到的算子是一致的. 这一点可以由定理 5.3.2, 5.2 节中的引理 5.2.1 和那些算子的收敛引理推出. 我们省略细节, 在这里只是指出如下结论: 代数同态 $B \mapsto B(\mathbf{D}_\Sigma e_L)$ 的有界性等价于如下事实: $\mathbf{D}_\Sigma$ 在 $L^p(\Sigma)$ 中满足平方函数估计.

对 $p = 2$ 的情形, 一个特殊的推论是平方函数估计,

$$\|u\|_2 \leqslant C \left(\int_0^\infty \|\Psi_+(t\mathbf{D}_\Sigma e_L)u\|_2^2 \frac{dt}{t} \right)^{1/2}, \quad u \in L^{2,+}(\Sigma),$$

其中 $\Psi_+(\lambda) = \chi_{\mathrm{Re}>0}(\lambda)\lambda e^\lambda$, 或者换而言之, 令 $U = C_\Sigma^+ u$ 表示 u 到 Ω_+ 上的左 Clifford 解析延拓,

$$\|u\|_2 \leqslant C \left(\iint\limits_{\Omega_+} |(DU)(X)|^2 \mathrm{dist}\{X,\ \Sigma\} dX \right)^{1/2}$$

$$\leqslant C \left(\iint\limits_{\Omega_+} \left(\sum_{k=1}^m \left| \frac{\partial U}{\partial X_k}(X) \right|^2 + \left| \frac{\partial U}{\partial X_L}(X) \right|^2 \right) \mathrm{dist}\{X,\ \Sigma\} dX \right)^{1/2},$$

其中 $u \in L^{2,+}(\Sigma)$. 详见 [48] 中定理 4.1.

第 6 章 星形 Lipschitz 曲面上的有界全纯 Fourier 乘子

在无穷 Lipschitz 图像上的积分理论已经在文献 [31],[47], [48],[57], [58], [95] 中建立了. 文献 [67], [30] 讨论了复平面中的星形 Lipschitz 曲线的情形. n-环和它的 Lipschitz 扰动上的奇异积分理论在文献 [69], [70] 中给予讨论. 1998 年和 2001 年, 钱涛利用 Futuer 定理及他所建立的该定理对一般 n 维 Euclidean 空间的推广 (本质上针对偶数维的情况), 在四元数和一般维数的情形下, 分别建立了星形 Lipschitz 曲面上的全纯 Fourier 乘子理论, 并得到了在星形 Lipschitz 曲面上的奇异积分与 Fourier 乘子的对应关系. 下面我们将系统地介绍钱涛在文献 [71]~[73] 中得到的结果.

6.1 $\mathbb{R}_1^n$ 中的单项式函数

内蕴函数的概念很自然地适应于我们的理论. 复平面 $\mathbb{C}$ 中的一个集合如果关于实数轴是对称的, 该集合被称为是内蕴的; 一个函数 f^0, 如果函数 f^0 的定义域是内蕴集且在定义域之内 $f^0(z) = \overline{f^0(\bar{z})}$. 那么该函数被称为是内蕴函数. 对于 $\mathbb{R}_1^n$ 中的集合, 如果该集合在 $\mathbb{R}_1^n$ 中的旋转作用下是不变的, 并且保持 e_0-轴不变, 则该集合被称为是 $\mathbb{R}_1^n$ 中的内蕴集. 如果 O 为复平面中的一个集合, 则

$$\overline{O} = \left\{ x \in \mathbb{R}_1^n : (x_0, |\underline{x}| \in O) \right\}$$

被称为是由 O 诱导出的集合. 显然一个诱导集总是 $\mathbb{R}_1^n$ 中的内蕴集. 形如 $\sum c_k(z - a_k)^k$, $k \in \mathbb{Z}$, $a_k, c_k \in \mathbb{R}$ 的函数是内蕴函数. 如果 $f^0 = u + iv$, 其中 u 和 v 是实值的, 则 f^0 是内蕴函数当且仅当在 f^0 的定义域中 $u(x, -y) = u(x, y)$ 且 $v(x, -y) = -v(x, y)$. 特别地, $v(x, 0) = 0$, 即如果在它的定义域内限制到实直线上, f^0 是实值的.

设 $f^0(z) = u(x, y) + iv(x, y)$ 为一个定义在内蕴集 $U \subset \mathbb{C}$ 上的内蕴函数. 则我们可以从 f^0 诱导出如下定义在诱导集 $\vec{U}$ 上的函数 $\vec{f^0}$:

$$\vec{f^0}(x) = u(x_0, |\underline{x}|) + \frac{\underline{x}}{|\underline{x}|} v(x_0, |\underline{x}|), \quad x \in \vec{U}.$$

函数 $\vec{f^0}$ 被称为是 f^0 诱导出的函数.

首先假定 f^0 是形如 z^k, $k \in \mathbb{Z}$, 的函数, 且用 τ 表示映射

$$\tau(f^0) = \kappa_n^{-1} \Delta^{(n-1)/2} \overrightarrow{f^0},$$

其中 $\Delta = D\overline{D}$, $\overline{D} = D_0 - \underline{D}$ 且 $\kappa_n = (2i)^{n-1} \Gamma^2 \left(\dfrac{n+1}{2} \right)$ 是使得 $\tau((\cdot)^{-1}) = E$ 的规范化常数.

算子 $\Delta^{(n-1)/2}$ 是通过定义在缓增分布 $M : \mathcal{S} \to \mathcal{S}'$ 上的 Fourier 乘子变换给出的, 相应的乘子为 $m(\xi) = (2\pi i |\xi|)^{n-1}$:

$$Mf = \mathcal{R}(m\mathcal{F}f),$$

其中

$$\mathcal{F}f(\xi) = \int_{\mathbb{R}^n_1} e^{2\pi i \langle x, \xi \rangle} f(x) dx$$

且

$$\mathcal{R}h(x) = \int_{\mathbb{R}^n_1} e^{-2\pi i \langle \xi, x \rangle} h(\xi) d\xi.$$

$\mathbb{R}^n_1$ 中的单项式函数定义为

$$P^{(-k)} = \tau((\cdot)^{-k}), \quad P^{(k-1)} = I(P^{(-k)}), \quad k \in \mathbb{Z}^+.$$

如果须要特别强调维数 n, 我们将定义在 $\mathbb{R}^n_1$ 中的序列 $P^{(k)}$ 记为 $P_n^{(k)}$. 我们有以下命题.

命题 6.1.1 令 $k \in \mathbb{Z}^+$, 则

(i) $P^{(-1)} = E$;

(ii) $P^{(-k)}(x) = \dfrac{(-1)^{k-1}}{(k-1)!} (\partial/\partial x_0)^{k-1} E(x)$;

(iii) $P^{(-k)}$ 和 $P^{(k-1)}$ 均为 Clifford 解析的;

(iv) $P^{(-k)}$ 是 $-n+1-k$ 次齐次的且 $P^{(k-1)}$ 是 $k-1$ 次齐次的;

(v)

$$c_n P_{n-1}^{(-k)}(x_0 + x_1 e_1 + \cdots + x_{n-1} e_{n-1}) = \int_{-\infty}^{\infty} P_n^{(-k)}(x) dx_n,$$

其中 $c_n = \displaystyle\int_{-\infty}^{\infty} (1+t^2)^{-((n+1)/2)} dt$;

(vi) $P^{(-k)} = I(P^{(k-1)})$;

(vii) 如果 n 是奇数, 则 $P^{(k-1)} = \tau((\cdot)^{n+k+2})$.

证明 根据具有调和分子的齐次有理函数的 Fourier 变换结果 (参见 [90]) 以及关系式

$$\overrightarrow{(\cdot)^k}(x) = \left(\dfrac{\overline{x}}{|x|^2} \right) = \dfrac{(-1)^{k-1}}{(k-1)!} \left(\dfrac{\partial}{\partial x_0} \right)^{k-1} \left(\dfrac{\overline{x}}{|x|^2} \right),$$

我们有

$$
\begin{aligned}
P^{(-k)}(x) &= \tau((\cdot)^{-k})(x) = \kappa_n^{-1}\frac{(-1)^{k-1}}{(k-1)!}\left(\frac{\partial}{\partial x_0}\right)^{k-1} M\left(\frac{\overline{(\cdot)}}{|\cdot|^2}\right) \\
&= \kappa_n^{-1}\frac{(-1)^{k-1}}{(k-1)!}\left(\frac{\partial}{\partial x_0}\right)^{k-1} \mathcal{R}\left(\gamma_{1,n}(2\pi i|\xi|)^{n-1}\frac{\overline{\xi}}{|\xi|^{1+n}}\right) \\
&= \kappa_n^{-1}\frac{(-1)^{k-1}}{(k-1)!}\left(\frac{\partial}{\partial x_0}\right)^{k-1} \gamma_{1,n}^2(2\pi i)^{n-1}\frac{\overline{x}}{|x|^{1+n}} \\
&= \kappa_n^{-1}\frac{(-1)^{k-1}}{(k-1)!}\kappa_n\left(\frac{\partial}{\partial x_0}\right)^{k-1} E(x),
\end{aligned}
$$

其中令 $\kappa_n = (2\pi i)^{n-1}\gamma_{1,n}^2 = (2i)^{n-1}\Gamma^2\left(\frac{n+1}{2}\right)$. 这就表明, 对所有的 $k \in \mathbb{Z}^+$, $P^{(-k)}$ 是 Clifford 解析的. $P^{(k-1)}$ 的 Clifford 解析性以及 $P^{(-k)}$ 和 $P^{(k-1)}$ 的齐性可以由 Kelvin 反演的表达式和性质推出. 这就证明了 (i) 到 (iv). (v) 可以由 (i) 和 (ii) 以及下列等式推出

$$
c_n P_{n-1}^{(-1)}(x_0 + x_1 e_1 + \cdots + x_{n-1}e_{n-1}) = \int_{-\infty}^{\infty} P_n^{(-1)}(x)dx_n,
$$

该等式可以由直接计算得到. (vi) 由关系式 $I^2 = I$ 推出. (vii) 即为定理 3.1.1 的 (iii). □

命题 6.1.1 的 (ii) 推出以下命题.

命题 6.1.2　单项式满足如下估计: 对 $k \in \mathbb{Z}^+$,

$$
|P^{(-k)}(x)| \leqslant C_n k^n |x|^{-(n+k-1)}, \quad |x| > 1, \tag{6-1}
$$

且

$$
|P^{(k)}(x)| \leqslant C_n k^n |x|^k, \quad |x| < 1. \tag{6-2}
$$

我们有如下结论.

推论 6.1.1

$$
E(x-1) = P^{(-1)}(x) + P^{(-2)}(x) + \cdots + P^{(-k)}(x) + \cdots, \quad |x| > 1, \tag{6-3}
$$

且

$$
E(1-x) = P^{(0)}(x) + P^{(-1)}(x) + \cdots + P^{(k)}(x) + \cdots, \quad |x| < 1. \tag{6-4}
$$

证明　(6-3) 可由 $E(x-1)$ 的 Taylor 展式和估计 (6-1) 得到. 由关系

$$
I(E(\cdot-1))(x) = E(x)E(x^{-1}-1) = E(1-x)
$$

和估计 (6-2) 可以得到 (6-4).

注意到 $\tau\left(\dfrac{1}{z-1}\right) = E(x-1)$, 对级数

$$\frac{1}{z-1} = \frac{1}{z} + \frac{1}{z^2} + \cdots + \frac{1}{z^k} + \cdots, \quad |z| > 1$$

逐项使用映射 τ 关系 (6-3), 可以推出 (6-3). (6-4) 可以类似地从

$$\frac{1}{1-z} = 1 + z + z^2 + \cdots + z^k + \cdots, \quad |z| < 1$$

得到. □

形如 $\displaystyle\sum_{k=-\infty}^{\infty} c_k(z-a)^k$, $c_k, a \in \mathbb{C}$ 被称为是在 a 处的 Laurent 级数. 如果对所有的 $k < 0$, $c_k = 0$, 该级数被称为是一个幂级数或 Taylor 级数. 如果对所有的 $k \geqslant 0$, $c_k = 0$, 则称该级数为一个主级数. 对 $a, c_k \in \mathbb{R}$, 级数

$$\begin{cases} \phi(x) = \sum c_k P^{(k)}(x - ae_0), \\ f^0(z) = \sum c_k(z-a)^k \end{cases}$$

被称为相关的且两级数之间的关系记为 $\phi = \Upsilon f^0$. 这一概念对于通过相关级数定义的函数也适用. 我们定义函数 $f^0 = \sum c_k(z-a)^k$ 为从幂级数的收敛圆盘到最大的开的连通域的全纯延拓, 我们将这个最大的区域称为全纯域. 对主级数也可以做同样的约定. 由这一约定, 级数

$$\sum_{k=1}^{\infty} z^k + \sum_{k=-\infty}^{-1} -z^k = -1 + \frac{2}{1-z}$$

定义了一个在 $\mathbb{C}\backslash\{1\}$ 中全纯的函数. 该约定也可以应用到通过 $\sum c_k P^{(k)}(x - ae_0)$ 定义的函数, 只是用 "Clifford 解析" 代替 "全纯". 一个例子是

$$\sum_{k=1}^{\infty} P^{(k)}(x) + \sum_{-\infty}^{-1} -P^{(k)}(x)$$

定义了一个除 $x = 1$ 外处处 Clifford 解析的函数. 由 (6-3) 和 (6-4) 可以推出上述函数是 $2E(1-x)$, 并且因此有

$$\Upsilon\left(-1 + \frac{2}{1-z}\right) = 2E(1-x).$$

对非内蕴序列有如下命题.

命题 6.1.3　　如果函数 f^0 定义在一个内蕴集上, 则函数 $g^0(z) = \dfrac{1}{2}\Big(f^0(z) + \overline{f^0(\bar z)}\Big)$ 和 $h^0(z) = \dfrac{1}{2i}\Big(f^0(z) - \overline{f^0(\bar z)}\Big)$ 均为定义在同一内蕴集上的内蕴函数, 且 $f^0 = g^0 + ih^0$.

该定理表明可以延拓 Υ 为

$$\Upsilon(f^0) = \Upsilon(g^0) + i\Upsilon(h^0).$$

函数 f^0 和 $\Upsilon(f^0)$ 被称为是相互相关的. 以同样的方式, 容易看出, 对 $a \in \mathbb{R}$ 和 $c_k \in \mathbb{C}$, 我们有

$$f^0(z) = \sum_{-\infty}^{\infty} c_k(z-a)^k = g^0 + ih^0,$$

其中 $g^0(z) = \sum\limits_{-\infty}^{\infty} \mathrm{Re}(c_k)(z-a)^k$ 和 $h^0(z) = \sum\limits_{-\infty}^{\infty} \mathrm{Im}(c_k)(z-a)^k$, 且 $\sum\limits_{-\infty}^{\infty} c_k P^{(k)}(x - ae_0)$ 与 f^0 相关.

下面给出命题 6.1.2 的一个推论.

命题 6.1.4　　如果 $a \in \mathbb{R}$, $c_k \in \mathbb{C}$ 且 $\sum\limits_{k=\pm 1}^{\pm\infty} c_k(z-a)^k$ 在 $|(z-a)^{\pm 1}| < r$ 中绝对收敛, 则 $\sum\limits_{k=\pm 1}^{\pm\infty} c_k P^{(k)}(x - ae_0)$ 在 $|(x - ae_0)^{\pm 1}| < r$ 中绝对收敛.

由命题 6.1.4, 映射 τ 可以被延拓到 Laurent 级数. 注意到, 如果 f^0 表示一个主级数, 则 $\tau(f^0) = \Upsilon(f^0)$; 并且, 如果 $f^0 = \sum\limits_{k=0}^{\infty} c_k(z-a)^k$ 表示一个幂级数且维数 n 是奇数, 则

$$\tau\Big(\sum_{k=0}^{\infty} c_k(z-a)^k\Big) = \sum_{k=-n-1}^{\infty} c_k P^{(k-n+1)}(x - ae_0),$$

显露出系数的变化. 以下将使用对应 Υ 而不是 τ. 这里是由于我们总是使用 Kelvin 反演将幂级数转化为主级数.

下面将形如 $\sum c_k(z-a)^k$, $a, c_k \in \mathbb{R}$ 的级数称为是一个内蕴级数.

如果 n 为奇数, 则在复平面中的内蕴级数的全纯域和在 $\mathbb{R}_1^n$ 中与该内蕴级数相关的级数的 Clifford 解析域之间存在一个直接的关系.

命题 6.1.5　　令 $\sum c_k(z-a)^k$ 是一个内蕴级数且其全纯域是一个开的内蕴集 O, 则对奇数 n, 在 $\mathbb{R}_1^n$ 中, 相关的级数 $\sum c_k P^{(k)}(x - ae_0)$ 可以延拓为内蕴集 $\overrightarrow{O}$ 上的 Clifford 解析函数.

证明　　记 $n = 2m + 1$. 首先考虑主级数的情况. 令 $f^0 = \sum\limits_{k=-\infty}^{-1} c_k(z-a)^k$ 是

一个内蕴的主级数且其收敛圆盘为 $B_{\mathbb{C}}(a,\delta)$. 对 $x \in B_{\mathbb{R}_1^n}(ae_0,\delta)$, 有

$$\Upsilon(f^0)(x) = \sum_{-\infty}^{-1} c_k P^{(k)}(x - ae_0)$$

$$= \kappa_n \sum_{k=-\infty}^{-1} c_k \Delta^m \overrightarrow{(\cdot - a)^k}(x)$$

$$= \kappa_n \Delta^m \overrightarrow{\left(\sum_{k=-\infty}^{-1} c_k (\cdot - a)^k(x) \right)}$$

$$= \kappa_n \Delta^m (\overrightarrow{f^0}),$$

其中命题 6.1.4 保证了可以交换微分和求和的次序. 因为 f^0 可以全纯地延拓到 O, 在 n 为奇数时利用 Sce 的逐点 Clifford 解析性结果 (参见 [82]), 函数 $\Upsilon(f^0)(x)$ 至少可以 Clifford 解析地延拓到 $\overrightarrow{O}$.

现在令 f^0 是一个全纯地定义在一个内蕴开集 O 中的内蕴的幂级数. 记 I^c 为复平面上的 Kelvin 反演, 则 $I^c f^0$ 是一个全纯地定义在内蕴集

$$O^{-1} = \{z \in \mathbb{C}: \ z^{-1} \in O\}$$

中的内蕴主级数. 因而对于幂级数的结论可以从已经证明的关于主级数的结论以及 $I^{c^2} = I$ 和 $\overrightarrow{O}^{-1} = \overrightarrow{O^{-1}}$ 推出.

对于 Laurent 级数的结论可由主级数的结论推出. $\qquad\square$

对 $\omega \in \left(0, \frac{\pi}{2}\right)$, 记

$$S_{\omega,\pm}^c = \left\{z \in \mathbb{C}: \ |\arg(\pm z)| < \omega\right\},$$

其中复数 z 的辐角 $\arg(z)$ 在 $(-\pi,\pi]$ 中取值, 参见图 1-2.

$$S_{\omega,\pm}^c(\pi) = \left\{z \in \mathbb{C}: \ |\mathrm{Re}(z)| \leqslant \pi, \ z \in S_{\omega,\pm}^c\right\},$$

$$S_\omega^c = S_{\omega,+}^c \cup S_{\omega,-}^c,$$

$$S_\omega^c(\pi) = S_{\omega,+}^c(\pi) \cup S_{\omega,-}^c(\pi),$$

$$W_{\omega,\pm}^c(\pi) = \left\{z \in \mathbb{C}: \ |\mathrm{Re}(z)| \leqslant \pi \text{ 且 } \pm \mathrm{Im}(z) > 0\right\} \cup S_\omega^c(\pi),$$

$$H_{\omega,\pm}^c = \left\{z = \exp(i\eta) \in \mathbb{C}: \ \eta \in W_{\omega,\pm}^c(\pi)\right\}$$

和

$$H_\omega^c = H_{\omega,+}^c \cap H_{\omega,-}^c.$$

这些集合如图 6-1~图 6-8 所示.

(1) 集合 $S_{\omega,+}^c$ 和 $S_{\omega,-}^c$ 分别为以下集合 (图 6-1 和图 6-2):

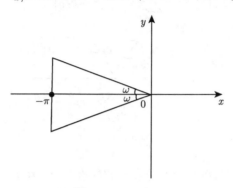

图 6-1　$S_{\omega,-}^c(\pi)$

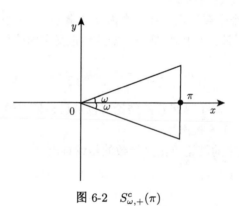

图 6-2　$S_{\omega,+}^c(\pi)$

(2) 集合 $W_{\omega,+}^c(\pi)$ 和 $W_{\omega,+}^c(\pi)$ 分别是 "W" 和 "M" 形区域. 如图 6-3~图 6-5 所示.

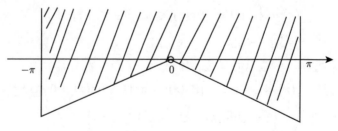

图 6-3　$W_{\omega,+}^c(\pi)$

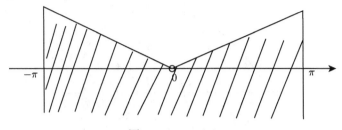

图 6-4 $W_{\omega,-}^c(\pi)$

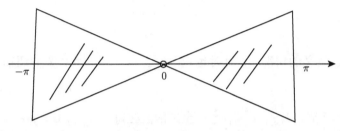

图 6-5 $W_\omega^c(\pi)$

(3) 集合 $H_{\omega,+}^c$ 是心形区域, 且 $H_{\omega,-}^c$ 的补集是心形区域, 分别如图 6-6~图 6-8 所示.

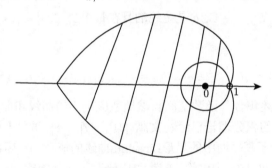

图 6-6 $H_{\omega,+}^c$

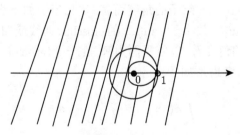

图 6-7 $H_{\omega,-}^c$

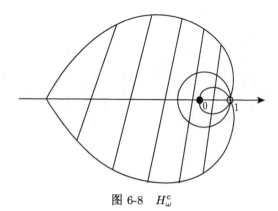

图 6-8　H_ω^c

在不引起歧义的情况下, 有时也记 $H_{\omega,\pm}^c = e^{iW_{\omega,\pm}^c(\pi)}$. 我们还需要以下函数空间.

$$K(H_{\omega,\pm}^c) = \Big\{ \phi^0: \ H_{\omega,\pm}^c \to \mathbb{C}, \phi^0 \text{ 是全纯的且在每个} H_{\mu,\pm}^c, \ 0 < \mu < \omega \text{ 中},$$
$$|\phi^0(z)| \leqslant \frac{C_\mu}{|1-z|} \Big\},$$
$$K(H_\omega^c) = \Big\{ \phi^0: \ H_\omega^c \to \mathbb{C}, \ \phi^0 = \phi^{0,+} + \phi^{0,-}, \phi^{0,\pm} \in K^s(H_{\omega,\pm}^c) \Big\},$$
$$H^\infty(S_{\omega,\pm}^c) = \Big\{ b: \ S_{\omega,\pm}^c \to \mathbb{C}, \ b \text{ 是全纯的且在每个} S_{\mu,\pm}^c, \ 0 < \mu < \omega, |b(z)| \leqslant C_\mu \Big\}$$

和

$$H^\infty(S_\omega^c) = \Big\{ b: \ S_\omega^c \to \mathbb{C}, \ b_\pm = b\chi_{\{z\in\mathbb{C}:\pm\mathrm{Re}z>0\}} \in H^\infty(S_{\omega,\pm}^c) \Big\}.$$

注 6.1.1　上述集合与函数空间自然地适应于闭的曲线和曲面上的理论. 在无穷 Lipschitz 图像上的积分理论已经在文献 [31], [47], [48], [57], [58], [95] 中建立了. 文献 [67], [30] 讨论了复平面中的星形 Lipschitz 曲线的情形. n- 环和它的 Lipschitz 扰动的情形在文献 [69], [70] 中讨论. 文献 [71] 研究了四元数空间中的星形 Lipschitz 曲面的情形. $H^\infty(S_{\omega,\pm}^c)$ 和 $H^\infty(S_\omega^c)$ 是 Fourier 乘子空间, 而 $K(H_{\omega,\pm}^c)$ 和 $K(H_\omega^c)$ 是奇异积分核空间. 从 Fourier 乘子的角度而言, 这相当于如下事实: S_ω^c 的闭包包含了定义在一个 Lipschitz 常数小于 $\tan(\omega)$ 的 Lipschitz 曲线或曲面上的球面 Dirac 算子的谱. 从奇异积分的角度看, 以复平面为例, 在一个 Lipschitz 常数小于 $\tan(\omega)$ 的星形 Lipschitz 曲线上, 考虑形如

$$\int_\gamma \phi(z\eta^{-1})f(\eta)\frac{d\eta}{\eta}, \quad z \in \gamma$$

的奇异积分算子. 容易证明, 条件 $z, \eta \in \gamma$ 表明对 $\omega > \arctan(N)$, $z\eta^{-1} \in H_\omega^c$. 这就要求我们的核函数定义在 H_ω^c 中.

如同在复平面中, 在 $\mathbb{R}_1^n$ 中我们研究心形区域或它们的补集:

$$H_{\omega,\pm} = \left\{ x \in \mathbb{R}_1^n : \ \frac{(\pm \ln|x|)}{\arg(e_0,x)} < \tan\omega \right\} = \overrightarrow{H_{\omega,\pm}^c}$$

以及

$$H_\omega = H_{\omega,+} \cap H_{\omega,-} = \overrightarrow{H_\omega^c}.$$

也就是

$$H_\omega = \left\{ x \in \mathbb{R}_1^n : \ \frac{(\ln|x|)}{\arg(e_0,x)} < \tan\omega \right\}.$$

注 6.1.2 在曲面上使用这些集合的原因跟在注 6.1.1 中对于星形Lipschitz曲线时的原因是一样的. 准确地讲, 我们研究的对象是星形Lipschitz曲面上的由定义在 H_ω 上的核函数所定义的卷积奇异积分. 对复平面情形的如下观察促使我们定义 H_ω: 容易证明一个星形Lipschitz曲线具有参数化形式 $\gamma = \gamma(x) = e^{i(x+iA(x))}$, 其中 $A = A(x)$ 是一个 2π-周期的Lipschitz函数. 假定 γ 的 Lipschitz 常数小于 $\tan\omega$, 则对 $z = \exp i(x+iA(x))$ 和 $\eta = \exp i(y+iA(y))$, 我们有

$$z\eta^{-1} = \exp i((x-y) + i(A(x) - A(y))).$$

这就表明

$$\frac{|\ln|z\eta^{-1}||}{\arg(z\eta^{-1},1)} = \frac{|A(x) - A(y)|}{|x-y|} < \tan\omega.$$

在 $\mathbb{R}_1^n$ 中使用如下的函数空间

$$K(H_{\omega,\pm}) = \Big\{ \phi : H_{\omega,\pm} \to \mathbb{C}^{(n)} : \ \phi \text{ 是 Clifford 解析的且满足}$$

$$|\phi(x)| \leqslant C_\mu / |1-x|^n, \ x \in H_{\mu,\pm}, 0 < \mu < \omega \Big\}$$

和

$$K(H_\omega) = \Big\{ \phi : H_\omega \to \mathbb{C}^{(n)} : \ \phi = \phi^+ + \phi^-, \phi^\pm \in K(H_{\omega,\pm}) \Big\}.$$

引理 6.1.1 假定 $b(z) \in H^\infty(S_{\omega,-}^c)$. 对定义为 $\phi^0(z) = \sum\limits_{k=1}^\infty b(-k)z^{-k}$ 的乘子, 它的第 j 次导数满足

$$|(\phi^0)^{(j)}(z)| \leqslant \frac{C}{|1-z|^{j+1}},$$

其中 $z \in H_{\mu,-}^c$, $0 < \mu < \omega$, 且 j 是正整数.

证明 不失一般性, 对 $b(z) \in H^\infty(S_{\omega,-}^c)$, 可以假定 $|b(-k)| \leqslant C_\mu$. 对 $\phi^0(z) = \sum\limits_{k=1}^\infty b(-k)z^{-k}$, 由定理 2.3.2,

$$|\phi^0(z)| \leqslant \frac{C}{|1-z|}.$$

取中心为 z、半径为 r 的圆环 $C(z,r)$. 由 Cauchy 公式, 可以得到

$$\left|(\phi^0)^{(j)}(z)\right| \leqslant \frac{C_j}{2\pi} \int_{C(z,r)} \frac{|\phi^0(\xi)|}{|z-\xi|^{j+1}} |d\xi|.$$

令 $r = \frac{1}{2}|1-z|$, 则 $\xi \in C(z,r)$ 表明

$$|1-\xi| \geqslant |1-z| - |z-\xi| = |1-z| - \frac{1}{2}|1-z| = \frac{1}{2}|1-z|.$$

因此得到

$$\left|(\phi^0)^{(j)}(z)\right| \leqslant \frac{2j!C_\mu}{\delta^j(\mu)} \frac{1}{|1-z|^{j+2}}|1-z| \leqslant C_{\mu,j} \frac{1}{|1-z|^{j+1}}.$$

这就完成了引理 6.1.1 的证明. □

引理 3.3.1 是证明本节主要结果的一个有用的工具. 由这个引理, 可以用归纳的方法估计 $K(H_{\omega,\pm})$ 中的乘子. 为方便读者, 重新叙述该引理如下.

引理 6.1.2　令 $f^0(z) = u(s,t) + iv(s,t)$ 是一个定义在上半复平面的相对开子集 U 的全纯函数. 对 $l = 0$, 记 $u_0 = u$ 和 $v_0 = v$. 对 $l \in \mathbb{Z}^+$, 记

$$u_l = 2l\frac{1}{t}\frac{\partial u_{l-1}}{\partial t}$$

和

$$v_l = 2l\left(\frac{\partial v_{l-1}}{\partial t}\frac{1}{t} - \frac{v_{l-1}}{t^2}\right) = 2l\frac{\partial}{\partial t}\left(\frac{v_{l-1}}{t}\right).$$

则有

$$\Delta^l \overrightarrow{f^0}(x) = u_l(x_0, |\underline{x}|) + \frac{x}{|\underline{x}|}v_l(x_0, |\underline{x}|).$$

现在给出主要的技术性结果.

定理 6.1.1　如果 $b \in H^\infty(S_{\omega,\pm}^c)$ 且 $\phi(x) = \sum_{k=\pm 1}^{\pm\infty} b(k)p^{(k)}(x)$, 则 $\phi \in K(H_{\omega,\pm})$.

证明　我们将证明分为两种情况: n 为奇数和 n 为偶数.

对 n 为奇数情形的证明. 令 $n = 2m+1$. 根据命题 6.1.3, 我们将证明限制在 b 属于 $H^{\omega,r}(S_{\omega,\pm}^c)$, 其中

$$H^{\infty,r}(S_{\omega,\pm}^c) = \left\{b \in H^\infty(S_{\omega,\pm}^c): \ b|_{\mathbb{R}\cap S_{\omega,\pm}^c} \ \text{是实值的}\right\}.$$

实际上, 在分解 $b = g^0 + ih^0$ 中, g^0 和 h^0 均属于 $H^{\infty,r}(S_{\omega,\pm}^c)$ 且被 b 的界控制. 我们首先考虑情形 "-", 然后使用 Kelvin 反演得到 "+" 情形的证明.

现在假设 $b \in H^{\infty,r}(S_{\omega,-}^c)$ 并考虑

$$\phi(x) = \sum_{k=1}^{\infty} b(-k) P^{(-k)}(x) = \Delta^m \phi^0(x_0, |\underline{x}|),$$

其中 $\phi^0(z) = \sum\limits_{k=1}^{\infty} b(-k) z^{-k}$. 由文献 [67] 可知 $\phi^0 \in K(H_{\omega,-}^c)$. 利用 Cauchy 公式, 进一步推出

$$|(\phi^0)^{(j)}(z)| \leqslant \frac{2j! C_\mu}{\delta^j(\mu)} \frac{1}{|1-z|^{1+j}},$$

$$z \in H_{\mu,-}^c,\ 0 < \mu < \omega,\ j \in \mathbb{Z}^+ \cup \{0\},$$

其中 C_μ 是 $K(H_{\omega,-}^c)$ 的定义中的常数, $\delta(\mu) = \min\left\{\frac{1}{2}, \tan(\omega - \mu)\right\}$.

命题 6.1.5 说明 ϕ 在 $H_{\omega,-}$ 中是 Clifford 解析函数. 只须证明

$$|\Phi(x)| \leqslant \frac{C_\mu}{|1-x|^n},\ x \in H_{\mu,-} = \overrightarrow{H_{\mu,-}^c},\ 0 < \mu < \omega.$$

为了证明这一估计, 只须考虑区域 $H_{\omega,-}$ 中的点 $x \approx 1$. 以下分两种情形讨论.

情形 1 $|\underline{x}| > (\delta(\mu)/2^{m+1/2})|1-x|$.

由引理 7.2.2, 我们只须在条件 $z \approx 1$ 和 $|t| \approx |1-z|$ 下, 在区域 $H_{\omega,-}^c$ 中研究 u_l 和 v_l. 接续再做替换 $z = s + it,\ s = x_0,\ t = |\underline{x}|$. 我们看到 $u = u_0,\ v = v_0$ 和 $\frac{1}{t}$ 的大小均为 $1/|1-z|$ 的量阶. 它们的每一项对 t 的导数的估计为 $1/|1-z|^2$. 为了得到 u_1, 从 u_0 起, 我们首先取导数, 然后用得到的结果除以 t, 这样就得到估计 $1/|1-z|^3$. 重复这一过程 m 次直到得到 u_m, 我们得到估计 $1/|1-z|^{2m+1} = 1/|1-z|^n$. 对 v_m 的估计是类似的.

情形 2 $|\underline{x}| \leqslant (\delta(\mu)/2^{m+1/2})|1-x|$.

$H_{\omega,-}$ 中满足 $x \approx 1$, $x_0 \leqslant 1$ 的点属于情形 1, 那么假设 $x_0 > 1$. 由于引理 7.2.2, 须要证明, 对任意的 $0 < \mu < \omega$,

$$|u_m(s,t)| + |v_m(s,t)| \leqslant \frac{C_{\mu,m}}{|1-z|^n},\quad z = s + it \in H_{\omega,-}^c.$$

首先讨论 u_l, $0 \leqslant l \leqslant m$. 对其的证明须要讨论 u_l 关于第二个变量的偏导数. 我们声明对 $z = s + it \approx 1$, $s > 1$, $z \in H_{\mu,-}^c$, $\delta = \delta(\mu)$ 和 $|t| \leqslant (\delta/2^{m+1/2})|1-z|$, 如下结论成立:

(i) u_l 对第二个变量是偶函数; 且

(ii) 对任意的整数 $0 \leqslant j < \infty$,

$$\left|\frac{\partial^j}{\partial t^j} u_l(s,t)\right| \leqslant \frac{C_\mu C_l 2^{lj}(j+4l)!}{\delta^{2l+j}} \frac{1}{|1-z|^{2l+j+1}},\quad j\ \text{为偶数}$$

和

$$\left|\frac{\partial^j}{\partial t^j}u_l(s,t)\right| \leqslant \frac{C_\mu C_l 2^{lj}(j+5l)!}{\delta^{2l+j}}\frac{1}{|1-z|^{2l+j+1}}, \quad j \text{ 为奇数}.$$

对 l 使用数学归纳法. 当 $l=0$ 时, 由 ϕ^0 的相关性质可知结论成立.

假设 (i) 和 (ii) 对指标 l: $0 \leqslant l \leqslant m-1$ 成立. 下面证明 (i) 和 (ii) 对下一个指标 $l+1$ 也成立.

因为 (i) 对指标 l 成立, 根据 u_{l+1} 的定义, 推出对 $l+1$, (i) 也成立.

现在证明 (ii) 对 $l+1$ 也成立. 因为 $u_l(s,t)$ 是一个关于 t 的偶函数, 则 $\partial u_l/\partial t$ 关于 t 是奇函数. 这就说明 $(\partial u_l/\partial t)(s,0)=0$, 同样的证明可以得出对 $k \in \mathbb{Z}^+ \cup \{0\}$,

$$((\partial^{2k+1}u_l)/(\partial t^{2k+1}))(s,0)=0.$$

对较小的 t, $(\partial u_l/\partial t)(s,t)$ 在 $t=0$ 处的 Taylor 展开为

$$u_{l+1}(s,t)=\frac{2(l+1)}{t}\frac{\partial u_l}{\partial t}(s,t)=2(l+1)\sum_{t=0}^\infty \frac{\partial^{2k+2}u_l/\partial t^{2k+2}(s,0)}{(2k+1)!}t^{2k}.$$

对 t 取 j 次导数, 若 j 为偶数, 我们得到

$$\frac{\partial^j}{\partial t^l}u_{l+1}(s,t)=2(l+1)\sum_{k=j/2}^\infty \frac{\partial^{2k+2}u_l}{\partial t^{2k+2}}(s,0)\frac{(2k)(2k-1)\cdots(2k-j+1)}{(2k+1)!}t^{2k-j}.$$

对指标 l 使用归纳假设并将 k 换为 $j/2+k$, 我们有

$$\begin{aligned}
\left|\frac{\partial^j}{\partial t^j}u_{l+1}(s,t)\right| &\leqslant 2(l+1)\frac{C_\mu C_l 2^{l(j+2)}}{\delta^{2(l+1)+j}|1-z|^{2(l+1)+j+1}}\\
&\quad \times \sum_{k=0}^\infty \frac{(j+4l+2k+2)!2^{2kl}}{(j+k+1)!}\\
&\quad \times (j+2k)\cdots(2k+1)\left(\frac{t}{\delta|1-z|}\right)^{2k}\\
&\leqslant 2(l+1)\frac{C_\mu C_l 2^{l(j+2)}}{\delta^{2(l+1)+j}|1-z|^{2(l+1)+j+1}}\\
&\leqslant \sum_{k=0}^\infty \frac{(j+4l+2k+2)\cdots(2k+2)}{2^k},
\end{aligned}$$

其中使用了条件 $\dfrac{t}{\delta|1-z|} \leqslant 1/2^{m+1/2}$.

最后一个级数可以如下计算.

引理 6.1.3

$$\sum_{k=0}^\infty \frac{(j+4l+2k+2)\cdots(2k+2)}{2^k}=2^{j+4l+3}\left(\frac{j+4l+2}{2}\right)!. \tag{6-5}$$

证明　将级数的和记为 s. 则 $\dfrac{s}{2}$ 是由上边级数每项乘以 $\dfrac{1}{2}$ 后得到新级数的和. 我们得到

$$s = 2(j+4l+2)\sum_{k=0}^{\infty}\frac{(j+4l+2k)\cdots(2k+2)}{2^k}.$$

重复上述过程 $\dfrac{j+4l+2}{2}$ 次, 得到

$$s = 2^{(j+4l+2)/2}(j+4l+2)!!2 = 2^{j+4l+3}\left(\frac{j+4l+2}{2}\right)!.$$

这就完成了证明. $\qquad\qquad\qquad\qquad\qquad\qquad\qquad\qquad\qquad\qquad\qquad\square$

为了简化常数 C_l 的表达式, 我们利用下列由引理 6.1.3 推出的一个较弱的估计:

$$\sum_{k=0}^{\infty}\frac{(j+4l+2k+2)\cdots(2k+2)}{2^k} \leqslant 2^{j+4l-1}(j+4l+1)!. \qquad (6\text{-}6)$$

最后一个估计可以推出对 $|(\partial^j/\partial t^j)u_{l+1}(s,t)|$ 想要的估计且 $C_l = l!2^{3l(l-1)}$.

对 j 为奇数的情形, 类似的估计表明

$$\begin{aligned}
\left|\frac{\partial^j}{\partial t^j}u_{l+1}(s,t)\right| &\leqslant 2(l+1)\frac{C_\mu C_l 2^{l(j+2)}}{\delta^{2(l+1)+j}|1-z|^{2(l+1)+j+1}}\frac{t}{\delta|1-z|}\\
&\quad\times\sum_{k=0}^{\infty}\frac{(j+5l+2k+3)!2^{2kl}}{(j+2k+2)!}\\
&\quad\times(j+2k+1)\cdots(2k+3)\left(\frac{t}{\delta|1-z|}\right)^{2k}\\
&\leqslant 2(l+1)\frac{C_\mu C_l 2^{l(j+2)}}{\delta^{2(l+1)+j}|1-z|^{2(l+1)+j+1}}\frac{1}{2^{m+1/2}}\\
&\quad\times\sum_{k=0}^{\infty}\frac{(j+5l+2k+3)\cdots(2k+3)}{2^k}\\
&\leqslant \frac{C_\mu C_{l+1}2^{(l+1)j}(j+5(l+1))!}{\delta^{2(l+1)+j}}\frac{1}{|1-z|^{2(l+1)+j+1}},
\end{aligned}$$

其中 C_l 为合适的常数.

令 $l = m$ 和 $j = 0$, 我们对 u_m 得到想要的估计.

现在讨论 v_m 并仍然考虑两种情形 $|\underline{x}| > (\delta(\mu)/2^{m+1/2})|1-x|$ 和 $|\underline{x}| \leqslant (\delta(\mu)/2^{m+1/2})|1-x|$. 第一种情形比较容易, 可以利用与讨论 u_m 的方法类似地进行. 对第二种情形, 我们要证明:

对 $0 \leqslant l \leqslant m$, $z = s + it \approx 1$, $s > 1$, $z \in H_{\mu,-}^c$, $0 < \mu < \omega$, 和 $|t| \leqslant (\delta/2^{m+1/2})|1-z|$,

(i) v_l 关于第二个变量为奇数;

(ii) 对任意的整数 $0 \leqslant j < \infty$

$$\left| \frac{\partial^j}{\partial t^j} v_l(s,t) \right| \leqslant \frac{C_\mu C_l 2^{lj}(j+5l)!}{\delta^{2l+j}} \frac{1}{|1-z|^{2l+j+1}}, \quad j \text{ 为偶数},$$

且

$$\left| \frac{\partial^j}{\partial t^j} v_l(s,t) \right| \leqslant \frac{C_\mu C_l 2^{lj}(j+4l)!}{\delta^{2l+j}} \frac{1}{|1-z|^{2l+j+1}}, \quad j \text{ 为奇数}.$$

我们使用数学归纳法, 且证明类似于 μ_l.

对 $l=0$, (i) 和 (ii) 是 ϕ^0 相应性质的推论.

现在假定 (i) 和 (ii) 对指标 l 成立: $0 \leqslant l \leqslant m-1$. 我们证明 (i) 和 (ii) 对 $l+1$ 也成立.

对 $l+1$, 可以用 v_{l+1} 的定义和对指标 l 的假设可以推出 (i) 对 $l+1$ 也成立.

现在证明 (ii) 对 $l+1$ 也成立. 因为 $v_l(s,t)$ 是一个关于 t 的奇函数, 对 $k \in \mathbb{Z}^+ \cup \{0\}$, 我们有 $(\partial^{2k} v_l(s,0))/\partial t^{2k} = 0$ 且在 $t=0$ 处对 t 的 Taylor 级数为

$$v_l(s,t) = \sum_{k=0}^{\infty} \frac{(\partial^{2k+1} v_l/\partial t^{2k+1})(s,0)}{(2k+1)!} t^{2k+1}.$$

因此,

$$t \frac{\partial v_l(s,t)}{\partial t} = \sum_{k=0}^{\infty} \frac{(\partial^{2k+1} v_l/\partial t^{2k+1})(s,0)}{(2k)!} t^{2k+1}$$

且

$$
\begin{aligned}
v_{l+1}(s,t) &= 2(l+1) \frac{t \dfrac{\partial v_l}{\partial t} - v_l}{t^2} \\
&= 2(l+1) \sum_{k=0}^{\infty} \frac{2k+2}{(2k+3)!} \frac{\partial^{2k+3} v_l(s,0)}{\partial t^{2k+3}} t^{2k+1}.
\end{aligned}
$$

对 t 取 j 次导数, 分别讨论 j 为奇数和偶数两种情形, 类似的方法可以得到对 $l+1$ 想要的估计.

在对 $\left| \dfrac{\partial^j}{\partial t^j} v_l(s,t) \right|$ 的估计中取 $l=m$ 和 $j=0$, 得到对 v_m 相应的估计.

现在考虑 "+" 的情形. 假定 $b \in H^{\infty,r}(S^c_{\omega,+})$ 和 $\psi(x) = \sum_{i=1}^{\infty} b(i) P^{(i)}(x)$. Kelvin 反演给出

$$I(\psi)(x) = \sum_{i=-1}^{-\infty} b'(i) P^{(i-1)}(x),$$

其中 $b'(z) = b(-z) \in H^{\infty,r}(S^c_{\omega,-})$. 因为 $I(\psi) = \tau(\psi^0)$, 其中

$$\psi^0(z) = \sum_{i=-1}^{-\infty} b'(i)z^{i-1} = \frac{1}{z}\sum_{i=-1}^{-\infty} b'(i)z^i \in H^c_{\omega,-},$$

上面对 "$-$" 的证明同样适用于 $I(\psi)$. 使用关系

$$\psi = I^2(\psi) = E(x)I(\psi)(x^{-1})$$

和如下事实: $x \in H_{\nu,+}$ 当且仅当 $x^{-1} \in H_{\nu,-}$, 有

$$\begin{aligned}
|\psi(x)| &= |E(x)I(\psi)(x^{-1})| \\
&\leqslant \frac{1}{|x|^n}\frac{C_\nu}{|1-x^{-1}|^n} \\
&= C_\nu \frac{1}{|1-x|^n}, \quad x \in H_{\nu,+}.
\end{aligned}$$

这就证明了 $b \in H^{\infty,r}(S^c_{\omega,+})$ 的情形, 即给出了对 n 为奇数的情形的证明.

对 n 为偶数的证明. 同样的讨论可以将 "$+$" 情形的证明归结为讨论 "$-$" 的情形. 令 $b \in H^{\infty,r}(S^c_{\omega,-})$ 并考虑

$$\phi(x) = \sum_{k=1}^{\infty} b(-k)P_n^{(-k)}(x).$$

现在 $n+1$ 为奇数且在第一部分中得到的结论适用于 $n+1$. 从命题 6.1.1 的 (v) 中, 得到

$$c_{n+1}\phi(x) = \int_{-\infty}^{\infty}\sum_{k=1}^{\infty} b(-k)P_{n+1}^{(-k)}(x + x_{n+1}e_{n+1})dx_{n+1},$$

其中函数 ϕ 是 Clifford 解析地定义在 $H_{\omega,-}$ 上, 这里 $H_{\omega,-}$ 是 $\mathbb{R}_1^n$ 和 $\mathbb{R}_1^{n+1}$ 中相应的 $H_{\omega,-}$ 的交集. 并且 $P_{n+1}^{(k)}$ 在无穷远处的衰减阶保证了积分与求和可交换. 进而有

$$\begin{aligned}
|c_{n+1}\phi(x)| &\leqslant C_\nu \int_{-\infty}^{\infty} \frac{1}{|1-(x+x_{n+1}e_{n+1})|^{n+1}}dx_{n+1} \\
&\leqslant C_\nu \frac{1}{|1-x|^n}, \quad x \in H_{\nu,-}.
\end{aligned}$$
$\qquad\qquad\qquad\qquad\qquad\qquad\qquad\qquad\qquad\qquad\qquad\qquad\qquad\quad\square$

推论 6.1.2   令 $b \in H^\infty(S^c_\omega)$ 且 $\phi(x) = \sum_{i=-\infty}^{\infty} b(i)P^{(i)}(x)$, 则 $\phi \in K(H_\omega)$.

6.2　有界全纯 Fourier 乘子

如果一个曲面 Σ 是 n 维的和关于原点是星形的, 并且存在常数 $M < \infty$ 使得对 $x, x' \in \Sigma$,

$$\frac{\left| \ln |x^{-1}x'| \right|}{\arg(x, x')} \leqslant M,$$

则曲面 Σ 为一个Lipschitz 曲面. M 的最小值被称为是 Σ 的Lipschitz 常数, 记为 $N = \mathrm{Lip}(\Sigma)$.

因为在局部上有

$$\ln |x^{-1}x'| = \ln(1 + (|x^{-1}x'| - 1)) \approx (|x^{-1}x'| - 1)$$
$$\approx |x^{-1}|(|x'| - |x|) \approx (|x'| - |x|),$$

上面给出的Lipschitz 的含义与通常的含义是一致的.

令 $s \in \mathbb{S}_{R_1^n}$. 考虑映射 $r_s : x \to sxs^{-1}$, $x \in \mathbb{R}_1^n$. 虽然 r_s 并不保持 $\mathbb{R}_1^n$ 不变, 但如下性质成立.

引理 6.2.1　对任意的 $x, y \in \mathbb{R}_1^n$, 有

(i) $|r_s(y^{-1}x)| = |y^{-1}x|$ 且更一般地, r_s 可以保持 $\mathbb{R}^{(n)}$ 中那些表示为向量乘积的元素的范数不变;

(ii) $\langle r_s(x), r_s(y) \rangle = \langle x, y \rangle$;

(iii) $\arg(r_s(x), r_s(y)) = \arg(x, y)$;

(iv) $(r_s(y))^{-1} r_s(x) = r_s(y^{-1}x)$;

(v) 存在向量 $s \in \mathbb{S}_{R_1^n}$ 使得 $r_s(y^{-1}x) = |y|^{-1}\tilde{x}$, 其中 $\tilde{x} \in \mathbb{R}_1^n$. 此外, $|x - y| = |y||e_0 - \tilde{x}|$ 以及 $\arg(y, x) = \arg(|y|e_0, \tilde{x})$;

(vi) 对与 (v) 相同的 s, 我们有 $r_s(E(y)) = E(y)$.

证明　(i) 是模 $|x|$ 性质的一个直接推论. 由内积和 $\mathbb{C}^{(n)}$ 中模的关系, (ii) 是 (i) 的推论. (iii) 可由 (i) 和 (ii) 推出. (iv) 是平凡的.

为了证明 (v), 我们引入一个新的基向量 e' 使得

$$\begin{cases} (e')^2 = 1 \\ e'e_i = -e_ie', \quad i = 1, 2, \cdots, n. \end{cases}$$

令 $f_0 = e'$, $f_i = e_i f_0$, $i = 1, \cdots, n$, 有

$$f_i^2 = 1, \ f_i f_j = -f_j f_i, \ 0 \leqslant i, j \leqslant n, \ i \neq j.$$

所以 $\{f_j\}_{j=0}^n$ 构成了 $(n+1, 0)$ 型的一个基底. 它是

$$\mathbb{R}^{n+1} = \mathbb{R}^{n+1,0} = \left\{ x_0 f_0 + \cdots + x_n f_n : x_j \in \mathbb{R}, \quad j = 0, 1, \cdots, n \right\}$$

的一个基底. 由 $\mathbb{R}^{n+1}$ 中 Clifford 群的性质, 可以选择 $s \in \mathbb{R}_1^n$ 使得 $\mathbb{R}^{n+1}$ 上的映射 $(\cdot) \to (sf_0)(\cdot)(sf_0)^{-1}$ 将 $y f_0$ 映到 $f_0|y|$. 同一个映射将 $x f_0$ 映到 $f_0 \tilde{x}$, 其中 $\tilde{x} \in \mathbb{R}_1^n$. 因而有

$$\begin{aligned} r_s(y^{-1}x) &= [(sf_0)(yf_0)(sf_0)^{-1}]^{-1}[(sf_0)(xf_0)(sf_0)^{-1}] \\ &= (f_0|y|)^{-1}(f_0\tilde{x}) = |y|^{-1}\tilde{x}. \end{aligned}$$

因为由 Clifford 群的元诱导的映射保持向量之间的距离, 所以有

$$|x - y| = |yf_0 - xf_0| = |f_0|y| - f_0\tilde{x}| = ||y|e_0 - \tilde{x}|.$$

因为 (iii),

$$\arg(y, \ x) = \arg(r_s(y), \ r_s(x)) = \arg(f_0|y|, \ f_0\tilde{x}) = \arg(|y|e_0, \ \tilde{x}).$$

(vi) 的证明可以如下得到.

$$r_s(E(y)) = \frac{1}{|y|^{n-1}}s(y^{-1}e_0)s^{-1} = \frac{1}{|y|^{n-1}}(|y|^{-1}f_0)(f_0e_0\tilde{e_0}),$$

其中

$$\tilde{e_0} = (sf_0)(f_0)(sf_0)^{-1} = sf_0s^{-1} = f_0\frac{y}{|y|},$$

其中最后一个等式由 $(sf_0)(yf_0)(sf_0)^{-1} = f_0|y|$ 推出. 再根据 $\tilde{e_0}$ 的表示, 得到 $r_s(E(y)) = E(y)$. □

注 6.2.1 我们来解释为何集合 H_ω 与星形Lipschitz 曲面相关联. 引理 6.2.1 表明, 取适当的 $s \in S_{\mathbb{R}_1^n}$,

$$\ln(|x^{-1}x'|) = \ln|r_s(x^{-1}x')| = \ln ||x|^{-1}\tilde{x}|.$$

另一方面,

$$\arg(x, \ x') = \arg(|x|e_0, \ \tilde{x}) = \arg(e_0, |x|^{-1}\tilde{x}).$$

所以, 如果 x 和 x' 属于星形Lipschitz 曲面且Lipschitz 常数为 N, 则

$$(|\ln|x^{-1}x'||/\arg(x, \ x')) = (|\ln ||x|^{-1}\tilde{x}||/\arg(1, \ |x|^{-1}\tilde{x})) \leqslant N.$$

这表明对任意的 $\omega \in \left(\arctan(N), \dfrac{\pi}{2}\right)$, $|x|^{-1}\tilde{x} \in H_\omega$.

我们研究的环境为一个固定的星形Lipschitz 曲面 Σ 且Lipschitz 常数为 N. 假定 $\omega \in \left(\arctan(N), \frac{\pi}{2} \right)$.

记

$$\rho = \min\{|x| : x \in \Sigma\} \text{ 和} \iota = \max\{|x| : x \in \Sigma\}.$$

不失一般性假定 $\rho < 1 < \iota$.

记 $L^2(\Sigma) = L^2(\Sigma, d\sigma)$, 其中 $d\sigma$ 为曲面面积测度. $f \in L^2(\Sigma)$ 的范数记为 $\|f\|$.

Coifman, McIntosh 和 Meyer 在文献 [12] 中证明, 在任意Lipschitz 曲面 Σ 上 Cauchy 积分算子

$$C_\Sigma f(x) = p.v. \frac{1}{\Omega_n} \int_\Sigma E(x-y)n(y)f(y)d\sigma(y)$$

可以延拓为 $L^2(\Sigma)$ 中的 $L^2(\Sigma)$ 有界算子, 其中 $n(y)$ 是 Σ 在 $y \in \Sigma$ 处的外法向量, Ω_n 为 n-维单位球 $S_{\mathbb{R}_1^n}$ 的面积.

我们使用

$$\mathcal{A} = \Big\{ f : \text{对某个}s > 0, f(x) \text{ 在}\rho - s < |x| < \iota + s \text{ 中是左 Clifford 解析的}\Big\},$$

下面证明, 作为试验函数类, $\mathcal{A}$ 在 $L^2(\Sigma)$ 中稠密.

命题 6.2.1　函数类 $\mathcal{A}$ 在 $L^2(\Sigma)$ 中稠密.

证明　对 $f, g \in L^2(\Sigma)$, 定义双线性形

$$(f, g) = \int_\Sigma f\bar{g}d\sigma.$$

易于证明, 对任意固定的 $x \in \mathbb{R}_1^n$,

$$(f, f) = \|f\|^2, \quad \overline{(f, g)} = (g, f), \quad (xf, g) = x(f, g).$$

如果 $(f, g) = 0$, 则称 f 和 g 是正交的. 假定 $\mathcal{A}$ 不是稠密的. 因为双线性形 $(\cdot, \cdot)$ 满足 $\mathbb{R}_1^n$ 上的内积的要求, 基本的 Hilbert 空间方法可以用于此种情况. 特别地, 存在一个函数 $0 \neq x \in L^2(\Sigma)$, 该函数与 $\mathcal{A}$ 中所有函数正交, 且因此与 $E(\cdot - x')$ 也正交, 其中 x' 位于圆环 $\rho - s < |x| < \tau + s$ 之外.

因而有

$$(E(\cdot - x'), g) = \int_\Sigma E(x-x')n(x)h(x)d\sigma(x) = 0, \tag{6-7}$$

其中 $h(x) = \overline{n(x)g(x)}$ 是 $L^2(\Sigma)$ 中的函数. 因为 (6-7) 中的积分是绝对收敛的, 则由正则连续性, 对所有的 $x' \notin \Sigma$ 成立.

令 x 是 Σ 上的点且 $y' = rx$, $y^* = r^{-1}x$. 作为文献 [12] 主要结果的推论, 在Lipschitz 曲面上, 对几乎所有的 $x \in \Sigma$, 有

$$0 = h(x) = \lim_{r \to 1-} \frac{1}{2\pi^2} \int_\Sigma [E(y - y') - E(y - y^*)] n(y) h(y) d\sigma(y).$$

因此对几乎所有的 $x \in \Sigma$, $g(x) = 0$. 这就导致矛盾, 从而完成了定理的证明.   □

现在假定 $f \in \mathcal{A}$. 在定义 f 的圆环中, 有 Laurent 级数展开

$$f(x) = \sum_{k=0}^{\infty} P_k(f)(x) + \sum_{k=0}^{\infty} Q_k(f)(x),$$

其中对 $k \in \mathbb{Z}^+ \cup \{0\}$, $P_k(f)$ 属于 $\mathbb{R}_1^n$ 中 k 次齐次左 Clifford 解析函数的有限维的右模 M_k, 且 $Q_k(f)$ 属于 $\mathbb{R}_1^n \setminus \{0\}$ 中 $-(k+n)$ 次齐次左 Clifford 解析函数的有限维右模 $M_{-(k+n)}$. 空间 M_k 和 M_{-k} 是左球面 Dirac 算子的特征子空间, 并且映射

$$P_k: f \to P_k(f) \quad \text{和} Q_k: f \to Q_k(f)$$

分别为 M_k 和 $M_{-(k+n)}$ 上的投影算子. 如果 f 是 k 次齐次球调和函数, $k \geqslant 1$, 则 $f = f^+ + f^-$, 其中 $f^+ \in M_k$ 且 $f^- \in M_{-k+1-n}$. 值得注意的是, 空间 M_k, $k = -1, -2, \cdots, -n+1$, 并不存在 ([23]).

形式上, 可以考虑如下由有界序列 $\{b_k\}$ 诱导的 Fourier 乘子算子

$$M_{(b_k)}f(x) = \sum_{k=0}^{\infty} b_k P_k(f)(x) + \sum_{k=0}^{\infty} b_{-k-1} Q_k(f)(x).$$

容易看到 $M_{(b_k)}: \mathcal{A} \to \mathcal{A}$ 是一个线性算子, 现在的问题是 $M_{(b_k)}$ 是否可以延拓为 $L^2(\Sigma)$ 中的有界算子. 如果 Σ 是一个球面, 那么由 Plancherel 定理可知, 仅须 (b_k) 是有界序列这一条件就可推出算子的有界性. 如果 Σ 是一个星形Lipschitz 曲面, 则有界序列这一条件是不充分的.

我们需要算子 $M_{(b(k))}$ 的奇异积分表示, 为此先给出投影算子 P_k 和 Q_k 的积分型表示.

在定义 f 的圆环上, 有

$$P_k(f)(x) = \frac{1}{\Omega_n} \int_\Sigma |y^{-1}x|^k C_{n+1,k}^+(\xi, \eta) E(y) n(y) f(y) d\sigma(y)$$

和

$$Q_k(f)(x) = \frac{1}{\Omega_n} \int_\Sigma |y^{-1}x|^{-k-n} C_{n+1,k}^-(\xi, \eta) E(y) n(y) f(y) d\sigma(y),$$

其中 $x = |x|\xi$, $y = |y|\eta$,

$$C_{n+1,k}^+(\xi,\ \eta) = \frac{1}{1-n}\Big[-(n+k-1)C_{k+1}^{(n-1)/2}(\langle \xi,\ \eta \rangle)$$
$$+ (1-n)C_{k-1}^{(n+1)/2}(\langle \xi,\ \eta \rangle)(\langle \xi,\ \eta \rangle - \overline{\xi}\eta)\Big]$$

和

$$C_{n+1,k}^-(\xi,\ \eta) = \frac{1}{n-1}\Big[(k+1)C_{k+1}^{(n-1)/2}(\langle \xi,\ \eta \rangle)$$
$$+ (1-n)C_{k-1}^{(n+1)/2}(\langle \eta,\ \xi \rangle)(\langle \eta,\ \xi \rangle - \overline{\eta}\xi)\Big],$$

其中 C_k^ν 是 ν 的 k 次 Gegenbauer 多项式. 因为

$$\langle \xi,\ \eta \rangle = \frac{\langle y^{-1}x,\ 1 \rangle}{|y^{-1}x|},\ \overline{\eta}\xi = \frac{y^{-1}x}{|y^{-1}x|}\ \text{和}\ \overline{\xi}\eta = \left(\frac{y^{-1}x}{|y^{-1}x|} \right)^{-1}, \tag{6-8}$$

由此可以看出 $C_{n+1,k}^\pm$ 是 $y^{-1}x$ 的函数. 现在对 $k \in \mathbb{Z}^+ \cup \{0\}$, 定义

$$\tilde{P}^{(k)}(y^{-1}x) = |y^{-1}x|^k C_{n+1,k}^+(\xi,\ \eta)$$

和

$$\tilde{P}^{(-k-1)}(y^{-1}x) = |y^{-1}x|^{-k-n} C_{n+1,k}^-(\xi,\ \eta).$$

我们看到 $\tilde{P}^{(k)}$ 和 $\tilde{P}^{(-k-1)}$ 均定义在二形式 $\mathbb{R}_1^n \times \mathbb{R}_1^n$ 中, 且 $\tilde{P}^{(k)}(y^{-1}x)E(y)$ 和 $\tilde{P}^{(-k-1)}(y^{-1}x)E(y)$ 对变量 x 和 y 都是 Clifford 解析的. 如果, 特别地, $y = 1$, 则比较 $E(x-1)$ 和 $E(1-x)$ 的 Taylor 和 Laurent 展式以及 (6-3) 和 (6-4), 可以看出上述两个函数就分别变为 $P^{(k)}(x)$ 和 $P^{(-k-1)}(x)$. $\tilde{P}^{(k)}$ 和 $\tilde{P}^{(-k-1)}$ 的定义域可以延拓到 $\mathbb{R}^{(n)} \times \mathbb{R}^{(n)}$, 这是因为内积和向量积均可以延拓到这个乘积空间.

使用上述这些概念, 对 $k \in \mathbb{Z}^+ \cup \{0\}$ 和 $f \in \mathcal{A}$, 有

$$P_k(f)(x) = \frac{1}{\Omega_n} \int_\Sigma \tilde{P}^{(k)}(y^{-1}x)E(y)n(y)f(y)d\sigma(y)$$

和

$$Q_k(f)(x) = \frac{1}{\Omega_n} \int_\Sigma \tilde{P}^{(-k-1)}(y^{-1}x)E(y)n(y)f(y)d\sigma(y).$$

因此, 得到

$$f(x) = \sum_{k=-\infty}^\infty \frac{1}{\Omega_n} \int_\Sigma \tilde{P}^{(k)}(y^{-1}x)E(y)n(y)f(y)d\sigma(y).$$

注 6.2.2   上述结果与复平面中投影算子的卷积积分表示是一致的. 实际上, 如果 f^0 是 $\mathbb{C}$ 中圆环 $\rho - s < |z| < \iota + s$ 上的一个全纯函数, σ 是该圆环内的一条星形Lipschitz 曲线, 则 f^0 的 Laurent 级数为

$$f^0(z) = \sum_{k=-\infty}^{\infty} \frac{1}{2\pi} \int_\sigma (\eta^{-1} z)^k f^0(\eta) \frac{d\eta}{\eta}.$$

在任何情形下, 利用底空间上自然的乘法结构, 我们将投影算子记为卷积积分算子. 对于 $\mathbb{R}^n_1$ 的情形, 不同之处在于这上面的积分算子的核函数是定义在 $\mathbb{R}^n_1 \times \mathbb{R}^n_1$ 中的二形式内的.

以上定义的函数 $\tilde{P}^{(k)}$ 满足如下性质.

命题 6.2.2   对任意的 $s \in \mathbb{S}_{\mathbb{R}^n_1}$, 有

$$\tilde{P}^{(k)}(r_s(y^{-1}x)) = r_s(\tilde{P}^{(k)}(y^{-1}x)).$$

证明   本命题可由引理 6.2.1 的 (i), (ii), (iv) 以及 r_s 对数值为单位算子这一事实得到.   □

称

$$\tilde{\phi}(y^{-1}x) = \sum_{-\infty}^{\infty} b_k \tilde{P}^{(k)}(y^{-1}x)$$

为与乘子算子 $M_{(b_k)}$ 相关的核函数.

命题 6.2.3   令 $\omega \in \left(\arctan(N), \frac{\pi}{2} \right)$ 且 $b \in H^\infty(S^c_\omega)$. 按照以上方式给出的与序列 $\{b(k)\}$ 相关的核函数 $\tilde{\phi}(y^{-1}x)E(y)$ 在 $\Sigma \times \Sigma \setminus \{(x,y) : x = y\}$ 的一个开邻域内是Clifford 解析的. 此外, 在此邻域中,

$$|\tilde{\phi}(y^{-1}x)| \leqslant \frac{C}{|1 - y^{-1}x|^n}.$$

证明   首先考虑关于 x 的左 Clifford 解析性. 类似于引理 6.2.1, 取 $s \in \mathbb{S}_{\mathbb{R}^n_1}$, 将映射 r_s 逐项作用于级数 $\tilde{\phi}(y^{-1}x)E(y)$, 且利用关系 $I = r_{s^{-1}}r_s$ 和引理 6.2.1, 有

$$\tilde{\phi}(y^{-1}x)E(y) = r_{s^{-1}}(\tilde{\phi}(|y|^{-1}\tilde{x})E(y)).$$

记

$$D_{\tilde{x}} = (\partial/\partial\tilde{x}_0)e_0 + (\partial/\partial\tilde{x}_1)e_1 + \cdots + (\partial/\partial\tilde{x}_n)e_n,$$

其中每个 $\tilde{x}_k$ 是 x_i 和 x 的分量的线性组合, 这里该线性组合的系数是由根据关系

$$(sf_0)(sf_0)^{-1} = f_0\tilde{x}$$

而选择的 $s \in \mathbb{S}_{\mathbb{R}_1^n}$. 因为 $\tilde{x} = s^{-1}xs^{-1}$, 所以有

$$Ds^{-1}E(\tilde{x}) = Ds^{-1}(s\tilde{x}s/|x|^{n+1}) = 0.$$

因而, $Ds^{-1} = p(s)D_{\tilde{x}}$, 其中 $p(s)$ 是 $\mathbb{S}$ 中的有理函数. 因为

$$\begin{aligned}
D(\tilde{\phi}(y^{-1}x)E(y)) &= (Ds^{-1})(\phi(|y|^{-1}\tilde{x})E(y))s \\
&= (p(s)D_{\tilde{x}})(\phi(|y|^{-1}\tilde{x})E(y))s,
\end{aligned}$$

代入定理 6.1.1 和注 6.2.1, 得到, 对任意固定的 y', $x' \in \Sigma$ 和 $x' \notin y'$, $\tilde{\phi}(y^{-1}x)E(y)$ 在 x' 的一个邻域 U 中是左 Clifford 解析的, 其中 $y' \in U$. 而且 $\tilde{\phi}(y^{-1}x)$ 满足所需的估计, 该估计中的常数 C 依赖于邻域的大小.

现在考虑 $\tilde{\phi}(y^{-1}x)E(y)$ 对于 x 的右 Clifford 解析性. 由关系

$$E(y)E(1 - xy^{-1}) = E(x - y) = E(1 - y^{-1}x)E(y)$$

可以推出

$$E(y)\tilde{P}^{(k)}(xy^{-1}) = \tilde{P}^{(k)}(y^{-1}x)E(y).$$

我们可以得到

$$E(y)\tilde{\phi}(xy^{-1}) = \tilde{\phi}(y^{-1}x)E(y).$$

这就使得我们可以通过考虑 $E(y)\tilde{\phi}(xy^{-1})$ 来替代 $\tilde{\phi}(y^{-1}x)E(y)$. 使用与上边类似的证明可以得到函数对于 x 的右 Clifford 解析性.

现在考虑函数 $\tilde{\phi}(y^{-1}x)E(y)$ 关于 y 的 Clifford 解析性. 我们声明, 该函数也具有 $\psi(x^{-1}y)E(x)$ 的形式, 其中 $\tilde{\psi}$ 是一个类似于 $\tilde{\phi}$ 的函数且与特定的有界全纯函数相关. 为了证明这一点, 我们看到

$$C_{n+1,k}^-(\xi, \eta)\overline{\eta} = C_{n+1,k}^+(\eta, \xi)\overline{\xi}$$

可以推出

$$\tilde{P}^{(k)}(y^{-1}x)E(y) = \tilde{P}^{(-k-1)}(x^{-1}y)E(x).$$

所以, 如果 $\tilde{\phi}$ 由 $b \in H^\infty(S_\omega^c)$ 定义为 $\tilde{\phi}(x) = \sum\limits_{k \neq 0} b(k)P^{(k)}(x)$, 则 $\tilde{\psi}(y) = \sum\limits_{k \neq -1} b'(k) \cdot P^{(k)}(y)$, 其中 $b'(z) = b(-z-1)$. 函数 b' 类似于函数 b 且定理 6.1.1 的证明可以略作修改来证明函数 $\tilde{\psi}$ 满足与 $\tilde{\phi}$ 同样的性质. 证明这一点之后, 关于 y 的 Clifford 解析性可由证明前边部分得到的结论推出. $\qquad\qquad\square$

类似于上述命题, 我们得到以下命题.

命题 6.2.4 令 $\omega \in \left(\arctan(N), \dfrac{\pi}{2} \right)$ 且 b 在 $\mathbb{S}_\omega^c$ 全纯, 在原点附近有界并在 S_μ^c, $0 < \mu < \omega$ 中在无穷远处满足 $|b(z)| \leqslant C_\mu|z|$, 则与序列 $(b(k))$ 相关的核函数 $\tilde{\phi}(y^{-1}x)E(y)$ 在 $\Sigma \times \Sigma \setminus \{x = y\}$ 的邻域中对 x 和 y 都是 Clifford 解析的. 进而

$$|\tilde{\phi}(y^{-1}x)| \leqslant \frac{C}{|1 - y^{-1}x|^{n+1}}.$$

对 $b \in H^\infty(S_\omega^c)$, 简要地记 $M_{(b(k))} = M_b$, 即

$$M_b f(x) = \sum_{k=1}^{\infty} b(k) P_k(f)(x) + \sum_{k=1}^{\infty} b(-k) Q_{k-1}(f)(x).$$

现在对 $x \in \Sigma$, $r \approx 1$ 和 $r < 1$, 考虑函数

$$\begin{aligned}
M_b^r f(x) &= \sum_{k=1}^{\infty} b(k) P_k(f)(rx) + \sum_{k=1}^{\infty} b(-k) Q_{k-1}(f)(r^{-1}x) \\
&= P^r(x) + Q^r(x), \quad \rho - s < |x| < \iota + s.
\end{aligned}$$

利用投影的卷积表示, 有

$$\begin{aligned}
P^r(x) &= \sum_{k=1}^{\infty} b(k) \frac{1}{\Omega_n} \int_\Sigma \tilde{P}^{(k)}(y^{-1}rx) E(y) n(y) f(y) d\sigma(y) \\
&= \frac{1}{\Omega_n} \int_\Sigma \left(\sum_{k=1}^{\infty} b(k) \tilde{P}^{(k)}(y^{-1}rx) \right) E(y) n(y) f(y) d\sigma(y) \\
&= \frac{1}{\Omega_n} \int_\Sigma \tilde{\phi}^+(y^{-1}rx) E(y) n(y) f(y) d\sigma(y),
\end{aligned}$$

其中 $\tilde{\phi}^+ = \sum\limits_{k=1}^{\infty} b(k) \tilde{P}^{(k)}$. 类似地, 有

$$Q^r(x) = \frac{1}{\Omega_n} \int_\Sigma \tilde{\phi}^-(y^{-1}r^{-1}x) E(y) n(y) f(y) d\sigma(y),$$

其中 $\tilde{\phi}^- = \sum\limits_{k=-\infty}^{-1} b(k) \tilde{P}^{(k)}$.

因为当 $r \to 1-$ 时, 定义 $M_b^r f$ 的级数一致收敛, 可以交换求和与求极限的次序, 从而得到

$$\begin{aligned}
M_b f(x) = \lim_{r \to 1-} \frac{1}{\Omega_n} \int_\Sigma &\left(\tilde{\phi}^+(y^{-1}rx) + \tilde{\phi}^{-1}(y^{-1}r^{-1}x) \right) \\
&\times E(y) n(y) f(y) d\sigma(y).
\end{aligned}$$

对于本节中定义的 Fourier 乘子 M_b, 存在如下的 Plemelj 型公式.

定理 6.2.1　　*如果 $b \in H^\infty(S_\omega^c)$, 则对任意的 $f \in \mathcal{A}$ 和 $x \in \Sigma$, 有*

$$M_b f(x) = \lim_{r \to 1-} \frac{1}{\Omega_n} \int_\Sigma \left(\tilde{\phi}^+(y^{-1}rx) + \tilde{\phi}^{-1}(y^{-1}r^{-1}x) \right) E(y)n(y)f(y)d\sigma(y)$$

$$= \lim_{\varepsilon \to 0} \frac{1}{\Omega_n} \left\{ \int_{|y-x|>\varepsilon, y \in \Sigma} \tilde{\phi}(y^{-1}x)E(y)n(y)f(y)d\sigma(y) + \tilde{\phi}^1(\varepsilon, x)f(x) \right\},$$

其中 $\tilde{\phi} = \tilde{\phi}^+ + \tilde{\phi}^-$ 是在推论 6.1.2 中得到的与 b 相关的函数 $\tilde{\phi}^1 = \tilde{\phi}^{+,1} + \tilde{\phi}^{-,1}$, 其中

$$\tilde{\phi}^{\pm,1}(\varepsilon, x) = \int_{S(\varepsilon,x,\pm)} \tilde{\phi}^\pm(y^{-1}x)E(y)n(y)d\sigma(y),$$

这里在 $\pm$ 取 $+$ 或 $-$ 时, $S(\varepsilon, x, \pm)$ 分别表示球面 $|x-y| = \varepsilon$ 位于 Σ 之内或之外的部分.

证明　　根据分解 $\tilde{\phi} = \tilde{\phi}^+ + \tilde{\phi}^-$ 和 $\tilde{\phi}^1 = \tilde{\phi}^{+,1} + \tilde{\phi}^{-,1}$, 只需等式关于 "+" 的那一半. 对于 "−" 的那一半可以类似处理. 对一个固定的函数 $\varepsilon > 0$, 积分可以分解为

$$\lim_{r \to 1-} \left\{ \int_{|y-x|>\varepsilon, y \in \Sigma} \tilde{\phi}^+(y^{-1}rx)E(y)n(y)f(y)d\sigma(y) \right.$$

$$\left. + \int_{|y-x|\leqslant\varepsilon, y \in \Sigma} \tilde{\phi}^+(y^{-1}rx)E(y)n(y)f(y)d\sigma(y)Big \right\}.$$

当 $r \to 1-$, 第一部分趋于

$$\int_{|y-x|>\varepsilon, y \in \Sigma} \tilde{\phi}^+(y^{-1}x)E(y)n(y)f(y)d\sigma(y).$$

第二部分可以进一步分解为

$$\int_{|y-x|\leqslant\varepsilon, y \in \Sigma} \tilde{\phi}^+(y^{-1}rx)E(y)n(y)(f(y) - f(x))d\sigma(y)$$

$$+ \int_{|y-x|\leqslant\varepsilon, y \in \Sigma} \tilde{\phi}^+(y^{-1}rx)E(y)n(y)d\sigma(y)f(x).$$

当 $\varepsilon \to 0$ 以及 $r \to 1-$, 第一个积分趋于零; 由 Cauchy 定理, 对一个固定的 ε, 当 $r \to 1-$ 时, 第二个积分趋于 $\tilde{\phi}^{+,1}(\varepsilon, x)f(x), r \to 1-$. 这就完成了本定理的证明.　□

接下来, 介绍关于 Clifford 解析函数的 Hardy 空间和与曲面 Σ 相关的一些基本知识.

令 Δ 和 Δ^c 为 $\mathbb{R}_1^n \setminus \Sigma$ 的有界和无界的连通分支. 对 $\alpha > 0$, 定义点 $x \in \Sigma$ 的非切向逼近域 $\Lambda_\alpha(x)$ 和 $\Lambda_\alpha^c(x)$ 为

$$\Lambda_\alpha(x) = \Lambda_\alpha(x, \Delta) = \left\{ x \in \Delta : |y - x| < (1 + \alpha)\mathrm{dist}(y, \Sigma) \right\}$$

和

$$\Lambda_\alpha^c(x) = \Lambda_\alpha(x, \Delta^c) = \Big\{ x \in \Delta^c : \ |y - x| < (1 + \alpha)\mathrm{dist}(y, \Sigma) \Big\}.$$

类似于文献 [40] 和 [38] 中关于复变量的情形, 容易证明存在一个正的、仅依赖于 Σ 的 Lipschitz 常数的 α_0, 使得对所有的 $0 < \alpha < \alpha_0$ 和所有的 $x \in \Sigma$, 有 $\Lambda_\alpha(x) \subset \Delta$ 和 $\Lambda_\alpha^c(x) \subset \Delta^c$. 下面的论述与 $\alpha \in (0, \alpha_0)$ 的选择无关. 从今往后, 我们选取并固定 α.

令 f 定义在 Δ 中. 内部非切向极大函数 $N_\alpha(f)$ 定义为

$$N_\alpha(f)(x) = \sup\Big\{ |f(x)| : y \in \Lambda_\alpha(x) \Big\}, \quad x \in \Sigma.$$

外部非切向极大函数 $N_\alpha^c(f)$ 可以类似地定义.

对 $0 < p_0 < \infty$, (左 -) Hardy 空间 $H^{p_0}(\Delta)$ 定义为

$$H^{p_0}(\Delta) = \Big\{ f : \ f \ \text{在} \Delta \ \text{中是左 Clifford 解析的, 且} N_\alpha(f) \in L^{p_0}(\Sigma) \Big\}.$$

如果 $f \in H^{p_0}(\Delta)$, 则 $\|f\|_{H^{p_0}(\Delta)}$ 定义为 $N_\alpha(f)$ 在 Σ 上的 L^{p_0} 范数.

除了 $H^{p_0}(\Delta^c)$ 需要假定在无穷远处消失以外, 空间 $H^{p_0}(\Delta^c)$ 可以类似地定义. 类似于文献 [62] 中对于 Clifford 解析 Hardy 空间的情形, 可以证明以下命题.

命题 6.2.5 如果 $f \in H^{p_0}(\Delta)$, $p_0 > 1$, 则 f 的非切向极限

$$\lim_{y \to x, y \in \Lambda_\alpha(x)} f(y)$$

在 Σ 上几乎处处存在. 仍旧使用 f 表示极限函数, 则有

$$C_{N,p_0}\|f\|_{H^{p_0}(\Delta)} \leqslant \|f\|_{L^{p_0}(\Sigma)} \leqslant C'_{N,p_0}\|f\|_{H^{p_0}(\Delta)},$$

其中 C_{N,p_0}, C'_{N,p_0} 依赖于 Lipschitz 常数 N 和 p_0.

换句话说, 对 $p_0 > 1$, 一个函数的 $H^{p_0}(\Delta)$ 范数等价于它在边界上的非切向极限的 L^{p_0} 范数. 对于与 Δ^c 相关的 Hardy 空间中的函数, 类似的结论成立.

在极坐标之下, Dirac 算子 D 可以分解为

$$D = \zeta\partial_r - \frac{1}{r}\partial_\zeta = \zeta\Big(\partial_r - \frac{1}{r}\Gamma_\zeta\Big),$$

其中 Γ_ζ 是仅依赖于角坐标的一阶微分算子, 即球 Dirac 算子.

$$\Gamma_\zeta f(\zeta) = kf(\zeta), \quad f \in M_k, \tag{6-9}$$

其中 M_k, $k \notin -1, -2, \cdots, -n+1$, 是由 k-次齐次的左 Clifford 解析函数构成的子空间. 对 $f \in \mathcal{A}$, 定义 $\Gamma_\zeta(f|_{\mathbb{S}_{\mathbb{R}_1^n}})$. Γ_ζ 的定义可以延拓到 $\Gamma_\zeta : \mathcal{A} \to \mathcal{A}$.

下列 $f \in H^2(\Delta)$ 的高阶 g-函数的范数等价性及其证明都类似于 [62] 给出的对于 Lipschitz 图像的证明 (亦可参见 [38]). 对于 $f \in H^2(\Delta^c)$ 有类似结果成立.

命题 6.2.6 假定 $f \in H^2(\Delta)$, 则范数 $\|f\|_{H^2(\Delta)}$ 等价于范数

$$\left(\int_0^1 \int_\Sigma |(\Gamma_\xi^j f)(sx)|^2 (1-s)^{2j-1} d\sigma(x) \frac{ds}{s} \right)^{1/2}, \quad j = 1, 2.$$

下面的结果等价于 Σ 上的 Coifman-McIntosh-Meyer 定理. 见 [12].

命题 6.2.7 假定 $f \in L^2(\Sigma)$, 则存在 $f^+ \in H^2(\Delta)$ 和 $f^- \in H^2(\Delta^2)$ 使得它们的非切向边界极限 f^+ 和 f^- 分别在 $L^2(\Sigma)$ 中存在, 且 $f = f^+ + f^-$. 映射 $f \to f^\pm$ 在 $L^2(\Sigma)$ 上连续.

容易看到, 如果 $f \in \mathcal{A}$, 则将 f 分为它的幂级数部分和主级数部分的分解与命题 6.2.7 给出的分解是一致的.

用 $\Sigma_s, 0 < s < 1$ 表示曲面 $\{sx : x \in \Sigma\}$.

引理 6.2.2 令 $x_0 \in \Sigma, 0 < s < 1$, 且 $x = sx_0$, 则存在常数 C_Σ 使得

$$|1 - y^{-1}x| \geqslant C_\Sigma \left\{ (1 - \sqrt{s})^2 + \theta^2 \right\}^{1/2}, \quad y \in \Sigma_{\sqrt{s}},$$

其中 $\theta = \arg(x, y)$.

证明 这等价于证明

$$|y - x| \geqslant C_\Sigma \sqrt{s} \left\{ (1 - \sqrt{s})^2 + \theta^2 \right\}^{1/2}, \quad y \in \Sigma_{\sqrt{s}}.$$

令 $x_0 = r_0 \xi, y = r\eta, x_1 = \sqrt{s} x_0 \in \Sigma_{\sqrt{s}}$, 其中 $\xi, \eta \in \mathbb{S}_{\mathbb{R}_1^n}$. 直接计算表明

$$\begin{aligned} |y - x|^2 &= r^2 \left[(1 - \beta)^2 + 4\beta \sin^2 \frac{\theta}{2} \right] \\ &\geqslant C_\Sigma s[(1 - \beta)^2 + \beta \theta^2], \end{aligned} \tag{6-10}$$

其中 $\beta = \dfrac{sr_0}{r}$.

如果 s 较小, 则 β 较小且 $1 - \beta$ 具有正的下界. 因为想要证明的不等式的右边是有上界的, 则它被 $1 - \beta$ 的常数倍控制. 我们因此得到想要的估计.

现在假定 s 接近于, 但小于 1. 在这种情形下, β 有正的下界. 我们进一步分为两种子情况. 记 $r_1 = |x_1| = \sqrt{s} r_0$.

(i) $\dfrac{r_1}{r} \leqslant s^{-1/4}$. 在这种情形下, $\beta \leqslant s^{1/4}$ 并且因此 $1 - \beta \geqslant 1 - s^{1/4} > C(1 - \sqrt{s})$. 这就得到了想要的估计.

(ii) $\dfrac{r_1}{r} \leqslant s^{-1/4}$. 在这种情况下

$$\ln(s^{-1/4}) < \ln \left(\frac{r_1}{r} \right) \leqslant N\theta,$$

其中使用了事实: $\Sigma_{\sqrt{s}}$ 是Lipschitz 的, 且Lipschitz 常数为 N, 所以

$$\theta > \frac{-1}{4N}\ln(s) \geqslant \frac{1}{4N}(1 - \sqrt{s}).$$

因而

$$\theta > \frac{1}{2}\theta + \frac{1}{8N}(1 - \sqrt{s}).$$

代入 (6-10) 并且忽略与 $1 - \beta$ 有关的项, 我们得到想要的结论. $\qquad\square$

作为本节的主要结果, 我们证明以下定理.

定理 6.2.2 令 $\omega \in \left(\arctan(N), \frac{\pi}{2}\right)$. 如果 $b \in H^\infty(S_\omega^c)$, 则不失一般性假定 $b(0) = 0$, 上边定义的 $M_{(b(k))}$ 可以延拓为一个从 $L^2(\Sigma)$ 到 $L^2(\Sigma)$ 的有界算子. 进而,

$$\|M_{(b(k))}\|_{L^2(\Sigma)\to L^2(\Sigma)} \leqslant C_\nu\|b\|_{L^\infty(S_\nu^c)}, \quad \arctan(N) < \nu < \omega.$$

证明 令 $f \in \mathcal{A}$. 利用命题 6.2.7 定义的 f 的分解, 有 $f = f^+ + f^-$, 其中 $f^+ \in H^2(\Delta)$, $f^- \in H^2(\Delta^c)$ 且 $\|f^\pm\|_{L^2(\Sigma)} \leqslant C_N\|f\|_{L^2(\Sigma)}$. 有 $M_b f = M_{b+}f^+ + M_{b-}f^-$, 其中

$$M_{b\pm}f^\pm(x) = \lim_{r\to 1-}\int_\Sigma \tilde{\phi}^\pm(y^{-1}x)E(y)n(y)f(y)d\sigma(y), \quad x \in \Sigma.$$

分别对 $x \in \Delta$ 和 $x \in \Delta^c$ 利用

$$M_{b\pm}f^\pm(x) = \int_\Sigma \tilde{\phi}^\pm(y^{-1}x)E(y)n(y)f(y)d\sigma(y),$$

$M_{b\pm}f^\pm$ 可以左 Clifford 解析地延拓到 Δ 和 Δ^c.

由命题 6.2.5, 只须要证明

$$\|M_{b\pm}f^\pm\|_{H^2} \leqslant C_N\|f^\pm\|_{H^2}.$$

只对 "$+$" 证明这一不等式, 对 "$-$" 的情形证明是类似的. 因此为简便起见, 在下边的证明中, 我们忽略下标 "$+$". 利用 f 和 $M_b f$ 的 Taylor 展式, 可以证明 Γ_ζ 与 M_b 可交换. 为了证明这一点, 由于 $\mathcal{A}$ 中的函数的 Fourier 展式是快速衰减的, 我们可以交换微分 Γ_ζ 和无穷求和的次序. 作为此可交换性的推论, 对 $x \in \Delta$, 有

$$\Gamma_\zeta M_b f(x) = \frac{1}{\Omega_n}\int_\Sigma \tilde{\phi}(y^{-1}x)E(y)n(y)\Gamma_\zeta f(y)d\sigma(y).$$

还可以得到

$$\Gamma_\zeta^2 M_b f(x) = \frac{1}{\Omega_n}\int_\Sigma \Gamma_\zeta\tilde{\phi}(y^{-1}x)E(y)n(y)\Gamma_\zeta f(y)d\sigma(y).$$

以上这点可由下述引理推出.

引理 6.2.3　*如果 $\nu \in (\arctan(N),\ \omega)$, 则*

$$|\Gamma_\zeta(\tilde{\phi}(y^{-1}x))| \leqslant C_\nu \frac{1}{|1 - y^{-1}x|^{n+1}}, \quad y \in \Sigma,\ x \in \Delta.$$

证明　在展开式

$$\tilde{\phi}(y^{-1}x)E(y) = \sum_{k=1}^{\infty} b(k)\tilde{P}^{(k)}(y^{-1}x)E(y)$$

中, 代入

$$\tilde{P}^{(k)}(y^{-1}x)E(y) = \sum_{|\alpha|=k} V_{\underline{\alpha}}(x)W_{\underline{\alpha}}(y),$$

其中 $V_{\underline{\alpha}} \in M_k$, $W_{\underline{\alpha}} \in M_{-n-k}$, 并对级数的 x 变量取 Γ_ζ, 我们得到

$$\Gamma_\zeta(\tilde{\phi}(y^{-1}x))E(y) = \sum_{k=1}^{\infty} kb(k)\tilde{P}^{(k)}(y^{-1}x)E(y).$$

右边的级数与乘子 $b'(z) = zb(z)$ 相关. 使用命题 6.2.4, 我们得到引理的证明.　　□

现在继续定理 6.2.2 的证明. 对 $x \in \Sigma$, 改变 $\Gamma_\zeta^2 M_b f(x)$ 积分表达式中的路径并利用引理 6.2.2 和引理 6.2.3, 有

$$
\begin{aligned}
|\Gamma_\zeta^2 M_b f(x)| \leqslant\ & C\left(\int_{\Sigma_{\sqrt{s}}} |\Gamma_\zeta(\phi(y^{-1}x))| \frac{d\sigma(y)}{|y|^n} \right)^{1/2} \\
& \times \left(\int_{\Sigma_{\sqrt{s}}} |\Gamma_\zeta(\phi(y^{-1}x))| |\Gamma_\zeta f(y)|^2 \frac{d\sigma(y)}{|y|^n} \right)^{1/2} \\
\leqslant\ & C\left(\int_{\Sigma_{\sqrt{s}}} \frac{1}{|1 - y^{-1}x|^{n+1}} \frac{d\sigma(y)}{|y|^n} \right)^{1/2} \\
& \times \left(\int_{\Sigma_{\sqrt{s}}} \frac{1}{|1 - y^{-1}x|^{n+1}} |\Gamma_\zeta f(y)|^2 \frac{d\sigma(y)}{|y|^n} \right)^{1/2} \\
\leqslant\ & C\left(\int_{\Sigma} \frac{1}{[(1-\sqrt{s})^2 + \theta_0^2]^{(n+1)/2}} d\sigma(y) \right)^{1/2} \\
& \times \left(\int_{\Sigma} \frac{1}{[(1-\sqrt{s})^2 + \theta_0^2]^{(n+1)/2}} |\Gamma_\zeta f(\sqrt{s}y)|^2 d\sigma(y) \right)^{1/2},
\end{aligned}
$$

其中 θ_0 是位于 $x \in \Sigma_{\sqrt{s}}$ 和 $y \in \Sigma$ 之间的角.

因为

$$\int_\Sigma \frac{1}{[(1-\sqrt{s})^2 + \theta_0^2]^{(n+1)/2}} d\sigma(y) \leqslant C \int_0^\pi \frac{\sin^{n-1}\theta_0}{[(1-\sqrt{s})^2 + \theta_0^2]^{(n+1)/2}} d\theta_0$$

$$\leqslant C \int_0^\pi \frac{\theta_0^{n-1}}{[(1-\sqrt{s})^2 + \theta_0^2]^{(n+1)/2}} d\theta_0$$

$$= \frac{C}{1-\sqrt{s}},$$

对 $j = 1,2$ 使用命题 6.2.6, 有

$$\|M_b f\|_{H^2(\Delta)}^2 \approx \int_0^1 \int_\Sigma |\Gamma_\zeta^2(M_b f)(sx)|^2 (1-s)^3 d\sigma(x) \frac{ds}{s}$$

$$\leqslant C \int_0^1 \int_\Sigma \frac{1}{1-\sqrt{s}} \left(\int_\Sigma \frac{1}{[(1-\sqrt{s})^2 + \theta_0^2]^{(n+1)/2}} \right.$$

$$\left. \times |\Gamma_\zeta f(\sqrt{s}y)|^2 d\sigma(y) \right) (1-\sqrt{s})^3 d\sigma(x) \frac{ds}{s}$$

$$\leqslant C \int_0^1 \int_\Sigma |\Gamma_\zeta f(\sqrt{s}y)|^2$$

$$\times \left(\int_\Sigma \frac{1-\sqrt{s}}{[(1-\sqrt{s})^2 + \theta_0^2]^{(n+1)/2}} d\sigma(x) \right) (1-\sqrt{s}) d\sigma(y) \frac{ds}{s}$$

$$\leqslant C \int_0^1 \int_\Sigma |\Gamma_\zeta f(\sqrt{s}y)|^2 (1-\sqrt{s}) d\sigma(y) \frac{ds}{s}$$

$$\leqslant C \int_0^1 \int_\Sigma |\Gamma_\zeta f(sy)|^2 (1-s) d\sigma(y) \frac{ds}{s}$$

$$\approx \|f\|_{H^2(\Delta)}^2.$$

算子范数 $\|M_b\|$ 的界可由引理 6.2.3 的证明推出. 定理证毕. □

注 6.2.3　有界性结果的思想与 Coifman-McIntosh-Meyer 定理是相同的. 因为曲面具有双倍测度, 根据标准的 Calderón-Zygmund 技巧, L^2 有界性推出 L^p 有界性, 其中 $1 < p < \infty$, 以及弱型 $(1,1)$ 有界性.

注 6.2.4　在一维情形下, 单位圆周和星形Lipschitz 曲线上的 Hilbert 变换是通过 Fourier 乘子 $b(z) = -i\mathrm{sgn}(z)$ 定义的, 其中 $\mathrm{sgn}(z)$ 是符号函数, 即对 $\mathrm{Re}(z) > 0$ 取值 $+1$, 对 $\mathrm{Re}(z) > 0$, 取值 -1. 在高维情况下虽然 $\mathrm{sgn}(z)$ 不给出 Hilbert 变换, 它给出一个标准的奇异积分算子. 相应的奇异积分的核函数为

$$\frac{1}{\Omega_n} \tilde{\phi}(y^{-1}x) E(y) = \frac{1}{\Omega_n} \sum_{k=-\infty}^\infty -i\mathrm{sgn}(k) \tilde{P}^k(y^{-1}x) E(y)$$

$$= -\frac{2i}{\Omega_n} E(1 - y^{-1}x) E(y) = -\frac{2i}{\Omega_n} E(y-x).$$

当 $y = 1$, 上边变为

$$-\frac{2i}{\Omega_n} E(1-x) = \frac{1}{\Omega_n} \Upsilon \left(\sum_{k=-\infty}^{\infty} -i\mathrm{sgn}(k)z^k \right).$$

6.3　球面 Dirac 算子的全纯泛函演算

本节将要说明 6.1 节中的有界算子类 M_b 构成了 Γ_ζ 的泛函演算, 并且实际上等于 Γ_ζ 的 Cauchy-Dunford 有界全纯泛函演算. 算子 M_b 满足如下性质, 并因此函数类 M_b, $b \in H^\infty(S_\omega^c)$, 被称为是一个有界全纯泛函演算.

令 $N = \mathrm{Lip}(\Sigma)$, $\arctan(N) < \omega < \frac{\pi}{2}$, $1 < p_0 < \infty$, $b, b_1, b_2 \in H^\infty(S_\omega^c)$ 和 α_1, $\alpha_2 \in \mathbb{C}$, 则

$$\|M_b\|_{L^{p_0}(\Sigma) \to L^{p_0}(\Sigma)} \leqslant C_{p_0,\nu} \|b\|_{L^\infty(S_\zeta^c)}, \quad \arctan(N) < \nu < \omega;$$

$$M_{b_1 b_2} = M_{b_1} \circ M_{b_2};$$

$$M_{\alpha_1 b_1 + \alpha_2 b_2} = \alpha_1 M_{b_1} + \alpha_2 M_{b_2}.$$

第一个结论可由注 6.2.3 推出. 第二个和第三个结论可利用试验函数的 Laurent 级数展开式得到.

将 Γ_ζ 在 $\lambda \in \mathbb{C}$ 处的预解算子记为

$$R(\lambda, \Gamma_\zeta) = (\lambda I - \Gamma_\zeta)^{-1}.$$

我们证明对于非实数 λ,

$$R(\lambda, \Gamma_\zeta) = M_{1/(\lambda - (\cdot))}.$$

实际上, 由关系 (6-9), Fourier 乘子 $\lambda - k$ 对应到算子 $\lambda I - \Gamma_\zeta$, 且因此, Fourier 乘子 $(\lambda - k)^{-1}$ 对应于 $R(\lambda, \Gamma_\zeta)$. 根据泛函演算的性质可以看出, 对 $1 < p_0 < \infty$,

$$\|R(\lambda, \Gamma_\zeta)\|_{L^{p_0}(\Sigma) \to L^{p_0}(\Sigma)} \leqslant \frac{C_\nu}{|\lambda|}, \quad \lambda \notin S_\nu^c.$$

由这一估计, 对于在零点和无穷远处均有好的衰减性的 $b \in S_\omega^c$, Cauchy-Dunford 积分

$$b(\Gamma_\zeta)f = \frac{1}{2\pi i} \int_\Pi b(\lambda) R(\lambda, \Gamma_\zeta) d\lambda f$$

定义了一个有界算子, 其中 Π 是由如下四条射线组成的路径: $L_1 \cup L_2 \cup L_3 \cup L_4$, 其中

$$L_1 = \left\{ s \exp(i\theta) : s \text{ 从} \infty \text{ 到} 0 \right\},$$

$$L_2 = \Big\{ s\exp(-i\theta): \ s \text{ 从0 到} \infty \Big\},$$

$$L_3 = \Big\{ s\exp(i(\pi+\theta)): \ s \text{ 从} \infty \text{ 到} 0 \Big\}$$

和

$$L_4 = \Big\{ s\exp(i(\pi-\theta)): \ s \text{ 从0 到} \infty \Big\},$$

且 $\arctan(N) < \theta < \omega$. 按照 McIntosh 在文献 [53] 中得到的收敛引理的意义下, 这样类型的函数 b 构成了 $H^\infty(S_\omega^c)$ 中的一个稠密的子类. 使用这一引理, 可以推广由 Cauchy-Dunford 积分给出的定义, 并且在一般的函数 $b \in H^\infty(S_\omega^c)$ 上定义一个泛函演算 $b(\Gamma_\zeta)$.

现在证明 $b(\Gamma_\zeta) = M_b$. 假定 b 在零点和无穷远处都有好的衰减性, 且 $f \in \mathcal{A}$. 那么下列等式中可以交换积分与求和的次序, 我们有

$$
\begin{aligned}
b(\Gamma_\zeta) &= \frac{1}{2\pi} \int_\Pi b(\lambda) R(\lambda, \ \Gamma_\zeta) d\lambda f(x) \\
&= \frac{1}{2\pi i} \int_\Pi b(\lambda) \sum_{k=-\infty}^{\infty} (\lambda-k)^{-1} \\
&\quad \times \frac{1}{\Omega_n} \int_\Sigma \tilde{P}^{(k)}(y^{-1}x) E(y) n(y) f(y) d\sigma(y) d\lambda \\
&= \sum_k \Big(\frac{1}{2\pi i} \int_\Pi b(\lambda)(\lambda-k)^{-1} d\lambda \Big) \\
&\quad \times \frac{1}{\Omega_n} \int_\Sigma \tilde{P}^{(k)}(y^{-1}x) E(y) n(y) f(y) d\sigma(y) \\
&= \sum_k b(k) \frac{1}{\Omega_n} \int_\Sigma \tilde{P}^{(k)}(y^{-1}x) E(y) n(y) f(y) d\sigma(y) \\
&= M_b f(y).
\end{aligned}
$$

跟命题 6.2.7 定义的一样, 将投影算子 $P^\pm f = f^\pm$ 记为 $P^\pm$. 由预解式 $R(\lambda, \ \Gamma_\zeta)$ 的估计可以推出 $\Gamma_\zeta P^\pm$ 是 ω 型算子 (参见 [53]).

按照由双线性形

$$\langle\langle f, \ g \rangle\rangle = \frac{1}{\Omega_n} \int_\Sigma f(x) n(x) g(x) d\sigma(x)$$

定义的对偶对 $(L^2(\Sigma), \ L^2(\Sigma))$, 算子 $\Gamma_\zeta P^\pm$ 和 Γ_ζ 等于它们在 $L^2(\Sigma)$ 上的对偶算子. 也就是

$$\langle\langle \Gamma_\zeta P^\pm f, \ g \rangle\rangle = \langle\langle f, \ \Gamma_\zeta P^\pm g \rangle\rangle$$

和

$$\langle\langle \Gamma_\zeta f, \ g \rangle\rangle = \langle\langle f, \ \Gamma_\zeta g \rangle\rangle.$$

这可由 Parseval 等式

$$\sum_{k=0}^{\infty} \sum_{|\underline{\beta}|=k} \lambda_{\underline{\beta}} \lambda'_{\underline{\beta}} + \mu_{\underline{\beta}} \mu'_{\underline{\beta}}$$

$$= \frac{1}{\Omega_n} \int_{\mathbb{S}_{\mathbb{R}_1^n}} f(x) n(x) g(x) d\sigma(x),$$

和 (6-9) 容易地推出. 对于 Banach 空间对 $(L^{p_0}(\Sigma), L^{p'_0}(\Sigma))$, $1 < p_0 < \infty$, $\frac{1}{p_0} + \frac{1}{p'_0}$, 也有类似的结论成立.

6.4　$\mathbb{R}^n$ 中的情形

我们简要给出如何在欧氏空间

$$\mathbb{R}^n = \left\{ \underline{x} = x_1 e_1 + \cdots + x_n e_n : x_i \in \mathbb{R} \right\}$$

中建立类似的理论. 在 $\mathbb{R}^n$ 中, Cauchy 核为 $\underline{E}(\underline{x}) = \overline{x}/|\underline{x}|^n$ 且 Dirac 算子为

$$\underline{D} = (\partial/\partial x_1) e_1 + \cdots + (\partial/\partial x_n) e_n.$$

我们也有相应的 Cauchy 定理和 Cauchy 公式. 对应于公式 (6-3), 有

$$\underline{E}(\underline{x} - e_1) = \underline{P}^{(-1)}(\underline{x}) + \underline{P}^{(-2)}(\underline{x}) + \cdots + \underline{P}^{(-k)}(\underline{x}) + \cdots, \quad |\underline{x}| > 1. \tag{6-11}$$

根据下列关系

$$\underline{E}(\underline{x} - \underline{y}) = \frac{\overline{x} - \overline{y}}{|\overline{x} - \overline{y}|^n} = \sum_{k=1}^{\infty} \frac{(-1)^{k-1}}{(k-1)!} \langle \underline{y}, \nabla_{\underline{x}} \rangle^{k-1} \frac{\overline{x}}{|\overline{x}|^n}, \tag{6-12}$$

其中 $\nabla_{\underline{x}} = (\partial/\partial x_1, \cdots, \partial/\partial x_n)$, 令 $\underline{y} = e_1$, 我们得到

$$\underline{P}^{(-k)}(\underline{x}) = \frac{(-1)^{k-1}}{(k-1)!} \left(\frac{\partial}{\partial x_1} \right)^{k-1} \underline{E}(\underline{x}).$$

从 Taylor 级数理论可以知道, 无穷级数 (6-12) 的项对变量 $\underline{x}$ 和 $\underline{y}$ 都是关于算子 $\underline{D}$ Clifford 解析的. 所以 $\underline{P}^{(-k)}(\underline{x})$ 是 Clifford 解析的. 定义

$$\underline{P}^{(k-1)} = \underline{I}(\underline{P}^{(-k)}), \quad k \in \mathbb{Z}^+,$$

其中 $\underline{I}$ 是 Kelvin 反演: $\underline{I}(f)(\underline{x}) = \underline{E} f(\underline{x}^{-1})$. Kelvin 反演的性质说明 $\underline{P}^{(k-1)}$ 是 Clifford 解析的. 可以验证, 当我们将 $P^{(k)}$ 换为 $\underline{P}^{(k)}$, 将 x 换为 $\underline{x}$ 以及将 n 换为 $n-1$ 时, 命题 6.1.1 成立.

在 $\mathbb{R}^n$ 中, 也有类似的星形区域 $\underline{H}_{\omega,\pm}$, 也就是

$$\underline{H}_{\omega,\pm} = \left\{ \underline{x} \in \mathbb{R}^n : \frac{(\pm \ln |e_1 \underline{x}|)}{\arg(e_1, \underline{x})} < \tan\omega \right\}$$

和

$$\underline{H}_\omega = \underline{H}_{\omega,+} \cap \underline{H}_{\omega,-}.$$

也就是

$$\underline{H}_\omega = \left\{ \underline{x} \in \mathbb{R}^n : \frac{|\ln |e_1 \underline{x}||}{\arg(e_1, \underline{x})} < \tan\omega \right\}.$$

我们使用函数空间

$$K(\underline{H}_{\omega,\pm}) = \Big\{ \underline{\phi} : \underline{H}_{\omega,\pm} \to \mathbb{C}^{(n)} : \phi \text{ 是 Clifford 解析的且满足}$$

$$|\underline{\phi}(\underline{x})| \leqslant \frac{C_\mu}{|e_1 - \underline{x}|^{n-1}}, \ 0 < \mu < \omega \Big\}$$

和

$$K(\underline{H}_{\omega,\pm}) = \Big\{ \underline{\phi} : \underline{H}_\omega^c \to \mathbb{C}^{(n)} : \underline{\phi} = \underline{\phi}^+ + \underline{\phi}^-, \ \underline{\phi}^\pm \in K(\underline{H}_{\omega,\pm}) \Big\}.$$

如同定理 6.1.1, 下面是一个主要的技术性结果.

定理 6.4.1 如果 $b \in H^\infty(S_{\omega,\pm}^c)$ 且 $\underline{\phi}(\underline{x}) = \sum\limits_{k=\pm 1}^{\pm\infty} b(k)\underline{P}^{(k)}(\underline{x})$, 则 $\underline{\phi} \in K(\underline{H}_{\omega,\pm})$.

证明 与定理 6.1.1 的证明一样, $b \in H^\infty(S_{\omega,\pm}^c)$ 的情形被归结到 $b \in H^{\infty,r}(S_{\omega,\pm}^c)$ 的情形, 且 $b \in H^{\infty,r}(S_{\omega,+}^c)$ 的情形被归结到 $b \in H^{\infty,r}(S_{\omega,-}^c)$ 的情形.

令 $b \in H^{\infty,r}(S_{\omega,-}^c)$. 我们有

$$\begin{aligned}
\underline{\phi}(\underline{x}) &= \sum_{k=1}^\infty b(-k)\underline{P}^{(-k)}(\underline{x}) = \sum_{k=1}^\infty b(-k)\frac{(-1)^{k-1}}{(k-1)!}\left(\frac{\partial}{\partial x_1}\right)^{k-1}\underline{E}(\underline{x}) \\
&= -e_1 \sum_{k=1}^\infty b(-k)\frac{(-1)^{k-1}}{(k-1)!}\left(\frac{\partial}{\partial x_1}\right)^{k-1}\left(\frac{x_1 - x_2 g_1 - \cdots - x_n g_{n-1}}{|x_1 + x_2 g_1 + \cdots + x_n g_{n-1}|^n}\right) \\
&= -e_1 \sum_{k=1}^\infty b(-k)\frac{(-1)^{k-1}}{(k-1)!}\left(\frac{\partial}{\partial x_1}\right)^{k-1} E(\tilde{x}) \\
&= -e_1 \tilde{\phi}(\tilde{x}),
\end{aligned}$$

其中 $g_i = e_{i+1}e_1^{-1}$, $i = 1, 2, \cdots, n-1$ 是像 $e_1, e_2, \cdots, e_{n-1}$ 一样的基向量, 且 $\tilde{x} = x_1 + x_2 g_1 + \cdots + x_n g_{n-1}$ 是 $\mathbb{R}_1^{n-1}$ 中的一个向量. 我们还可以得到

$$\underline{D} = \left(\frac{\partial}{\partial x_1} + \frac{\partial}{\partial x_2}g_1 + \cdots + \frac{\partial}{\partial x_n}g_{n-1}\right)e_1 = \tilde{D}e_1,$$

其中 $\tilde{D}$ 是 $\mathbb{R}_1^{n-1}$ 中的 Dirac 算子. 因而, 如果 $\tilde{\phi}$ 在 $\mathbb{R}_1^{n-1}$ 中关于 $\tilde{D}$ 是左 Clifford 解析的, 我们推出 ϕ 在 $\mathbb{R}^n$ 中关于 $\underline{D}$ 是左 Clifford 解析的. 如果将 e_1 换为 1, 心形区域 $H_{\omega,\pm}$ 等于那些在 $\mathbb{R}_1^{n-1}$ 中的区域. 从定理 6.1.1 可以推出左 Clifford 解析性和相应的估计. 右 Clifford 解析性可以类似地证明, 不同之处在于从 $\underline{E}(\underline{x})$ 的右边分解出 e_1, 从左边分解出 $\underline{D}$, 并定义 $g_i = e_1^{-1}e_{i+1}$. □

一个 $\mathbb{R}^n$ 中的曲面 Σ, 如果它是 $n-1$ 维的, 关于原点是星形的并且存在一个常数 $M < \infty$ 使得若 $\underline{x}, \underline{x}' \in \Sigma$ 就有

$$\frac{|\ln|\underline{x}^{-1}\underline{x}'||}{\arg(\underline{x},\ \underline{x}')} \leqslant M,$$

我们称为该曲面是一个星形Lipschitz 曲面. M 的最小值被称为是 $\underline{\Sigma}$ 的Lipschitz 常数, 记作 $\underline{N} = \mathrm{Lip}(\underline{\Sigma})$.

我们使用函数类

$$\mathbb{A} = \Big\{ f : f(\underline{x}) \text{ 在} \underline{\rho} - s < |\underline{x}| < \iota + s \text{ 中是左 Clifford 解析的} \Big\},$$

其中 $\underline{\rho} = \inf\{|\underline{x}| : \underline{x} \in \underline{\Sigma}\}$ 且 $\iota = \sup\{|\underline{x}| : \underline{x} \in \underline{\Sigma}\}$. 由 CMcM 定理可以推出 $\mathcal{A}$ 在 $L^2(\underline{\Sigma})$ 中稠密.

若 $f \in \mathcal{A}$,

$$f(\underline{x}) = \sum_{k=0}^{\infty} \underline{P}_k(f)(\underline{x}) + \sum_{k=0}^{\infty} \underline{Q}_k(f)(\underline{x}),$$

其中对 $k \in \mathbb{Z}^+ \cup \{0\}$, $\underline{P}_k(f)$ 属于定义在 $\mathbb{R}^n$ 中的 k 次齐次的左 Clifford 解析函数的有限维右模 $\underline{M}_k$, 且 $\underline{Q}_k(f)$ 属于定义在 $\mathbb{R}^n \setminus \{0\}$ 中的 $-(k+n-1)$ 次齐次的左 Clifford 解析函数的有限维右模 $\underline{M}_{-k-n+1}$. 空间 $\underline{M}_k$ 和 $\underline{M}_{-k-n+1}$ 是球面左 Dirac 算子 $\underline{\Gamma}_\zeta$ 的特征子空间, 其中该算子定义为

$$\underline{M}_{b(k)}f(\underline{x}) = \sum_{k=0}^{\infty} b_k \underline{P}_k(f)(\underline{x}) + \sum_{k=0}^{\infty} b_{-k-1}\underline{Q}_k(f)(\underline{x}).$$

在当前情形下, 可以得到类似于定理 6.2.1 的奇异积分表示. 同时也存在类似的 Hardy H^2 理论. 基于以上这些, 利用定理 6.4.1, 我们可以完全按照 $\mathbb{R}_1^n$ 情形下定理 6.2.2 来证明如下结果

定理 6.4.2　令 $\omega \in (\arctan(\underline{N}), \frac{\pi}{2})$. 如果 $b \in H^\infty(S_\omega^c)$, 则不失一般性假定 $b(0) = 0$, 上边定义的 $\underline{M}_b = \underline{M}_{(b(k))}$ 可以延拓为一个从 $L^2(\underline{\Sigma})$ 到 $L^2(\underline{\Sigma})$ 的有界算子. 此外,

$$\|\underline{M}_{(b(k))}\|_{L^2(\underline{\Sigma}) \to L^2(\underline{\Sigma})} \leqslant C_\nu \|b\|_{L^\infty(S_\nu^c)}, \quad \arctan(\underline{N}) < \nu < \omega.$$

注 6.4.1 通过定理 6.4.2, 我们可以证明, Fourier 乘子算子类 $\underline{M}_b$ 等价于一类特定的奇异积分算子 (见定理 6.2.1). 利用 6.3 节的方法, 我们还可以证明该算子类等价于球面 Dirac 算子 $\underline{\Gamma}_\zeta$ 的 Cauchy-Dunford 有界全纯泛函演算.

6.5 球面和Lipschitz 曲面上的 Hilbert 变换

令 Ω 是 $\mathbb{R}^m$ 中一个有界连通的Lipschitz 区域, 且Lipschitz 常数不超过 M. 也就是说, Ω 是有界连通的开集, 且其边界 $\partial\Omega$ 在下文中也写作 Σ, 可以被有限多个球覆盖, 边界在球内的部分均可通过适当的旋转和平移变换局部地变为一段Lipschitz 常数不超过 M 的Lipschitz 图像. 我们进一步假设补集 $(\overline{\Omega})^c$ 是无界的和连通的. 或者假定 Ω 是在一个Lipschitz 图像上的开的连通区域. 在这两种情形中, Σ 将整个空间 $\mathbb{R}^m$ 分成两部分: $\Omega^+ = \Omega$ 和 $\Omega^- = \mathbb{R}^m\backslash(\Sigma\cup\Omega)$.

对一个 $L^p(\Sigma)$, $1 < p < \infty$, 中的数量值函数 f, 定义 Cauchy 积分

$$C_\Sigma^\pm f(\underline{x}) = C^\pm f(\underline{x}) = \frac{1}{\sigma_{m-1}}\int_\Sigma E(\underline{y}-\underline{x})n^\pm(\underline{y})f(\underline{y})d\sigma(\underline{y}), \quad x\in\Omega^\pm, \qquad (6\text{-}13)$$

其中 $d\sigma(y)$ 是曲面面积测度且 $n^\pm(y)$ 为在点 $\underline{y}\in\Sigma$ 处对于 $\Omega^\pm$ 的曲面 Σ 的内法向量和外法向量, σ_{m-1} 是 $m-1$ 维单位球面的曲面面积. 注意到

$$\underline{x}\underline{y} = -\langle\underline{x},\ \underline{y}\rangle + \underline{x}\wedge\underline{y}. \qquad (6\text{-}14)$$

和关系 (6-14), 上边的 Cauchy 积分变为

$$C_\Sigma^\pm f(\underline{x}) = \frac{1}{\sigma_m}\int_\Sigma \langle E(\underline{x}-\underline{y}),\ n^\pm(\underline{y})\rangle f(\underline{y})d\sigma(\underline{y})$$
$$+ \frac{1}{\sigma_m}\int_\Sigma E(\underline{x}-\underline{y})\wedge n^\pm(\underline{y})f(\underline{y})d\sigma(\underline{y}), \quad \underline{x}\in\Omega^\pm. \qquad (6\text{-}15)$$

Plemelj 公式保证了 $C^\pm f(\underline{x})$ 的非切向边值, $\mathbb{C}^\pm f(\underline{x})$, 存在且等于

$$\mathbb{C}^\pm f(\underline{x}) = \frac{1}{2}[f(\underline{x})\pm\mathbb{C}f(\underline{x})], \text{a.e.} \underline{x}\in\Sigma, \qquad (6\text{-}16)$$

其中记为 $\mathbb{C}$ 的算子是如下定义的主值 Cauchy 积分算子

$$\mathbb{C}f(\underline{x}) = \frac{2}{\sigma_{m-1}}\lim_{\varepsilon\to 0+}\int_{|\underline{y}-\underline{x}|>\varepsilon,\ \underline{y}\in\Sigma} E(\underline{y}-\underline{x})n^+(\underline{y})f(\underline{y})d\sigma(\underline{y}), \quad \text{a.e.} \underline{x}\in\Sigma. \qquad (6\text{-}17)$$

在最后一个积分中使用 "p. v." 代替 $\lim\limits_{\varepsilon\to 0+}$, 将积分分解为数量值的部分和 2-形式

部分, 我们有

$$
\mathbb{C}f(\underline{x}) = \frac{2}{\sigma_{m-1}}\text{p.v.}\int_\Sigma E(\underline{y}-\underline{x})n^+(\underline{y})f(\underline{y})d\sigma(\underline{y})
$$
$$
= \frac{2}{\sigma_{m-1}}\text{p.v.}\int_\Sigma \langle E(\underline{y}-\underline{x}),\ n^+(\underline{y})\rangle f(\underline{y})d\sigma(\underline{y})
$$
$$
+ \frac{2}{\sigma_{m-1}}\text{p.v.}\int_\Sigma E(\underline{y}-\underline{x})\wedge n^+(\underline{y})f(\underline{y})d\sigma(\underline{y}),\text{a.e.}\underline{x}\in\Sigma. \tag{6-18}
$$

从 Coifman-McIntosh-Meyer 定理 ([12]) 可知, 算子 $\mathbb{C}$ 是 L^p-有界的, $1<p<\infty$, 而且算子 $\mathbb{C}^\pm$ 是满足性质 $(\mathbb{C}^\pm)^2=\mathbb{C}^\pm$ 的投影, 特别地, $\mathbb{C}$ 自身是反射算子, 即 $\mathbb{C}^2=I$, 其中 I 为恒等算子. 注意到因为边值 f 被假定为数值的, Cauchy 积分 $C^\pm f$ 以及边值 $\mathbb{C}^\pm f$ 均为仿双向量值的. 在复平面和 $\mathbb{R}_1^n$ 空间中, 上边提到的算子均为仿向量值的. (在复平面的情形中, 边界值假定为实值的)

存在第二个反射算子 N 表示 Clifford 共轭, 也就是

$$
Nf(\underline{x}) = \overline{f(\underline{x})}.
$$

算子 N 将被用于仿双向量值的 Cauchy 积分的边值. 相应的投影算子是映射 N^+: $f\to\text{Sc}[f]$ 和 N^-: $f\to\text{NSc}[f]$. 利用这四对反射和投影的组合 $(\mathbb{C},\ \mathbb{C}^\pm)$ 和 $(N,\ N^\pm)$, 我们可以阐明相应的传递问题. 除了处理无穷远处时需要略作改动外, 算子 $\mathbb{C}^-$ 的理论类似于算子 $\mathbb{C}^+$ 的理论. 下面主要处理 $\mathbb{C}^+$.

记

$$
\mathbb{C}^+f = \frac{1}{2}(I+\mathbb{C})f = u+v,
$$

其中仿双向量值 $\mathbb{C}^+f$ 以 u 作为它的数值部分, $u=\text{Sc}[\mathbb{C}^+f]$ 并以 v 作为它的二形式部分, $v=\text{NSc}[\mathbb{C}^+f]$. 上述关系给出

$$
u=\frac{1}{2}(I+N^+\mathbb{C})f \text{ 和} v=\frac{1}{2}N^-\mathbb{C}f.
$$

因此, 至少从形式上,

$$
f = 2(I+N^+\mathbb{C})^{-1}u.
$$

定义从 u 到 v 的映射为内 Hilbert 变换并记为 H^+, 有

$$
v = H^+u
$$
$$
= \frac{1}{2}N^-\mathbb{C}f
$$
$$
= N^-\mathbb{C}(I+N^+\mathbb{C})^{-1}u.
$$

在上边的规定中, 为了推出从 u 到 v 的 Hilbert 变换的存在性和 L^p 有界性, 须要要求其满足从 u 到边界的 L^p 空间中的 f 的拓扑同构性质. 换句话说, 双层位

势部分 $N^+\mathbb{C}$ 应该相对小于恒同算子 I. 如果曲面或曲线是光滑的, 这一要求对于 $1 < p < \infty$ 满足. 然而, 对于一般的Lipschitz 曲线或曲面 Σ, 只有当 $p_0 < p < \infty$ 时该要求被满足, 其中指标 $p_0 \in [1, \infty)$ 依赖于 Σ 的Lipschitz 常数. 然而, 对 $1 < p \leqslant p_0$, 图像 u 在 $L^p(\Sigma)$ 中的闭包构成了 $L^p(\Sigma)$ 的一个真子空间 (参见 [41] 及相关文献).

类似地,

$$v = \frac{1}{2} N^- \mathbb{C} f = N^- \mathbb{C}(I - N^+\mathbb{C})^{-1} u$$

定义为外 Hilbert 变换 $H^- u$. 上面的定义以及对于 H^+ 和 H^- 的算子公式是有意义的, 因为在特定的条件下, 逆算子 $(I \pm N^+\mathbb{C})^{-1}$ 是存在的. 在处理一般理论之前, 我们先来检验几个有趣的例子.

例 6.5.1　考虑 $\Sigma = \mathbb{R}^m$, 其中 Ω 是上半空间

$$\mathbb{R}^m_{1,+} = \Big\{ x = x_0 + \underline{x} : \ x_0 > 0, \ \underline{x} \in \mathbb{R}^m \Big\}.$$

对于情形(6-13),

$$n^\pm(\underline{y}) = \mp e_0 = \pm 1$$

和

$$E(\underline{y} - \underline{x}) = \frac{\overline{\underline{y} - \underline{x}}}{|\underline{y} - \underline{x}|^{m+1}}$$

数值部分为零, 而 f 和 $d\sigma(\underline{y})$ 均是数量值的. 因此, $N^+\mathbb{C}f = 0$. 作为推论, $f = 2u$ 和 $v = \mathbb{C}u$. 对于外Hilbert 变换结论是类似的. 从而, 内和外Hilbert 变换与奇异Cauchy 积分变换是一致的.

例 6.5.2　令 $\Omega = \mathbb{D}$ 为复平面 $\mathbb{C}$ 的单位圆盘. 我们有

$$N^+\mathbb{C}f(e^{i\xi}) = \text{p.v.}\,\text{Re}\left[\frac{1}{\pi i} \int_0^{2\pi} \frac{f(e^{it})}{e^{it} - e^{i\xi}} d(e^{it}) \right]$$

$$= \text{p.v.}\,\frac{1}{\pi} \int_0^{2\pi} \text{Re}\left[\frac{e^{it}}{e^{it} - e^{i\xi}} \right] f(e^{it}) dt.$$

通过直接计算可得

$$\text{Re}\left[\frac{e^{it}}{e^{it} - e^{i\xi}} \right] = \frac{1}{2}.$$

因而,

$$N^+\mathbb{C}f(e^{i\xi}) = f_0 = I_0 f,$$

其中 f_0 表示 $f(e^{it})$ 在 $[0, 2\pi]$ 上的平均且 I_0 为将 f 映到 f_0 的算子. 我们注意到, 算子范数

$$\|I_0\| = 1.$$

简单的计算可得出

$$(I + I_0)^{-1}u = -\frac{u_0}{2} + u,$$

其中 $u_0 = I_0 u.$

设

$$\widetilde{H}f(e^{i\theta}) = N^-\mathbb{C}f(e^{i\theta}).$$

我们有

$$\widetilde{H}f = \text{p.v.}\frac{i}{2\pi}\int_0^{2\pi}\cot\left(\frac{\theta - t}{2}\right)f(e^{it})dt$$

消去常数. 因而,

$$\begin{aligned}
H^+u &= N^-\mathbb{C}(I + I_0)^{-1}u \\
&= \widetilde{H}(-\frac{u_0}{2} + u) \\
&= \widetilde{H}u.
\end{aligned}$$

类似地, $(I - I_0)^{-1}$ 定义在闭子空间

$$\left\{u \in L^2 : \int_0^{2\pi}u(e^{it})dt = 0\right\}$$

上, 且满足 $(I - I_0)^{-1}u = u$, 以及

$$\begin{aligned}
H^-u &= N^-\mathbb{C}(I - I_0)^{-1}u \\
&= \widetilde{H}u.
\end{aligned}$$

注意到在本例子中, 逆算子 $(I - N^+\mathbb{C})^{-1}$ 在 L^p 空间中不存在, 但是却在如下定义的 L^p 的闭的真子空间 L_0^p 中存在:

$$L_0^p(\partial\mathbb{D}) = \left\{f \in L^p(\partial\mathbb{D})\,\middle|\,\int_0^{2\pi}f(e^{it})dt = 0\right\}.$$

例 6.5.3　考虑 $\Omega = B^m$, $\Sigma = S^{m-1}$, $m > 2$. 对高维球面, 双层位势 $N^+\mathbb{C}$ 替换为一个非平凡算子, 而且内和外Hilbert 变换是不相等的. 在球面上, 直接计算表明双层位势变为

$$\langle E(\underline{x} - \underline{y},\ n^+(\underline{y}))\rangle = \frac{1}{2}\frac{1}{|\underline{x} - \underline{y}|^{m-2}}. \tag{6-19}$$

因而, 由(6-18)

$$N^+\mathbb{C}f(\underline{x}) = \frac{1}{\sigma_{m-1}}\int_{S^{m-1}}\frac{f(\underline{y})}{|\underline{x} - \underline{y}|^{m-2}}d\sigma(\underline{y}).$$

命题 6.5.1 球面上的双层位势算子 $N^+\mathbb{C}$ 是 L^p-有界的, $1 \leqslant p \leqslant \infty$, 且算子范数等于 1.

证明 证明参见文献 [3]. □

然而重要的问题并不是算子的界, 而是双层位势奇异性的阶. 在球面上, 逆算子在 L^p 中的存在性和有界性实际上由 Fredholm 理论保证. 更一般地, 可以证明如果 Σ 是 C^∞ 的, 则

$$|\langle E(\underline{x} - \underline{y}),\ n^+(\underline{y})\rangle| \leqslant \frac{C}{|\underline{x} - \underline{y}|^{m-2}}.$$

该估计与 (6-19) 是一致的. 如果 Σ 是 $C^{1,\alpha}$ 的, $0 < \alpha < 1$, 则

$$|\langle E(\underline{x} - \underline{y}),\ n^+(\underline{y})\rangle| \leqslant \frac{C}{|\underline{x} - \underline{y}|^{m-1-\alpha}}. \tag{6-20}$$

在上述两种情形中, 算子 $N^+\mathbb{C}$ 是紧的并且 Fredholm 理论可以用来证明 $(I \pm N^+\mathbb{C})^{-1}$ 存在, 且对 $1 < p < \infty$, 该算子是一个 L^p-有界算子 (参见 [41] 和 [97]). 然而, 当将 Fredholm 理论用于 C^1 区域或Lipschitz 区域时, 存在本质上的困难. 事实上, 在此情形下, 能够得到的双层位势的核的估计仅为

$$|\langle E(\underline{x} - \underline{y}),\ n^+(\underline{y})\rangle| \leqslant \frac{C}{|\underline{x} - \underline{y}|^{m-1}}.$$

这与曲面上 Cauchy 奇异积分的核具有相同的奇异性. Fabes, Jodeit 和 Riviére 在文献 [27]) 中证明 $N^+\mathbb{C}$ 对 C^1 区域是紧的. 对Lipschitz 区域, 算子 $N^+\mathbb{C}$ 在 $L^p(\Sigma)$ 中未必是紧的. 证明 $I + N^+\mathbb{C}$ 的可逆性需要引入新的方法. 文献 [97] 解决了 $p = 2$ 的情形, Dahlberg 和 Kenig 在文献 [41] 中解决了 p 的最佳范围问题. 详见 [41] 和 [33]. 作为这些结果的推论, $(I \pm N^+\mathbb{C})^{-1}$ 的存在性和有界性可以参见文献 [3].

定理 6.5.1 对Lipschitz 区域 $\Omega \subset \mathbb{R}^m$, $m > 2$, 内与外Hilbert 变换均存在且是从 $L^p(\Sigma)$ 到 $L^p(\Sigma)$ 有界的, 其中 $2 - \varepsilon < p < \infty$, $\varepsilon \in (0,1]$ 依赖于 Ω 的Lipschitz 常数(对于 C^1 区域取 $\varepsilon = 1$). 此外, 对 $u \in L^p(\Sigma)$,

$$H^\pm u(\underline{x}) = \frac{2}{\sigma_{m-1}} \text{p.v.} \int_\Sigma \left[E(\underline{y} - \underline{x}) \wedge n^\pm(\underline{y}) \right] (I \pm N^+\mathbb{C})^{-1} u(\underline{y}) d\sigma(\underline{y}). \tag{6-21}$$

下面探讨Lipschitz 曲面上的Cauchy 型Poisson核与共轭Poisson 核的显式表达式的存在性问题, 从而关涉到高维 Hilbert 变换的核的显式表达式的存在性. 在一般情况下, 这样的显式表达式是很难得到的. 球面上的显式表达式以及相关问题参见文献 [6]~ [8] 以及 [73].

令 U 是 Ω 中一个标量值调和函数. 如果一个调和函数 V 满足

(i) $\text{Sc}[V] = 0$,

(ii) $\underline{D}(U + V) = 0$.

则 V 被称为是 U 的一个调和共轭. 根据这一定义, 如果 $m > 2$, 则一个给定的调和函数的调和共轭即使在模去 Clifford 常数的情况下也不是唯一的. 实际上, 存在非常数的调和函数 V 满足 (i) 但是 $\underline{D}(V) = 0$. 为了消除这种情况, 我们引入

定义 6.5.1　如果 V 是 U 的一个调和共轭且存在一个标量值边界值 f, 使得

$$U + V = C_\Sigma^+ f,$$

则 V 被称为是一个 Cauchy 型调和共轭, 或者称为 U 在 Ω 中的一个典型调和共轭.

容易看到如果取 f 为边界上在 $\underline{y}$ 处的 Dirac 函数, 则得到

$$\frac{1}{\sigma_{m-1}} E(\underline{y} - \underline{x}) \wedge n^\pm(\underline{y})$$

是

$$\frac{1}{\sigma_{m-1}} \langle E(\underline{y} - \underline{x}),\ n^\pm(\underline{y}) \rangle$$

的 Cauchy 型调和共轭.

应该注意的是, 虽然一个标量值调和函数可能有多个调和共轭, 且它们之间相差一个非常数函数, Cauchy 型调和共轭却只有一个. 我们有如下结果 (参见文献 [3]).

定理 6.5.2　*假定Lipschitz 区域 Ω 和 p 的范围满足与定理6.5.1 同样的条件, 令 U 是一个标量值的调和函数, 其非切向极大函数*

$$u^*(\underline{x}) = \sup_{\underline{y} \in \Gamma_\alpha(\underline{x})} |U(\underline{y})|$$

属于 $L^p(\Sigma)$, 其中 $\Gamma_\alpha(\underline{x})$ 是张角为 α 的截断锥, 而且对称轴垂直于 Σ 在 $\underline{x} \in \Sigma$ 处的切平面, 则 U 存在唯一的Cauchy 型调和共轭.

现在讨论 Schwartz 核以及相应的 Cauchy 型 Poisson 核与共轭 Poisson 核. 我们求出算子 S^+ 的积分表示使得 $S^+ u = C^+ f$, 其中 $u = \mathrm{Sc}[\mathbb{C}^+ f]$. 这就等价于求核 $S^+(\underline{x}, \underline{y})$ 使得

$$\begin{aligned}
C^+ f(\underline{x}) &= \frac{1}{\sigma_{m-1}} \int_\Sigma E(\underline{y} - \underline{x}) n^+(\underline{y}) f(\underline{y}) d\sigma(\underline{y}) \\
&= \int_\Sigma S^+(\underline{y}, \underline{x}) u(\underline{y}) d\sigma(\underline{y}) \\
&= S^+ u(\underline{x}), \quad \underline{x} \in \Omega.
\end{aligned} \tag{6-22}$$

如果核 $S^+(\underline{x}, \underline{y})$ 存在, 则它被称为内 Schwartz 核. 函数 $P^+(\underline{x}, \underline{y})$ 和 $Q^+(\underline{x}, \underline{y})$ 分别被称为是内 Poisson 核与共轭内 Poisson 核, 其中

$$P^+ = \mathrm{Sc}[S^+], \quad Q^+ = \mathrm{NSc}[S^+].$$

P^+ 和 Q^+ 的作用如下:

$$U^+(\underline{x}) = \int_\Sigma P^+(\underline{x}, \underline{y})u(\underline{y})d\sigma(\underline{y})$$
$$= \frac{-2}{\sigma_{m-1}} \int_\Sigma \langle E(\underline{y} - \underline{x}), n^+(\underline{y})\rangle(I + N^+\mathbb{C})^{-1}u(\underline{y})d\sigma(\underline{y}) \qquad (6\text{-}23)$$

和

$$V^+(\underline{x}) = \int_\Sigma Q^+(\underline{x}, \underline{y})u(\underline{y})d\sigma(\underline{y})$$
$$= \frac{-2}{\sigma_{m-1}} \int_\Sigma E(\underline{y} - \underline{x}) \wedge n^+(\underline{y})(I + N^+\mathbb{C})^{-1}u(\underline{y})d\sigma(\underline{y}), \quad \underline{x} \in \Omega \quad (6\text{-}24)$$

是 Ω 中边值分别为 u 和 H^+u 的 Dirichlet 问题的唯一解. 实际上, $V^+(\underline{x})$ 是 $U^+(\underline{x})$ 的 Cauchy 型调和共轭. 函数 P^+ 和 Q^+ 分别是曲面上 Dirac δ_Σ 函数和它的 $H^+\delta_\Sigma$ 变换的唯一调和表示, 其中 $H^+\delta_\Sigma$ 在分布意义下表示为内 Hilbert 变换的主值奇异核. 对Lipschitz 区域而言, Poisson 核的存在性可由 Green 函数理论给出. 对Lipschitz 曲线和曲面来说, 由 Plemelj 公式可知, 调和函数 $V^+(\underline{x}')$ 的非切向边界极限是 $H^+f(\underline{x})$. 也就是说, 对几乎处处的 $\underline{x} \in \Sigma$,

$$\lim_{\underline{x}' \to \underline{x}} V^+(\underline{x}') = H^+u(\underline{x})$$
$$= \text{p.v.} \int_\Sigma Q^+(\underline{x}, \underline{y})u(\underline{y})d\sigma(\underline{y})$$
$$= \frac{2}{\sigma_{m-1}}\text{p.v.} \int_\Sigma \left[E(\underline{y} - \underline{x}) \wedge n^+(\underline{y})\right](I + N^+\mathbb{C})^{-1}u(\underline{y})d\sigma(\underline{y}). \quad (6\text{-}25)$$

因为

$$V^+(\underline{x}') = \int_\Sigma P^+(\underline{x}', \underline{y})H^+f(\underline{y})d\underline{y},$$

我们有

$$Q^+(\underline{x}', \underline{y}) = H_{\Sigma'}^+ P^+(\underline{x}', \underline{y}), \quad \underline{x} \in \Sigma' \subset \Omega, \ \underline{y} \in \Sigma,$$

其中 Hilbert 变换是关于一个可容许的Lipschitz 曲面 Σ'.

外 Cauchy 积分 C^- 对应于 Poisson 核和共轭外 Poisson 核, 并且因此对应到外 Schwartz 核. 对这些核, 情况是类似的.

球面上的内 Poisson 核是众所周知的. 有多种方法可以导出这个核. 内 Poisson 核的调和共轭是由 Brackx 等人首先得到的, 他们给出了这个核的积分形式的显式公式. 进而 Brackx 等人对空间维数使用归纳法得到了该公式的有限形式 (参见 [9]). 他们的方法导出了 Cauchy 型调和共轭. 下面给出一个基于双层位势的不同的方法. 我们首先陈述结果.

定理 6.5.3　在单位球面上, 内 Poisson 核和它的 Cauchy 型调和共轭分别为

$$P(\underline{x}, \underline{\omega}) = \frac{1}{\sigma_{m-1}} \frac{1 - |\underline{x}|^2}{|\underline{x} - \underline{\omega}|^m} \tag{6-26}$$

和

$$Q(\underline{x}, \underline{\omega}) = \frac{1}{\sigma_{m-1}} \left(\frac{2}{|\underline{x} - \underline{\omega}|^m} - \frac{m-2}{r^{m-1}} \int_0^r \frac{\rho^{m-2}}{|\rho\underline{\xi} - \underline{\omega}|^m} d\rho \right) \underline{x} \wedge \underline{\omega}, \quad 0 < r < 1. \tag{6-27}$$

证明　由 (6-16) 和 (6-18), 我们有

$$\mathbb{C}^{\pm} f = \frac{1}{2} \left(f \pm \mathrm{Sc}[\mathbb{C}f] \right) \pm \frac{1}{2} \mathrm{NSc}[\mathbb{C}f]. \tag{6-28}$$

对内 Poisson 和它的调和共轭, 我们在上述公式中处理情形 "+". 将这种情况下的公式与 (6-15) 作比较, 考虑到单位球内部的边值的标量值和非标量值部分的调和延拓, 我们有

$$\frac{1}{\sigma_{m-1}} \frac{\langle \underline{\omega} - \underline{x}, \, \underline{\omega} \rangle}{|\underline{\omega} - \underline{x}|^m} = \frac{1}{2} P(\underline{x}, \underline{\omega}) + \frac{1}{2} S(\underline{x}, \underline{\omega}) \tag{6-29}$$

和

$$\frac{1}{\sigma_{m-1}} \frac{(\underline{x} - \underline{\omega}) \wedge \underline{\omega}}{|\underline{x} - \underline{\omega}|^m} = \frac{1}{2} Q(\underline{x}, \underline{\omega}) + \frac{1}{2} \widetilde{S}(\underline{x}, \underline{\omega}), \quad |\underline{x}| < 1, |\underline{\omega}| < 1,$$

其中 $\widetilde{S}(\underline{x}, \underline{\omega})$ 是 $S(\underline{x}, \underline{\omega})$ 的 Cauchy 型调和共轭, 则马上得到 $P(\underline{x}, \underline{\omega})$ 的公式. 为了得到 $Q(\underline{x}, \underline{\omega})$ 的公式, 需要计算 $\widetilde{S}(\underline{x}, \underline{\omega})$, 而这可通过在下列引理取 $r < 1$ 得到.　□

引理 6.5.1　对 $r = |\underline{x}| < 1$,

$$\sum_{k=0}^{\infty} r^k \frac{m-2}{m+k-2} P^{(k)}(\underline{\omega}^{-1}\underline{\xi})$$

$$= \frac{m-2}{r^{m-2}} \int_0^r \rho^{m-3} E(\underline{\omega} - \rho\underline{\xi}) \underline{\omega} d\rho$$

$$= \frac{1}{|\underline{x} - \underline{\omega}|^{m-2}} + \frac{m-2}{r^{m-1}} \left(\int_0^r \frac{\rho^{m-2}}{|\rho\underline{\xi} - \underline{\omega}|^m} d\rho \right) \underline{x} \wedge \underline{\omega}, \tag{6-30}$$

且, 对 $r = |\underline{x}| > 1$,

$$\sum_{k=1}^{\infty} \frac{m-2}{k} \frac{1}{r^{m-2+k}} P^{(-k)}(\underline{\omega}^{-1}\underline{\xi})$$

$$= \frac{m-2}{r^{m-2}} \int_r^{\infty} \rho^{m-3} E(\underline{\omega} - \rho\underline{\xi}) \overline{\underline{\omega}} d\rho$$

$$= \frac{1}{|\underline{x} - \underline{\omega}|^{m-2}} - \frac{1}{r^{m-2}} - \frac{m-2}{r^{m-1}} \left(\int_r^{\infty} \frac{\rho^{m-2}}{|\rho\underline{\xi} - \underline{\omega}|^m} d\rho \right) \underline{x} \wedge \underline{\omega}. \tag{6-31}$$

在 $r < 1$ 时该定理的证明参见 Brackx 等人的著作, 而对 $r > 1$ 的证明在文献 [76] 中给出.

类似地, 我们有 (参见 [76]) 以下定理.

定理 6.5.4 在单位球面上, 外Poisson 核和它的Cauchy 型调和共轭分别为

$$P^-(\underline{x}, \underline{\omega}) = \frac{1}{\sigma_{m-1}} \frac{|\underline{x}|^2 - 1}{|\underline{x} - \underline{\omega}|^m} \tag{6-32}$$

和

$$Q^-(\underline{x}, \underline{\omega}) = \frac{1}{\sigma_{m-1}} \left(-\frac{2}{|\underline{x} - \underline{\omega}|^m} + \frac{m-2}{r^{m-1}} \int_0^r \frac{\rho^{m-2}}{|\rho\underline{\xi} - \underline{\omega}|^m} d\rho \right) \underline{x} \wedge \underline{\omega}, \quad r > 1, \underline{\xi} \neq \underline{\omega}.$$

对 $f \in L^2(S^{m-1})$, $\underline{x} = r\underline{\xi}$, $0 \leqslant r < 1$, $\underline{y} = \underline{\omega} \in S^{m-1}$, 有

$$C^+ f(\underline{x}) = \sum_{k=0}^{\infty} \frac{|\underline{x}|^k}{\sigma_{m-1}} \int_{S^{m-1}} C_{m,k}^+(\underline{\xi}, \underline{\omega}) f(\underline{\omega}) d\sigma(\underline{\omega}), \tag{6-33}$$

其中

$$C_{m,k}^+(\underline{\xi}, \underline{\omega}) = \frac{m+k-2}{m-2} C_k^{(m-2)/2}(\langle \underline{\xi}, \underline{\omega} \rangle) + C_{k-1}^{m/2}(\langle \underline{\xi}, \underline{\omega} \rangle) \underline{\xi} \wedge \underline{\omega}, \tag{6-34}$$

且 $C_{-1}^{m/2}(\langle \underline{\xi}, \underline{\omega} \rangle) = 0$. 实际上, 根据 (6-8), (6-34) 的右边是一个 $\underline{\omega}^{-1}\underline{x}$ 的函数. 因此, 可以记

$$P^{(k)}(\underline{\omega}^{-1}\underline{x}) = r^k C_{m,k}^+(\underline{\xi}, \underline{\omega}), \quad k = 0, 1, 2, \cdots,$$

并且因此有

$$C^+ f(\underline{x}) = \sum_{k=0}^{\infty} \frac{1}{\sigma_{m-1}} \int_{S^{m-1}} P^{(k)}(\underline{\omega}^{-1}\underline{x}) f(\underline{\omega}) d\sigma(\underline{\omega}). \tag{6-35}$$

类似于 (6-35), 我们有

$$C^- f(\underline{x}) = \sum_{k=-1}^{-\infty} \frac{|\underline{x}|^{-m+2-k}}{\sigma_{m-1}} \int_{S^{m-1}} C_{m,|k|-1}^-(\underline{\xi}, \underline{\omega}) f(\underline{\omega}) d\sigma(\underline{\omega})$$

$$= \sum_{k=-1}^{-\infty} \frac{1}{\sigma_{m-1}} \int_{S^{m-1}} P^{(k)}(\underline{\omega}^{-1}\underline{x}) f(\underline{\omega}) d\sigma(\underline{\omega}), \tag{6-36}$$

其中

$$C_{m,|k|-1}^-(\underline{\xi}, \underline{\omega}) = \frac{|k|}{m-2} C_{|k|}^{(m-2)/2}(\langle \underline{\xi}, \underline{\omega} \rangle) - C_{|k|-1}^{m/2}(\langle \underline{\xi}, \underline{\omega} \rangle) \underline{\xi} \wedge \underline{\omega}. \tag{6-37}$$

设

$$P^{(k)}(\underline{\omega}^{-1}\underline{x}) = r^{-m+2-k}C_{m,|k|-1}^{-}(\xi,\underline{\omega}), \quad k = -1, -2, \cdots.$$

对 L^2 意义下的 Fourier-Laplace 展开, 如下事实成立:

$$f(\underline{\xi}) = \sum_{k=-\infty}^{\infty} \frac{1}{\sigma_{m-1}} \int_{S^{m-1}} P^{(k)}(\underline{\omega}^{-1}\underline{\xi})f(\underline{\omega})d\sigma(\underline{\omega}). \tag{6-38}$$

该结果表明级数

$$\mathrm{Sc}\left[\sum_{k=-\infty}^{\infty} \frac{1}{\sigma_{m-1}} P^{(k)}(\underline{\omega}^{-1}\underline{\xi})\right]$$

起到了相当于 Dirac 函数的作用.

定理 6.5.5　　内 Poisson 核和它的 Cauchy 型共轭的 Abel 求和展开分别为

$$P^{+}(\underline{x},\omega) = \frac{1}{\sigma_{m-1}}\sum_{-\infty}^{\infty} r^{|k|}P^{(k)}(\underline{\omega}^{-1}\underline{\xi}), \quad \underline{x} = r\underline{\xi}, r < 1, \tag{6-39}$$

和

$$\begin{aligned}
&Q^{+}(r\underline{\xi},\omega)\\
&= \frac{1}{\sigma_{m-1}}\left[\sum_{k=1}^{\infty} \frac{k}{m+k-2}r^{k}P^{(k)}(\underline{\omega}^{-1}\underline{\xi}) - \sum_{k=-\infty}^{-1} r^{|k|}P^{(k)}(\underline{\omega}^{-1}\underline{\xi})\right], \ r < 1.
\end{aligned} \tag{6-40}$$

证明　　设

$$A^{+}(r) = \frac{1}{\sigma_{m-1}}\left[\sum_{k=0}^{\infty} r^{k}P^{(k)}(\underline{\omega}^{-1}\underline{\xi})\right]. \tag{6-41}$$

从上面的分析, 我们看到

$$\begin{aligned}
A^{+}(r) &= \frac{1}{2}P^{+}(r\underline{\xi},\underline{\omega}) + \frac{1}{2}S^{+}(r\underline{\xi},\underline{\omega})\\
&\quad + \frac{1}{2}\widetilde{S}^{+}(r\underline{\xi},\underline{\omega}) + \frac{1}{2}Q^{+}(r\underline{\xi},\underline{\omega}), \quad r < 1,
\end{aligned} \tag{6-42}$$

其中最后三项是 f 的 Cauchy 奇异积分的一半, 即 $(1/2)\mathbb{C}f$ 的调和表示. 类似地,

$$\begin{aligned}
A^{-}(r) &= \frac{1}{\sigma_{m-1}}\left[\sum_{-\infty}^{-1} P^{(k)}(\underline{\omega}^{-1}\underline{x})\right]\\
&= \frac{1}{2}P^{-}(r\underline{\xi},\underline{\omega}) - \frac{1}{2}S^{-}(r\underline{\xi},\underline{\omega})\\
&\quad - \frac{1}{2}\widetilde{S}^{-}(r\underline{\xi},\underline{\omega}) - \frac{1}{2}Q^{-}(r\underline{\xi},\underline{\omega}), \quad r > 1.
\end{aligned} \tag{6-43}$$

若将 A^- 的 Kelvin 反演记为 $\mathbb{K}(A^-)$, 容易证明 $\mathbb{K}(A^-)$ 满足如下关系:

$$\mathbb{K}(A^-)(r) = \frac{1}{2}P^+(r\underline{\xi}, \underline{\omega}) - \frac{1}{2}S^+(r\underline{\xi}, \underline{\omega}) - \frac{1}{2}\widetilde{S}^+(r\underline{\xi}, \underline{\omega}) - \frac{1}{2}Q^+(r\underline{\xi}, \underline{\omega}), \quad r < 1.$$

因此得到

$$P^+(\underline{x}, \underline{\omega}) = A^+(r) + \mathbb{K}(A^-)(r).$$

在 (6-43) 的第一个等式中对 A^- 的级数展开逐项使用 Kelvin 反演, 并利用 (6-41), 我们得到 Poisson 核的 Abel 求和展开 (6-39).

下面导出共轭 Poisson 核 $Q^+(\underline{x}, \underline{\omega})$ 的 Abel 求和公式. 实际上, 根据引理 6.5.1 中的 (6-30), 在 (6-42) 中除 $(1/2)Q^+(r\underline{\xi}, \underline{\omega})$ 之外, 所有的项都具有 Abel 求和形式. 因而,

$$\begin{aligned}
\frac{1}{2}Q^+(r\underline{\xi}, \underline{\omega}) &= A^+(r) - \frac{1}{2}P^+(r\underline{\xi}, \underline{\omega}) - \frac{1}{2}\frac{1}{\sigma_{m-1}}\left[\sum_{k=0}^{\infty} r^k \frac{m-2}{m+k-2} P^{(k)}(\underline{\omega}^{-1}\underline{\xi})\right] \\
&= \frac{1}{\sigma_{m-1}}\left[\sum_{k=0}^{\infty} r^k P^{(k)}(\underline{\omega}^{-1}\underline{\xi}) - \frac{1}{2}\sum_{-\infty}^{\infty} r^{|k|} P^{(k)}(\underline{\omega}^{-1}\underline{\xi})\right. \\
&\quad \left. - \frac{1}{2}\sum_{k=0}^{\infty} r^k \frac{m-2}{m+k-2} P^{(k)}(\underline{\omega}^{-1}\underline{\xi})\right] \\
&= \frac{1}{\sigma_{m-1}}\left[\frac{1}{2}\sum_{k=0}^{\infty}\frac{k}{m+k-2} r^k P^{(k)}(\underline{\omega}^{-1}\underline{\xi}) - \frac{1}{2}\sum_{k=-\infty}^{-1} r^{|k|} P^{(k)}(\underline{\omega}^{-1}\underline{\xi})\right].
\end{aligned}$$

我们因此得到 (6-40). 这就完成了证明. □

定理 6.5.6 外Poisson 核和它的典型调和共轭的Abel 求和展开分别为

$$P^-(\underline{x}, \underline{\omega}) = \frac{1}{\sigma_{m-1}}\sum_{-\infty}^{\infty} r^{-|k|-m+2} P^{(k)}(\underline{\omega}^{-1}\underline{\xi}), \quad \underline{x} = r\underline{\xi}, r > 1 \tag{6-44}$$

和

$$\begin{aligned}
Q^-(\underline{x}, \underline{\omega}) &= \frac{1}{\sigma_{m-1}}\left[\sum_{k=1}^{\infty}\frac{1}{r^{m+k-2}} P^{(k)}(\underline{\omega}^{-1}\underline{\xi})\right. \\
&\quad \left. - \sum_{k=-\infty}^{-1}\frac{m+|k|-2}{|k|}\frac{1}{r^{m+|k|-2}} P^{(k)}(\underline{\omega}^{-1}\underline{\xi})\right] - \widetilde{N}(r\underline{\xi}, \underline{\omega}), \tag{6-45}
\end{aligned}$$

其中 $\widetilde{N}$ 是双层位势 N 在单位球外的典型调和共轭, 这里

$$N(r\underline{\xi}) = \frac{1}{\sigma_{m-1}}\frac{1}{r^{m-2}}$$

和

$$\widetilde{N}(r\underline{\xi}, \underline{\omega}) = \frac{1}{\sigma_{m-1}}\frac{m-2}{r^{m-2}}\int_0^{\infty}\frac{\rho^{m-2}}{|\rho\underline{\xi} - \underline{\omega}|^m}d\rho\underline{\xi} \wedge \underline{\omega}, \quad \text{a.e.}\, r > 1. \tag{6-46}$$

6.6 注　记

注 6.6.1　单项式函数的定义以及命题 6.1.1 给出的性质给出 Fueter 定理的一个推广. 如果 $f^0(z) = u(x,y) + iv(x,y)$ 全纯地定义在上半复平面的一个相对开集 O 上, 则函数 $\Delta(\overrightarrow{f^0}(q))$ 对 $q \in O$ 是正则的, 其中 Δ 是关于变量 q_0, q_1, q_2, q_3 的 Laplace 算子. 1957 年, Sce 对于 n 为奇数的情形将该结果推广到了 $\mathbb{R}_1^n$. 命题 6.1.1 的 (iii) 和 (vii) 相当于对 z^k, $k \in \mathbb{Z}$ 时的 Sce 的结果. 特别地, 命题 6.1.1 的 (vii) 表明如果 n 为奇数, 则 $P^{(k-1)}$ 可以通过算子 τ 得到, 而不必使用 Kelvin 反演.

第7章 Lipschitz 曲线和曲面上分数阶全纯 Fourier 乘子

本章的内容取材于作者近年来在无界全纯 Fourier 乘子方面研究的某些新进展. 参见两位作者与其他合作者 (I. Leong) 的文章 [49] 及 [50].

在上边的章节中, 我们介绍了有限和无穷区域上的卷积奇异积分算子和有界全纯 Fourier 乘子理论, 其中乘子 $b(\xi)$ 属于区域上的有界全纯函数类 $H^\infty(S_\mu^c)$, 即

$$H^\infty(S_{\mu,\pm}^c) = \Big\{ b \colon S_{\mu,\pm}^c \to \mathbb{C} \colon b \text{ 是全纯的且满足}$$
$$\text{在任意的 } S_{\nu,\pm}^c, \ 0 < \nu < \mu, |b(z)| \leqslant C_\nu \Big\}$$

以及

$$H^\infty(S_\mu^c) = \Big\{ b \colon S_\mu^c \to \mathbb{C} \colon b_\pm = b\chi_{\{z \in \mathbb{C} \colon \pm \mathrm{Re}z > 0\}} \in H^\infty(S_{\mu,\pm}^c) \Big\},$$

其中区域 $S_{\mu,\pm}^c$ 和 S_μ^c 为 7.3 节中定义的某些锥形区域. 一个很自然的问题是如果 $b(\xi)$ 被一个多项式控制, 情形会如何? 对这类乘子, 我们是否能建立相应的奇异积分理论.

另一方面, 在 Clifford 分析的最新研究中, 出现了一些不能纳入到 Lipschitz 图像上的奇异积分的框架当中的例子. 我们来看下面的例子.

例 7.0.1 在文献 [25] 和 [26] 中, 为了研究在空锥内有奇异值基本解的所谓的 Photogenic-Dirac 方程, D. Eelbode 在 $\mathbb{R}^m$ 中的单位球面上引入了 Photogenic-Cauchy 变换 C_P^α. 在给出这个变换之前, 我们先介绍一些相关的背景知识.

令 $\mathbb{R}^{1,m}$ 表示具有正交基 $B_{1,m}(\varepsilon, e_j) = \{\varepsilon, e_1, \cdots, e_m\}$ 和二次型

$$Q_{1,m}(T, \underline{X}) = T^2 - \sum_{j=1}^m X_j^2 = T^2 - R^2$$

的实正交空间, 其中取

$$R = |\underline{X}| = \left(\sum_{j=1}^m X_j^2 \right)^{1/2}.$$

正交空间 $\mathbb{R}^{1,m}$ 被称为 m 维时-空, m 表示空间的维数. 时空 Clifford 代数 $\mathbb{R}_{1,m}$ 是由如下乘法生成的: 对所有的 $1 \leqslant i, j \leqslant m$, $e_i e_j + e_j e_i = -2\delta_{ij}$; 对所有的 i 和

$\varepsilon^2 = 1, e_i\varepsilon + \varepsilon e_i = 0.$ $\mathbb{R}^{1,m}$ 中的向量, 即 $(m+1)$-对 $(T, \underline{X})$ 或时-空向量在典型映射

$$(T, \underline{X}) = (T, X_1, \cdots, X_m) \longmapsto \varepsilon T + \underline{X}$$

下等于 $\mathbb{R}_{1,m}$ 中的 1-向量. $\mathbb{R}^{1,m}$ 上的 Dirac 算子由向量导数给出

$$D(T, \underline{X})_{1,m} = \varepsilon\partial_T - \sum_{j=1}^m e_j\partial_{X_j},$$

该 Dirac 算子分解 $\mathbb{R}^{1,m}$ 上的波算子 $\square_m = \partial_T^2 - \Delta_m$ 如下:

$$\square_m = \left(\varepsilon\partial_T - \sum_{j=1}^m e_j\partial_{X_j}\right)^2.$$

对 $\alpha + m \geqslant 0$ 和 $\underline{\omega} \in S^{m-1}$, 考虑如下的 Photogenic-Dirac 方程

$$(\varepsilon\partial_T - \partial_{\underline{X}})\mathcal{F}_{\alpha,\underline{\omega}}(T, \underline{X}) = T^{\alpha+m-1}\delta(T\underline{\omega} - \underline{X}),$$

并且做变换:

$$\lambda = T \text{ 和 } \underline{x} = \frac{X}{T} = r\underline{\xi} \in B_m(1),$$

其中 $B_m(1)$ 是 $\mathbb{R}^m$ 中的单位球且 $|\xi| = 1$. D. Eelbode 在 [25] 中证明

$$\mathcal{F}_\alpha(\underline{x}, \underline{\omega}) = (2\alpha + m + 1)c(\alpha, m)(\varepsilon + \underline{x})\frac{(1 - r^2)^{\alpha + \frac{m-1}{2}}}{(1 - \langle \underline{x}, \underline{\omega}\rangle)^{\alpha+m}}$$

$$+ (\alpha + m)c(\alpha, m)(\varepsilon + \underline{\omega})\frac{(1 - r^2)^{\alpha + \frac{m+1}{2}}}{(1 - \langle \underline{x}, \underline{\omega}\rangle)^{\alpha+m+1}},$$

其中 $c(\alpha, m)$ 是与 α 和 m 有关的常数. 此外, 令 $f(\underline{\omega})$ 为任意定义在球面 S^{m-1} 上的函数. 对所有的 $\underline{x} \in B_m(1)$, 相应的 f 的 Photogenic-Cauchy 变换 $C_P^\alpha[f](\underline{x})$ 定义为

$$C_P^\alpha[f](\underline{x}) = \frac{1}{\Omega_m}\int_{S^{m-1}} \mathcal{F}_\alpha(\underline{x}, \underline{\omega})\underline{\omega}f(\omega)d\omega,$$

其中 Ω_m 是球面 S^{m-1} 的曲面面积.

如果将这个变换 C_P^α 分别作用到 $\mathbb{R}^n \setminus \{0\}$ 上的内和外的球 Clifford 解析多项式 P_k 和 Q_k 上, 并令 $r \to 1-$, 我们可以得到边值 $C_P^\alpha[P_k]\uparrow$ 和 $C_P^\alpha[Q_k]\uparrow$ 如下

$$C_P^\alpha[P_k]\uparrow(\underline{\xi}) = \frac{\Gamma\left(\dfrac{m-1}{2}\right)}{8\pi^{\frac{m-1}{2}}}\frac{(\alpha+m+k)\{(\alpha+m+k-1)+(k-\alpha)\underline{\xi}\varepsilon\}P_k(\underline{\xi})}{\left(\alpha+\dfrac{m+1}{2}\right)\left(\alpha+\dfrac{m-1}{2}\right)},$$

$$C_P^\alpha[Q_k]\uparrow(\underline{\xi}) = \frac{\Gamma\left(\dfrac{m-1}{2}\right)}{8\pi^{\frac{m-1}{2}}}\frac{(1+\alpha-k)\{(\alpha-k)+(\alpha+m+k-1)\underline{\xi}\varepsilon\}Q_k(\underline{\xi})}{\left(\alpha+\dfrac{m+1}{2}\right)\left(\alpha+\dfrac{m-1}{2}\right)}.$$

很明显,

$$k^2 P_k(\underline{\xi}), \ kP_k(\underline{\xi}), \ k^2 Q_k(\underline{\xi}), \ kQ_k(\underline{\xi})$$

的出现表明, 对 $f \in L^2(S^{m-1})$, 边值 $C_P^\alpha[f]\uparrow$ 不属于 $L^2(S^{m-1})$, 因此对于这些算子的有界性, 需要把 f 限制到更小的空间中. 在文献 [25] 中, 作者将空间 $L^2(S^{m-1})$ 换为球面上一个特殊的 Sobolev 空间并得到了 $C_P^\alpha[f]\uparrow$ 的有界性. 基于以上结果, 本章中考虑满足如下条件的 Fourier 乘子 $b(\xi)$:

对 $s > 0$, 在某区域中, $|b(\xi)| \leqslant C|\xi + 1|^s$,

并研究与这些的乘子相关的积分算子的有界性.

注 7.0.1   特别地, 如果在 Fourier 乘子的定义中取某些特殊的 b_k (见定义 7.3.2 和后边的注释), 可以看到所对应的乘子算子变为文献 [25] 和 [26] 中研究的双曲球面上的 Cauchy 变换的边值.

与例 7.0.1 中的 Photogenic-Cauchy 变换相比较, 对 Fourier 乘子的研究存在两个难点.

(1) Cauchy 变换 C_P^α 的核 $\mathcal{F}_\alpha(\underline{x}, \omega)$ 可以从波算子 $\Box_m$ 的基本解中导出. 而 Fourier 乘子的核却没有明确的表达式.

(2) 在 $\mathbb{R}^n$ 中的单位球面上, Plancherel 定理成立. 在得到了 $C_P^\alpha(f)$ 关于球调和函数的分解之后, 文献 [25] 的作者可以容易地推出, 当 f 属于某些 Sobolev 空间时, 函数 $C_P^\alpha(f)$ 属于 $L^2(S^{m-1})$. 但在 Lipschitz 曲面的情形下, 不存在相应的 Plancherel 定理. 文献 [25] 的方法不适用.

为了克服以上困难, 我们仍使用 Fueter 定理来估计乘子算子的核. 我们证明, Fourier 乘子的核按照 $-(n+s)$ 阶的多项式衰减. 本节的证明类似于第 6 章, 但有些不同. 在处理 s 为负指标的情形时, $|x|^s$ 在区域 $H_{\omega,+}$ 中是无界的. 因而在得到了 $H_{\omega,-}$ 上核的估计之后, 不能使用 Kelvin 反演得到 $H_{\omega,+}$ 上的估计. 详见定理 7.2.2.

7.1   Lipschitz 曲线上的分数次积分和微分

本节将第 1、2 章中的结果推广到如下情形 $|b_n| \leqslant Cn^s$, $-\infty < s < \infty$. 该结果对应到闭 Lipschitz 曲线上的分数次积分与微分算子, 并与 Lipschitz 区域上的边值问题有着紧密的联系.

我们使用复平面 $\mathbb{C}$ 中的如下集合. 对 $\omega \in (0, \pi/2]$, 记

$$S_{\omega,\pm} = \left\{ z \in \mathbb{C} : \ |\arg(\pm z)| < \omega \right\}$$

为定义 1.2.1 所定义的集合. 令

$$W_{\omega,\pm} = \left\{ z \in \mathbb{Z} : |\mathrm{Re}(z)| \leqslant \pi \ \text{且} \ \mathrm{Im}(\pm z) > 0 \right\} \cup S_\omega,$$

如图 7-1 和图 7-2 所示.

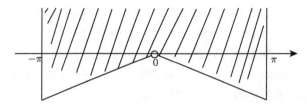

图 7-1　$W_{\omega,+}$

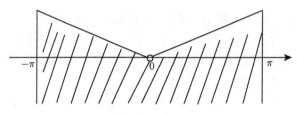

图 7-2　$W_{\omega,-}$

我们对 $W_{\omega,\pm}$ 周期化得到如下心形区域:

$$C_{\omega,\pm} = \left\{ z = \exp(i\eta) \in \mathbb{C} : \ \eta \in W_{\omega,\pm} \right\},$$

$C_{\omega,\pm}$ 图像如图 7-3 和图 7-4 所示.

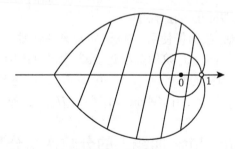

图 7-3　$C_{\omega,+}$

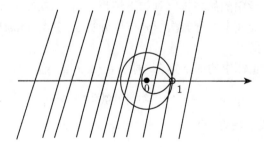

图 7-4　$C_{\omega,-}$

定义

$$S_\omega = S_{\omega,+} \cup S_{\omega,-},$$

$$W_\omega = W_{\omega,+} \cap W_{\omega,-},$$

$$C_\omega = C_{\omega,+} \cap C_{\omega,-}.$$

设 O 为复平面中的集合. 若对 $z \in O$ 和所有的 $0 < r \leqslant 1$, 可以推出 $rz \in O$, 则称 O 为具有极点为零的内星形区域. 如果对 $z \in O$ 和所有的 $1 \leqslant r < \infty$, 均有 $rz \in O$, 则称 O 为具有极点为零的外星形区域. 对任意的 $\omega \in (0, \pi/2]$, $C_{\omega,+}$ 为心形区域且为具有极点零的内星形区域. 而 $C_{\omega,-}$ 可以看成是心形区域的补集且为具有极点零的外星形区域.

下述扇形区域上的函数空间是下面将要用到的. 对 $-\infty < s < \infty$,

$$H^s(S_{\omega,\pm}) = \Big\{ b : S_{\omega,\pm} \to \mathbb{C} \mid b \text{ 是全纯的且满足}$$
$$\text{在每个 } S_{\mu,\pm} \text{ 中}, 0 < \mu < \omega, \; |b(z)| \leqslant C_\mu |z \pm 1|^s \Big\}.$$

对 $s = -1, -2, \cdots$, 另一个函数空间也是将要用到的.

$$H_{\ln}^s(S_{\omega,\pm}) = \Big\{ b : S_{\omega,\pm} \to \mathbb{C} \mid b \text{ 是全纯的且满足}$$
$$\text{在每个 } S_{\mu,\pm} \text{ 中}, 0 < \mu < \omega, \; |b(z)| \leqslant C_\mu |z \pm 2|^s \ln|z \pm 2| \Big\}.$$

在对称扇形区域上, 也可以定义相应的函数空间. 对 $-\infty < s < \infty$,

$$H^s(S_\omega) = \Big\{ b : S_\omega \to \mathbb{C} \mid b_\pm \in H^s(S_{\omega,\pm}), \text{ 其中 } b_\pm = b\chi_{\{z \in \mathbb{C}, \pm \mathrm{Re}z > 0\}} \Big\}$$

和

$$H_{\ln}^s(S_\omega) = \Big\{ b : S_\omega \to \mathbb{C} \mid b_\pm \in H_{\ln}^s(S_{\omega,\pm}), \text{ 其中 } b_\pm = b\chi_{\{z \in \mathbb{C}, \pm \mathrm{Re}z > 0\}} \Big\},$$

其中 χ_E 表示集合 E 的特征函数.

因而, 在上边定义的空间 H^s 和 $H_{\ln}^s$ 是由扇形区域上满足如下性质的函数组成: 函数在任意较小的扇形区域内可以全纯地定义, 且在零点附近有界, 在 ∞, 分别以 $C_\mu |z|^s$ 和 $C_\mu |z|^s \ln|z|$ 为上界.

如果一个由 Laurent 级数定义的函数在一个区域内收敛到一个全纯函数, 则称该函数可以全纯地定义. 在这种情况之下, 由 Abel 定理, 正的幂级数的部分在与该区域相关的具有极点为零的内星形区域内全纯地定义; 而负的幂级数的部分在与该区域相关的具有极点为零的外星形区域内全纯地定义.

对 $s > -1$, 定义

$$K^s(C_{\omega,\pm}) = \left\{ \phi : C_{\omega,\pm} \to \mathbb{C} \mid \phi \text{ 是全纯的且满足在任意的}\right.$$

$$\left. C_{\mu,\pm}, 0 < \mu < \omega \text{ 中, } |\phi(z)| \leqslant \frac{C_\mu}{|1-z|^{1+s}} \right\}$$

和

$$K^s(C_\omega) = \left\{ \phi : C_\omega \to \mathbb{C} \mid \phi \text{ 是全纯的且满足在任意的}\right.$$

$$\left. C_{\mu,\pm}, 0 < \mu < \omega \text{ 中, } |\phi(z)| \leqslant \frac{C_\mu}{|1-z|^{1+s}} \right\}.$$

对 $-\infty < s \leqslant -1$, 我们只给出 $K^s(C_{\omega,+})$ 的定义. 对 $-\infty < s \leqslant -1$, $K^s(C_{\omega,-})$ 和 $K^s(S_\omega)$ 的定义可以类似地给出. 假定

(i) $\underline{b} = (b_n)_{n=0}^\infty \in l^\infty$;

(ii) $\phi_{\underline{b}}(z) = \sum_{n=0}^\infty b_n z^n$ 在 $C_{\omega,+}$ 内可以全纯地定义;

(iii) 级数 $\phi_{\underline{b}}(1) = \sum_{n=0}^\infty b_n$ 收敛.

构造差分

$$\phi_{\underline{b}}(z) - \phi_{\underline{b}}(1) = b_1(z-1) + b_2(z^2-1) + \cdots + b_n(z^n-1) + \cdots + (z-1)\phi_{I(\underline{b})}(z),$$

其中

$$I(\underline{b}) = \left(\sum_{k=n}^\infty b_k \right)_{n=1}^\infty \in l^\infty,$$

和

$$\phi_{I(\underline{b})}(z) = \sum_{n=1}^\infty \left(\sum_{k=n}^\infty b_k \right) z^{n-1}.$$

则, 由 (ii), $\phi_{I(\underline{b})}$ 在 $C_{\omega,+}$ 中是全纯的.

上面构造的序列 $I(b)$ 可能满足 (iii), 也可能不满足. 如果该序列满足 (iii), 则它自动满足 (i). 因而 $(I(\underline{b}), \phi_{I(\underline{b})})$ 满足条件 (i), (ii) 和 (iii). 然后我们可继续考察序列 $I(I(\underline{b})) = I^2(\underline{b})$ 是否满足 (iii), 以此类推. 记

$$I(I^n(\underline{b})) = I^{n+1}(\underline{b}) \text{ 和 } I^0(\underline{b}) = \underline{b}.$$

如果上述流程可以至多重复 k 次, 就会有

$$(I^j(\underline{b}), \phi_{I^j(\underline{b})}), \quad 0 \leqslant j \leqslant k,$$

均满足条件 (i) 到 (iii), 但是 $I^{k+1}(\underline{b})$ 不满足 (iii). 在这种情况下, 有

$$\phi_{\underline{b}}(z) = \phi_{\underline{b}}(1) + (z-1)\phi_{I(\underline{b})}(1) + \cdots + (z-1)^k \phi_{I^k(\underline{b})}(z). \tag{7-1}$$

现在开始定义函数类 $K^s(C_{\omega,+})$, $-\infty < s \leqslant -1$:

$$K^s(C_{\omega,+}) = \Big\{ \phi_{\underline{b}} : C_{\omega,+} \to \mathbb{C} \mid \underline{b} \in l^\infty, \text{ 上述过程可以重复至多 } k_s \text{ 次},$$

$$\text{其中 } k_s = [1-s] \text{ 或 } [-s] \text{ 依赖于 } s \text{ 是否为整数},$$

$$\text{且在任意的 } C_{\mu,+}, 0 < \mu < \omega \text{ 中}, \|(z-1)^{k_s}\phi_{I^{k_s}(\underline{b})}(z)\| \leqslant \frac{C_\mu}{|z-1|^{1+s}}\Big\},$$

这里, 对 $\alpha > 0$, $[\alpha] = \max\{n \in \mathbb{Z} \mid n \leqslant \alpha\}$, 表示不超过 α 的最大整数.

对 $s = -1, -2, \cdots$, 我们考虑另一类函数

$$K^s_{\ln}(C_{\omega,+}) = \Big\{ \phi_{\underline{b}} : C_{\omega,+} \to \mathbb{C} \mid \underline{b} \in l^\infty, \text{上述过程可以至多进行} - (s+1) \text{ 次}, \text{ 且}$$

$$\text{在任意的} C_{\mu,+}, 0 < \mu < \omega \text{ 中}, \ |(z-1)^{-s-1}\phi_{I^{-s-1}(\underline{b})}(z)| \leqslant C\frac{|\ln|z-1||}{|z-1|^{1+s}}\Big\}.$$

上面定义的空间 H^s 和 K^s 随着 $s \to \infty$ 而增长. 下面给出本节的主要结果. 符号 $\pm$ 表示要么全取 $+$, 要么全取 $-$.

定理 7.1.1   令 $-\infty < s < \infty$, $s \notin -1, -2, \cdots$, $b \in H^s(S_{\omega,\pm})$, 且 $\phi(z) = \sum_{n=\pm 1}^{\pm\infty} b(n)z^n$, 则 $\phi \in K^s(C_{\omega,\pm})$.

证明   以下将 $H^s(S_{\omega,+})$ 和 $K^s(C_{\omega,+})$ 分别简记为 H^s_ω 和 K^s_ω. 首先考虑 $0 \leqslant s < \infty$ 的情况. 定义

$$\Psi(z) = \frac{1}{2\pi} \int_{\rho_\theta} \exp(iz\zeta)b(\zeta)d\zeta, \quad z \in V_{\omega,+},$$

其中

$$V_{\omega,+} = \Big\{ z \in \mathbb{C} \mid \mathrm{Im}(z) > 0 \Big\} \cup S_\omega,$$

ρ_θ 表示射线: $r\exp(i\theta)$, $0 < r < \infty$. 这里, θ 满足 $\rho_\theta \in S_{\omega,+}$, 且当 ζ 沿着 ρ_θ 趋于 ∞ 时, $\exp(iz\zeta)$ 周期衰减. 容易看出, Ψ 在 $V_{\omega,+}$ 中是良定的和全纯的. 实际上, Ψ 的定义与 θ 的选择无关. 对任意的 $\mu \in (0,\omega)$, 不难看出

$$|\Psi(z)| \leqslant \frac{C_\mu}{|z|^{1+s}}, \quad z \in V_{\mu,+}.$$

我们进而定义函数

$$\Psi^1(z) = \int_{\delta(z)} \Psi(\zeta)d\zeta, \quad z \in S_{\omega,+},$$

其中 $\delta(z)$ 是 V_ω 中任意从 $-z$ 到 z 的路径. 由 Cauchy 公式不难看出, 对任意的 $\mu \in (0,\omega)$,

$$|\Psi^1(z)| \leqslant \frac{C_\mu}{|z|^s}, \quad z \in S_{\mu,+}.$$

由 Possion 求和公式, 定义

$$\psi(z) = 2\pi \sum_{n=-\infty}^{\infty} \Psi(z + 2n\pi), \quad z \in \bigcup_{n=-\infty}^{\infty} (2n\pi + W_{\omega,+}),$$

其中 $\sum$ 表示如下意义下的求和:

(i) 对 $s > 0$, 级数绝对且局部一致收敛到一个 2π 周期的全纯函数 ψ, 且函数 $\phi = \psi \circ \ln /i \in K_\omega^s$;

(ii) 对 $s = 0$, 存在序列 $(n_k)_1^\infty$ 使得部分和

$$s_{n_k}(z) = 2\pi \sum_{|n| \leqslant n_k} \Psi(z + 2n\pi)$$

局部一致收敛到一个 2π 周期函数 ψ, 且 $\phi = \psi \circ \ln /i \in K_\omega^s$.

可以证明由不同的子序列 (n_k) 定义的不同函数 Ψ 相差有界的常数. 利用 Ψ 的估计, 对情况 $s > 0$ 的证明易于得到.

现在证明 $s = 0$ 的情况. 考虑分解

$$\sum_{k=-n}^{n} \Psi(z + 2k\pi) = \Psi(z) + \sum_{k \neq 0}^{\pm n} \Big(\Psi(z + 2k\pi) - \Psi(2k\pi)\Big) + \sum_{k=1}^{n} (\Psi^1)'(2k\pi)$$

$$= \Psi(z) + \sum_1 + \sum_2, \quad z \in W_{\mu,+}.$$

我们将证明 $\sum_1$ 是绝对收敛且有界的, 而 $\sum_2$ 按照上边所说的意义收敛并且仍是有界的. 因此, 和式的主部是 $\Psi(z)$, 当 $z \to 0$ 时, 其被 $C|z|^{-1}$ 控制. 函数 ψ 也是如此. 因此, 函数 $\phi = \psi \circ \ln /i$ 满足想要的估计. 为了处理 $\sum_1$, 我们须使用由 Cauchy 公式得出的不等式

$$|\Psi'(z)| \leqslant \frac{C_\mu}{|z|^{2+s}}, \quad z \in W_{\mu,+}.$$

为了处理 $\sum_2$, 利用积分平均值定理, 我们得到

$$\sum_{k=1}^{n} (\Psi^1)'(2k\pi)$$

$$= \int_{2\pi}^{2(n+1)\pi} \left[(\Psi^1)'(r)dr + \sum_{k=1}^{n} (\Psi^1)'(2k\pi) - \mathrm{Re}((\Psi^1)')(\xi_k) - i\mathrm{Im}((\Psi^1)')(\eta_k) \right]$$

$$= \Psi^1(2(n+1)\pi) - \Psi^1(2\pi)$$

$$+ \sum_{k=1}^{n} \left[(\Psi^1)'(2k\pi) - \mathrm{Re}((\Psi^1)')(\xi_k) - i\mathrm{Im}((\Psi^1)')(\eta_k) \right],$$

其中 $\xi_k, \eta_k \in (2k\pi, 2(k+1)\pi)$. 再由 Ψ' 的估计, 上式的级数部分绝对收敛. 因为第一部分是有界的, 通过选择适当的子列 $n = n_k$, 该部分趋于一个具有相同上界的常数. 这就完成了对情形 $s = 0$ 的证明.

对于情形 $s < 0$, 我们对区间 $-k-1 \leqslant s < -k$ 使用迭代, 其中 $k \geqslant 0$ 为整数. 首先考虑 $-1 < s < 0$. 令 $b \in H_\omega^s$ 且

$$\phi(z) = \sum_{n=1}^{\infty} b(n)z^n, \quad \phi_0(z) = \sum_{n=1}^{\infty} nb(n)z^n,$$

$$z\phi'(z) = \phi_0(z).$$

因为 $b \in H_\omega^s$, 我们有 $(\cdot)b(\cdot) \in H_\omega^{s+1}$, 其中 $0 < s+1 < 1$. 跟上边证明过的一样, 我们有 $\phi_0 \in K_\mu^{s+1}$, 且级数 ϕ_0 局部一致收敛. 这一点使得我们可以对级数 $\phi_0(z)/z$ 逐项积分. 注意到区域 $C_{\omega,+}$ 是星形的, 记从 0 到 $1 \approx z = x + iy \in C_{\mu,+}$ 的一段为 $l(0,z)$, 并由对属于 K_μ^{s+1} 中函数的估计, 我们有

$$|\phi(z)| \leqslant \int_{l(0,z)} \left| \frac{\phi_0(\zeta)}{\zeta} \right| |d\zeta|$$

$$\leqslant C_\mu \int_{l(0,z)} \frac{1}{|1 - \zeta|^{s+2}} |d\zeta|$$

$$\leqslant C_\mu \int_0^1 \frac{1}{(|1 - tx| + t|y|)^{s+2}} dt.$$

为了完成证明, 我们分两种情况讨论: $x \leqslant 1$ 和 $x > 1$. 对 $x \leqslant 1$, 上边估计变为

$$\left| \int_0^1 \frac{1}{(1 - t(x - |y|))^{s+2}} dt \right| = \frac{1}{s+1} \frac{1}{x - |y|} \left(\frac{1}{(|1 - x| + |y|)^{s+1}} - 1 \right)$$

$$\leqslant \frac{C_{\mu,s}}{|1 - z|^{s+1}},$$

其中使用了条件: $z \approx 1$, 因此 $x \approx 1, y \approx 0$.

对 $x > 1$, 因为 z 属于星形区域 $C_{\mu,+}$, 可以推出

$$x - 1 = |1 - x| \leqslant (\tan(\mu))|y|$$

以及

$$|y| \geqslant C_\mu(|1-x| + |y|).$$

这一点连同 $x \approx 1$ 和 $y \approx 0$ 得出

$$\int_0^1 \frac{1}{(|1-tx| + t|y|)^{s+2}} dt$$
$$= \int_0^{1/x} \frac{1}{(1-t(x-|y|))^{s+2}} dt + \int_{1/t}^1 \frac{1}{(t(x+|y|)-1)^{s+2}} dt$$
$$= \frac{1}{s+1} \left(\frac{2x}{x^2-y^2} \frac{x^{s+1}}{|y|^{s+1}} + \frac{1}{x+|y|} \frac{1}{(|1-x|+|y|)^{s+1}} - \frac{1}{x-|y|} \right)$$
$$\leqslant \frac{C_\mu}{|1-z|^{s+1}}.$$

对 $s = -1$, 利用对情形 $s = 0$ 的结果, 通过相似的推导得到

$$|\phi(z)| \leqslant C_\mu \int_{l(0,z)} \frac{1}{|1-\zeta|} |d\zeta| \leqslant C_\mu |\ln|1-z||,$$

其中 $z \in C_{\mu,+}$.

这就完成了对于 $-1 \leqslant s < 0$ 这一情形的证明. 我们的归纳假设为:

令 $-k-1 \leqslant s < -k$, 其中 $k \geqslant 0$ 为整数, 且 $b \in H_\omega^s$. 定义 $\underline{b} = (b(n))_{n=1}^\infty$, 我们有 $\phi_{\underline{b}} \in K_\omega^s$.

现在考虑情形 $-k-2 \leqslant s < -k-1$, 其中 $k \geqslant 0$ 为整数且 $b \in H_\omega^s$. 设

$$\begin{cases} \phi(z) = \sum_{n=1}^\infty b(n)z^n, \\ \phi_0(z) = \sum_{n=1}^\infty b_0(n)z^n, \end{cases}$$

其中 $b_0(z) = \sum_{n=0}^\infty b(z+n)$. 容易看出 $b_0 \in H_\omega^{s+1}$. 因为 $-k-1 \leqslant s+1 < -k$, 由归纳假设可以得到 $\phi_0 \in K_\omega^{s+1}$. 因此, 若 s 为整数, $\phi_{I[-s-2](\underline{b_0})}$ 可以全纯地延拓到 $C_{\omega,+}$; 若 s 不是整数, $\phi_{I[-s-1](\underline{b_0})}$ 可以全纯地延拓到 $C_{\omega,+}$. 这里 $\underline{b_0} = (b_0(n))_{n=1}^\infty$. 并且在这两种情况下, 对 $z \in C_{\mu,+}$, 分别有

$$|(z-1)^{[-s-2]} \phi_{I[-s-2](\underline{b_0})}(z)| \leqslant C_\mu \frac{|\ln|z-1||}{|z-1|^{s+2}}$$

或

$$|(z-1)^{[-s-1]} \phi_{I[-s-1](\underline{b_0})}(z)| \leqslant C_\mu \frac{1}{|z-1|^{s+2}}.$$

因为对任意的 $k \to 0$, $I^k \underline{b}_0 = I^{k+1} \underline{b}$, 有 $\phi_{I^k(\underline{b}_0)} = \phi_{I^{k+1}(\underline{b})}$, 且因此有当 s 为整数时,

$$|(z-1)^{[-s-1]} \phi_{I^{[-s-1]}(\underline{b})}(z)| \leqslant C_\mu \frac{|\ln|z-1||}{|z-1|^{s+1}},$$

或若 s 不是整数,

$$|(z-1)^{[-s]} \phi_{I^{[-s]}(\underline{b})}(z)| \leqslant C_\mu \frac{1}{|z-1|^{s+1}}.$$

这就证明了当 $b \in H_\omega^s$, $-k-2 \leqslant s < -k-1$, $\phi \in K_\omega^s$. □

定理 7.1.1 中的情形 "$+$" 和 "$-$" 分别对应到正、负幂级数的情形. 由这些结果, 我们得到对于 Laurent 级数的相应结论.

推论 7.1.1 令 $-\infty < s < \infty$, $s \neq -1, -2, \cdots$, $b \in H^s(S_\omega)$ 且

$$\phi(z) = \sum_{n=-\infty}^{\infty} b(n) z^n.$$

则 $\phi \in K^s(C_\omega)$.

定理 7.1.1 有下述反向结果.

定理 7.1.2 令 $-\infty < s < \infty$ 和 $\phi \in K^s(C_{\omega,\pm})$, 则对任意的 $\mu \in (0, \omega)$, 存在函数 $b^\mu \in H^s(S_{\mu,\pm})$ 使得

$$\phi(z) = \sum_{n=\pm 1}^{\pm\infty} b^\mu(n) z^n.$$

进而, 对 $s < 0$ 和 $z \in S_{\mu,\pm}^c$,

$$b^\mu(z) = \frac{1}{2\pi} \int_{\lambda_\pm(\mu)} \exp(-i\eta z) \phi(\exp(i\eta)) d\eta, \tag{7-2}$$

其中

$$\lambda_\pm(\mu) = \Big\{ \eta \in H_{\omega,\pm}^c \mid \eta = r\exp(i(\pi \pm \mu)), r \text{ 是从 } \pi\sec\mu \text{ 到}; 0$$
$$\text{且 } \eta = r\exp(\mp i\mu), r \text{ 是从 } 0 \text{ 到 } \pi\sec\mu \Big\}$$

且对 $s \geqslant 0$, $z \in S_{\mu,\pm}^c$,

$$b^\mu(z) = \frac{1}{2\pi} \lim_{\varepsilon \to 0} \Big(\int_{l(\varepsilon,|z|^{-1}) \cup c_\pm(|z|^{-1},\mu) \cup \Lambda_\pm(|z^{-1}|,\mu)} \exp(-i\eta z)\phi(\exp(i\eta))d\eta + \phi_{\varepsilon,\pm}^{|s|}(z) \Big),$$

其中, 如果 $r \leqslant \pi$,

$$l(\varepsilon, r) = \Big\{ \eta = x + iy \mid y = 0, x \text{ 是从 } -r \text{ 到 } -\varepsilon, \text{ 然后从 } \varepsilon \text{ 到 } r \Big\},$$

$$c_{\pm}(r,\mu) = \Big\{ \eta = r\exp(i\alpha) \mid \alpha \text{ 从 } \pi \pm \mu \text{ 到 } \pi, \text{ 然后从 } 0 \text{ 到 } \mp \mu \Big\},$$

且

$$\Lambda_{\pm}(r,\mu) = \Big\{ \eta \in W_{\omega,\pm} \mid \eta = \rho\exp(i(\pi \pm \mu)), \rho \text{ 是从 } \pi\sec\mu \text{ 到 } r;$$

$$\text{且 } \eta = \rho\exp(\mp i\mu), \rho \text{ 从 } r \text{ 到 } \pi\sec\mu \Big\};$$

如果 $r > \pi$,

$$l(\varepsilon,r) = l(\varepsilon,\pi), \quad c_{\pm}(r,\mu) = c_{\pm}(\pi,\mu),$$

$$\Lambda_{\pm}(r,\mu) = \Lambda_{\pm}(\pi,\mu).$$

在任意的情形中,

$$\phi_{\varepsilon,\pm}^{[s]}(z) = \int_{L_{\pm}(\varepsilon)} \phi(\exp(i\eta)) \left(1 + (-i\eta z) + \cdots + \frac{(-i\eta z)^{[s]}}{[s]!} \right) d\eta,$$

其中 $L_{\pm}(\varepsilon)$ 是 $C_{\omega,\pm}$ 中任意从 $-\varepsilon$ 到 ε 的路径 (图 7-5).

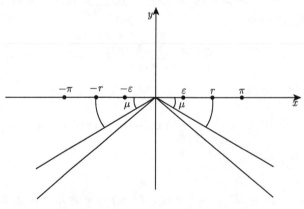

图 7-5　$l_{+}(\varepsilon,r) \cup c_{+}(r,\mu) \cup \Lambda_{+}(r,\mu)$

　　证明　令 $\phi \in K_{\omega}^{s}$, $-\infty < s < \infty$. 我们的目的是使用 (7-2) 或 (7-3) 证明上边定义的 b^{μ} 属于 H_{μ}^{s}, 且 $\phi(z) = \sum\limits_{n=1}^{\infty} b^{\mu}(n)z^{n}$.

　　我们首先考虑情形 $-\infty < s < 0$. 根据表达式 (7-2) 和 (7-1), 由对函数 ϕ 的估计以及 Cauchy 定理, 容易证明

$$\lim_{z \to 0} b^{\mu}(z) = \frac{1}{2\pi} \int_{\lambda(\mu)} \exp(i\eta z)\phi(\exp(i\eta))d\eta, \quad z \in S_{\mu,+},$$

其中

$$\lambda(\mu) = \Big\{\eta \in W_{\omega,+} \mid \eta = r\exp(i(\pi+\mu)),\ r\ \text{从}\ \pi\sec(\mu)\ \text{到}\ 0,$$
$$\text{且}\ \eta = r\exp(-i\mu),\ r\ \text{从}\ 0\ \text{到}\ \pi\sec(\mu)\Big\},$$

其中 $|\arg(z)| < \mu < \omega$. 令 $|\arg(z)| < \theta < \mu$. 由 ϕ 的估计和路径 $\lambda(\mu)$ 的性质, 函数 b^μ 满足如下估计:

$$|b^\mu(z)| \leqslant C_\mu\left(|z|^s + \int_0^\infty \exp(-\sin(\mu-\theta)|z|r)\frac{dr}{r^{1+s}}\right) \leqslant C_{\mu,\theta}|z|^s.$$

现在我们考虑情形 $0 \leqslant s < \infty$. 根据 (7-2), 当 $z \approx \infty$, 不失一般性, 假定 $|z|^{-1} \leqslant \pi$. 我们有

$$b^\mu(z) = \frac{1}{2\pi}\lim_{\varepsilon\to 0}\Big\{\Big(\int_{\varepsilon\leqslant|t|\leqslant|z|^{-1}}\exp(-itz)\phi(\exp(it))dt + \phi_\varepsilon^{[s]}(z)\Big)$$
$$+ \int_{c_+(|z|^{-1},\mu)}\exp(-i\eta z)\phi(\exp(i\eta))d\eta$$
$$+ \int_{\Lambda_+(|z|^{-1},\mu)}\exp(-i\eta z)\phi(\exp(i\eta))d\eta\Big\}$$
$$= \frac{1}{2\pi}\lim_{\varepsilon\to 0}\Big\{I_1(\varepsilon,z) + I_2(z,\mu) + I_3(z,\mu)\Big\},$$

其中 $|\arg(z)| < \mu < \omega$,

$$c_+(r,\mu) = \Big\{\eta = r\exp(i\alpha) \mid \alpha\ \text{从}\ \pi+\mu\ \text{到}\ \pi,\ \text{又从}\ 0\ \text{到}\ -\mu\Big\},$$

且

$$\Lambda_+(r,\mu) = \Big\{\eta \in W_{\omega,+} \mid \eta = \rho\exp(i(\pi+\mu)),\ \rho\ \text{从}\ \pi\sec(\mu)\text{到}\ r,$$
$$\text{且}\ \eta = \rho\exp(-i\mu),\ \rho\ \text{从}\ r\ \text{到}\ \pi\sec(\mu)\Big\}.$$

现在证明 I_1, I_2, I_3 一致地满足定理中提到的上界, 而且极限 $\lim_{\varepsilon\to 0}I_1$ 存在. 利用 Cauchy 定理, 有

$$I_1(\varepsilon,z) = \int_{\varepsilon\leqslant|t|\leqslant|z|^{-1}}\Big(\exp(-itz) - 1 - \frac{(-itz)}{1!} - \cdots - \frac{(-itz)^{[s]}}{[s]!}\Big)\phi(\exp(it))dt$$
$$+ \int_{\varepsilon\leqslant|t|\leqslant|z|^{-1}}\Big(1 + \frac{(-itz)}{1!} + \cdots + \frac{(-itz)^{[s]}}{[s]!}\Big)\phi(\exp(it))dt + \phi_{\varepsilon,+}^{[s]}(z)$$
$$= \int_{\varepsilon\leqslant|t|\leqslant|z|^{-1}}\Big(\exp(-itz) - 1 - \frac{(-itz)}{1!} - \cdots - \frac{(-itz)^{[s]}}{[s]!}\Big)\phi(\exp(it))dt$$
$$+ \phi_{|z|^{-1},+}^{[s]}(z).$$

代入 ϕ 的估计, 得到

$$\left| \int_{\varepsilon \leqslant |t| \leqslant |z|^{-1}} \left(\exp(-itz) - 1 - \frac{(-itz)}{1!} - \cdots - \frac{(-itz)^{[s]}}{[s]!} \right) \phi(\exp(it)) dt \right|$$
$$\leqslant C_\mu \int_{\varepsilon \leqslant |t| \leqslant |z|^{-1}} |t|^{[s]+1} |z|^{[s]+1} \frac{1}{|t|^{1+s}} dt$$
$$\leqslant C_\mu |z|^{[s]+1} \int_0^{|z|^{-1}} t^{[s]-s} dt$$
$$= C_\mu |z|^s.$$

上述讨论也显示 $\lim_{\varepsilon \to 0} I_1$ 存在.

为了估计 $\phi_{|z|^{-1},+}^{[s]}(z)$, 我们只须估计积分

$$\int_{L_\pm(|z|^{-1})} \frac{(-i\eta z)^k}{k!} \phi(\exp(i\eta)) d\eta, \quad k = 0, 1, \cdots, [s]. \tag{7-3}$$

取积分路径 $L_+(|z|^{-1})$ 为上半空间以 0 为中心, 半径为 $|z|^{-1}$ 的半圆周, 有

$$\left| \int_{L_+(|z|^{-1})} \frac{(-i\eta z)^k}{k!} \phi(\exp(i\eta)) d\eta \right| \leqslant C_\mu \int_{L_+(|z|^{-1})} |\eta z|^k |\eta|^{-1-s} |d\eta|$$
$$\leqslant C_\mu |z|^s.$$

为了估计 I_2, 有

$$|I_2(z,\mu)| \leqslant C_\mu \int_0^\mu \exp\left(|\eta||z| \sin(\arg(z)+t) \right) |\eta| \frac{dt}{|\eta|^{1+s}} \leqslant C_\mu |z|^s.$$

现在考虑 I_3. 令 $|\arg(z)| < \theta < \mu$, 有

$$|I_3(z,\mu)| \leqslant C_\mu \int_{\Lambda(|z|^{-1},\mu)} \exp(|\eta||z| \sin(\mu-\theta)) \frac{|d\eta|}{|\eta|^{1+s}}$$
$$\leqslant C_\mu \int_{|z|^{-1}}^\infty r^{-1-s} \exp(-r|z| \sin(\mu-\theta)) dr$$
$$\leqslant C_{\mu,\theta} |z|^s.$$

对于 $z \approx 0$, 假定 $|z|^{-1} > \pi$. 首先证明在路径 $l(\varepsilon,\pi)$ 上的积分是一致有界的, 并且当 $\varepsilon \to 0$, 存在极限. 除了 (7-3) 中的积分路径应被换为 $L_+(\pi)$ 之外, 处理 $|z|^{-1} \leqslant \pi$ 情形下 $I_1(\varepsilon,z)$ 的方法对 $l(\varepsilon,\pi)$ 上的积分仍然有效. 选取积分路径 $L_+(\pi)$ 是中心为 0、半径为 π 的上半圆周, 我们有

$$\left| \int_{L_+(\pi)} \frac{(-\eta z)^k}{k!} \phi(\exp(i\eta)) d\eta \right| \leqslant C_\mu \int_{L_+(\pi)} |\eta z|^k |\eta|^{-1-s} |d\eta|$$
$$\leqslant C_\mu |z|^k$$
$$\leqslant C_\mu,$$

其中 $k = 1, 2, \cdots, [s]$.

为了证明在 $c_+(\pi, \mu)$ 和 $\Lambda_+(\pi, \mu)$ 的积分是有界的, 我们使用 Cauchy 定理将积分变换到下列路径上

$$\Big\{ z = x + iy \mid x = -\pi, \ y \ \text{从} -\pi\tan(\mu) \ \text{到} \ 0,$$

$$\text{然后} \ x = -\pi, \ y \ \text{从} \ 0 \ \text{到} -\pi\tan(\mu) \Big\}.$$

然而, 只需使用 $\mathrm{Re}(z) > 0$ 这一事实, 可以证明上述集合上的积分是有界的.

现在只剩下证明

$$\phi(z) = \sum_{n=1}^{\infty} b^{\mu}(n) z^n, \quad -\infty < s < \infty, \ 0 < \mu < \omega.$$

这等价于在这些情况下, 证明 $b(n) = b^{\mu}(n), n = 1, 2, \cdots$.

令 $r \in (0, 1)$. 利用 $\phi(rz) = \sum\limits_{n=1}^{\infty} b(n) r^n z^n$ 和级数在 $|z| \leqslant 1$ 中绝对收敛, 我们有

$$\frac{1}{2\pi} \int_{-\pi}^{\pi} \exp(-itn) \phi(r \exp(it)) dt = r^n b_n. \tag{7-4}$$

首先处理情形 $s \geqslant 0$. 记 $\delta = -\ln(r)$, 则 $r \to 1 - 0$ 当且仅当 $\delta \to 0+$. 在 (7-4) 的左右两边分别取极限 $\delta \to 0+$ 和 $r \to 1 - 0$, 右边等于 b_n, 而左边等于

$$\lim_{\delta \to 0+} \int_{-\pi}^{\pi} \exp(-itn) \phi(\exp(-\delta + it)) dt.$$

对任意固定的 $\varepsilon \in (0, \pi)$, 以上可以写成

$$\lim_{\delta \to 0+} \left(\int_{0 \leqslant |t| \leqslant \varepsilon} + \int_{\varepsilon \leqslant |t| \leqslant \pi} \right) \exp(-itn) \phi(\exp(-\delta + it)) dt$$

$$= \lim_{\delta \to 0+} \Bigg\{ \int_{0 \leqslant |t| \leqslant \varepsilon} \left(\exp(-itn) - 1 - \frac{(-itn)}{1!} - \frac{(-itn)^2}{2!} - \cdots - \frac{(-itn)^{[s]}}{[s]!} \right)$$

$$\times \phi(\exp(-\delta + it)) dt$$

$$+ \int_{L_+(\varepsilon)} \left(1 + \frac{(-itn)}{1!} + \frac{(-itn)^2}{2!} + \cdots + \frac{(-itn)^{[s]}}{[s]!} \right) \phi(\exp(-\delta + it)) dt$$

$$+ \int_{\varepsilon \leqslant |t| \leqslant \pi} \exp(-itn) \phi(\exp(-\delta + it)) dt \Bigg\}$$

$$= \lim_{\delta \to 0+} \int_{0 \leqslant |t| \leqslant \varepsilon} \left(\exp(-itn) - 1 - \frac{(-itn)}{1!} - \frac{(-itn)^2}{2!} - \cdots - \frac{(-itn)^{[s]}}{[s]!} \right)$$

$$\times \phi(\exp(-\delta + it)) dt + \phi_{\varepsilon, +}^{[s]}(n) + \int_{\varepsilon \leqslant |t| \leqslant \pi} \exp(-itn) \phi(\exp(-\delta + it)) dt, \tag{7-5}$$

上边使用了 Cauchy 定理以及上述的最后两个积分在 $\delta \to 0+$ 时是绝对可积的. 代入 ϕ 的估计, (7-5) 中最后一个式子被下式控制, 且与 $\delta > 0$ 无关:

$$C_\mu \int_{0 \leqslant |t| \leqslant \varepsilon} |tn|^{[s]+1} \frac{1}{|t|^{s+1}} dt.$$

在 (7-5) 上取极限 $\varepsilon \to 0$, 积分趋于 0 且 (7-5) 转化为

$$b_n = \lim_{\varepsilon \to 0} \left(\int_{\varepsilon \leqslant |t| \leqslant \pi} \exp(-itn)\phi(\exp(it))dt + \phi_{\varepsilon,+}^{[s]}(n) \right),$$

即等于 (7-3). 因而再由被积函数的周期性和 Cauchy 定理, 这又等于 $b^\mu(n)$. 这就完成了对情形 $s \geqslant 0$ 的证明.

对 $s < 0$, 根据函数 ϕ 的估计和 Lebesgue 控制收敛定理, 在 (7-4) 两边可以直接取极限 $r \to 1 - 0$. 因而得到

$$b(n) = \frac{1}{2\pi} \int_{-\pi}^{\pi} \exp(-itn)\phi(\exp(it))dt.$$

再由积分的 2π 周期性、Cauchy 定理以及 (7-2), 上式又等于 $b^\mu(n)$. 至此, 我们完成了定理的证明. □

由定理 7.1.1 和定理 7.1.2, 我们得到关于 s 为负整数时的一个定理.

定理 7.1.3　令 s 为负整数.

(i) 如果 $b \in H^s(S_{\omega,\pm})$ 且 $\phi(z) = \sum_{n=\pm 1}^{\pm\infty} b(n)z^n$, 则 $\phi \in K_{\ln}^s(C_{\omega,\pm})$.

(ii) 如果 $\phi \in K_{\ln}^s(C_{\omega,\pm})$, 则对任意的 $\nu \in (0,\omega)$, 存在函数 b^μ 使得 $b^\mu \in H_{\ln}^s(S_{\mu,\pm})$, 且

$$\phi(z) = \sum_{n=\pm 1}^{\pm\infty} b^\mu(n)z^n.$$

进而, b^μ 由 (7-2) 给出.

证明　结论 (i) 已经在定理 7.1.1 中得到了. 只须证明 (ii). 由 b^μ 的定义中的 (7-2), 不难证明 $b(z)$ 在原点附近是有界的. 对较大的 z, 代入 (7-1), 我们得到对 $|\arg(z)| < \theta < \mu$,

$$|b(z)| \leqslant C_\mu \left(|z|^s + \int_0^\infty \exp(-r|z|\sin(\mu-\theta))||\ln r|r^{-s}\frac{dr}{r} \right)$$
$$\leqslant C_\mu \left(|z|^s + |z|^s \int_0^\infty \exp(-r\sin(\mu-\theta))||\ln r - \ln|z||r^{-s}\frac{dr}{r} \right)$$
$$\leqslant C_{\mu,\theta}|z|^s \ln|z|.$$

这就证明了 $b^\mu \in H^s_{\ln}(S_{\mu,+})$. $\phi(z) = \sum_{n=1}^{\infty} b^\mu(n)z^n$ 的验证与定理 7.1.2 中 $s < 0$ 的情形是类似的. □

注 7.1.1 对 $(b_n)_{n=1}^{\infty} \in l^\infty$, 级数

$$\phi(z) = \sum_{n=1}^{\infty} b_n z^n$$

在单位圆盘上有定义且是全纯的. 定理 7.1.1 和定理 7.1.3 的 (i) 说明, 如果 $\exists b \in H^s(S_{\omega,+})$ 使得 $b_n = b(n)$, 则 ϕ 全纯地延拓到 $C_{\omega,+}$, 且在任意较小的 $C_{\mu,+}$ 中, 该函数当 s 为整数时, 满足 $K^s_{\ln}(S_{\omega,+})$ 的定义中所给的条件; 而当 s 不是整数时, 该函数满足 $K^s(S_{\omega,+})$ 的定义中所给的条件. 定理 7.1.2 和定理 7.1.3 的 (ii) 给出反向结果.

注 7.1.2 在定理 7.1.2 的假设之下, 满足 $\phi(z) = \sum b(n)z^n$ 的映射 $\phi \to b$ 不是单值的. 实际上, 根据定理 7.1.2, 任意的 $b^\mu, 0 < \mu < \omega$ 都给出了一个 b, 且如果 $\mu_1 \neq \mu_2$, 则一般来讲, $b^{\mu_1} \neq b^{\mu_2}$. 亦见下边的注 7.1.3 中给出的例子.

注 7.1.3 在定理 7.1.2 的证明中, 我们需要如下函数空间 $\tilde{P}^+_\omega$, 该空间包含所有具有下述形式的全纯函数的有限线性组合

$$g_n(z) = \begin{cases} 1, & z = n, \\ \dfrac{[\exp(i\pi(z-n)) - \exp(-i\pi(z-n))]\exp(-\pi(z-n)\tan\omega)}{2i\pi(z-n)}, & z \neq n, \end{cases}$$

其中 n 为非负整数. 容易证明

$$|g_n(z)| \leqslant C_{\mu,n} \frac{\exp(-\pi(\mathrm{Re}(z)\tan\omega - |\mathrm{Im}(z)|))}{|z+1|}, \quad z \in S_{\mu,+}, 0 < \mu < \omega.$$

因此, $g_n \in \bigcup_{s=-\infty}^{\infty} H^s(S_{\omega,+})$. 值得注意的是, $\tilde{P}^+_\omega$ 中的函数即为定理 7.1.2 中由 (7-2) 给出的 z 的有限多项式的 Fourier 逆变换. 类似地, 我们定义相对于负整数的空间 $\tilde{P}^-$.

注 7.1.4 定理 7.1.1 给出的全纯延拓结果在下述意义下是最优的: 如果 ω 是使得 $b \in H^s(S_\omega, +)$ 的最大的角, 则 ϕ 不能被全纯延拓到任意更大的满足相应估计的心形区域 $C_{\omega+\delta,+}, \delta > 0$. 否则的话, 根据定理 7.1.2, 我们可以推出一个矛盾.

注 7.1.5 定理 7.1.3 的 (i) 对应到函数 $b(z) = z/(1+z^2)$. 以 $s = -1$ 为例, Albert Baernstein 注记在单位圆盘内如何构造全纯函数使得当 $z \to 1$ 时,

$$\phi(z) = O(\ln|z-1|) \text{ 且 } \phi'(z) \neq O(1/|z-1|),$$

参见 [4]. 该作者同时还证明, 在单位圆盘上考虑该问题跟在心形区域上考虑该问题是等价的, 这是因为使用适当的共形映射, 对情形 $s = -1$ 的估计是不变的. 在定理 7.1.1 中, 令 $s = 0$. 可以推出在 ∞ 处, $b(z) \neq O(1/|z|)$. 然而, 定理 7.1.3 的 (ii) 中给出的估计是否最佳仍是一个公开问题.

7.2　Fourier 乘子的核函数估计

本节考虑一类乘子被多项式控制的 Fourier 乘子算子, 并给出与该乘子算子相关的积分算子的核函数估计. 处理该类乘子的主要工具是在文献 [70] 中得到的 Fueter 定理的推广. 基本思路为, 在复平面 $\mathbb{C}$ 的点集与 $n + 1$ 维空间 $\mathbb{R}_1^n$, 中的点集 $\vec{O}$ 之间建立一种联系, 从而将研究定义在 $\vec{O}$ 上的函数的问题转化为研究定义在 O 上的函数.

与第 6 章一样, 我们仍将使用下列内蕴集.

定义 7.2.1　(i) 复平面 $\mathbb{C}$ 中的一个集合 O, 如果该集合关于实数轴对称, 也就是该集合在复共轭下是不变的, 则该集合被称为是内蕴的.

(ii) 如果一个函数 f^0 的定义域是 $\mathbb{C}$ 中的一个内蕴集且在定义域内, $\overline{f^0(z)} = f^0(\bar{z})$, 则 f^0 被称为是内蕴的.

形如 $\sum c_k(z - a_k)^k$, $k \in \mathbb{Z}$, $a_k, c_k \in \mathbb{R}$ 的函数都是内蕴的. 如果 $f = u + iv$, 其中 u 和 v 是实值的, 则 f^0 是内蕴的当且仅当在各自的定义域内, $u(x, -y) = u(x, y)$ 和 $v(x, -y) = -v(x, y)$.

将 $\mathbb{R}_1^n$ 看作 $n + 1$ 维欧氏空间并定义 $\mathbb{R}_1^n$ 中的内蕴集如下.

定义 7.2.2　$\mathbb{R}_1^n$ 中的一个集合, 如果它在 $\mathbb{R}_1^n$ 中所有保持 e_0 轴固定的旋转变换下不变, 则称该集合为内蕴的. 如果 O 是复平面中的一个子集, 则在 $\mathbb{R}_1^n$ 中, 定义内蕴集

$$\vec{O} = \{x \in \mathbb{R}_1^n : (x_0, |\underline{x}|) \in O\},$$

称之为从 O 诱导出的集合.

定义 7.2.3　令 $f^0(z) = u(x, y) + iv(x, y)$ 是定义在内蕴集 $U \subset \mathbb{C}$ 的内蕴函数. 定义导出集 $\vec{U}$ 上的函数 $\vec{f^0}$ 如下:

$$\vec{f^0}(x_0 + \underline{x}) = u(x_0, |\underline{x}|) + \frac{\underline{x}}{|\underline{x}|}v(x_0, |\underline{x}|),$$

称之为由 f^0 诱导出的函数.

用 τ 表示映射:

$$\tau(f^0) = k_n^{-1}\Delta^{(n-1)/2}\vec{f^0},$$

其中 $\Delta = D\overline{D}$ 且 $\overline{D} = D_0 - \underline{D}$, $k_n = (2i)^{n-1}\Gamma^2\left(\dfrac{n+1}{2}\right)$ 是使得 $\tau((\cdot)^{-1}) = E$ 的规范化常数. 算子 $\Delta^{(n-1)/2}$ 是通过由乘子 $m(\xi) = (2\pi i|\xi|)^{n-1}$ 诱导的, 定义在缓增分布 $\mathcal{M}: \mathcal{S}' \to \mathcal{S}'$ 上的 Fourier 乘子变换给出:

$$\mathcal{M}f = \mathcal{R}(m\mathcal{F}f),$$

其中

$$\mathcal{F}f(\xi) = \int_{\mathbb{R}_1^n} e^{2\pi i\langle x,\xi\rangle} f(x)dx$$

和

$$\mathcal{R}h(x) = \int_{\mathbb{R}_1^n} e^{-2\pi i\langle x,\xi\rangle} h(\xi)d\xi.$$

$\mathbb{R}_1^n$ 中的单项式函数定义为

$$P^{(-k)} = \tau((\cdot)^{-k}) \ \text{和} \ P^{(k-1)} = I(P^{(-k)}), \quad k \in \mathbb{Z}^+,$$

其中 I 表示 Kelvin 反演 $I(f)(x) = E(x)f(x^{-1})$.

我们还需要复平面中如下集合. 对 $\omega \in \left(0, \dfrac{\pi}{2}\right)$, 令

$$S_{\omega,\pm}^c = \left\{z \in \mathbb{C}: |\arg(\pm z)| < \omega\right\}, \ \text{张角} \ \arg(z) \in (-\pi, \pi],$$
$$S_{\omega,\pm}^c(\pi) = \left\{z \in \mathbb{C}: |\operatorname{Re} z| \leqslant \pi, \ z \in S_{\omega,\pm}^c\right\},$$
$$S_\omega^c = S_{\omega,+}^c \cup S_{\omega,-}^c \ \text{且} \ S_\omega^c(\pi) = S_{\omega,+}^c(\pi) \cup S_{\omega,-}^c(\pi),$$
$$W_{\omega,\pm}^c(\pi) = \left\{z \in \mathbb{C}: |\operatorname{Re} z| \leqslant \pi \ \text{且} \ \pm \operatorname{Im} z > 0\right\} \cup S_\omega^c(\pi),$$
$$H_{\omega,\pm}^c = \left\{z = \exp(i\eta) \in \mathbb{C}, \eta \in W_{\omega,\pm}^c(\pi)\right\},$$
$$H_\omega^c = H_{\omega,+}^c \cap H_{\omega,-}^c.$$

在如下函数空间中定义 Fourier 乘子:

$$K^s(H_{\omega,\pm}^c) = \Big\{\phi^0: \ H_{\omega,\pm}^c \to \mathbb{C}, \phi^0 \ \text{是全纯的且}$$
$$\text{在任意的} \ H_{\mu,\pm}^c, 0 < \mu < \omega, |\phi^0(z)| \leqslant \frac{C_\mu}{|1-z|^{1+s}}\Big\},$$

$$K^s(H_\omega^c) = \left\{\phi^0: \ H_\omega^c \to \mathbb{C}, \ \phi^0 = \phi^{0,+} + \phi^{0,-}, \phi^{0,\pm} \in K^s(H_{\omega,\pm}^c)\right\},$$

相应的乘子空间为

$$H^s(S_{\omega,\pm}^c) = \Big\{b: \ S_{\omega,\pm}^c \to \mathbb{C}, \ b \ \text{是全纯的, 在任意的} \ S_{\mu,\pm}^c,$$
$$0 < \mu < \omega, |b(z)| \leqslant C_\mu|z \pm 1|^s\Big\}$$

和

$$H^s(S_\omega^c) = \left\{ b: \ S_\omega^c \to \mathbb{C}, \ b_\pm = b\chi_{\{z\in\mathbb{C}:\pm\mathrm{Re}z>0\}} \in H^s(S_{\omega,\pm}^c) \right\}.$$

设

$$H_{\omega,\pm} = \left\{ x \in \mathbb{R}_1^n : \frac{(\pm\ln|x|)}{\arg(e_0,x)} < \tan\omega \right\} = \overrightarrow{H_{\omega,\pm}^c},$$

$$H_\omega = H_{\omega,+} \cap H_{\omega,-} = \left\{ x \in \mathbb{R}_1^n : \ \frac{|\ln|x||}{\arg(e_0,x)} < \tan\omega \right\} = \overrightarrow{H_\omega^c}.$$

因此, $\mathbb{R}_1^n$ 中相应的函数空间为

$$K^s(H_{\omega,\pm}) = \Big\{ \phi: \ H_{\omega,\pm} \to \mathbb{C}^{(n)}, \phi \text{ 是 Clifford 解析的且}$$

$$|\phi(x)| \leqslant \frac{C_\mu}{|1-x|^{n+s}}, \ x \in H_{\mu,\pm}, \ 0 < \mu < \omega \Big\}$$

和

$$K^s(H_\omega) = \left\{ \phi: \ H_\omega \to \mathbb{C}^{(n)}, \ \phi = \phi^+ + \phi^-, \ \phi^\pm \in K^s(H_{\omega,\pm}) \right\}.$$

现在考虑乘子 $b \in H^s(S_{\omega,\pm}^c)$. 首先在下面的引理中, 估计内蕴函数 ϕ^0 的 j 次导数.

引理 7.2.1　假定 $b(z) \in H^s(S_{\omega,-}^c)$. 对定义为 $\phi^0(z) = \sum\limits_{k=1}^\infty b(-k)z^{-k}$ 的乘子, 它的 j 次导数满足

$$|(\phi^0)^{(j)}(z)| \leqslant \frac{C}{|1-z|^{s+j+1}},$$

其中 $z \in H_{\mu,-}^c$, $0 < \mu < \omega$, 且 j 为正整数.

证明　不失一般性, 对 $b(z) \in H^s(S_{\omega,-}^c)$, 我们可以假定 $|b(-k)| \leqslant |k|^s$. 由定理 7.1.1 可知, 对 $\phi^0(z) = \sum\limits_{k=1}^\infty b(-k)z^{-k}$,

$$|\phi^0(z)| \leqslant \frac{C}{|1-z|^{s+1}}.$$

取中心为 z, 以 r 为半径的圆周 $C(z,r)$. 由 Cauchy 公式, 我们得到

$$\left|(\phi^0)^{(j)}(z)\right| \leqslant \frac{C_j}{2\pi} \int_{C(z,r)} \frac{|\phi^0(\xi)|}{|z-\xi|^{j+1}}|d\xi|.$$

令 $r = \frac{1}{2}|1-z|$, 则 $\xi \in C(z,r)$ 表明

$$|1-\xi| \geqslant |1-z| - |z-\xi| = |1-z| - \frac{1}{2}|1-z| = \frac{1}{2}|1-z|.$$

因此有

$$\left|(\phi^0)^{(j)}(z)\right| \leqslant \frac{2j!C_\mu}{\delta^j(\mu)}\frac{1}{|1-z|^{j+s+2}}|1-z| \leqslant C_{\mu,j}\frac{1}{|1-z|^{j+s+1}}.$$

这就证明了引理 7.2.1.　　　　　　　　　　　　　　　　　　　　　□

引理 7.2.2使得我们可以估计由 $H^s(S_\omega^c)$ 中的函数和球面 Clifford 解析函数生成的乘子的核.

定理 7.2.1　对 $s>0$, 如果 $b \in H^s(S_{\omega,\pm}^c)$ 和 $\phi(x) = \sum\limits_{k=\pm 1}^{\pm\infty} b(k)P^{(k)}(x)$, 则 $\phi \in K^s(H_{\omega,\pm})$.

证明　类似于定理 6.1.1, 根据 n 的奇偶性将证明分为两种情况.

情形 1　n 为奇数: 假定 $n = 2m+1$ 并将我们的证明限制在 $x \approx 1$. 由引理 7.2.2, 我们只需分别估计 u_l 和 v_l. 以下进一步分为两种情况.

情形 (1.1)　$|\underline{x}| > (\delta(\mu)/2^{m+1/2})|1-x|$. 对于这种情形, 令 $z = x_0 + i|\underline{x}|$. $x \approx 1$ 表明 $z \approx 1$. 可以记 $z = s+it$ 其中 $s = x_0$ 和 $t = |\underline{x}|$ 并得到 $t = |\underline{x}| = |1-z|$.

对 $l=0$, $u_l = u_0 = u$ 和 $v_l = v_0 = v$. 根据 ϕ_0 的估计, 有

$$|u_0|, \ |v_0| \leqslant |\phi_0| \leqslant \frac{C}{\delta^0(\mu)}\frac{1}{|1-z|^{s+1}}.$$

对 $l=1$ 和 $t \approx |1-z|$, 得到

$$|u_1| = \left|2l\frac{1}{t}\frac{\partial u_0}{\partial t}\right| \leqslant \frac{1}{|1-z|}\frac{1}{|1-z|^{s+2}} = \frac{1}{|1-z|^{s+3}}$$

和

$$\begin{aligned}
|v_1| &= \left|\frac{1}{t}\frac{\partial v_0}{\partial t} - \frac{v_0}{t^2}\right| \\
&\leqslant \left(\frac{1}{|1-z|}\frac{1}{|1-z|^{s+2}} + \frac{1}{|1-z|^2}\frac{1}{|1-z|^{s+1}}\right) \\
&= \frac{1}{|1-z|^{s+3}}.
\end{aligned}$$

因为　$\Delta^1\phi^0(x) = u_1(x_0, |\underline{x}|) + \frac{\underline{x}}{|\underline{x}|}v_1(x_0, |\underline{x}|)$, 我们有

$$\left|\Delta^1\phi^0(x)\right| \leqslant C\left|u_1(x_0, |\underline{x}|)\right| + \left|\frac{\underline{x}}{|\underline{x}|}v_1(x_0, |\underline{x}|)\right| \leqslant C\frac{1}{|1-z|^{s+3}}.$$

重复以上过程 m 次, 对 u_m 和 v_m, 有

$$|u_m(x)|, \ |v_m(x)| \leqslant \frac{C}{|1-z|^{s+2m+1}} = \frac{1}{|1-z|^{n+s}}.$$

情形 (1.2)　$|x| \leqslant (\delta(\mu)/2^{m+1/2})|1-x|$. $H_{\omega,-}$ 中满足 $x \approx 1$, $x_0 \leqslant 1$ 的点 x 属于情形 (1.1). 因此假定 $x_0 > 1$. 下面证明如下结论: 对 $z = s + it \approx 1$, $s > 1$, $z \in H_{\mu,-}^c$ 和 $|t| \leqslant (\delta(\mu)/2^{m+1/2}|1-z|)$, 则

(1) 函数 u_l 对于第二个变量 t 是偶函数.

(2) 第 j 次导数满足

$$\left| \frac{\partial^j}{\partial t^j} u_l(s,t) \right| \leqslant \frac{C_\mu C_l 2^{lj} C_j}{\delta^{2l+j}} \frac{1}{|1-z|^{2l+j+s+1}},$$

其中常数 C_j 为

$$C_j = \begin{cases} (j+4l)!, & j \text{ 为偶数}, & (7\text{-}6) \\ (j+5l)!, & j \text{ 为奇数}. & (7\text{-}6') \end{cases}$$

通过对 l 使用归纳法推出结论 (1) 和 (2). 显然对 $l = 0$, 根据引理 7.2.1, 我们得到

$$\left| \frac{\partial^j}{\partial t^j} u_0(s,t) \right|, \ \left| \frac{\partial^j}{\partial t^j} v_0(s,t) \right| \leqslant \left| \frac{\partial^j}{\partial t^j} \phi^0(s,t) \right| \leqslant \frac{j!}{(\delta(\mu))^j} \frac{1}{|1-z|^{j+s+1}}.$$

现在假定 (1) 和 (2) 对 $0 \leqslant l \leqslant m-1$ 成立. 因为

$$u_{l+1} = 2(l+1)(1/t)(\partial u_l/\partial t)(s,t)$$

以及 u_l 为偶函数的假设, u_{l+1} 是一个偶函数. 这就证明了 (1).

对 (2), 首先考虑 j 为偶数的情形. 由定义和 (1), $\partial u_l/\partial t$ 对于第二个变量 t 是奇函数. 我们可以得到

$$\frac{\partial u_l}{\partial t}(s,0) = \frac{\partial^{2k+1} u_l}{\partial t^{2k+1}}(s,0) = 0.$$

由 Taylor 展开, 有

$$u_{l+1}(s,t) = \frac{2(l+1)}{t} \left(\sum_{k=0}^\infty \frac{1}{(2k)!} \frac{\partial^{2k+1} u_l}{\partial t^{2k+1}}(s,0) t^{2k} + \sum_{k=0}^\infty \frac{1}{(2k+1)!} \frac{\partial^{2k+2} u_l}{\partial t^{2k+2}}(s,0) t^{2k+1} \right)$$

$$= \sum_{k=0}^\infty \frac{1}{(2k)!} \frac{\partial^{2k+1} u_l}{\partial t^{2k+1}}(s,0) t^{2k}.$$

令 $k = j/2 + k'$ 并注意到 $\left(\dfrac{t}{\delta|1-z|}\right)^{2k'} \leqslant \left(\dfrac{1}{2^{m+1/2}}\right)^{2k'}$. 我们得出

$$
\left|\frac{\partial^j}{\partial t^j}u_{l+1}(s,t)\right|
$$

$$
= \left|2(l+1)\sum_{k=j/2}^{\infty}\frac{(2k)(2k-1)\cdots(2k-j+1)}{(2k+1)!}\frac{\partial^{2k+2}u_l}{\partial t^{2k+2}}(s,0)t^{2k-j}\right|
$$

$$
\leqslant 2(l+1)\sum_{k'=0}^{\infty}\frac{(2k'+j)(2k'+j-1)\cdots(2k'+1)}{(2k'+j+1)!}\frac{C_\mu C_l 2^{l(2k'+j+2)(2k'+j+2+4l)}}{\delta^{2l+2k'+j+2}}
$$

$$
\times \frac{t^{2k'}}{|1-z|^{2l+2k'+j+2+s+1}}
$$

$$
\leqslant 2(l+1)\frac{C_\mu C_l 2^{l(j+2)}}{\delta^{2(l+1)+j}|1-z|^{2(l+1)+j+1+s}}\sum_{k=0}^{\infty}\frac{(j+2k+2+4l)\cdots(2k+2)}{2^k}.
$$

利用 (6-6), 我们得到最后一个不等式中的级数收敛且满足

$$
\sum_{k=0}^{\infty}\frac{(j+2k+2+4l)\cdots(2k+2)}{2^k} \leqslant 2^{j+4l-1}(j+4l+4)!.
$$

最终有

$$
\left|\frac{\partial^j}{\partial t^j}u_{l+1}(s,t)\right| \leqslant 2(l+1)\frac{C_\mu C_l 2^{l(j+2)}}{\delta^{2(l+1)+j}|1-z|^{2(l+1)+j+1+s}}2^{j+4l-1}(j+4l+4)!.
$$

现在假定 $\left|\dfrac{\partial^j}{\partial t^j}u_{l+1}(s,t)\right|$ 对奇数 j 成立. 类似于 j 为偶数时的证明, 利用 Taylor 展开, 有

$$
\frac{\partial^j}{\partial t^j}u_{l+1}(s,t) = 2(l+1)t\sum_{k=\frac{j+1}{2}}^{\infty}\frac{2k(2k-1)\cdots(2k+1-j)}{(2k+1)!}\frac{\partial^{2k+2}u_l}{\partial t^{2k+2}}(s,0)t^{2k-1-j}.
$$

令 $2k-1-j = 2k'$, 可以得到

$$
\left|\frac{\partial^j}{\partial t^j}u_{l+1}(s,t)\right|
$$

$$
\leqslant 2(l+1)t\sum_{k=0}^{\infty}\frac{(2k+j+1)(2k+j)\cdots(2k+2)}{(2k+j+2)!}\frac{C_\mu C_l 2^{l(2k+3+j)}}{\delta^{2l(2k+3+j)}}\frac{(2k+3+j+5l)!}{|1-z|^{2l+2k+3+j+s+1}}t^{2k}
$$

$$\leqslant 2(l+1)\left(\frac{t}{\delta|1-z|}\right)\frac{1}{\delta^{2(l+1)+j}}\frac{C_\mu C_l 2^{l(j+3)}}{|1-z|^{2(l+1)+j+s+1}}$$

$$\times\sum_{k=0}^{\infty}\frac{(2k+j+1)(2k+j)\cdots(2k+2)}{(2k+j+2)!}2^{kl}\left(\frac{1}{2^{m+1/2}}\right)^{2k}(2k+3+j+5l)!$$

$$\leqslant 2(l+1)\left(\frac{t}{\delta|1-z|}\right)\frac{1}{\delta^{2(l+1)+j}}\frac{C_\mu C_l 2^{l(j+3)}}{|1-z|^{2(l+1)+j+s+1}}2^{j+5l+4}((j+5l+3)/2)!.$$

令 $j=0$ 和 $l=m$, 有

$$|u_m(s,t)|\leqslant\frac{C_\mu C_0(4m)!}{\delta^{2m}}\frac{1}{|1-z|^{2m+s+1}}\leqslant\frac{C}{|1-z|^{n+s}}.$$

现在估计 v_m. 和前边一样, 我们分两种情形讨论.

情形 (1.3)　$|\underline{x}|>(\delta(\mu)/2^{m+1/2})$. 当 $l=0$, 注意到 $|t|\approx|1-z|$, 我们有

$$|v_0(s,t)|=|v(s,t)|\leqslant C\frac{2C_\mu}{|1-z|^{1+s}}.$$

对 $l=1$, 因为

$$|(\phi^0)^j(z)|\leqslant\frac{2j!C_\mu}{\delta^j(\mu)}\frac{1}{|1-z|^{1+j+s}},$$

我们有

$$|v_1(s,t)|\leqslant\frac{2C_\mu}{\delta(\mu)}\left(\frac{1}{|1-z|^{2+s}}\frac{1}{|1-z|}+\frac{1}{|1-z|^2}\frac{1}{|1-z|^{1+s}}\right)$$

$$\leqslant C_\mu\frac{1}{|1-z|^{s+3}}.$$

重复上述过程 m 次, 可知

$$|v_m(s,t)|\leqslant\frac{C_\mu}{|1-z|^{2m+1+s}}=\frac{C_\mu}{|1-z|^{n+s}}.$$

情形 (1.4)　$|\underline{x}|\leqslant(\delta(\mu)/2^{m+1/2})|1-x|$, 此时可以假定 $x_0>1$. 对 $0\leqslant l\leqslant m$, 有如下结论:

结论 (1)　$v_l(s,t)$ 对于第二个变量 t 为奇函数. 实际上, 对 $l=0$, $v_0(s,t)=\operatorname{Im}\phi^0(s,t)$. 因为 $\phi^0(z)=\sum_{k=1}^{\infty}b(-k)z^{-k}$, 我们有

$$\phi^0(\bar{z})=\sum_{k=1}^{\infty}b(-k)\bar{z}^{-k}=\overline{\sum_{k=0}^{\infty}b(-k)z^{-k}}=\overline{\phi^0(z)}.$$

令 $\phi^0(z)=u(x,y)+iv(x,y)$, 其中 u 和 v 为实值函数, 则

$$u(x,-y)+iv(x,-y)=\overline{u(x,y)}-i\overline{v(x,y)}=u(x,y)-iv(x,y).$$

因此 $v(x,-y) = -v(x,y)$, 也就是, v_0 为奇函数.

对 $l=1$, 因为函数 (v_0/t) 是偶函数, $v_1 = 2\dfrac{\partial}{\partial t}\left(\dfrac{v_0}{t}\right)$ 是奇函数. 我们假定对 $0 \leqslant l \leqslant m-1$, v_l 是奇函数. 因此

$$v_m = 2m\left(\frac{1}{t}\frac{\partial v_{m-1}}{\partial t} - \frac{v_{m-1}}{t^2}\right)$$

也是奇函数. 这就证明了结论 (1).

结论 (2) 对 $0 \leqslant l \leqslant m$,

$$\left|\frac{\partial^j}{\partial t^j}v_l(s,t)\right| \leqslant \frac{C_\mu C_l C_j j!}{\delta^j}\frac{1}{|1-z|^{2l+j+s+1}},$$

其中常数 C_j 定义为

$$C_j = \begin{cases} (j+5l)!, & j \text{ 是偶数,} \\ (j+4l)!, & j \text{ 是奇数.} \end{cases}$$

为简便起见, 我们只考虑 j 为奇数的情况. 当 $l=0$, 由 $|(\phi^0)^{(j)}|$ 的估计可以得出

$$\left|\frac{\partial^j}{t^j}v_0(s,t)\right| \leqslant \frac{C_\mu C_j j!}{(\delta^j)}\frac{1}{|1-z|^{j+s+1}}.$$

因为 $v_l(s,t)$ 关于第二个变量是奇函数, $(\partial^{2k}v_l/\partial t^{2k})(s,0)=0$. 根据 Taylor 展开式, 我们有

$$v_{l+1}(s,t) = 2(l+1)\frac{1}{t^2}\sum_{k=0}^{\infty}\left(\frac{1}{(2k)!} - \frac{1}{(2k+1)!}\right)t^{2k+1}\frac{\partial^{2k+1}v_l}{\partial t^{2k+1}}(s,0).$$

令 $k=k'+1$ 且记 $k=k'$, 我们得到

$$\frac{\partial^j v_{l+1}}{\partial t^j}(s,t) = 2(l+1)\sum_{k=0}^{\infty}\frac{2k+2}{(2k+3)!}\frac{\partial^{2k+3}v_l}{\partial t^{2k+3}}(s,0)(2k+1)\cdots(2k+2-j)t^{2k+1-j}.$$

我们假定结论 (2) 对 $1 \leqslant l \leqslant m-1$ 成立. 令 $2k-j=2k'$, 根据 $t/(\delta|1-z|) \leqslant 2^{-(m+1/2)}$, 有

$$\left|\frac{\partial^j v_{l+1}}{\partial t^j}(s,t)\right|$$

$$\leqslant 2(l+1)\sum_{k=0}^{\infty}\frac{2k+2}{(2k+3)!}(2k+1)\cdots(2k+2-j)\left|\frac{\partial^{2k+3}v_l}{\partial t^{2k+3}}(s,0)\right|t^{2k+1-j}$$

$$\leqslant 2(l+1)\frac{1}{2^{m+1/2}}\frac{2^{l(j+3)}}{\delta^{2(l+1)+j}}\frac{1}{|1-z|^{2(l+1)+j+s+1}}$$

$$\sum_{k=0}^{\infty}\frac{(2k+j+3+5l)\cdots(2k+j+4)(2k+j+2)\cdots(2k+2)}{2^k}.$$

这就证明了结论 (2).

类似地, 可以证明对于 $j = 0$ 和 $l = m$,

$$|v_m(s,t)| \leqslant \frac{C_\mu C_m (4m)!}{\delta^{2m}} \frac{1}{|1-z|^{2m+1+s}} \leqslant \frac{C_{\mu,\delta}}{|1-z|^{n+s}}.$$

现在处理定义在区域 $S_{\omega,+}^c$ 上的乘子. 根据 Kelvin 反演, 对 $b \in H^{s,r}(S_{\omega,+}^c)$, 估计函数 $\phi(x) = \sum\limits_{i=1}^{\infty} b(i) P^{(i)}(x)$. 我们有

$$I(\phi)(x) = \sum_{i=-1}^{-\infty} \tilde{b}(i) P^{(i-1)}(x),$$

其中 $\tilde{b}(z) = b(-z) \in H^{s,r}(S_{\omega,-}^c)$. 因为 $I(\phi) = \tau(\phi^0)$, 其中

$$\phi^0(z) = \sum_{i=-1}^{-\infty} \tilde{b}(i) z^{i-1} = \frac{1}{z} \sum_{i=-1}^{-\infty} \tilde{b}(i) z^i \in H_{\omega,-}^{s,c},$$

我们有 $\phi(x) = I^2(\phi) = E(x) I(\phi)(x^{-1})$ 和

$$|\phi(x)| = \left| E(x) I(\phi)(x^{-1}) \right| \leqslant \frac{1}{|x|^n} \frac{C_\mu}{|1-x^{-1}|^{n+s}} = \frac{C_\mu |x|^s}{|1-x|^{n+s}}.$$

因为 $x \in H_{v,+} = \overrightarrow{H_{v,+}^c}$, 所以有 $(x_0, |\underline{x}|) \in H_{v,+}^c$ 和

$$|x| = (x_0^2 + |\underline{x}|^2)^{1/2} \leqslant 1 + e^{\tan \nu}.$$

最终得到 $|\phi(x)| \leqslant C_\nu / |1-x|^{n+s}$. 这就完成了情形 1 的证明.

情形 2　n 为偶数同上, 我们只需要估计定义在 $H_{\omega,-}$ 上的核 $\phi(x)$. 令 $b \in H^{s,r}(S_{\omega,-}^c)$. 考虑 $\phi(x) = \sum\limits_{k=1}^{\infty} b(-k) P_n^{(-k)}(x)$. 因为 $n+1$ 为奇数, 我们可以得到

$$
\begin{aligned}
c_{n+1} \phi(x) &= \sum_{k=1}^{\infty} b(-k) \int_{-\infty}^{\infty} P_{n+1}^{(-k)}(x + x_{n+1} e_{n+1}) dx_{n+1} \\
&\leqslant c_\mu \int_{-\infty}^{\infty} \frac{1}{|1 - (x + x_{n+1} e_{n+1})|^{n+1+s}} dx_{n+1} \\
&= \frac{1}{|1-x|^{n+s}} \int_0^{\infty} \frac{|1-x|}{\left[1 + \left(\frac{x_{n+1}}{|1-x|} \right)^2 \right]^{\frac{n+1+s}{2}}} d\left(\frac{x_{n+1}}{|1-x|} \right) \\
&\leqslant \frac{C}{|1-x|^{n+s}}.
\end{aligned}
$$

这就证明了定理 7.2.1.　　　　　　　　　　　　　　　　　　　　□

从定理 7.2.1 可以立刻得到如下推论.

推论 7.2.1 令 $s > 0, b \in H^s(S_\omega^c)$ 和

$$\phi(x) = \left(\sum_{i=1}^{\infty} + \sum_{i=-1}^{-\infty}\right) b(i) P^{(i)}(x),$$

则 $\phi(x) \in K^s(H_\omega)$.

对 $s < 0$ 的情况, 对函数 $\phi(x)$ 的证明与上边定理给出的类似. 在下边的定理中, 我们证明定理 7.2.1 的结论对于空间维数 n 为奇数的情形也成立.

定理 7.2.2 对于 $s < 0, b \in H^s(S_{\omega,\pm}^c)$ 和 $\phi(x) = \sum_{k=\pm 1}^{\pm\infty} b(k) P^{(k)}(x)$, 当空间维数为奇数时, 我们有 $\phi \in K^s(H_{\omega,\pm})$.

证明 因为指标 s 为负的, 我们不能直接利用定理 1.3.2 证明中的方法. 确切地讲, 对 $s < 0$, 当 z 接近原点时 $|z|^s$ 无界. 因此, 在得到函数 $\phi^0(z)$ 在区域 $S_{\omega,-}^c$ 上的估计后, Kelvin 反演的方法不能用来得到函数在区域 $S_{\omega,+}^c$ 上的估计.

为了处理这种情况, 我们分别在 $H_{\omega,+}$ 和 $H_{\omega,-}$ 上估计函数 $\phi(x)$. 在区域 $H_{\omega,-}$ 上, 函数 $\phi(x)$ 的估计与定理 7.2.1 是相同的. 我们略去细节.

对区域 $H_{\omega,+}$, 因为 Kelvin 反演的方法不再有效, 我们需要在区域 $H_{\omega,+}^c$ 估计内蕴函数 $\phi^0(z)$. 为此, 我们使用定理 3.3.1 得到, 对奇数 n, $P^{(k-1)} = \tau((\cdot)^{n+k-2})$, 其中映射 τ 表示算子 $\tau(f^0) = k_n^{-1}\Delta^{(n-1)/2}\vec{f^0}$ 且

$$\vec{f^0}(x) = u(x_0, |\underline{x}|) + \frac{x}{|\underline{x}|} v(x_0, |\underline{x}|).$$

现在完成对核 $\phi(x)$ 的估计. 假定 $b \in H^{s,r}(S_{\omega,+}^c)$ 并考虑 $\phi(x) = \sum_{k=1}^{\infty} b(k) P^{(k)}(x)$. 由 Fueter 定理, 我们有

$$\phi(x) = \Delta^m \phi^0(x_0, |\underline{x}|), \quad 其中 \phi^0(z) = \sum_{k=1}^{\infty} b(k) z^{n+k-1}.$$

为简便起见 $\phi^0(z) = z^{n-1}\phi_1^0(z)$, 其中 $\phi_1^0(z) = \sum_{k=1}^{\infty} b(k) z^k$. 根据定理 7.1.1, 对 $b(z) \in H^s(S_{\omega,+}^c)$,

$$|\phi_1^0(z)| \leqslant C \frac{1}{|1-z|^{1+s}}, \quad 其中 \quad z \in H_{\omega,+}^c.$$

则有

$$|\phi^0(z)| \leqslant |z|^{n-1}\frac{1}{|1-z|^{1+s}} \leqslant \frac{C_\omega}{|1-z|^{1+s}},$$

其中在最后一个不等式中, 我们利用了函数 $|z|^{n-1}$ 在区域 $H_{\omega,+}^c$ 中是有界的这一事实. 因此重复定理 7.2.1 中使用过的过程, 利用内蕴函数 $\phi^0(z)$ 的估计, 我们可以推出诱导函数 $\phi(x)$ 的估计. 这就完成了证明.　　　　　　　　　　　　　□

作为定理 7.2.2 的直接推论, 我们有以下推论.

推论 7.2.2　对于空间维数 n 为奇数的情况, 推论 7.2.1 对于 $s < 0$ 也成立.

在 $\mathbb{R}^n$ 上, Fourier 理论表明奇异积分的核函数与乘子算子的符号之间存在着一一对应的关系. 根据定理 7.2.1, 对 $b \in H^s(S_\omega^c)$, 存在函数 $\phi \in K^s(H_\omega)$. 现在考虑定理 7.2.1 的反向问题. 对 $\phi \in K^s(H_{\omega,\pm})$, 我们证明存在函数 $b^\nu(z) \in H^s(S_{\nu,\pm}^c)$ 使得 $b_k = b^\nu(k)$, $0 < \nu < \omega$.

令 $n = 3$. 对 $s = 0$ 的情况, 这样的 b^ν 已经被钱涛在文献 [69] 中得到了. 主要工具为下述多项式 $P^{(k)}$. 对任意的 $z \in S_\omega^c$, 令

$$\begin{cases} P_-^{(z)} = \tau^0((\cdot)^z), & z \in S_{\omega,-}^c, \\ P_+^{(z)} = \tau^0((\cdot)^{z+2}), & z \in S_{\omega,+}^c, \end{cases}$$

其中 $(\cdot)^z = \exp(z \ln(\cdot))$, 在第一种情形中, 函数 $\ln$ 通过截断 x-正半轴定义; 在第二中情形下, 通过截断 x-负半轴定义.

利用新的函数 $P_-^{(z)}$ 和 $P_+^{(z)}$, 可以得到如下结果. 为计算简便起见, 假定 $n = 3$.

定理 7.2.3　令 $n = 3$ 和 $-\infty < s < -2$. 如果 $\phi(x) = \sum\limits_{k \in \mathbb{Z} \backslash \{0\}} b_k P^{(k)}(x) \in K^s(H_{\omega,\pm})$, 则对任意的 $\nu \in (0,\omega)$, 存在函数 $b^\nu \in H^{s+2}(S_{\nu,\pm}^c)$ 使得 $b_i = b^\nu(i)$, $i = \pm 1, \pm 2, \cdots$. 此外,

$$b^\nu(z) = \lim_{r \to 1-} \frac{1}{2\pi^2} \int_{L^\pm(\nu)} P^{(z)}(y^{-1}) E(y) n(y) \phi(r^{\pm 1} y) d\sigma(y),$$

其中 $L^\pm(\nu) = \overrightarrow{\exp(il^\pm(\nu))}$ 且路径 $l^\pm(\nu))$ 定义为

$$l^\pm(\nu) = \Big\{ z \in \mathbb{C} : z = r \exp(i(\pi \pm \nu)), r \text{ 是从} \pi \sec(\nu) \text{ 到} 0;$$

$$\text{且} z = r \exp(-(\pm i\nu)), r \text{ 是从} 0 \text{到} \pi \sec(\nu) \Big\}.$$

证明　因为 $\tau^0 : f^0 \longrightarrow \frac{1}{4} \overrightarrow{\Delta f^0}$, 记 $f^0 = \eta^z$, 其中 $\eta = x + iy$. 对 $x = (x_0, |\underline{x}|) \in L^\pm(\nu)$, 存在 $\eta \in \exp(il^\pm(\nu))$ 使得 $\eta = (x_0, |\underline{x}|)$. 记 $\mathbf{e} = \underline{x}/|\underline{x}|$. 已知

$$\overrightarrow{\Delta f^0} = \overrightarrow{\Delta((\cdot)^z)} = \frac{2}{|\underline{x}|} \frac{\partial u}{\partial y}(x_0, |\underline{x}|) + 2\mathbf{e}\left(\frac{1}{|\underline{x}|} \frac{\partial v}{\partial y}(x_0, |\underline{x}|) - \frac{1}{|\underline{x}|^2} v(x_0, |\underline{x}|) \right).$$

现在 $f^0 = e^{i\eta z}$, 其中 $\eta \in l^\pm(\nu)$. 则 $f = u + iv$, 其中 u 和 v 分别是 f 的实部和虚部. 我们有 $\frac{\partial}{\partial \eta}(e^{i\eta z}) = iz e^{i\eta z}$. 设 $\eta = r e^{-i\mu}$ 和 $z = |z| e^{i\theta}$. 我们得到

$$e^{-i\eta z} = \exp(-ir|z| e^{i(\theta - \mu)}) = \exp(r|z| \sin(\theta - \mu)) \exp(-ir|z| \cos(\theta - \mu)).$$

因为 $\phi \in K^s(S_\omega)$, 我们有

$$|\phi(x)| \leqslant \frac{C}{|1-x|^{s+3}}, \quad \text{其中} \quad x = x_0 + \underline{x} \in L^{\pm}(\nu).$$

对这样的一个 x, 存在一个 $z = x + iy \in \exp(il^{\pm}(\nu))$ 使得 $z = e^{i\eta} = \exp(r\sin\mu + ir\cos\mu)$ 和 $|\underline{x}| = e^{r\sin\mu}\sin(r\cos\mu)$. 则我们有

$$|b^\mu(z)| \leqslant C \int_0^{\pi\sec\mu} |z| e^{-r|z|\sin(\mu-\theta)} \frac{1}{|1-e^{i\eta}|^{s+3}} \frac{1}{|x|} \frac{1}{|\underline{x}|} r^2 dr.$$

对于因子 $1/|1-e^{i\eta}|^{s+3}$, 我们有

$$|1-e^{i\eta}|^2 = 1 + e^{2r\sin\mu} - 2e^{r\sin\mu}\cos(r\cos\mu).$$

令 $f(r) = r^2$ 和 $g(r) = 1 + e^{2r\sin\mu} - 2e^{r\sin\mu}\cos(r\cos\mu)$, 我们得到 $\lim_{r\to 0} \frac{f(r)}{g(r)} = 1$. 因此我们可以找到一个常数 C 使得

$$\frac{r}{|1-e^{r\sin\mu}e^{ir\cos\mu}|} \leqslant C, \quad r \in (0, \pi\sec\mu),$$

也就是, $1/|1-e^{r\sin\mu}e^{ir\cos\mu}|^{s+3} \sim r^{s+3}$. 最终得到

$$\begin{aligned}
|b^\mu(z)| &\leqslant C \int_0^{\pi\sin\mu} |z| e^{-r|z|\sin(\mu-\theta)} \frac{1}{r^{s+3}} \frac{1}{e^{3r\sin\mu}} \frac{r^2}{e^{r\sin\mu}\sin(r\cos\mu)} dr \\
&\leqslant C|z| \int_0^{\pi\sin\mu} e^{-r|z|\sin(\mu-\theta)} \frac{r^2}{r^{s+4}} e^{-4r\sin\mu} dr \\
&\leqslant C|z|^{s+2},
\end{aligned}$$

其中在最后一个不等式中使用了 $s < -2$. $\qquad\square$

定理 7.2.3 表明利用 [69] 中的方法, 对 $s \neq 0$, 我们只能得到 $b \in H^{s+2}(S^c_{\omega,\pm})$ 而不是 $b \in H^s(S^c_{\omega,\pm})$. 为了得到更精确的结果, 我们采用一个新的方法. 该方法基于以下两点. 其一, 我们要找的函数 b 定义在 $S^c_{\omega,\pm} \subset \mathbb{C}$ 上. 其二, 根据命题 6.1.1, 我们知道当维数 n 为奇数时, 多项式 $P^{(-k)}$ 和 $P^{(k-1)}$, $k \in \mathbb{Z}_+$, 满足如下关系:

$$P^{(-k)} = \tau((\cdot)^{-k}), \quad P^{(k-1)} = \tau((\cdot)^{k+n-2}).$$

因此我们的思路是利用 $\phi \in K^s(H_{\omega,\pm})$ 构造函数 $\phi^0 \in K^s(H^c_{\omega,\pm})$. 然后可以通过 ϕ^0 和复分析的手段将函数 b 表示出来. 首先给一个引理来说明 $H^c_{\omega,\pm}$ 和 $H_{\omega,\pm}$ 之间的关系.

对于向量空间 Q 中的任意元素 e, 1 和 e 在 $\mathbb{R}$ 上的线性生成被称为是 $\mathbb{R}^n_1$ 中由 e 诱导出的复平面, 记为 $\mathbb{C}^e$. 记 $H^e_{\omega,\pm}$ 和 H^e_ω 为 in $\mathbb{C}$ 中的集合 $H^c_{\omega,\pm}$ 和 H^c_ω 在映射 $i_e: a + bi \longrightarrow a + b\mathbf{e}$ 下, 在 $\mathbb{C}^e \subset \mathbb{R}^{(n)}_1$ 上的像. 利用与 [69, Lemma 4] 相同的方法, 我们可以证明如下引理.

引理 7.2.2

$$H_{\omega,\pm} = \bigcup_{e \in J} H_{\omega,\pm}^e \text{ 且 } H_{\omega,\pm} = \bigcup_{e \in J} H_{\omega,\pm}^e,$$

其中指标集 J 是所有单位向量的集合.

根据引理 7.2.2, 可以建立 Clifford 解析核函数与全纯乘子之间的对应关系.

定理 7.2.4 令 n 为奇数且 $\phi(x) = \sum\limits_{k \in \mathbb{Z} \setminus \{0\}} b_k P^{(k)}(x) \in K^s(H_{\omega,\pm})$. 如果级数 $\sum\limits_{k \in \mathbb{Z} \setminus \{0\}} b_k z^k$ 在 $H_{\omega,\pm}^c$ 中收敛, 则对任意的 $\nu \in (0, \omega)$, 存在函数 $b^\nu \in H^s(S_{\nu,\pm}^c)$ 使得 $b_k = b^\nu(k)$, $k \in \mathbb{Z} \setminus \{0\}$.

证明 我们知道如果 n 为奇数, 对 $k \in \mathbb{Z}_+$,

$$P^{(-k)} = \tau^0((\cdot)^{-k}) \text{ 且 } P^{(k-1)} = \tau^0((\cdot)^{n+k-1}).$$

对 $H_{\omega,\pm}$ 上的 $\phi(x) = \sum\limits_{k \in \mathbb{Z} \setminus \{0\}} b_k P^{(k)}(x)$, 我们定义 $H_{\omega,\pm}^c$ 上的函数 $\phi^0(z) = \sum\limits_{k \in \mathbb{Z} \setminus \{0\}} b_k z^k$, 其中 $z \in H_{\omega,\pm}^c$. 为简便起见, 我们只在 $H_{\omega,+}^c$ 中估计 ϕ^0. 令 $\mathbf{e} = \dfrac{x}{|x|}$. 对任意的 $z = u + iv \in H_{\omega,+}^c$, 我们根据引理 7.2.2 有 $x = u + v\mathbf{e} = (x_0, \underline{x}) \in H_{\omega,+}^e \subset H_{\omega,+}$. 我们已经证明, 对 $z \in H_{\omega,+}^c$, 存在一个常数 $\delta(\nu) = \min\left\{\dfrac{1}{2}, \tan(\omega - \nu)\right\}$ 使得球 $S_r(z)$ 包含在 $H_{\omega,\pm}^c$ 中, 其中 z 为球心且半径 r 为 $\delta(\nu)|1 - z|$. 我们用 $B(x, r)$ 表示球 $\left\{y \in \mathbb{R}_1^{(n)}, |x - y| < \delta(\nu)|1 - x|\right\}$ 且有 $B(x, r) \subset H_{\omega,+}^e \subset H_{\omega,+}$.

假定 f 和 g 分别为 $\phi^0(z)$ 的实部和虚部. 诱导函数定义为

$$\overrightarrow{\phi^0}(x) = f(x_0, |\underline{x}|) + \mathbf{e}g(x_0, |\underline{x}|)$$

且满足 $\Delta^{(n-1)/2} \overrightarrow{\phi^0}(x) = \phi(x)$, 其中 $x = (x_0, \underline{x}) = u + v\mathbf{e}$, 而 $\overrightarrow{\phi^0}$ 为一个切片全纯的原函数 (slice-holomorphic primitive), 我们可以看到, 由于 Laplace 的基本解的核是 $\dfrac{1}{|x \cdot y|^{h-2}}$,

$$|\overrightarrow{\phi^0}(x)| \leqslant \int_{B(x,r)} \frac{c}{|x - y|^2} \frac{C_\nu}{|1 - y|^{n+s}} dy.$$

对任意的 $q \in B(x, \delta(\nu)|1 - x|)$,

$$|1 - y| \geqslant |1 - x| - |x - y| > (1 - \delta(\nu))|1 - x|.$$

我们得到

$$\begin{aligned}
|\overrightarrow{\phi^0}(x)| &\leqslant \frac{C_\nu}{|1 - x|^{n+s}} \int_0^{\delta(\nu)|1-x|} \frac{1}{|x - y|^2} |x - y|^{n-1} d(|x - y|) \\
&\leqslant \frac{C_\nu}{|1 - x|^{1+s}}.
\end{aligned}$$

根据 $|\vec{\phi^0}|$ 的定义, 我们有

$$|\phi^0(z)| = |\vec{\phi^0}(x)| \leqslant \frac{C_\nu}{|1-x|^{1+s}} = \frac{C_\nu}{|1-z|^{1+s}}.$$

利用上述估计, 我们可以构造函数 $b \in H^s(S^\omega_{\omega,\pm})$ 如下.

对 $s < 0$ 和 $z \in S^c_{\mu,\pm}$,

$$b^\mu(z) = \frac{1}{2\pi} \int_{\lambda_\pm(\mu)} \exp(-i\eta z)\phi^0(\exp(i\eta))d\eta,$$

其中

$$\lambda_\pm(\mu) = \Big\{\eta \in H^c_{\omega,\pm} \mid \eta = r\exp(i(\pi \pm \mu)), r \text{ 是从} \pi\sec\mu \text{到};$$
$$\text{且} \eta = r\exp(\mp i\mu), r \text{ 是从 } 0 \text{ 到 } \pi\sec\mu\Big\}$$

且对 $s \geqslant 0, z \in S^c_{\mu,\pm}$,

$$b^\mu(z) = \frac{1}{2\pi} \lim_{\varepsilon \to 0} \Big(\int_{l(\varepsilon,|z|^{-1}) \cup c_\pm(|z|^{-1},\mu) \cup \Lambda_\pm(|z^{-1}|,\mu)} \exp(-i\eta z)$$
$$\cdot \phi^0(\exp(i\eta))d\eta + \phi^{|s|}_{\varepsilon,\pm}(z)\Big),$$

其中如果 $r \leqslant \pi$,

$$l(\varepsilon,r) = \Big\{\eta = x + iy \mid y = 0, x \text{ 是从 } -r \text{ 到 } -\varepsilon, \text{ 然后从 } \varepsilon \text{ 到 } r\Big\},$$

$$c_\pm(r,\mu) = \Big\{\eta = r\exp(i\alpha) \mid \alpha \text{ 是从 } \pi \pm \mu \text{ 到 } \pi, \text{ 然后从 } 0 \text{ 到 } \mp\mu\Big\},$$

且

$$\Lambda_\pm(r,\mu) = \Big\{\eta \in W_{\omega,\pm} \mid \eta = \rho\exp(i(\pi \pm \mu)), \rho \text{ 是从 } \pi\sec\mu \text{ 到 } r;$$
$$\text{然后 } \eta = \rho\exp(\mp i\mu), \rho \text{ 是从 } r \text{ 到 } \pi\sec\mu\Big\}$$

且如果 $r > \pi$,

$$l(\varepsilon,r) = l(\varepsilon,\pi), \quad c_\pm(r,\mu) = c_\pm(\pi,\mu), \quad \Lambda_\pm(r,\mu) = \Lambda_\pm(\pi,\mu)$$

在任一情形中,

$$\phi^{[s]}_{\varepsilon,\pm}(z) = \int_{L_\pm(\varepsilon)} \phi^0(\exp(i\eta))\left(1 + (-i\eta z) + \cdots + \frac{(-i\eta z)^{[s]}}{[s]!}\right)d\eta,$$

其中 $L_\pm(\varepsilon)$ 是 $C_{\omega,\pm}$ 从 $-\varepsilon$ 到 ε.

根据 Cauchy 定理和 Taylor 级数展开, 通过 ϕ^0 的估计, 我们可以证明 $b^\nu \in H^s(S^c_\omega)$ 和 $b_i = b^\nu(i)$, $i = \pm 1, \pm 2, \cdots$. 具体细节参见 7.1 节. $\qquad\square$

7.3　Sobolev-Fourier 乘子的积分表示

在本节中, 我们考虑星形 Lipschitz 曲面上另一类 Fourier 乘子. 如前所述, 如果一个 Lipschitz 曲面是 n 维的, 在原点附近是星形的, 且存在常数 $M < \infty$ 使得对 $x_1, x_2 \in \Sigma$,

$$\frac{\left|\ln |x_1^{-1} x_2|\right|}{\arg(x_1, x_2)} \leqslant M,$$

称这个曲面是一个星形 Lipschitz 曲面. 用 $N = \mathrm{Lip}(\Sigma)$ 表示使上述不等式成立的最小常数 M.

对 $s \in \mathbb{R}_1^n$, 我们对 $x \in \mathbb{R}_1^n$ 定义映射 $r_s : x \to sxs^{-1}$. 根据引理 6.2.1 的 (i) 和 (v), 可以证明如果 x' 和 x 属于一个具有 Lipschitz 常数 N 的星形 Lipschitz 曲面, 则

$$\left(\left|\ln |x^{-1} x'|\right| / \arg(x, x')\right) = \left|\ln \||x|^{-1} \tilde{x}\|\right| / \arg(1, |x|^{-1} \tilde{x}) \leqslant N,$$

也就是, $|x|^{-1} \tilde{x} \in H_\omega$. 这给出了集合 H_ω 和星形 Lipschitz 曲面之间的关系.

用 $\mathcal{M}_k$ 表示 $\mathbb{R}_1^n$ 中的 k 齐次左 Clifford 解析函数的有限维右模, 用 $\mathcal{M}_{-(k+n)}$ 表示 $\mathbb{R}_1^n \setminus \{0\}$ 中 $-(k+n)$ 齐次左 Clifford 解析函数的有限维右模. 空间 $\mathcal{M}_k$ 和 $\mathcal{M}_{-(k+n)}$ 是左球面 Dirac 算子 Γ_ξ 的特征子空间. 我们定义

$$P_k : f \to P_k(f) \text{ 和 } Q_k : f \to Q_k(f)$$

分别为 $\mathcal{M}_k$ 和 $\mathcal{M}_{-(k+n)}$ 上的投影算子.

Fourier 乘子定义在如下试验函数空间上:

$$\mathcal{A} = \Big\{ f : \ \text{对某些 } s > 0, f(x) \text{ 在 } \rho - s < |x| < l + s \text{ 中是左 Clifford 解析的} \Big\}.$$

对 $f \in \mathcal{A}$, 在定义 f 的圆环内, 我们有 Laurant 级数展开

$$f(x) = \sum_{k=0}^{\infty} P_k(f)(x) + \sum_{k=0}^{\infty} Q_k(f)(x).$$

这里我们使用了如下定义的投影算子 P_k 和 Q_k:

$$P_k(f)(x) = \frac{1}{\Omega_n} \int_\Sigma |y^{-1} x|^k C_{n+1,k}^+(\xi, \eta) E(y) n(y) f(y) d\sigma(y)$$

和

$$Q_k(f)(x) = \frac{1}{\Omega_n} \int_\Sigma |y^{-1} x|^{-n-k} C_{n+1,k}^-(\xi, \eta) E(y) n(y) f(y) d\sigma(y),$$

其中 $x = |x|\xi$, $y = |y|\eta$ 以及 $n(y)$ 是 y 处的 Σ 的单位外法向量场. 这里 $C_{n+1,k}^+(\xi,\eta)$ 和 $C_{n+1,k}^-(\xi,\eta)$ 是如下定义的函数

$$C_{n+1,k}^+(\xi,\eta) = \frac{1}{1-n}\Big[-(n+k-1)C_k^{(n-1)/2}(\langle\xi,\eta\rangle) $$
$$ +(1-n)C_{k-1}^{(n+1)/2}(\langle\xi,\eta\rangle)(\langle\xi,\eta\rangle - \bar{\xi}\eta)\Big]$$

和

$$C_{n+1,k}^-(\xi,\eta) = \frac{1}{n-1}\Big[(k+1)C_{k+1}^{(n-1)/2}(\langle\xi,\eta\rangle) $$
$$ +(1-n)C_k^{(n+1)/2}(\langle\eta,\xi\rangle)(\langle\eta,\xi\rangle - \bar{\eta}\xi)\Big],$$

其中 C_k^ν 是与 ν 相关的 k 次 Gegenbauer 多项式 (参见 [23]).

现在我们给出星形 Lipschitz 曲面 Σ 上由序列导出的 Fourier 乘子, 其中序列 $\{b_k\}$ 是 $H^s(S_\omega^c)$ 中的函数 $b(z)$ 取 $b_k = b(k)$ 得到. 我们看到定理 7.2.1 中得到的核函数 $\phi(x)$ 满足

$$|\phi(x)| \leqslant C_\mu/|1-x|^{n+s}, \quad s > 0.$$

正则性指标 s 表明我们无法像经典的 Cauchy 积分那样对 $f \in L^2(\Sigma)$ 定义 Fourier 乘子. 为了消除 s 的影响, 需要将该类乘子限制到 $L^2(\Sigma)$ 的某个子空间上. 因此定义星形 Lipschitz 曲面 Σ 上如下的 Sobolev 空间.

定义 7.3.1 令 $s \in \mathbb{Z}^+ \cup \{0\}$ 且 Σ 是一个星形 Lipschitz 曲面, 定义 Sobolev 范数 $\|\cdot\|_{W_{\Gamma_\xi}^{p,s}(\Sigma)}$, $1 \leqslant p < \infty$, 为

$$\|\cdot\|_{W_{\Gamma_\xi}^{p,s}(\Sigma)} = \|f\|_{L^p(\Sigma)} + \sum_{j=0}^s \|\Gamma_\xi^j f\|_{L^p(\Sigma)}.$$

与球面 Clifford 解析算子 Γ_ξ 相关的 Sobolev 空间定义为函数类 $\mathcal{A}$ 在范数 $\|\cdot\|_{W_{\Gamma_\xi}^{p,s}(\Sigma)}$ 的闭包, 也就是, $\overline{\mathcal{A}}^{\|\cdot\|_{W_{\Gamma_\xi}^{p,s}(\Sigma)}}$.

现在给出 Fourier 乘子算子的定义. 根据定义 7.3.1, $\mathcal{A}$ 在 $W_{\Gamma_\xi}^{p,s}$ 中稠密. 因此在定义 Fourier 乘子算子时, 假定 $f \in \mathcal{A}$.

定义 7.3.2 对满足 $|b_k| \leqslant k^s$ 的序列 $\{b_k\}_{k\in\mathbb{Z}}$, 我们定义 Fourier 乘子算子 $M_{(b_k)}$:

$$M_{(b_k)}f(x) = \sum_{k=0}^\infty b_k P_k(f)(x) + \sum_{k=0}^\infty b_{-k-1}Q_k(f)(x).$$

注 7.3.1 当 Σ 是单位球时, 如果取两个序列 $\{b_k^{(1)}\}$, $b_k^{(1)} = k^2$ 及 $\{b_k^{(2)}\}$, $b_k^{(2)} = k$, 则定义 7.3.2 中的 Fourier 乘子变为双曲单位球上 Photogenic-Cauchy 积分的边值, 参见例 7.0.1.

现在对 $k \geqslant 0$, 定义

$$\tilde{P}^{(k)}(y^{-1}x) = |y^{-1}x|^k C_{n+1,k}^+(\xi, \eta)$$

和

$$\tilde{P}^{(-k-1)}(y^{-1}x) = |y^{-1}x|^{-k-n} C_{n+1,k}^-(\xi, \eta).$$

则投影算子 P_k 和 Q_k 可以表示为

$$P_k(f)(x) = \frac{1}{\Omega_n} \int_{\Sigma} \tilde{P}^{(k)}(y^{-1}x) E(y) n(y) f(y) d\sigma(y);$$

$$Q_k(f)(x) = \frac{1}{\Omega_n} \int_{\Sigma} \tilde{P}^{(-k-1)}(y^{-1}x) E(y) n(y) f(y) d\sigma(y).$$

如果我们用

$$\tilde{\phi}(y^{-1}x) = \sum_{-\infty}^{\infty} b_k \tilde{P}^{(-k)}(y^{-1}x)$$

表示定义 7.3.2 中乘子算子 $M_{(b_k)}$ 的核函数, 我们得到如下估计.

定理 7.3.1　令 $\omega \in \left(\arctan(N), \dfrac{\pi}{2}\right)$ 和 $b \in H^s(S_\omega^c)$. 则按照上边方法给出的与序列 $\{b_k\}$ 相关的核函数 $\tilde{\phi}(y^{-1}x)E(y)$ 是 Clifford 解析地定义在 $\Sigma \times \Sigma \setminus \{(x,y) : x = y\}$ 的一个开邻域中. 此外, 在该邻域中,

$$|\tilde{\phi}(y^{-1}x)| \leqslant \frac{C}{|1 - y^{-1}x|^{n+s}}.$$

证明　本定理的证明类似于命题 6.2.3. 我们略去细节.　　　　□

对 $f \in \mathcal{A}$, 上边引入的乘子 $M_{(b_k)}$ 是良定的. 对 $b \in H^s(S_\omega^c)$, 我们考虑如下定义的乘子 $M_{(b_k)}^r(f)(x)$:

$$M_{(b_k)}^r(f)(x) = \sum_{k=0}^{\infty} b_k P_k(f)(rx) + \sum_{k=0}^{\infty} b_{-k-1} Q_k(f)(r^{-1}x), \quad \rho - s < |x| < l + s,$$

其中 $x \in \Sigma$, $r \approx 1$ 和 $r < 1$.

用 M_1 和 M_2 表示 $M_{(b_k)}^r$ 表达式中的两个求和. 因为 $b \in H^s(S_\omega^c)$, b 在原点附近是有界的且当 $|z| > 1$ 时, $|b(z)| \leqslant |z|^s$. 我们推出当 $|z| > 1$ 时, $|b(z)| \leqslant |z|^s < |z|^{s_1}$. 因此对 $s_1 = [s] + 1$, $b \in H^{s_1}(S_\omega^c)$. 记 $b_1(z) = z^{-s_1}b(z)$, 关系式 $|b_1(z)| \leqslant |b(z)/z^{s_1}| \leqslant C$ 表明 $b_1(z) \in H^\infty(S_\omega^c)$, 其中

$$H^\infty(S_{\mu,\pm}^c) = \Big\{ b : S_{\mu,\pm}^c \to \mathbb{C} : b \text{ 是全纯的, 且满足}$$

$$\text{在任意的 } S_{\nu,\pm}^c, \, 0 < \nu < \mu, |b(z)| \leqslant C_\nu \Big\},$$

且

$$H^\infty(S_\mu^c) = \left\{ b: \ S_\mu^c \to \mathbb{C} : \ b_\pm = b\chi_{\{z \in \mathbb{C}: \ \pm \mathrm{Re}z > 0\}} \in H^\infty(S_{\mu,\pm}^c) \right\},$$

其中 $S_{\mu,\pm}^c$ 和 S_μ^c 为扇形区域.

对 M_1, $|b_k| = |b(k)| \leqslant k^{s_1}$, 取 $b_1(z) = z^{-s_1}b(z)$. 容易看到 $b_1(z)$ 在 S_ω^c 中也是全纯的. 则有

$$M_1 = \sum_{k=0}^\infty b_k P_k(f)(rx) = \sum_{k=0}^\infty b_{1,k} k^{s_1} P_k(f)(rx),$$

其中 $b_{1,k} = b_1(k) = \dfrac{b_k}{k^{s_1}}$. 因为空间 M_k 是球面 Dirac 算子 Γ_ξ 的特征子空间, 我们有

$$\Gamma_\xi P_k(f)(rx) = k P_k(f)(rx)$$

和

$$M_1 = \sum_{k=0}^\infty b_{1,k} \Gamma_\xi^{s_1} P_k(f)(rx) = \Gamma_\xi^{s_1} \left(\sum_{k=0}^\infty b_{1,k} P_k(f)(rx) \right).$$

根据文献 [23] 的一个结果, 我们给出 $P_k(f)$ 的另一种表示.

$$\begin{aligned}
P_k(f)(x) &= \frac{1}{\Omega_n} \int_\Sigma \tilde{P}^k(y^{-1}rx)E(y)n(y)f(y)d\sigma(y) \\
&= \frac{1}{\Omega_n} \int_\Sigma \sum_{|\underline{\alpha}|=k} V_{\underline{\alpha}}(rx)W_{\underline{\alpha}}(y)n(y)f(y)d\sigma(y),
\end{aligned}$$

其中我们使用了 Cauchy-Kovalevska 展开

$$\tilde{P}^{(k)}(y^{-1}x)E(y) = \sum_{|\underline{\alpha}|=k} V_{\underline{\alpha}}(x)W_{\underline{\alpha}}(y),$$

其中 $V_{\underline{\alpha}}(x) \in M_k$ 和 $W_{\underline{\alpha}}(y) \in M_{-n-k}$ (参见 [23, Chapter 2, (1.15)]). 根据上述关系, 我们有

$$\begin{aligned}
\Gamma_\xi P_k(f)(x) &= \frac{1}{\Omega_n} \int_\Sigma \sum_{|\underline{\alpha}|=k} (\Gamma_\xi V_{\underline{\alpha}})(x)W_{\underline{\alpha}}(y)n(y)f(y)d\sigma(y) \\
&= \frac{1}{\Omega_n} \int_\Sigma \sum_{|\underline{\alpha}|=k} k V_{\underline{\alpha}}(x)W_{\underline{\alpha}}(y)n(y)f(y)d\sigma(y) \\
&= \frac{1}{\Omega_n} \int_\Sigma \sum_{|\underline{\alpha}|=k} \frac{k}{n+k-2} V_{\underline{\alpha}}(x)(n+k-2)W_{\underline{\alpha}}(y)n(y)f(y)d\sigma(y) \\
&= \frac{k}{(n+k-2)\Omega_n} \int_\Sigma \sum_{|\underline{\alpha}|=k} V_{\underline{\alpha}}(x)(\Gamma_\eta W_{\underline{\alpha}})(y)n(y)f(y)d\sigma(y).
\end{aligned}$$

因为 $\mathcal{A}$ 中函数的 Fourier 展开的快速收敛性, 由分部积分, 有

$$
\begin{aligned}
M_1 &= \sum_{k=1}^{\infty} b_{1,k} k^{s_1} P_k(f)(rx) \\
&= \sum_{k=1}^{\infty} b_{1,k} \left(\frac{k}{n+k-2} \right)^{s_1} \frac{r^k}{\Omega_n} \int_{\Sigma} \sum_{|\underline{\alpha}|=k} V_{\underline{\alpha}}(x)(\Gamma_{\eta}^{s_1} W_{\underline{\alpha}})(y) n(y) f(y) d\sigma(y) \\
&= \sum_{k=1}^{\infty} b_{1,k} \left(\frac{k}{n+k-2} \right)^{s_1} \frac{r^k}{\Omega_n} \int_{\Sigma} \sum_{|\underline{\alpha}|=k} V_{\underline{\alpha}}(x) W_{\underline{\alpha}}(y) n(y)(\Gamma_{\eta}^{s_1} f)(y) d\sigma(y).
\end{aligned}
$$

因为 $\left| b_{1,k} \left(\dfrac{k}{n+k-2} \right)^{s_1} \right| \leqslant C$, 如果将 $b_{1,k} \left(\dfrac{k}{n+k-2} \right)^{s_1}$ 记为 $b_{1,k}$, 我们得到 M_1 的奇异积分表示

$$
\begin{aligned}
M_1 &= \sum_{k=1}^{\infty} b_{1,k} \frac{1}{\Omega_n} \int_{\Sigma} \tilde{P}^k(y^{-1}rx) E(y) n(y)(\Gamma_{\eta}^{s_1} f(y)) d\sigma(y) \\
&= \frac{1}{\Omega_n} \int_{\Sigma} \left(\sum_{k=1}^{\infty} b_{1,k} \tilde{P}^k(y^{-1}rx) \right) E(y) n(y)(\Gamma_{\eta}^{s_1} f(y)) d\sigma(y) \\
&= \frac{1}{\Omega_n} \int_{\Sigma} \tilde{\phi}_1(y^{-1}rx) E(y) n(y)(\Gamma_{\eta}^{s_1} f(y)) d\sigma(y).
\end{aligned}
$$

类似地, 对 M_2, 再次利用 Cauchy-Kovalevska 延拓 ([23, Chapter II, (1.16)]), 我们有

$$
\begin{aligned}
M_2 &= \sum_{k=0}^{\infty} b_{-k-1} Q_k(f)(r^{-1}x) \\
&= \sum_{k=0}^{\infty} \frac{b_{-k-1}}{(k+1)^{s_1}} \left(\frac{k+1}{k} \right)^{s_1} \frac{1}{\Omega_n} \int_{\Sigma} \sum_{|\underline{\alpha}|=k} W_{\underline{\alpha}}(r^{-1}x) k^{s_1} \overline{V}_{\underline{\alpha}}(y) n(y) f(y) d\sigma(y) \\
&= \sum_{k=0}^{\infty} \frac{b_{-k-1}}{(k+1)^{s_1}} \left(\frac{k+1}{k} \right)^{s_1} \frac{1}{\Omega_n} \int_{\Sigma} \sum_{|\underline{\alpha}|=k} W_{\underline{\alpha}}(r^{-1}x)(\Gamma_{\eta}^{s_1} \overline{V}_{\underline{\alpha}})(y) n(y) f(y) d\sigma(y) \\
&= \sum_{k=0}^{\infty} \frac{b_{-k-1}}{(k+1)^{s_1}} \left(\frac{k+1}{k} \right)^{s_1} \frac{1}{\Omega_n} \int_{\Sigma} \sum_{|\underline{\alpha}|=k} W_{\underline{\alpha}}(r^{-1}x) \overline{V}_{\underline{\alpha}}(y) n(y)(\Gamma_{\eta}^{s_1} f)(y) d\sigma(y).
\end{aligned}
$$

和前边一样, 仍将 $\dfrac{b_{-k-1}}{(k+1)^{s_1}} \left(\dfrac{k+1}{k} \right)^{s_1}$ 记作 b_{-1-k} 并得到 M_2 的奇异积分表示 如下:

$$M_2 = \sum_{k=0}^{\infty} b_{-k-1} \frac{1}{\Omega_n} \int_{\Sigma} \tilde{P}^{-k-1}(y^{-1}r^{-1}x) E(y) n(y) (\Gamma_{\eta}^{s_1} f)(y) d\sigma(y)$$

$$= \frac{1}{\Omega_n} \int_{\Sigma} \left(\sum_{k=0}^{\infty} b_{-k-1} \tilde{P}^{-k-1}(y^{-1}r^{-1}x) \right) E(y) n(y) (\Gamma_{\eta}^{s_1} f)(y) d\sigma(y)$$

$$= \frac{1}{\Omega_n} \int_{\Sigma} \tilde{\phi}_2(y^{-1}r^{-1}x) E(y) n(y) (\Gamma_{\eta}^{s_1} f(y)) d\sigma(y).$$

最终将乘子 $M_{(b_k)}^r(f)(x)$ 重新写为

$$M_{(b_k)}^r(f)(x) = \lim_{r \to 1-} \frac{1}{\Omega_n} \int_{\Sigma} (\widetilde{\phi_1}(y^{-1}rx) + \widetilde{\phi_2}(y^{-1}r^{-1}x)) E(y) n(y) (\Gamma_{\xi}^{s_1} f)(y) d\sigma(y),$$

其中我们使用了如下事实: 对 $f \in \mathcal{A}$, 定义 $M_{b_k}^r(f)$ 的级数当 $r \to 1-$ 时, 是一致收敛的.

对 $M_{(b_k)}(f)(x)$, 我们得到如下边值结果.

定理 7.3.2 如果 $b \in H^s(S_{\omega}^c)$, 则对 $f \in \mathcal{A}$ 和 $x \in \Sigma$, 我们有

$$M_{(b_k)}(f)(x) = \lim_{r \to 1-} \frac{1}{\Omega_n} \int_{\Sigma} (\widetilde{\phi_1}(y^{-1}rx) + \widetilde{\phi_2}(y^{-1}r^{-1}x)) E(y) n(y) (\Gamma_{\xi}^{s_1} f)(y) d\sigma(y)$$

$$= \lim_{\varepsilon \to 0} \frac{1}{\Omega_n} \left\{ \int_{|y-x|>\varepsilon, y \in \Sigma} [\widetilde{\phi_1}(y^{-1}x) + \widetilde{\phi_2}(y^{-1}x)] E(y) n(y) (\Gamma_{\xi}^{s_1} f)(y) d\sigma(y) \right.$$

$$\left. + (\widetilde{\phi_1}(\varepsilon, x) + \widetilde{\phi_2}(\varepsilon, x)) f(x) \right\},$$

这里

$$\widetilde{\phi_1}(\varepsilon, x) = \int_{S(\varepsilon, x, +)} \widetilde{\phi_1}(y^{-1}x) E(y) n(y) d\sigma(y)$$

且

$$\widetilde{\phi_2}(\varepsilon, x) = \int_{S(\varepsilon, x, -)} \widetilde{\phi_2}(y^{-1}x) E(y) n(y) d\sigma(y),$$

其中 $S(\varepsilon, x, \pm)$ 是球面 $|y - x| = \varepsilon$ 在 Σ 内部或外部的部分, 这取决于 $\tilde{\phi}_i$ 的指标取 $i = 1$ 或 $i = 2$.

证明 本定理的证明类似于 Cauchy 积分的经典 Plemelj 公式的证明. 为简便起见, 我们只考虑

$$\lim_{r \to 1-} I = \lim_{r \to 1-} \frac{1}{\Omega_n} \int_{\Sigma} \widetilde{\phi_1}(y^{-1}rx) E(y) n(y) (\Gamma_{\xi}^{s_1} f)(y) d\sigma(y).$$

另一个积分可以类似地处理. 对一个固定的 $\varepsilon > 0$, 上述积分 I 可以分为如下三部

分:

$$I = \frac{1}{\Omega_n} \int_\Sigma \widetilde{\phi_1}(y^{-1}rx)E(y)n(y)(\Gamma_\xi^{s_1}f)(y)d\sigma(y)$$

$$= \frac{1}{\Omega_n} \int_{y\in\Sigma, |y-x|>\varepsilon} \widetilde{\phi_1}(y^{-1}rx)E(y)n(y)(\Gamma_\xi^{s_1}f)(y)d\sigma(y)$$

$$+ \frac{1}{\Omega_n} \int_{y\in\Sigma, |y-x|\leqslant\varepsilon} \widetilde{\phi_1}(y^{-1}rx)E(y)n(y)[(\Gamma_\xi^{s_1}f)(y) - (\Gamma_\xi^{s_1}f)(x)]d\sigma(y)$$

$$+ \frac{1}{\Omega_n} \int_{y\in\Sigma, |y-x|\leqslant\varepsilon} \widetilde{\phi_1}(y^{-1}rx)E(y)n(y)d\sigma(y)(\Gamma_\xi^{s_1}f)(x)$$

$$=: I_1 + I_2 + I_3,$$

其中符号 $\Gamma_\xi f(y)$ 表示作用在 f 的变量 η 上的球面 Dirac 算子 Γ_ξ, 其中 $y = |y|\eta$.
令 $r \to 1-$. I_1 趋于

$$\frac{1}{\Omega_n} \int_{y\in\Sigma, |y-x|>\varepsilon} \widetilde{\phi_1}(y^{-1}x)E(y)n(y)(\Gamma_\eta^{s_1}f)(y)d\sigma(y).$$

对 I_2, 因为 $f \in \mathcal{A}$ 表明 $\Gamma_\xi^{s_1}f$ 是一个 Lipschitz 函数, 我们有

$$\lim_{\varepsilon\to 0}\lim_{r\to 1-} I_2 = \lim_{r\to 1-}\lim_{\varepsilon\to 0} \int_{y\in\Sigma, |y-x|\leqslant\varepsilon} \widetilde{\phi_1}(y^{-1}rx)E(y)n(y)$$

$$\times \Big[(\Gamma_\xi^{s_1}f)(y) - (\Gamma_\xi^{s_1}f)(x)\Big]d\sigma(y) = 0.$$

最后我们估计 I_3. 由 Cauchy 定理, 对固定的 $\varepsilon > 0$, 有

$$\lim_{r\to 1-} I_3 = \lim_{r\to 1-} \int_{y\in\Sigma, |y-x|\leqslant\varepsilon} \widetilde{\phi_1}(y^{-1}rx)E(y)n(y)d\sigma(y)(\Gamma_\xi^{s_1}f)(x)$$

$$= \widetilde{\phi_1}(\varepsilon, x)(\Gamma_\xi^{s_1}f)(x).$$

这就完成了定理的证明.　　　　　　　　　　　　　　　　　　　　　　　□

　　作为研究非光滑区域上边值问题的一个有用的工具, Lipschitz 曲线和曲面上的 Hardy 空间理论引起了许多数学家的注意. 在 20 世纪 80 年代, Jerison 和 Kenig 在文献 [40] 和 [38] 中考虑了复变量的情况. 在 Mitrea 的书 [62] 中, 引入了高维 Lipschitz 图像上的 Clifford 值 Hardy 空间理论.

　　令 Δ 和 Δ^c 为 $\mathbb{R}_1^n \setminus \Sigma$ 的有界和无界的连通分支. 对 $\alpha > 0$, 定义 $x \in \Sigma$ 处非切向区域 $\Lambda_\alpha(x)$ 和 $\Lambda_\alpha^c(x)$ 为

$$\Lambda_\alpha(x) = \Big\{ x \in \Delta, \ |y-x| < (1+\alpha)\text{dist}(y,\Sigma) \Big\}$$

和

$$\Lambda_\alpha^c(x) = \Big\{ y \in \Delta^c, \ |y-x| < (1+\alpha)\text{dist}(y,\Sigma) \Big\}.$$

令 f 定义在 Δ (Δ^c). 内非切向极大函数 $N_\alpha(f)$ 定义为

$$N_\alpha(f)(x) = \sup\left\{ |f(y)| : y \in \Lambda_\alpha(x)(y \in \Lambda_\alpha^c(x)) \right\}.$$

对 $0 < p < \infty$, Hardy 空间 $\mathcal{H}^p(\Delta)$ ($\mathcal{H}^p(\Delta^c)$) 定义为

$$\mathcal{H}^p(\Delta) = \left\{ f : f \text{ 在 } \Delta \text{ 中是左 Clifford 解析的, 且 } N_\alpha(f) \in L^p(\Sigma) \right\},$$

$$\mathcal{H}^p(\Delta^c) = \left\{ f : f \text{ 在 } \Delta^c \text{ 中是左 Clifford 解析的, 且 } N_\alpha(f) \in L^p(\Sigma) \right\}.$$

[62] 中的 Clifford 解析 Hardy 空间理论表明对 $p > 1$, 一个函数的 $\mathcal{H}^p(\Delta)$ 范数等价于它在边界上的非切向极限的 L^p 范数. 类似的结论对空间 $\mathcal{H}^p(\Delta^c)$ 也成立. 准确地讲, 如果对 $p > 1$, $f \in \mathcal{H}^p(\Delta)$, 则有

$$C_1\|f\|_{\mathcal{H}^p(\Delta)} \leqslant \|f\|_{L^p(\Sigma)} \leqslant C_2\|f\|_{\mathcal{H}^p(\Delta)}.$$

如果 $f \in \mathcal{M}_k$ 且 $k \neq -1, -2, \cdots, -n+1$, 因为 $\mathcal{M}_k$ 是 k 齐次左 Clifford 解析函数构成的子空间, 我们有 $\Gamma_\xi f(\xi) = kf(\xi)$. 对 $f \in \mathcal{A}$, 定义 $\Gamma_\xi(f|_\Gamma)$ 为 $\Gamma_\xi(f|_{S_{\mathbb{R}_1^n}})$ 的 Clifford 解析延拓在 Γ 上的限制, 则 Γ_ξ 的定义可以推广到 $\Gamma_\xi : \mathcal{A} \to \mathcal{A}$.

对 $p = 2$, 上述 Hardy 空间 $\mathcal{H}^2(\Delta)$ 和 $\mathcal{H}^2(\Delta^c)$ 有高阶 g-函数的等价刻画. 例如取 $\mathcal{H}^2(\Delta)$, 则有

命题 7.3.1 ([62], [38]) *假定* $f \in \mathcal{H}^2(\Delta)$, *则范数* $\|f\|_{\mathcal{H}^2(\Delta)}$ *等价于范数*

$$\left(\int_0^1 \int_\Sigma \left| (\Gamma_\xi^j f)(sx) \right|^2 (1-s)^{2j-1} d\sigma(x)\frac{ds}{s} \right)^{1/2}, \quad j = 1, 2, \cdots.$$

作为 $L^2(\Sigma)$ 两类子空间, 我们可以证明 Hardy 空间 $\mathcal{H}^2(\Delta)$ 和 $\mathcal{H}^2(\Delta^c)$ 相互正交. 我们将该性质叙述为下述命题.

命题 7.3.2 ([12]) *假定* $f \in L^2(\Sigma)$, *则存在* $f^+ \in \mathcal{H}^2(\Delta)$ *和* $f^- \in \mathcal{H}^2(\Delta^c)$ *使得它们的非切向边界极限, 仍记为* f^+ *和* f^-, *属于* $L^2(\Sigma)$, *且* $f = f^+ + f^-$. *映射* $f \to f^\pm$ *在* $L^2(\Sigma)$ *上是连续的.*

在文献 [25] 中, Eelbode 研究了双曲单位球上 Photogenic-Cauchy 变换 C_P^α 的边值. 例子 7.0.1 中, 因子 $k^2 P_k(f)$ 和 $k^2 Q_k(f)$ 的出现表明 C_P^α 的边值 $C_P^\alpha[f]\uparrow$ 不是从 $L^2(S^{m-1})$ 到自身的有界算子. 如果将算子限定在某些更小的 $L^2(S^{m-1})$ 的子空间上, 则可以得到相应的有界性.

现在给出本节的主要结果.

定理 7.3.3 令 $\omega \in \left(\arctan(N), \frac{\pi}{2} \right)$. 如果 $b \in H^s(S_\omega^c), s > 0$, 则假定 $b(0) = 0$, 定义 7.3.2 中引入的乘子可以延拓为一个从 $W_{\Gamma_\xi}^{2,s_1}(\Sigma)$ 到 $L^2(\Sigma)$ 的有界算子, 其

中　$s_1 = \lceil s \rceil$. 此外, 对于乘子的范数 $\| \cdot \|_{op}$, 我们有

$$\|M_{(b(k))}\|_{op} \leqslant C_\nu \left\| \frac{b}{|z+1|^s} \right\|_{L^\infty(S_\nu^c)}, \quad \arctan N < \nu < \omega.$$

　　　证明　因为 $f \in W_{\Gamma_\xi}^{2,s_1}(\Sigma) \subset L^2(\Sigma)$, 根据命题 7.3.2, 对这样的一个 f, 我们有 $f = f^+ + f^-$, 其中 $f^+ \in \mathcal{H}^2(\Delta)$ 和 $f^- \in \mathcal{H}^2(\Delta^c)$ 使得

$$\|f^\pm\|_{L^2(\Sigma)} \leqslant C_N \|f\|_{W^{2,s_1}(\Sigma)}.$$

由线性性质及定理 7.3.2, 可以得到　$M_b(f) = M_{b^+} f^+ + M_{b^-} f^-$, 其中

$$M_{b^\pm} f^\pm(x) = \lim_{r \to -} \int_\Sigma \tilde{\phi}_\pm(r^{\pm 1} y^{-1} x) E(y) n(y) f(y) d\sigma(y), \quad x \in \Sigma.$$

因此只需要证明

$$\|M_{b^\pm} f^\pm\|_{\mathcal{H}^2} \leqslant C_N \|\Gamma_\xi^{s_1} f^\pm\|_{\mathcal{H}^2}.$$

我们只对 f^+ 这一部分证明上述不等式并为简便起见省略符号 "+". 对于 f^- 的处理类似.

　　根据定理 7.3.1, 对 $b \in H^s(S_\omega^c)$, 我们有

$$|\tilde{\phi}(y^{-1} x)| \leqslant \frac{C}{|1 - y^{-1} x|^{n+s}}.$$

因此根据 Hölder 不等式, 我们得到

$$|\Gamma_\xi^{1+s_1} M_b f(x)|$$

$$\leqslant \left(\int_{\Sigma_{\sqrt{t}}} |\phi(y^{-1} x)| \frac{d\sigma(y)}{|y|^n} \right)^{1/2} \left(\int_{\Sigma_{\sqrt{t}}} |\phi(y^{-1} x)| |\Gamma_\xi^{s_1+1} f(y)|^2 \frac{d\sigma(y)}{|y|^n} \right)^{1/2}$$

$$\leqslant C \left(\int_{\Sigma_{\sqrt{t}}} \frac{1}{|1 - y^{-1} x|^{n+s}} \frac{d\sigma(y)}{|y|^n} \right)^{1/2} \left(\int_{\Sigma_{\sqrt{t}}} \frac{|\Gamma_\xi^{s_1+1} f(y)|^2}{|1 - y^{-1} x|^{n+s}} \frac{d\sigma(y)}{|y|^n} \right)^{1/2}.$$

由变量替换, 可以得到

$$|\Gamma_\xi^{1+s_1} M_b f(x)| \leqslant C \left(\int_\Sigma \frac{1}{[(1-\sqrt{t})^2 + \theta_0^2]^{\frac{n+s}{2}}} d\sigma(y) \right)^{1/2}$$

$$\times \left(\int_\Sigma \frac{1}{[(1-\sqrt{t})^2 + \theta_0^2]^{\frac{n+s}{2}}} |\Gamma_\xi^{1+s_1} f(y)|^2 d\sigma(y) \right)^{1/2},$$

其中最后一个不等式中的积分满足

$$\int_\Sigma \frac{1}{[(1-\sqrt{t})^2 + \theta_0^2]^{\frac{n+s}{2}}} d\sigma(y) \leqslant \int_0^\pi \frac{\sin^{n-1}\theta_0}{[(1-\sqrt{t})^2+\theta_0^2]^{\frac{n+s}{2}}} d\theta_0$$
$$\leqslant C \frac{1}{(1-\sqrt{t})^s}.$$

因此根据命题 7.3.1 中给出的等价刻画, 我们有

$$\|M_b f\|_{H^2(\Delta)}^2$$
$$\leqslant \int_0^1 \int_\Sigma |\Gamma_\xi^{1+s_1} M_b f(tx)|^2 (1-t)^{2s_1+1} d\sigma(x) \frac{dt}{t}$$
$$\leqslant C \int_0^1 \int_\Sigma \frac{(1-\sqrt{t})^{2s_1+1}}{(1-\sqrt{t})^s} \left(\int_\Sigma \frac{|\Gamma_\xi^{1+s_1} f(\sqrt{t}y)|^2}{[(1-\sqrt{t})^2 + \theta_0^2]^{\frac{n+s}{2}}} d\sigma(y) \right) d\sigma(x) \frac{dt}{t}$$
$$\leqslant C \int_0^1 \int_\Sigma |\Gamma_\xi^{1+s_1} f(\sqrt{t}y)|^2 \left(\int_\Sigma \frac{(1-\sqrt{t})^s}{[(1-\sqrt{t})^2 + \theta_0^2]^{\frac{n+s}{2}}} d\sigma(x) \right) (1-\sqrt{t}) d\sigma(y) \frac{dt}{t}$$
$$\leqslant C \int_0^1 \int_\Sigma \left| \Gamma_\xi(\Gamma_\xi^{s_1} f)(\sqrt{t}y) \right|^2 (1-\sqrt{t}) d\sigma(y) \frac{dt}{t}$$
$$\leqslant C \|\Gamma_\xi^{s_1} f\|_{\mathcal{H}^2(\Delta)},$$

其中在第四个不等式中, 我们使用了如下两个事实: 对 $t \in (0,1)$,

$$(1-\sqrt{t})^{2s_1+1-s} = (1-\sqrt{t})^{1+s+2s_1-s} \leqslant (1-\sqrt{t})^{1+s}$$

和

$$\int_\Sigma \frac{(1-\sqrt{t})^s}{[(1-\sqrt{t})^2+\theta_0^2]^{\frac{n+s}{2}}} d\sigma(x) \leqslant C(1-\sqrt{t})^s \frac{1}{(1-\sqrt{t})^s} \leqslant C.$$

在最后一个不等式中, 我们使用了命题 7.3.1. 这就完成了定理 7.3.3 的证明. □

对 $\mathbb{R}^n$ 上经典的卷积奇异积分算子 T_ϕ, 本质特征之一是其端点估计, 也就是弱 $(1,1)$ 有界性. 如果对所有的 $\lambda > 0$,

$$|\{x \in \Sigma: |T(f)(x)| > \lambda\}| \leqslant \frac{C}{\lambda} \|f\|_1,$$

称一个算子 T 在 Σ 上是弱 $(1,1)$ 有界的. 换句话说, 称该算子是从 L^1 到弱型空间 WL^1 有界的. 参见 [47], [48], [71] 以及相关文献. 根据这个弱有界性, 我们可以使用内插理论和算子的对偶来得到 T_ϕ 的 L^p 有界性. 在本节的剩余部分, 我们研究 Fourier 乘子的端点估计.

定理 7.3.4　令 $\omega \in \left(\arg(N), \dfrac{\pi}{2} \right)$. 如果 $b \in H^s(S_\omega^c)$, $s > 0$ 和 $b(0) = 0$, 则乘子 $M_{(b_k)}$:

$$M_{(b_k)}(f)(x) = \sum_{k=0}^{\infty} b_k P_k(f)(x) + \sum_{k=0}^{\infty} b_{-k-1} Q_k(f)(x)$$

是从 $W_{\Gamma_\xi}^{1, s_1}(\Sigma)$ 到 $WL^1(\Sigma)$ 弱有界的, 其中 $s_1 = \lceil s \rceil$.

证明　对 $b \in H^s(S_\omega^c)$ 和 $z \in S_\omega^c$, $|b(z)| \leqslant C|z|^s$, $s > 0$. 因此很自然地得到

$$\left| \frac{b(z)}{z^s} \right| \leqslant C, \quad \text{其中 } C \text{ 为常数.}$$

另一方面, $b \in H^s(S_\omega^c)$ 表明 b 在 S_ω^c 中是全纯的. 则 $z^{-s}b(z)$ 在 S_ω^c 中也是全纯的. 现在对 Fourier 乘子 $M_{(b_k)}$, 有

$$M_{(b_k)}f(x) = \sum_{k=0}^{\infty} b_k P_k(f)(x) + \sum_{k=0}^{\infty} b_{-k-1} Q_k(f)(x)$$
$$= I + II.$$

为简便起见, 我们只处理 I 这一项. 跟前边一样, I 可以表示为

$$I = \frac{1}{\Omega_n} \int_\Sigma \tilde{\phi}(y^{-1}x) E(y) n(y) f(y) d\sigma(y).$$

如果记 $b(z) = z^{s_1} b_1(z)$ 且 $b_1(z) \in H^\infty(S_\omega^c)$, 则相应的序列为 $\{b_{1,k}\}$, 其中的元素为 $b_k = k^{s_1} b_{1,k}$. 因此可以将 I 重新写为如下形式

$$I = \sum_{k=0}^{\infty} b_{1,k} k^{s_1} P_k(f)(x).$$

与 $M_{b_{1,k}}$ 相关的核记为 $\widetilde{\phi_1}(y^{-1}x) E(y)$ 且满足估计

$$\Gamma_\xi(\tilde{\phi_1}(y^{-1}x)) E(y) = \sum_{k=1}^{\infty} k b_1(k) \tilde{P}^{(k)}(y^{-1}x) E(y),$$

则有, 根据分部积分,

$$I = \frac{1}{\Omega_n} \int_\Sigma \Gamma_\xi^{s_1}(\tilde{\phi_1}(y^{-1}x)) E(y) n(y) f(y) d\sigma(y)$$
$$= \frac{1}{\Omega_n} \int_\Sigma \tilde{\phi_1}(y^{-1}x) E(y) n(y) \Gamma_\eta^{s_1}(f)(y) d\sigma(y).$$

和前边一样, 如果在定理 7.3.1 中取 $s = 0$, $\widetilde{\phi_1}(y^{-1}x)$ 满足

$$|\widetilde{\phi_1}(y^{-1}x)| \leqslant \frac{C}{|1 - y^{-1}x|^n}.$$

因此乘子 $M_{b_{1,k}}$ 就变回星形 Lipschitz 图像上的一个 H^∞-Fourier 乘子并且是弱 $(1,1)$ 型有界的, 则有

$$|\{x \in \Sigma: |M_{b_k}f(x)| > \lambda\}| = \left|\left\{x \in \Sigma: |M_{b_{1,k}}(\Gamma_\xi^{s_1}f)(x)| > \lambda\right\}\right|$$

$$\leqslant \frac{C}{\lambda}\left\|\Gamma_\xi^{s_1}f\right\|_{L^1}.$$

这就完成了定理的证明. □

最后, 考虑 Fourier 乘子在 $s < 0$ 时的有界性. 令 $-n < s < 0$ 和 $\{b_k\}$ 是满足 $|b_k| \leqslant k^s$ 的序列. 我们定义 Fourier 乘子算子 $M_{(b_k)}$ 如下.

$$M_{(b_k)}(f)(x) = \sum_{k=1}^\infty b_k P_k(f)(x) + \sum_{k=1}^\infty b_{-k-1}Q_k(f)(x).$$

类似于 $s > 0$ 的情形, 可以将乘子表示为

$$M_{(b_k)}(f)(x) = \frac{1}{\Omega_n}\int_\Sigma \widetilde{\phi}(y^{-1}x)E(y)n(y)f(y)d\sigma(y).$$

这里 $x \in \Sigma$ 且

$$\widetilde{\phi}(y^{-1}x) = \left(\sum_{k=1}^\infty + \sum_{-\infty}^{-1}\right)b_k\widetilde{P}^{(k)}(y^{-1}x),$$

其中 $\widetilde{P}^{(k)}$ 是如下定义的多项式

$$\widetilde{P}^{(k)}(y^{-1}x) = |y^{-1}x|^k C_{n+1,k}^+(\xi,\eta)$$

和

$$\widetilde{P}^{(-k-1)}(y^{-1}x) = |y^{-1}x|^{-k-n}C_{n+1,k}^-(\xi,\eta).$$

为了得到乘子的有界性, 需要函数 $\widetilde{\phi}(x)$ 的估计. 根据定理 1.3.2 的方法, 可以证明核函数 $\phi(x) = \sum\limits_{k=-\infty}^\infty b_k P^k(x)$ 满足

$$|\phi(x)| \leqslant \frac{C|x|^s}{|1-x|^{n+s}}, \quad x \in H_\omega,$$

则对上边定义的核 $\widetilde{\phi}(y^{-1}x)$, 可以使用命题 6.2.3 的方法得到

$$|\widetilde{\phi}(y^{-1}x)| \leqslant \frac{C|y^{-1}x|^s}{|1-y^{-1}x|^{n+s}}.$$

对星形 Lipschitz 曲面上任意的两点 x_1, x_2, 我们有 $x_2^{-1}x_1 \in H_\omega$, 也就是, 存在两个常数 C_1, C_2 使得 $C_1 \leqslant |x_2^{-1}x_1| \leqslant C_2$. 因此对任意两点 $x_1, x_2 \in \Sigma$, 等式

$$|x_1| = |x_2 x_2^{-1}x_1| = |x_2||x_2^{-1}x_1|$$

表明 $C_1|x_1| \leqslant |x_2| \leqslant C_2|x_1|$. 换句话说, 星形 Lipschitz 曲面上任意两个点的范数接近于一个与 Σ 相关的常数, 记为 C_Σ. 因此可以得到估计

$$
\begin{aligned}
|\widetilde{\phi}(y^{-1}x)E(y)n(y)| &\leqslant \frac{C|y^{-1}x|^s}{|1 - y^{-1}x|^{n+s}} \frac{1}{|y|^n} \\
&\leqslant \frac{C|x|^s}{|y - x|^{n+s}} \\
&\leqslant \frac{C_\Sigma}{|y - x|^{n+s}}.
\end{aligned}
$$

因为 Lipschitz 曲面 Σ 是齐型空间的一个特殊情形, 我们的 Fourier 乘子 $M_{(b_k)}f(x)$ 可以看作是 Σ 上的分数次积分算子. 根据齐型空间上分数次积分的经典理论, 我们可以得到 Fourier 乘子的 (L^p, L^q) 有界性如下.

定理 7.3.5　令 $-n < s < 0$, $1 \leqslant p < q < \infty$ 以及 $\dfrac{1}{q} = \dfrac{1}{p} + \dfrac{s}{n}$. 如果 $b(z) \in H^s(S_\omega^c)$, 星形 Lipschitz 曲面上的 Fourier 乘子算子

$$
M_{(b_k)}f(x) = \sum_{k=1}^\infty b_k P_k(f)(x) + \sum_{k=1}^\infty b_{-k-1}Q_k(f)(x),
$$

其中 $b_k = b(k)$, 是从 $L^p(\Sigma)$ 到 $L^q(\Sigma)$ 有界的.

证明　对一个星形 Lipschitz 曲面 Σ, 我们有如果 $x_1, x_2 \in \Sigma$, 则 $x_2^{-1}x_1 \in H_\omega$, 也就是, 存在两个依赖于 ω 和 Σ 自身的常数 c_1, c_2 使得 $C_1 \leqslant |x_2^{-1}x_1| \leqslant C_2$. 则对任意的两个点 $x_1, x_2 \in \Sigma$, 等式

$$
|x_1| = |x_2 x_2^{-1} x_1| = |x_2||x_2^{-1}x_1|
$$

表明 $C_1|x_1| \leqslant |x_2| \leqslant C_2|x_1|$. 换句话讲, Σ 上任意点的模约为一个与 Σ 相关的常数, 记为 C_Σ. 因此核函数 $\phi(p^{-1}q)E(p)$ 满足

$$
\begin{aligned}
|\phi(y^{-1}x)E(y)| = |\phi(y^{-1}x)||E(y)| &\leqslant \frac{C}{|1 - y^{-1}x|^{n+s}} \frac{1}{|y|^n} \\
&\leqslant \frac{C_\Sigma}{|y - x|^{n+s}}.
\end{aligned}
$$

此外对任一个球 $B(x, r) = \left\{ y \in \Sigma, \ |x - y| < r \right\}$, 我们有

$$
\sigma(B(x, r)) = \int_{B(x,r)} d\sigma(y) \leqslant Cr^n,
$$

也就是, $B(x,r)$ 的曲面测度被 $\mathbb{R}^n$ 中一个同样半径的球面的面积控制. 由此, 可以使用经典的方法导出有界性. 下面给出证明的细节. 首先, 定义辅助函数 $\Omega(q)$ 为

$$\Omega(x) = \sup_{r>0} \frac{\sigma(B(x,r))}{r^n}.$$

对 M_b 的积分表示, 可以将该积分分为两部分.

$$|M_b(f)(x)| \leqslant \left(\int_{B(x,r)} + \int_{\Sigma \backslash B(x,r)} \right) |f(y)| \frac{1}{|y-x|^{n+s}} d\sigma(y)$$
$$=: I_1 + I_2.$$

对 I_1, 有

$$I_1 \leqslant \int_{B(x,r)} |f(y)| \frac{1}{|y-x|^{n+s}} d\sigma(y)$$
$$= \sum_{k=0}^{\infty} \int_{B(x,2^{-k}r) \backslash B(x,2^{-k-1}r)} |f(y)| \frac{1}{|y-x|^{n+s}} d\sigma(y).$$

因为对 $y \in B(x,2^{-k}r) \backslash B(x,2^{-k-1}r)$, $|y-x| \leqslant 2^{-k}r$, 可以得到

$$I_1 \leqslant \sum_{k=0}^{\infty} (2^{-k-1}r)^{-n-s} \sigma(B(x,2^{-k}r)) \frac{1}{\sigma(B(x,r))} \int_{B(x,2^{-k}r)} |f(y)| d\sigma(y)$$
$$\leqslant \sum_{k=0}^{\infty} (2^{-k-1}r)^{-n-s} \sigma(B(x,2^{-k}r)) M(f)(x).$$

根据 $\Omega(x)$ 的定义, 有

$$\sigma(B(x,2^{-k}r)) = \frac{\sigma(B(x,2^{-k}r))}{(2^{-k}r)^n} \leqslant \Omega(x)(2^{-k}r)^n.$$

则, 根据 $-s > 0$, 得到

$$I_1 \leqslant r^{-s} \Omega(x) M(f)(x) \sum_{k=0}^{\infty} (2^{-k-1})^{-s} \leqslant r^{-s} \Omega(q) M(f)(x).$$

对 I_2, 有

$$I_2 \leqslant \sum_{k=0}^{\infty} \int_{B(x,2^{k+1}r) \backslash B(x,2^kr)} \frac{|f(y)|}{|x-y|^{n+s}} d\sigma(y)$$
$$\leqslant \sum_{k=0}^{\infty} (2^kr)^{-s-n} (\sigma(B(x,2^{k+1}r)))^{1-\lambda/p} (\sigma(B(x,2^{k+1}r)))^{\lambda/p-1} \int_{B(x,2^{k+1}r)} |f(y)| d\sigma(y)$$

$$\leqslant \sum_{k=0}^{\infty}(2^k r)^{-s-n}(2^{k+1}r)^{n(1-\lambda/p)}(\Omega(x))^{1-\lambda/p}M_{\lambda/p}(f)(x)$$

$$=r^{-s-n\lambda/p}\left(\sum_{k=0}^{\infty}2^{k(-n-s)}2^{n(1-\lambda/p)}\right)(\Omega(x))^{1-\lambda/p}M_{\lambda/p}(f)(x).$$

因为对 $1\leqslant p < n\lambda/-s,\ s-n\lambda/p<0$, 则

$$|M_b(f)(x)|\leqslant r^{-s}\Omega(x)M(f)(x)+r^{-s-n\lambda/p}(\Omega(x))^{1-\lambda/p}M_{\lambda/p}(f)(x).$$

令

$$r=\left(\frac{M_{\lambda/p}(f)(x)}{M(f)(x)}\right)^{p/n\lambda}\frac{1}{\Omega^{1/n}(x)},$$

有

$$|M_b(f)(x)|\leqslant \left(M_{\lambda/p}(f)(x)\right)^{-sp/n\lambda}\left(\Omega(x)\right)^{1+s/n}\left(M(f)(x)\right)^{1+\frac{sp}{n\lambda}}$$
$$+\left(M_{\lambda/p}(f)(x)\right)^{\frac{-ps}{n\lambda}-1+1}\left(M(f)(x)\right)^{\frac{-sp}{n\lambda}+1}\left(\Omega(x)\right)^{1+\frac{s}{n}}$$
$$\leqslant \left(\Omega(x)\right)^{\frac{s}{n}+1}\left(M_{\lambda/p}(f)(x)\right)^{\frac{-sp}{n\lambda}}\left(M(f)(x)\right)^{1+\frac{sp}{n\lambda}}.$$

现在得到

$$\left\|(\Omega(x))^{-\frac{s}{n}-1}M_b(f)(x)\right\|_{L^q}^q\leqslant \int_{\Sigma}\left(M_{\lambda/p}(f)(x)\right)^{\frac{-spq}{n\lambda}}\left(M(f)(x)\right)^{(1+\frac{sp}{n\lambda})q}d\sigma(x).$$

令 $\lambda=1$. 因为 $\sigma(B(x,r))\leqslant cr^n$, 我们有 $\Omega^{-\frac{s}{n}-1}(x)\geqslant C^{-\frac{s}{n}-1}$ 对 $-n<s<0$ 成立. 由 $M_{1/p}f(x)\leqslant C\|f\|_p$ 这一事实, 可以得到

$$\left\|(\Omega(x))^{-\frac{s}{n}-1}M_b(f)(x)\right\|_{L^q}^q=\int_{\Sigma}|M_{\frac{1}{p}}(f)(x)|^{(1-\frac{p}{q})q}|M(f)(x)|^{\frac{p}{q}q}d\sigma(x)$$
$$\leqslant \|M_{\frac{1}{p}}f\|_{\infty}^{q-p}\|M(f)\|_p^p$$
$$\leqslant C\|f\|_p^{q-p}\|f\|_p^p$$
$$\leqslant C\|f\|_p^q.$$

这就完成了定理 7.4.1 的证明. □

7.4　Hardy-Sobolev 空间的等价性

本节给出星形 Lipschitz 曲面 Σ 上的 Fourier 乘子理论的一个应用. 在定理 7.3.1 的证明中, 我们使用了 $L^2(\Sigma)$ 的 Hardy 分解. 对 $f\in L^2(\Sigma)$, $f=f^++f^-$,

其中　$f^+ \in \mathcal{H}^2(\Delta)$ 和 $f^- \in \mathcal{H}^2(\Delta^c)$. 如果 $f \in W^{2,s}_{\Gamma_\xi}(\Sigma)$, f^+ 和 f^- 属于所谓的 Hardy-Sobolev 空间. 对该空间, 存在两种定义方法.

方法 I 对 $f \in L^2(\Sigma)$, $f = f^+ + f^-$, 其中 $f^+ \in \mathcal{H}^{2,+}$ 和 $f^- \in \mathcal{H}^{2,-}$. 也就是, f^+ 属于 Hardy 空间, 而 f^- 属于共轭 Hardy 空间. 定义 Σ 上的 Hardy-Sobolev 空间为

$$\mathcal{H}^{2,s}_{+,1}(\Sigma) = \Big\{ f : \text{存在函数} g \in L^2(\Sigma) \text{ 使得}$$
$$f = g^+ \in L^2(\Sigma) \text{ 且} \Gamma^j_\xi(g^+) \in L^2(\Sigma), j = 1, 2, \cdots, s \Big\}$$

和

$$\mathcal{H}^{2,s}_{-,1}(\Sigma) = \Big\{ f :\in L^2(\Sigma) \text{ 存在一个函数 } g \in L^2(\Sigma) \text{ 使得}$$
$$f = g^- \in L^2(\Sigma) \text{ 且 } \Gamma^j_\xi(g^-) \in L^2(\Sigma), j = 1, 2, \cdots, s \Big\}.$$

方法 II 首先对任意的 $f \in W^{2,s}_{\Gamma_\xi}$, $\Gamma^j_\xi f \in L^2(\Sigma)$, $j = 1, 2, \cdots, s$. 我们得到分解 $\Gamma^j_\xi f = (\Gamma^j_\xi f)^+ + (\Gamma^j_\xi f)^-$, 其中 $(\Gamma^j_\xi f)^+ \in H^{2,+}$ 和 $(\Gamma^j_\xi f)^- \in H^{2,-}$. Hardy-Sobolev 空间定义如下.

$$\mathcal{H}^{2,s}_{+,2}(\Sigma) = \Big\{ f : \text{存在一个函数 } g \in L^2(\Sigma) \text{ 使得}$$
$$f = g^+ \in L^2(\Sigma) \text{且 } (\Gamma^j_\xi g)^+ \in L^2(\Sigma), j = 1, 2, \cdots, s \Big\}$$

和

$$\mathcal{H}^{2,s}_{-,2}(\Sigma) = \Big\{ f : \text{存在一个函数 } g \in L^2(\Sigma) \text{ 使得}$$
$$f = g^- \in L^2(\Sigma) \text{ 且 } (\Gamma^j_\xi g)^- \in L^2(\Sigma), j = 1, 2, \cdots, s \Big\}.$$

在单位球面上, 由于可以交换 Riesz 变换和 Dirac 算子的次序, 上述两类 Hardy-Sobolev 空间是同一个空间. 在一个一般的星形 Lipschitz 曲面上, 我们将使用 Fourier 乘子理论证明在 Σ 上这两类空间是等价的.

定理 7.4.1 对星形 Lipschitz 曲面 Σ, 令 s 是一个正整数, Hardy-Sobolev 空间 $\mathcal{H}^{2,s}_{\pm,1}(\Sigma)$ 和 $\mathcal{H}^{2,s}_{\pm,2}(\Sigma)$ 是等价的.

证明 因为 $\mathcal{A}$ 在 $L^2(\Sigma)$ 中是稠密的, 不失一般性, 假定 $f \in \mathcal{A}$. 根据球调和展开, 有

$$f = \sum_{k=1}^{\infty} P_k(f)(x) + \sum_{k=1}^{\infty} Q_k(f)(x),$$

则令 $f^+ = \sum\limits_{k=1}^{\infty} P_k(f)(x)$ 和 $f^- = \sum\limits_{k=1}^{\infty} Q_k(f)(x)$, 有

$$\Gamma_\xi(f^+) = \Gamma_\xi\left(\sum_{k=1}^{\infty} P_k(f)(x)\right).$$

因为 $P_k(f)(x)$ 属于 k 次齐次的特征子空间 $\mathcal{M}_k$, 我们有

$$\Gamma_\xi(f^+)(x) = \sum_{k=1}^{\infty} k P_k(f)(x), f \in \mathcal{A}.$$

另一方面,

$$\begin{aligned}
P_k(f)(x) &= \frac{1}{\Omega_n} \int_\Sigma \widetilde{P}^k(y^{-1}x) E(y) n(y) f(y) d\sigma(y) \\
&= \frac{1}{\Omega_n} \int_\Sigma \sum_{|\underline{\alpha}|=k} V_{\underline{\alpha}}(x) W_{\underline{\alpha}}(y) n(y) f(y) d\sigma(y),
\end{aligned}$$

其中再次使用了 Cauchy-Kovalevska 展开

$$\widetilde{P}^k(y^{-1}x) E(y) = \sum_{|\underline{\alpha}|=k} V_{\underline{\alpha}}(x) W_{\underline{\alpha}}(y),$$

其中 $V_{\underline{\alpha}}(x) \in \mathcal{M}_k$ 和 $W_{\underline{\alpha}}(y) \in \mathcal{M}_{-3-k}$. 因而可以得到

$$\begin{aligned}
\Gamma_\xi(f^+)(x) &= \frac{1}{\Omega_n} \sum_{k=1}^{\infty} \int_\Sigma \sum_{|\underline{\alpha}|=k} V_{\underline{\alpha}}(x) \frac{k}{k+1}(k+1) W_{\underline{\alpha}}(y) n(y) f(y) d\sigma(y) \\
&= \frac{1}{\Omega_n} \sum_{k=1}^{\infty} \frac{k}{k+1} \int_\Sigma \sum_{|\underline{\alpha}|=k} V_{\underline{\alpha}}(x) \Gamma_\eta W_{\underline{\alpha}}(x) n(y) f(y) d\sigma(y).
\end{aligned}$$

因为 $f \in \mathcal{A}$, f 快速衰减. 由分部积分, 有

$$\begin{aligned}
\Gamma_\xi(f^+)(x) &= \frac{1}{\Omega_n} \sum_{k=1}^{\infty} \frac{k}{k+1} \int_\Sigma \widetilde{P}^{(k)}(y^{-1}x) E(y) n(y) (\Gamma_\eta f)(y) d\sigma(y) \\
&= \frac{1}{\Omega_n} \sum_{k=1}^{\infty} \frac{k}{k+1} P_k(\Gamma_\xi f)(x).
\end{aligned}$$

令 $b_k = \dfrac{k}{k+1}$, 有 $\Gamma_\xi(f^+)(x) = M_{(b_k)}((\Gamma_\xi f)^+)$. 因为 $|b_k| \leqslant C$, 根据 Σ 上的 Fourier 乘子理论可知 $M_{(b_k)}$ 在 $L^2(\Sigma)$ 上是有界的, 也就是说, 存在一个常数 C_1 使得

$$\|(\Gamma_\xi f^+)\|_{L^2(\Sigma)} \leqslant C_1 \|(\Gamma_\xi f)^+\|_{L^2(\Sigma)}.$$

反之, 类似地, 令 $b'_k = \dfrac{k+1}{k}$, 则有

$$(\Gamma_\xi f)^+(x) = \frac{1}{\Omega_n} \sum_{k=1}^\infty \frac{k+1}{k} (\Gamma_\xi P_k(f))(x) = M_{(b'_k)}(\Gamma_\xi(f^+))(x)$$

且存在另一个常数 C_2 使得

$$\|(\Gamma_\xi f)^+\|_{L^2(\Sigma)} \leqslant C_1 \|\Gamma_\xi(f^+)\|_{L^2(\Sigma)}.$$

这就证明了定理 7.4.1.   □

7.5　注　记

注 7.5.1　在 $H_{\ln}^s$ 和 $K_{\ln}^s$ 的定义以及定理 7.1.3 中, 我们只讨论了 log 的一次幂的情形. 实际上, 若 k 为一个正整数, 使用相同的证明, 我们可以将定理 7.1.3 的 (ii) 推广到 log 函数的任意 k 次幂的情形.

注 7.5.2　按如下方法可以得到定理 7.1.1 到定理 7.1.3 的一个平凡的变形. 用 $\exp(-i\theta\cdot)$ 表示函数 $z \to \exp(i\theta z)$. 定义空间

$$H^{s,\theta}(S_{\omega,\pm}) = \exp(i\theta\cdot)H^s(S_{\omega,\pm}), \quad H^{s,\theta}(S_\omega) = \exp(i\theta\cdot)H^s(S_\omega)$$

和

$$K^{s,\theta}(C_{\omega,\pm}) = \left\{ \phi \mid \phi \circ \exp(-i\theta) \in K^s(C_{\omega,\pm}) \right\}$$

以及

$$K^{s,\theta}(S_\omega) = \left\{ \phi \mid \phi \circ \exp(-i\theta) \in K^s(S_\omega) \right\}.$$

如果将上述定理的叙述对应于这些空间进行适当的改变, 则函数 ϕ_+ 和 ϕ 的奇异点 $z = 1$ 将变换到单位圆周上的 $z = \exp(i\theta)$.

注 7.5.3　对 $s = 0$ 的情况, 7.1 节的主要结果是 [67] 建立的扇形区域上全纯函数的 Fourier 变换理论的推论. 在 [30], 该文的作者证明: 假定曲线的 Lispchitz 常数小于 $\tan(\omega)$. 作为核函数, $K^0(C_{\omega,\pm})$ 和 $K^0(S_\omega)$ 中的元素在该星形 Lipschitz 曲线上均诱导出 L^2 有界的卷积奇异积分算子. 实际上, 这些算子可以表示为作用在闭曲线上的 Dirac 算子 $z(d/dz)$ 的 H^∞ 的全纯泛函演算. 使用共形映射, 我们可以在任意单连通 Lipschitz 曲线上导出一个相应的奇异积分算子. $s \neq 0$ 的情形对应到这些曲线的分数次积分与微分算子. 这些结果与 Lipschitz 区域的边值问题紧密相关, 相关结果参见 [14], [58] 和 [97].

注 7.5.4　在文献 [42] 中, D. Khavinson 给出了 [67] 中结果的一个二中译一的证明. 他证明的结果表述如下：令 $f(z) = \sum\limits_{n=1}^{\infty} b_n z^n$, 其中 $b_n = g(n)$, g 是扇形区域 $S_\phi = \Big\{ z : |\arg z| \leqslant \phi \Big\}, 0 < \phi \leqslant \dfrac{\pi}{2}$ 内的一个有界全纯函数. 则 f 可以延拓成心形区域 $G_\phi = \Big\{ z = re^{i\theta}, \ 2\pi - \cot\phi \cdot \log r > \theta > \cot\phi \cdot \log r \Big\}$ 上的全纯函数.

注 7.5.5　利用与 7.2 节相同的技巧, 我们可以证明. 如果 $b \in H^s(S_\omega^c)$, $s > 0$, 存在一个全纯函数 $b_1(z)$ 使得 $|b_1(z)| \leqslant C_\mu$ 且 $\phi(x) = \Gamma_\xi^{s_1} \phi_1(x)$ 其中 $s_1 = [s] + 1$, ϕ_1 是与定理 7.2.1 中的 b_1 相关的核函数. 然而, 由这种方法, 我们只能得到估计: $|\phi(x)| \leqslant C/|1 - x|^{n+s_1}$, 跟定理 7.2.1 结果相比不够精确.

第 8 章　$\mathbb{C}^n$ 上的 Fourier 乘子和奇异积分

本章将使用在第 3 章中引入的锥形区域上的 Fourier 变换以及 Poisson 求和公式将第 2 章中建立的星形 Lipschitz 曲面上的 Fourier 乘子和奇异积分理论推广到 m-环面 T^m 及其 Lipschitz 扰动上的具有 Clifford 解析核的奇异积分. 类似于第 6 章和第 7 章的结果, 我们也将研究单位复球面上 Fourier 乘子. 对于本节的理论可参见 [68].

8.1　m-环面及其 Lipschitz 扰动上的奇异积分

本节介绍 m-环面 T^m 和它们的 Lipschitz 扰动上的具有 Clifford 解析核的奇异积分理论. 设

$$T = \Big\{ \exp(i\theta) \mid -\pi \leqslant \theta \leqslant \pi \Big\}.$$

$T^m = T \times \cdots \times T$ (m 个相乘) 为 m-环面. $D = [-\pi,\ \pi]$, $D^m = D \times \cdots \times D$ (m 个相乘). 对 $\mu \in \left(0, \dfrac{\pi}{2}\right]$,

$$C_{\mu,+} = \Big\{ 0 \neq x = \mathbf{x} + x_L e_L \in \mathbb{R}^{m+1} \mid x_L > -|\mathbf{x}| \tan \mu \Big\},$$

$C_{\mu,-} = -C_{\mu,+}$ 和 $S_\mu = C_{\mu,+} \cap C_{\mu,-}$. 对 $Q = S_\mu$, $C_{\mu,+}$ 或 $C_{\mu,-}$, 记

$$Q(\pi) = Q \cap \Big\{ x \mid \mathbf{x} \in D^m \Big\}$$

和

$$\mathrm{p}Q = \bigcup_{l \in \mathbb{Z}^m} (2\pi l + Q(\pi)),$$

其中通过令

$$l = l_1 e_1 + \cdots + l_m e_m \in \mathbb{Z}^m, \quad l_i \in \mathbb{Z},$$

将 $\mathbb{Z}^m$ 嵌入到 $\mathbb{R}^m$.

$$T_\mu(\pi) = \Big\{ y = \mathbf{y} + y_L e_L \in \mathbb{R}_+^{n+1} \mid y^\perp \subset S_\mu,\ 0 < y_L \leqslant \pi \Big\}.$$

定义在 $\mathbb{R}^{m+1}$ 中的函数, 如果该函数是在任意坐标下是 2π 周期的, 则被称作是 2π 周期的. 记

$$S_\mu(\mathbb{C}^m) = \Big\{ \zeta = \sum_{j=1}^m \zeta_j e_j = \sum_{j=1}^m (\xi_j + i\eta_j) e_j = \xi + i\eta \in \mathbb{C}^m, $$

$$|\zeta|_{\mathbb{C}}^2 \notin (-\infty, 0] \text{ 且 } |\eta| < \mathrm{Re}(|\zeta|_{\mathbb{C}}) \tan \mu \Big\}, $$

其中 $|\zeta|_{\mathbb{C}}^2 = \sum\limits_{j=1}^m \zeta_j^2$ 且 $\mathrm{Re}(|\zeta|_{\mathbb{C}}) > 0.$ 本理论中重要的函数为投影算子

$$\chi_\pm(\zeta) = \frac{1}{2}\left(1 \pm i\frac{\zeta}{|\zeta|_{\mathbb{C}}} e_L\right)$$

和指数函数

$$e(x, \zeta) = e_+(x, \zeta) + e_-(x, \zeta),$$

其中 $e_\pm(x, \zeta) = e^{i\langle \mathbf{x}, \zeta \rangle} e^{\mp x_L |\zeta|_{\mathbb{C}}} \chi_\pm(\zeta),$ 且

$$e(x, \zeta) = e^{-ix \cdot \zeta} = e^{-i\mathbf{x}\zeta} e^{-ie_L x_L \zeta}.$$

单复变量函数与由投影 $\chi_\pm$ 引入的多复变量函数之间的对应由 [47] 给出.

记 $D_l = \sum\limits_{i=0}^m e_i \dfrac{\partial}{\partial x_i}$ 和 $D_r = \sum\limits_{i=0}^m \dfrac{\partial}{\partial x_i} e_i.$ 对一个 Clifford 值的函数 f, 我们定义

$$D_l f = \sum_{i=0}^m e_i \frac{\partial f}{\partial x_i} \text{ 和 } D_r f = \sum_{i=0}^m \frac{\partial f}{\partial x_i} e_i.$$

Fourier 变换

定理 8.1.1　令 $\omega \in \left(0, \dfrac{\pi}{2}\right)$, $b \in H^\infty(S_\omega(\mathbb{C}^m))$, 且 $(\phi, \underline{\phi})$ 为根据定理 3.5.1 定义的关于 b 的函数对, 则存在分别定义在 pS_ω 和 $T_\omega(\pi)$ 的函数对 $(\Phi, \underline{\Phi})$ 使得对任意的 $\mu \in (0, \omega),$

(i)Φ 在模常数的意义下是唯一的, 2π-周期的, 在 pS_ω 中右 Clifford 解析, 且

$$|\Phi(x)| \leqslant \frac{C_{\omega,\mu}}{|x|^m}, \quad x \in S_\mu(\pi).$$

此外,

$$\Phi(x) = \phi(x) + \phi_0(x) + c, \quad x \in S_\omega(\pi),$$

其中 ϕ_0 是右 Clifford 解析的且在任意的 $S_\mu(\pi)$ 中有界.

(ii) 在模常数意义下,$\underline{\Phi}$ 由 Φ 确定, 在 $T_\omega(\pi)$ 中连续, $\|\underline{\Phi}\|_{L^\infty(\mathrm{T}_\mu(\pi))} \leqslant C_{\omega,\mu}\|b\|_\infty$, 且

$$\underline{\Phi}(y) - \underline{\Phi}(z) = \int_{A(y, z)} \Phi(x) n(x) dS_x, \quad y, z \in T_\omega(\pi),$$

其中 $A(y, z)$ 是 $S_\omega(\pi)$ 中一个连接 $(m-1)$-球面 $S_y = \left\{ x \in \mathbb{R}^{m+1} \mid \langle x, y \rangle = 0, |x| = |y| \right\}$ 和类似定义的 $(m-1)$-球面 S_z 的光滑有向 m-流形.

(iii) 对任意定义在 $\mathbb{R}^m$ 上 2π-周期的光滑函数 F, Parseval 等式成立

$$(2\pi)^m \sum_{l \in \mathbb{Z}^n} b(l) \widehat{F}(-l) = \lim_{\varepsilon \to 0} \left\{ \int_{x \in \mathbb{D}^m, \ |x| \geqslant \varepsilon} \Phi(x) e_L F(x) dx + \underline{\Phi}(\varepsilon e_L) F(0) \right\},$$

其中 $\widehat{F}$ 表示 F 的 n 次标准 Fourier 系数, 且 $b(0) = \left(\dfrac{1}{2\pi} \underline{\Phi}(\pi) \right)$.

证明 令

$$\Phi(x) = (2\pi)^m \sum_{l \in \mathbb{Z}^m} \phi(x + 2\pi l), \quad x \in \mathrm{p}S_\omega, \tag{8-1}$$

其中 $l = l_1 e_1 + \cdots + l_m e_m, l_i \in \mathbb{Z}$, 且求和是在如下意义下进行的: *存在一个子序列* $(n_k) \subset (n)$ *使得当* $k \to \infty$ *时, 部分和, 对* $x \in \mathrm{p}S_\omega$,

$$s_{n_k}(x) = (2\pi)^m \sum_{n=0}^{n_k} \sum_{\max\{|l_i|: \ 1 \leqslant i \leqslant m\} = n} \phi(x + 2\pi l), \quad x \in \mathrm{p}S_\omega$$

在任意较小的集合 $\mathrm{p}S_\mu, \mu \in (0, \omega)$ 中一致收敛. $\qquad\square$

为了证明可和性及其和满足所要求的性质, 我们采用定理 3.4.1 中的分解 $\phi = \phi^+ + \phi^-$. 我们要证明, 对一个适当选择的 (n_k), 以下两个部分和

$$s_{n_k}^\pm(x) = (2\pi)^m \sum_{n=0}^{n_k} \sum_{\max\{|l_i|: \ 1 \leqslant i \leqslant m\} = n} \phi^\pm(x + 2\pi l), \quad x \in \mathrm{p}C_{\mu,\pm}, \tag{8-2}$$

在指示域中分别收敛.

然而, 可以验证如下两个级数可求和:

$$\sum_1 = \lim_{k \to \infty} \sum_{n=1}^{n_k} \sum_{\max\{|l_i|: \ 1 \leqslant i \leqslant m\} = n} \left(\phi^\pm(x + 2\pi l) - \phi^\pm(2\pi l) \right)$$

和

$$\sum_2 = \lim_{k \to \infty} \sum_{n=1}^{n_k} \sum_{\max\{|l_i|: \ 1 \leqslant i \leqslant m\} = n} \phi^\pm(2\pi l).$$

因为 $\phi^\pm$ 是右 Clifford 解析的, 利用 Cauchy 公式, 得到

$$|\phi^\pm(x + 2\pi l) - \phi^\pm(2\pi l)| \leqslant \frac{C_\mu}{|l|^{m+1}} \leqslant \frac{C_\mu}{n^{m+1}}, \quad x \in \mathrm{p}C_{\mu,\pm},$$

其中 $\max\{|l_i| : 1 \leqslant i \leqslant m\} = n$. 因为对任意固定的 n, 在和式 $\displaystyle\sum_{\max\{|l_i|:\ 1\leqslant i\leqslant m\}=n}$ 中 存在至多有 $2mn^{m-1}$ 项, 这表明和式 $\displaystyle\sum_1$ 被级数 $C_\mu \displaystyle\sum_n \dfrac{1}{n^2} < \infty$ 控制. 这就证明了 $\displaystyle\sum_1$ 是可求和的.

为了证明 $\displaystyle\sum_2$ 可求和, 我们需要如下引理.

引理 8.1.1　*存在有界和可微的 Clifford 值函数* $\underline{\psi}^\pm : (0,\infty) \to \mathbb{R}^{(m+1)}$ *使得*

$$(\underline{\psi}^\pm)'(r) = \pm \int_{\partial(rD^m)} \phi^\pm(\mathbf{x}e_L)dx,$$

其中 $rD^m = \{r\mathbf{x} \mid \mathbf{x} \in D^m\}$, *且* $\partial(rD^m)$ *为边界.*

证明　定义

$$\underline{\psi}^\pm(r) = \int \Big\{ \substack{x = \mathbf{x} + x_L e_L \mid \mathbf{x} \in \partial(rD^m), 0 < \pm x_L < \pi r \\ \mathbf{x} \in (rD^m)^0, \pm x_L = \pi r} \Big\} \phi^\pm(x)n(x)dS(x),$$

其中 $n(x)$ 表示外法向量, 且 $dS(x)$ 表示曲面上的面积测度. $\underline{\psi}^\pm$ 的有界性可以利用 Clifford 解析函数的 Cauchy 定理与 $\phi^\pm$ 的大小条件证明.　$\square$

现在继续定理 8.1.1 的证明. $\displaystyle\sum_2$ 的部分和可以分解为

$$\sum_{n=1}^{n_k} \sum_{\max\{|l_i|:1\leqslant i\leqslant m\}=n} \phi^\pm(2\pi l)$$

$$= \int_{2\pi}^{2(n_k+1)\pi} (\psi^\pm)'(r) + \sum_{n=1}^{n_k} \Big(\sum_{\max\{|l_i|\}=n} \phi^\pm(2\pi l) - \psi^\pm(r_n) \Big)$$

$$= \psi^\pm(2(n_k+1)\pi) - \psi^\pm(2\pi) + \sum_{n=1}^{n_k} \Big(\sum_{\max\{|l_i|\}=n} \phi^\pm(2\pi l) - \psi^\pm(r_n) \Big),$$

其中 $2n\pi < r_n < 2(n+1)\pi$. 再次利用核的大小条件, 级数部分被 $C_\mu \displaystyle\sum_{n=1} \dfrac{1}{n^2}$ 控制. $\psi^\pm$ 的有界性表明存在序列 (n_k) 使得极限 $\displaystyle\lim_{k\to\infty} \psi^\pm(2(n_k+1)\pi)$ 存在. 因此, 推出定义 $\Phi^\pm$ 的级数是可求和的并且对 $\Phi = \Phi^+ + \Phi^-$ 亦然. 对 $\displaystyle\sum_1$ 的仔细讨论给出 $\Phi^\pm$ 的分解, 因而结论 (i) 成立. 周期性是显然的.

现在证明 (ii) 和 (iii). 设

$$b^{\pm,\,\delta}(\zeta) = b^\pm \exp(\mp\delta|\zeta|_{\mathbb{C}}).$$

令 $\phi^{\pm}$ 和 $\phi^{\pm,\delta}$ 分别是按照定理 3.5.1 模式给出的与 $b^{\pm}$ 和 $b^{\pm,\delta}$ 相关的函数. 容易看到 $\phi^{\pm,\delta}(\cdot) = \phi^{\pm}(\cdot \pm \delta e_L)$ 且后者是 $b^{\pm,\delta}$ 的 Fourier 逆变换. 现在根据前边的步骤, 在 $\mathrm{p}C_{\omega,\pm}$ 上分别构造相应的右 Clifford 解析周期函数 $\Phi^{\pm}$ 和 $\Phi^{\pm,\delta}$, 且在 $S_{\mu}(\pi)$ 上这些函数满足 (i) 中的估计. 此外, 我们有分解

$$\Phi^{\pm,\delta}(x) = \phi^{\pm,\delta}(x) + (\phi^{\pm,\delta})_0(x) + c_0^{\pm,\delta}$$

和

$$\Phi^{\pm}(x) = \phi^{\pm}(x) + (\phi^{\pm})_0(x) + c_0^{\pm}, \quad x \in C_{\omega,\pm}(\pi),$$

其中 $(\phi^{\pm,\delta})_0$ 和 $(\phi^{\pm})_0$ 是有界的和右 Clifford 解析的. 注意到可以采用相同的序列 (n_k) 来定义所有的常数 $c_0^{\pm,\delta}$ 和 $c_0^{\pm}$. 因为定义 $\phi^{\pm,\delta}$ 和 $c^{\pm,\delta}$ 的级数当 $n_k \to \infty$ 时, 对 $\delta \to 0$ 是一致收敛的, 我们可以交换极限 $n_k \to \infty$ 和 $\delta \to 0$ 的次序. 所以可以得到, 在 $C_{\mu,\pm}$ 中一致地有 $c_0^{\pm,\delta} \to c_0^{\pm}$ 和 $(\phi^{\pm,\delta})_0 \to (\phi^{\pm})_0$. 然后当 $\delta \to 0$ 时, 在 $C_{\mu,\pm}(\pm)$ 中局部一致地有 $\Phi^{\pm,\delta}(x) \to \Phi^{\pm}(x)$. 因为 $\Phi^{\pm,\delta} \in L^{\infty}(D^m)$, 且定义 $\Phi^{\pm,\delta}$ 的级数关于序列 (n_k) 是一致收敛的, 利用公式 (8-1), 我们看到对于所有的 $0 \neq \xi \in \mathbb{R}^m$, 根据第 6 章中建立的关系,

$$\int_{\mathrm{D}^m} \Phi^{\pm,\delta}(\mathbf{x}) e_L e(-\mathbf{x}, \xi) d\mathbf{x} = (2\pi)^m \int_{\mathbb{R}^m} \phi^{\pm,\delta}(\mathbf{x}) e_L e(-\mathbf{x}, \xi) d\mathbf{x}$$
$$= (2\pi)^m b^{\pm,\delta}(\xi).$$

可以推出 $\left\{ b^{\pm,\delta}(l) \right\}_{l \neq 0}$ 是 $\Phi^{\pm,\delta}$ 标准的 Fourier 系数. 现在首先对 $\Phi^{\pm}$ 证明结论 (ii) 和 (iii). 这可以通过在 L^{∞} 函数 $\Phi^{\pm,\delta}$ 标准的 Parseval 公式中取极限 $\delta \to 0$ 得到. 为了给出所求的公式, 我们需要采用如下定义的函数 $\Phi^{\pm}$:

$$\Phi^{\pm}(y) = \int_{A_{\pm}(y)} \Phi(x) n(x) dS_x, \quad y \in \mathrm{T}_{\omega}(\pi),$$

其中 $A_{\pm}(y)$ 分别是 $C_{\omega,\pm}$ 中连接 $(m-1)$-球面

$$S_y = \left\{ x \in \mathbb{R}^{m+1} \mid \langle x, y \rangle = 0, \ |x| = |y| \right\}$$

的光滑有向流形.

在证明了 $\Phi^{\pm}$ 的 Parseval 公式之后, 令 $\underline{\Phi} = \underline{\Phi}^{+} + \underline{\Phi}^{-}$ 并利用关系 $\Phi = \Phi^{+} + \Phi^{-}$, 我们得到 Φ 的 Parseval 公式. 如果对 $\Phi^{\pm}$ 加常数 $c^{\pm}$, 则对 $\underline{\Phi}^{\pm}$ 分别产生一个同样的常数 $c^{\pm}$. 因此, $b^{\pm}(0)$ 和 $b(0)$ 的值应该重新定义为 $b^{\pm}(0) + c^{\pm}$ 和 $b(0) + c^{+} + c^{-}$, 使得相应的 Parseval 公式仍然成立. $\qquad\square$

定理 8.1.1 中的函数对 $(\Phi, \underline{\Phi})$ 可以看作是函数 b 的 Fourier 逆变换. 下列定理在这个意义下与定理 8.1.1 是一致的, 研究这样一个给定的函数对的 Fourier 变换.

定理 8.1.2　令 $\omega \in \left(0, \dfrac{\pi}{2}\right]$ 和 $(\Phi, \underline{\Phi})$ 是一对分别定义在 $\mathrm{p}S_\omega$ 和 $T_\omega(\pi)$ 上的函数对, 满足

(i) Φ 是 2π-周期的且在 $\mathrm{p}S_\omega$ 中是右 Clifford 解析的, 并且存在常数 c_0 使得

$$|\Phi(x)| \leqslant \frac{c_0}{|x|^m}, \quad x \in S_\omega(\pi).$$

(ii) $\underline{\Phi}$ 在 $T_\omega(\pi)$ 中是一致连续的, 且存在常数 c_1 使得 $\|\underline{\Phi}\|_{L^\infty(T_\omega(\pi))} \leqslant c_1$ 且

$$\underline{\Phi}(y) - \underline{\Phi}(z) = \int_{A(y,z)} \Phi(x)n(x)dS_x, \quad y, z \in T_\omega,$$

其中 $A(y,z)$ 是由定理 8.1.1 中定义的, 则对任意的 $\mu \in (0, \omega)$, 存在一个函数 $b^\mu \in H^\infty(S_\mu(C^m))$ 使得

$$\|b^\mu\|_{H^\infty(S_\mu(\mathbb{C}^m))} \leqslant C_{\omega,\mu}(c_0 + c_1),$$

且根据定理 8.1.1 由函数 b^μ 确定的函数对在模常数情况下, 等于 $(\Phi, \underline{\Phi})$. 进而, $b^\mu = b^{\mu,+} + b^{\mu,-}$, 其中

$$b^{\mu,\,\pm}(\zeta) = \lim_{\varepsilon \to 0} \frac{1}{(2\pi)^m} \left\{ \iint_{r^\pm(\varepsilon,|\zeta|^{-1}) \cup s^\pm(|\zeta|^{-1},\theta) \cup \sigma^\pm(|\zeta|^{-1},\theta)} \Phi(x)e_L e(-x, \zeta)dx \right.$$
$$\left. + \underline{\Phi}(\varepsilon e_L) \right\}, \quad \zeta \in S_{\mu,\pm},$$

其中 $\theta = (\mu + \omega)/2$, 且对 $\rho \leqslant \pi$,

$$r^\pm(\varepsilon, \rho) = \Big\{ x \mid \varepsilon \leqslant |x| \leqslant \rho \Big\},$$

$$s^\pm(\rho, \theta) = \Big\{ x \mid |x| = \rho, \ -|\mathbf{x}|\tan\theta \leqslant \pm x_L \leqslant 0 \Big\},$$

$$\sigma^\pm(\rho, \theta) = \Big\{ x \mid \pm x_L = -|\mathbf{x}|\tan\theta, \ |x| > \rho, \ \mathbf{x} \in D^m \Big\},$$

且对 $\rho > \pi$,

$$r^\pm(\varepsilon, \rho) = r^\pm(\varepsilon, \pi), \quad s^\pm(\rho, \theta) = s^\pm(\pm, \theta),$$

$$\sigma^\pm(\rho, \theta) = \sigma^\pm(\pi, \theta).$$

证明　固定一个 $\mu \in (0, \omega)$, 并在余下的证明中, 记 b^μ 为 b. 设

$$(b^\pm)_\varepsilon(\zeta) = \frac{1}{(2\pi)^m} \int_{A^\pm(\varepsilon,\theta,|\zeta|^{-1})} \Phi^\pm(x)e_L e(-x, \zeta)dx + \underline{\Phi}^\pm(\varepsilon e_L), \tag{8-3}$$

其中

$$A^\pm(\varepsilon, \theta, \rho) = r^\pm(\varepsilon, \rho) \cup s^\pm(\rho, \theta) \cup \sigma^\pm(\rho, \theta),$$

$$\Phi^{\pm}(x) = \lim_{\varepsilon \to 0} \left\{ \int_{H^{\pm}(\varepsilon,\omega),|y|>\varepsilon} \Phi(y)n(y)K(x-y)dS_y + \underline{\Phi}(\varepsilon e_L)K(x) \right\}, \quad x \in C_{\omega,\pm},$$

其中 $H^{\pm}(\varepsilon,\omega)$ 是如下定义的 m-曲面

$$H^{\pm}(\varepsilon,\omega) = \left\{ x \pm \varepsilon \tan\omega \mid x = \mathbf{x} + x_L e_L, \ x_L = \mp|\mathbf{x}|\tan\omega, \ \mathbf{x} \in D^m \right\},$$

且 K 是 $k(x) = \dfrac{1}{\sigma_m} \dfrac{\overline{x}}{|x|^{m+1}}$ 的 Poisson 和, 且 σ_m 为 $\mathbb{R}^{m+1}$ 中单位球面的面积, $\Phi^{\pm}$ 是定理 8.1.1 中定义的相应的函数. 利用跟定理 8.1.1 中类似的方法可以证明 $\Phi^{\pm}$ 在区域 $C_{\theta,\pm}$ 内分别满足假设 (i). 由于当 $0 < h \to \infty$ 时,

$$\int_{A^{\pm}(\varepsilon,\theta,\rho)} \Phi^{\pm}(x)e_L e_{\mp}(-x,\ \zeta)dx \to 0,$$

(8-3) 表明

$$(b^{\pm})_{\varepsilon}(\zeta) = \int_{A^{\pm}(\varepsilon,\theta,\rho)} \Phi^{\pm}(\mathbf{x})e_L e_{+}(-\mathbf{x},\ \zeta)d\mathbf{x} + \underline{\Phi}^{+}(\varepsilon e_L). \tag{8-4}$$

我们现在只处理 $b = b^{+}$ 的情形, $b = b^{-}$ 的情形可以类似得到. 下面采用与文献 [58] 和 [47] 类似的步骤, 并做一些小的改动. 我们需要如下估计. 令 $\zeta \in n(\mathbb{C}^m) \subset S_{\omega}(\mathbb{C}^m)$.

(a) 当 $0 < \varepsilon < s \leqslant \pi$ 和 $s \approx |\zeta|^{-1}$ 时,

$$(b)_{\varepsilon,s}(\zeta) = \int_{\varepsilon \leqslant |\mathbf{x}| \leqslant s} \Phi^{+}(\mathbf{x})e_L e_{+}(-\mathbf{x},\zeta)d\mathbf{x} + \underline{\Phi}^{+}(\varepsilon e_L)$$

具有一致的界 $C(c_0 + c_1)$. 此外, 对这样的 s 和 $\zeta \in S_{\omega}(\mathbb{C}^m)$, 一致极限 $\lim\limits_{\varepsilon \to 0}$ 存在. 实际上,

$$\int_{\varepsilon \leqslant |\mathbf{x}| \leqslant s} \Phi^{+}(\mathbf{x})e_L e_{+}(-\mathbf{x},\zeta)d\mathbf{x} = \int_{\varepsilon \leqslant |\mathbf{x}| \leqslant s} \Phi^{+}(\mathbf{x})e_L \Big(e_{+}(-\mathbf{x},\zeta) - 1\Big)d\mathbf{x}$$
$$+ \int_{\varepsilon \leqslant |\mathbf{x}| \leqslant s} \Phi^{+}(\mathbf{x})e_L d\mathbf{x}.$$

第一个积分被 Cc_0 控制且当 $\varepsilon \to 0+$, 一致收敛, 而且第二个积分等于 $\underline{\Phi}^{+}(se_L) - \underline{\Phi}^{+}(\varepsilon e_L)$. 然后对 $(b)_{\varepsilon,s}$ 得到想要的界.

(b) 令 $\rho = |\zeta|^{-1} \leqslant \pi$. 用 $S^m(s)$ 表示 $\mathbb{R}^{m+1}$ 中以原点为球心的 m-维 s-球面. 则积分

$$\int_{S^m(\rho) \cap C_{\theta,+}} |\Phi^{+}(x)n(x)e_{+}(-x,\zeta)|dS_x$$

有上界 $C_{\theta}c_0$. 这一事实的证明类似于定理 3.5.1.

(c) 令 $\rho = |\zeta|^{-1} \leqslant \pi$, 则正如定理 3.5.1 所证明的, 积分

$$\int_{\sigma^+(\rho,\theta)} \Phi^+(x)n(x)e_+(-x,\zeta)dS_x$$

具有一致的上界 $\dfrac{C_\mu c_0}{\theta - \mu}$.

对一个固定的 ζ, 如果 $|\zeta|^{-1} \leqslant \pi$, 对 (8-4) 使用 (a), 得到当 $\varepsilon \to 0$ 时 $b_\varepsilon(\zeta)$ 的收敛性. 积分 (8-4) 等于 $(b)_{\varepsilon,|\zeta|^{-1}}(\zeta)$, 某些 $S^{m-1}(|\zeta|^{-1}) \cap C_{\theta,+}$ 的闭子集上的积分以及一个 $\sigma^+(|\zeta|^{-1},\theta)$ 型曲面上的积分的和. 调用 (a), (b) 和 (c), 我们推出 $(b)_\varepsilon$ 一致地有所求的上界. 如果 $|\zeta|^{-1} > \pi$, (a) 中的推导和估计仍旧可以用于集合 $r^+(\varepsilon,\pi)$ 上的积分, 从而推出该积分一致有界且当 $\varepsilon \to 0$ 时有极限. 为了证明这一点, $s^+(|\zeta|^{-1},\theta)$ 和 $\sigma^+(|\zeta|^{-1},\theta)$ 上的积分是有界的. 我们使用 Cauchy 定理, 并在边界为 $\{x \mid \mathbf{x} \in \partial D^m\} \cap \sigma^+(\pi,\theta)$ 的集合 $\{x \mid \mathbf{x} \in \partial D^m\}$ 上积分. 容易证明在最后提到的集合上的积分是有界的. 为了证明在模常数意义下, b 的 Fourier 逆变换是给定的函数对 $(\Phi,\underline{\Phi})$, 我们可以采用文献 [67] 中定理 2 对情形 $m=1$ 的证明.   □

下面引入周期 Lipschitz 曲面上的奇异积分和 Fourier 乘子算子. 称一个曲面是 D^m 的一个周期 Lipschitz 扰动, 如果曲面

$$\Gamma = \Big\{ \mathbf{x} + e_L G(\mathbf{x}) \mid \mathbf{x} \in D^m, G : \mathbb{R}^m \to \mathbb{R}^m \text{ 是 } 2\pi\text{-周期的和 Lipschitz 的} \Big\}.$$

记

$$\begin{cases} N = \|\nabla G\|_\infty, \\ m_0 = \min\Big\{ G(\mathbf{x}) : \mathbf{x} \in D^m \Big\}, \\ M_0 = \max\Big\{ G(\mathbf{x}) : \mathbf{x} \in D^m \Big\}. \end{cases}$$

不失一般性, 可以假设 $m_0 < 0 < M_0$. 令

$$\mathcal{A}(\Gamma) = \Big\{ F \mid F \text{ 是 } 2\pi\text{-周期的, 并且对某些 } \delta > 0,$$
$$\text{在 } m_0 - \delta < x_L < M_0 + \delta \text{ 中是左 Clifford 解析的} \Big\}.$$

利用与文献 [30] 类似的方法, 可以证明 $\mathcal{A}(\Gamma)$ 在 $L^2(\Gamma, dS)$ 中是稠密的.

令 $F \in \mathcal{A}(\Gamma)$. 由经典的 Fourier 级数理论, 可以知道

$$F(\mathbf{x}) = \sum_{l \in \mathbb{Z}^m} e(\mathbf{x}, l)\widehat{F}(l), \quad \mathbf{x} \in D^m,$$

其中在 D^m 中是绝对收敛和一致收敛. 现在证明 $F(\mathbf{x})$ 的左 Clifford 解析延拓等于右边所有项的左 Clifford 解析延拓的和, 其中 x 属于定义 F 的矩形, 并且是局部一

致收敛和绝对收敛. 对 $m=1$ 的情形, 上述结论可由复分析中的 Laurant 级数理论推出. 对高维的情形, 我们使用推广的指数函数分解. 实际上, 利用函数 $e_{\pm}(x,l)$, 可以形式地记级数

$$F^{+}(x) = \sum_{l \in \mathbb{Z}^m} e_{+}(x,l)\widehat{F}(l), \quad x_L > m - \delta$$

和

$$F^{-}(x) = \sum_{l \in \mathbb{Z}^m} e_{-}(x,l)\widehat{F}(l), \quad x_L < M + \delta,$$

其中

$$e_{\pm}(x,\zeta) = e^{i\langle \mathbf{x},\ \zeta \rangle}e^{\mp x_L|\zeta|_{\mathbb{C}}}\chi_{\pm}(\zeta).$$

现在证明定义 $F^{\pm}$ 的级数局部绝对和一致地收敛到某些左 Clifford 解析函数. 因而, 级数

$$F(x) = F^{+}(x) + F^{-}(x), \quad x_L \in (m_0 - \delta,\ M_0 + \delta)$$

具有相同的收敛性质. 记

$$F_h(\mathbf{x}) = F(\mathbf{x} + he_L).$$

对 $h \in (m_0 - \delta,\ M_0 + \delta)$, 其中 δ 是在 $\mathcal{A}(\Gamma)$ 的定义中与 F 相关的量, Cauchy 定理表明

$$\widehat{F}(l) = \frac{1}{(2\pi)^m} \int_{D^m} e(\mathbf{x} \mp he_L,\ l)F(\mathbf{x} \mp he_L)d\mathbf{x}$$
$$= \Big(e^{\pm h|l|_{\mathbb{C}}}\chi_{+}(l) + e^{\mp h|l|_{\mathbb{C}}}\chi_{-}(l)\Big)F_{\mp h}(l).$$

则有

$$F^{\pm}(x) = \sum_{l \in \mathbb{Z}^m} e(\mathbf{x},l)e^{\mp x_L|l|_{\mathbb{C}}}\chi_{\pm}(l)\Big(e^{\pm h|l|_{\mathbb{C}}}\chi_{+}(l) + e^{\mp h|l|_{\mathbb{C}}}\chi_{-}(l)\Big)\widehat{F}_{\mp h}(l)$$
$$= \sum_{l \in \mathbb{Z}^m} e(\mathbf{x},l)e^{\pm(h - x_L)|l|_{\mathbb{C}}}\chi_{\pm}(l)\widehat{F}_{\mp h}(l).$$

对于定义 $F^{+}(x)$ 的级数的收敛性, 对 $x_L > m_0 - \delta$, 选择 $h \in (m_0 - \delta, x_L)$; 对于 $F^{-}(x)$ 的收敛性, 对 $x_L < M_0 + \delta$, 取 $h \in (x_L, M_0 + \delta)$. 这就导出了所要的结论.

对 $b \in H^{\infty}(S_{\omega}(\mathbb{C}^m))$, 级数

$$\sum_{0 \neq l \in \mathbb{Z}} b(l)e(x,l)\widehat{F}(l)$$

是局部绝对收敛和一致收敛的. 定义 $M_b : \mathcal{A}(\Gamma) \to \mathcal{A}(\Gamma)$ 为

$$M_bF(x) = (2\pi)^m \sum_{0 \neq l \in \mathbb{Z}} b(l)e(x,l)\widehat{F}(l).$$

由于以上的讨论, 有

推论 8.1.1　令 $b \in H^\infty(S_\omega(\mathbb{C}^m))$, 则函数

$$\Phi^\pm(x) = \sum_{l \in \mathbb{Z}^m} b(l) e_\pm(x, l), \quad \pm x_L > 0$$

可以分别 Clifford 解析地延拓到 $\mathrm{p}C_{\omega,\pm}$, 并且定义为

$$\Phi = \Phi^+ + \Phi^- = \sum_{l \in \mathbb{Z}^m} b(l) e(x, l)$$

的函数 Φ 满足定理 8.1.1 的三个条件.

反之, 如果函数对 $(\Phi, \underline{\Phi})$ 对于 $\omega \in \left[0, \dfrac{\pi}{2}\right)$ 满足定理 8.1.2 中的假设, 则对任意的 $\mu \in (0, \omega)$ 存在函数 $b^\mu \in H^\infty(S_\mu)$ 使得在上面提到的意义下, 有

$$\Phi(x) = \sum_{l \in \mathbb{Z}^m} b^\mu(l) e(x, l).$$

令 $(\Phi, \underline{\Phi})$ 是由 b 根据定理 8.1.1 所定义的函数对, 有

$$T_{(\Phi, \underline{\Phi})} F(x) = \lim_{\varepsilon \to 0} \left\{ \int_{|x-y| > \varepsilon, y \in \Gamma} \Phi(x-y) n(y) F(y) dS_y + \underline{\Phi}(\varepsilon t(x)) F(x) \right\},$$

其中 $t(x)$ 是 Γ 在 x 处的外法向量. 我们有如下结果.

定理 8.1.3　令 $\omega \in \left(\arctan N, \dfrac{\pi}{2}\right]$, $b \in H^\infty(S_\omega(\mathbb{C}^m))$, 且 $(\Phi, \underline{\Phi})$ 是按照定理 8.1.1 模式定义与 b 相关的函数对. 则如下结论成立:

(i) $T_{(\Phi, \underline{\Phi})}$ 是良定的, $\mathcal{A}(\Gamma) \to \mathcal{A}(\Gamma)$, 且在模常数倍恒等算子的意义下, $T_{(\Phi, \underline{\Phi})} = M_b$.

(ii) M_b 可以延拓为 $L^2(\mathrm{T})$ 上的有界算子, 且算子范数被 $C\|b\|_\infty$ 控制.

证明　为了证明 (i), 我们使用函数

$$b_x^{\pm, \, \delta}(\zeta) = e(x, \zeta) b^{\pm, \, \delta}(\zeta),$$

其中 $b^{\pm,\delta}(\zeta) = b^\pm \exp(\mp \delta |\zeta|_\mathbb{C})$ 与在定理 8.1.1 的证明中使用的函数是一样的. 记 $(\Phi^{\pm, \, \delta}, 0)$ 为按照定理 8.1.1 的模式定义的与 $b^{\pm, \, \delta}$ 相关的函数对, $(\Phi^{\pm, \, \delta}(x + \cdot), 0)$ 是按照同样的模式与 $b_x^{\pm, \, \delta}$ 相关的函数对. 对 $b_x^{\pm,\delta}$ 和 $(\Phi^{\pm, \, \delta}(x+\cdot), 0)$ 使用 Parseval 等式并在等式中取极限 $\delta \to 0$, 我们得到想要的关系. 对 (ii) 的证明, 参见文献 [30] 或 [67]. $\qquad\square$

我们陈述下列定理 8.1.3 的 (ii) 的逆命题. 对该结论的证明, 参见 [59].

定理 8.1.4 令 $\omega \in \left(\arctan N, \frac{\pi}{2} \right]$, Φ 是 $\mathrm{p}S_\omega(\pi)$ 上一个右 Clifford 解析函数, 且在 $S_\omega(\pi)$ 中满足定理 8.1.2 的 (i) 的估计. 如果 T 是 $L^2(T)$ 上的一个有界算子, 且对所有属于 Γ 上的紧支连续函数类 $C_c^0(\Gamma)$ 的 F, 满足

$$TF(x) = \int_\Gamma \Phi(x - y)n(y)F(y)dS(y), \quad x \notin \mathrm{supp}(F),$$

则存在唯一的可微函数 $\underline{\Phi}$, 在任意的 $\mathrm{T}_\mu(\pi)$, $\mu \in (0, \omega)$ 中有界, 满足

$$\frac{d}{dr}\underline{\Phi}(rn) = \int_{S^m(r) \cap \{x | \langle x, n \rangle = 0\}} \Phi(x)n(x)dS(x),$$

其中 n 是 $\mathrm{T}_\mu(\pi)$ 中的单位向量, $S^m(r)$ 是 m-维 r-球面, 使得

$$TF = T_{(\Phi, \underline{\Phi})}.$$

8.2 n-复单位球面上的一类奇异积分算子

本节中介绍定义在 n- 单位球面上的一类奇异积分算子, 该类算子可以看作是前面各章中的理论的推广.

Cauchy-Szegö 核以及相关的多复变量的奇异积分理论已经得到了广泛的研究. 参见文献 [34], [35], [44] 和 [78]. 在 $\mathbb{C}^n$ 的单位球面上, 迄今只有一种奇异积分, 即 Cauchy 奇异积分 [34], 而在其他经典的底空间中, 比如在 $\mathbb{R}^n$ 中, 相应的奇异积分理论已经得到了深入的研究, 参见文献 [90]. 本节的主要目的是研究一类定义在复单位球面上的奇异积分. 这类积分的一个特殊情形是 Cauchy 奇异积分, 且该类中的每一个算子与 Cauchy 奇异积分是类似的. 对于本节的理论, 参见 [17].

这类奇异积分构成了一个算子代数, 即径向 Dirac 算子

$$D = \sum_{k=1}^n z_k \frac{\partial}{\partial z_k}$$

的有界全纯泛函演算. 该类算子同时也可以表示为有界全纯 Fourier 乘子的形式.

类似地, 使用复平面中的如下扇形区域. 对 $0 \leqslant \omega < \frac{\pi}{2}$, 设

$$S_\omega = \left\{ z \in \mathbb{C} \mid z \neq 0, \ \text{且} \ |\arg z| < \omega \right\},$$

$$S_\omega(\pi) = \left\{ z \in \mathbb{C} \mid z \neq 0, \ |\mathrm{Re}z| \leqslant \pi, \ \text{且} \ |\arg(\pm z)| < \omega \right\},$$

$$W_\omega(\pi) = \left\{ z \in \mathbb{C} \mid z \neq 0, \ |\mathrm{Re}z| \leqslant \pi, \ \text{且} \ \mathrm{Im}(z) > 0 \right\} \cup S_\omega(\pi),$$

$$H_\omega = \left\{ z \in \mathbb{C} \mid z = e^{iw}, \ w \in W_\omega(\pi) \right\}.$$

集合 S_ω, $S_\omega(\pi)$, $W_\omega(\pi)$ 和 H_ω 分别为锥形区域, 蝴蝶结形区域, W- 形区域和心形区域.

令

$$\phi_b(z) = \sum_{k=1}^\infty b(k) z^k. \tag{8-5}$$

根据引理 6.1.1, 对 $b \in H^\infty(S_\omega)$, ϕ_b 可以全纯地延拓到 H_ω, 且

$$\left| \left(z \frac{d}{dz} \right)^l \phi_b(z) \right| \leqslant \frac{C_{\mu'} l!}{\delta^l(\mu,\ \mu')|1-z|^{1+l}}, \quad z \in H_\mu, 0 < \mu < \mu' < \omega,\ l = 0, 1, 2, \cdots,$$

其中 $\delta(\mu,\ \mu') = \min\left\{ \dfrac{1}{2},\ \tan(\mu' - \mu) \right\}$; $C_{\mu'}$ 是 $b \in H^\infty(S_\omega)$ 的定义中的常数.

从此往后, 我们使用 z 表示 $\mathbb{C}^n$ 的一般元素, 也就是 $z = (z_1, \cdots, z_n)$, $z_i \in \mathbb{C}$, $i = 1, 2, \cdots, n$, $n \geqslant 2$. 记 $\overline{z} = [\overline{z}_1, \cdots, \overline{z}_n]$. z 可以看成是一个行向量. 用 B 表示开球 $\{ z \in \mathbb{C}^n \mid |z| < 1 \}$, 其中 $|z| = \left(\sum_{i=1}^n |z_i|^2 \right)^{1/2}$, 且 ∂B 是它的边界, 即

$$\partial B = \left\{ z \in \mathbb{C}^n \mid |z| = 1 \right\}.$$

以 z 为心且以 r 为半径的开球记为 $B(z, r)$. 单位球面上的一个任意的元通常表示为 ξ 或 ζ. 下边 Cauchy-Szegö 核中出现的常数 ω_{2n-1} 是 $\partial B = S^{2n-1}$ 的曲面面积且等于 $\dfrac{2\pi^n}{\Gamma(n)}$. 对 $z, w \in \mathbb{C}^n$, 我们使用记号 $zw' = \sum_{k=1}^n z_k w_k$. 本节中研究的对象是径向 Dirac 算子

$$D = \sum_{k=1}^n z_k \frac{\partial}{\partial z_k}.$$

下面对 B 中的全纯函数空间和 ∂B 上相应的函数空间的基函数作适当的修改. 我们采用文献 [35] 中给出的形式. 令 k 是一个非负整数. 考虑列向量 $z^{[k]}$, 分量为

$$\sqrt{\frac{k!}{k_1! \cdots k_n!}} z_1^{k_1} \cdots z_n^{k_n}, \quad k_1 + k_2 + \cdots + k_n = k.$$

$z^{[k]}$ 的维数是

$$N_k = \frac{1}{k!} n(n+1) \cdots (n+k-1) = C_{n+k-1}^k.$$

设

$$\int_B \overline{z^{[k]'}} \cdot z^{[k]} dz = H_1^k,$$

$$\int_{\partial B} \overline{\xi^{[k]'}} \xi^{[k]} d\sigma(\xi) = H_2^k,$$

其中 dz 是 $\mathbb{R}^{2n} = \mathbb{C}^n$ 中的 Lebesgue 体积元, 且 $d\sigma(\xi)$ 是单位球面 $S^{2n-1} = \partial B$ 的 Lebesgue 面积元. 容易证明 H_1^k 和 H_2^k 是 N_k 阶正定的 Hermitian 矩阵. 因此存在一个矩阵 Γ 使得

$$\overline{\Gamma'} \cdot H_1^k \cdot \Gamma = \Lambda, \quad \overline{\Gamma'} \cdot H_2^k \cdot \Gamma = I, \tag{8-6}$$

其中 $\Lambda = [\beta_1^k, \cdots, \beta_n^k]$ 是对角矩阵且 I 是单位矩阵.

设

$$z_{[k]} = z^{[k]} \cdot \Gamma, \quad \xi_{[k]} = \xi^{[k]} \cdot \Gamma,$$

且用 $\{p_\nu^k(z)\}$ 表示向量 $z_{[k]}$ 的分量. 由 (8-6), 有

$$\int_B p_\nu^k(z)\overline{p_\mu^l(z)}dz = \delta_{\nu\mu} \cdot \delta_{kl} \cdot \beta_\nu^k \tag{8-7}$$

且

$$\int_{\partial B} p_\nu^k(\xi)\overline{p_\mu^l(\xi)}d\sigma(\xi) = \delta_{\nu\mu} \cdot \delta_{kl}. \tag{8-8}$$

定理 8.2.1([35])　函数系

$$(\beta_\nu^k)^{-\frac{1}{2}}p_\nu^k, \quad k = 0, 1, 2, \cdots, \ \nu = 1, 2, \cdots, N_k$$

是 B 中全纯函数空间的一个完备正交系. 在 ∂B 上的连续函数空间中, 函数系 $\{p_\nu^k(\xi)\}$ 是正交的, 但不是完备的.

文献 [35] 利用函数系 $\{p_\nu^k\}$ 和关系

$$H(z, \overline{\xi}) = \sum_{k=0}^\infty \sum_{\nu=1}^{N_k} p_\nu^k(z)\overline{p_\nu^k(\xi)}, \quad z \in B, \ \xi \in \partial B,$$

在 ∂B 上给出了 Cauchy-Szegö 核的确切表达式为

$$H(z, \overline{\xi}) = \frac{1}{\omega_n}\frac{1}{(1 - z\overline{\xi}')^n}. \tag{8-9}$$

在下列定理中, 我们给出一个技术性的结果.

定理 8.2.2　令 $b \in H^\infty(S_\omega)$ 和

$$H_b(z, \overline{\xi}) = \sum_{k=1}^\infty b(k) \sum_{\nu=1}^{N_k} p_\nu^k(z)\overline{p_\nu^k(\xi)}, \quad z \in B, \ \xi \in \partial B, \tag{8-10}$$

则对任意使得 $z\overline{\xi}' \in H_\omega$ 的 $z \in B$ 和 $\xi \in \partial B$,

$$H_b(z, \overline{\xi}) = \frac{1}{(n-1)!\omega_{2n-1}}(r^n\phi_b(r))^{(n-1)}\big|_{r=z\overline{\xi}'} \tag{8-11}$$

都是全纯的, 其中 ϕ_b 是在 (8-5) 中定义的函数. 此外,

$$|D_z^l H_b(z, \overline{\xi})| \leqslant \frac{C_{\mu'} l!}{\delta^l(\mu, \mu')|1 - z\overline{\xi'}|^{n+l}}, \quad z\overline{\xi'} \in H_\mu, \tag{8-12}$$
$$0 < \mu < \mu' < \omega, \ l = 0, 1, 2, \cdots,$$

其中 $\delta(\mu, \mu') = \left\{ \dfrac{1}{2}, \ \tan(\mu' - \mu) \right\}$; $C_{\mu'}$ 是函数空间 $H^\infty(S_\omega)$ 的定义中出现的常数.

证明   在公式 (8-9) 中, 设 $z = r\zeta$ 和 $|\zeta| = 1$, 我们得到

$$H(r\zeta, \overline{\xi}) = \frac{1}{\omega_{2n-1}} \frac{1}{(1 - r\zeta\overline{\xi'})^n}. \tag{8-13}$$

取 $H(r\zeta, \overline{\xi})$ 为一个 r 的函数, 在该函数的 Taylor 展开式中关于 r^k 的项为

$$\frac{1}{k!}\left(\frac{\partial}{\partial r}\right)^k \left(\frac{1}{\omega_{2n-1}} \frac{1}{(1 - r\zeta\overline{\xi'})^n}\right)\Big|_{r=0} r^k$$
$$= \frac{1}{\omega_{2n-1}} \frac{n(n+1)\cdots(n+k-1)}{k!}(r\zeta\overline{\xi'})^k. \tag{8-14}$$

令 $r\zeta = z$, 我们得到 $H(z, \overline{\xi})$ 到以 z 为变量的 k 次齐次函数空间上的投影等于

$$\sum_{\nu=1}^{N_k} p_\nu^k(z)\overline{p_\nu^k(\xi)} = \frac{1}{\omega_{2n-1}} \frac{n(n+1)\cdots(n+k-1)}{k!}(z\overline{\xi'})^k.$$

由 ϕ_b 的定义, 通过直接计算可以得出 $H_b(z, \overline{\xi})$ 的公式. 相应的估计由引理 6.1.1 中的估计得到. $\square$

注 8.2.1   在以前的研究中, ω 的大小非常重要并且与所研究的曲线与曲面的 Lipschitz 常数有关. 参见文献 [22], [30], [31], [56]~[58], [67]~[72]. 现在, 单位球面的 Lipschitz 常数为 0, 且 ω 可以取区间 $\left(0, \dfrac{\pi}{2}\right]$ 中的任意数. 本节中我们总是假设 ω 是 $\left(0, \dfrac{\pi}{2}\right]$ 中的任意数但是通过讨论确定, 并且取 $\mu = \dfrac{1}{2}\omega$ 和 $\mu' = \dfrac{3}{4}\omega'$ 充分大以适用于我们建立的理论.

对 $z, w \in B \cup \partial B$, 用 $d(z, w)$ 表示 z 和 w 之间的各向异性的距离, 定义为

$$d(z, \ w) = |1 - z\overline{w'}|^{1/2}.$$

容易证明在 $B \cup \partial B$ 上 d 是一个度量. ∂B 上通过距离 d 定义的以 ζ 为心以 ε 为半径的球记为 $S(\zeta, \varepsilon)$. $S(\zeta, \ \varepsilon)$ 在 ∂B 中的补集记为 $S^c(\zeta, \ \varepsilon)$.

令 $f \in L^p(\partial B), 1 \leqslant p < \infty$. 则 f 的 Cauchy 积分

$$C(f)(z) = \frac{1}{\omega_{2n-1}} \int_{\partial B} \frac{f(\xi)}{(1 - z\overline{\xi'})^n} d\sigma(\xi)$$

是良定的且在 B 中是全纯的.

算子

$$P(f)(\zeta) = \lim_{r \to 1-0} C(f)(r\zeta)$$

是 $L^p(\partial B)$ 到 Hardy 空间 $H^p(\partial B)$ 上的投影且是从 $L^p(\partial B)$ 到 $H^p(\partial B), 1 < p < \infty$ 有界的. 此外, $P(f)$ 具有奇异积分表示 ([78] 和 [34])

$$P(f)(\zeta) = \frac{1}{\omega_{2n-1}} \lim_{\varepsilon \to 0} \int_{S^c(\zeta,\,\varepsilon)} \frac{f(\xi)}{(1 - \zeta\overline{\xi'})^n} d\sigma(\xi) + \frac{1}{2} f(\zeta) \text{ a.e.} \zeta \in \partial B.$$

设

$$\mathscr{A} = \Big\{ f \mid \text{ 对某个 } \delta > 0, f \text{ 是 } B(0, 1+\delta) \text{ 中的全纯函数} \Big\}.$$

容易证明 $\mathscr{A}$ 在 $L^p(\partial B), 1 \leqslant p < \infty$, 中稠密. 如果 $f \in \mathscr{A}$, 则

$$f(z) = \sum_{k=0}^{\infty} \sum_{\nu=0}^{N_k} c_{k\nu} p_\nu^k(z),$$

其中 $c_{k\nu}$ 是 f 的 Fourier 系数:

$$c_{k\nu} = \int_{\partial B} \overline{p_\nu^k(\xi)} f(\xi) d\sigma(\xi),$$

并且, 对任意的正整数 l, 级数

$$\sum_{k=0}^{\infty} k^l \sum_{\nu=0}^{N_k} c_{k\nu} p_\nu^k(z)$$

在任意包含于 f 的定义域 $B(0, 1+\delta)$ 中的角球上是一致绝对收敛的.

记 $\mathscr{U}$ 为 $\mathbb{C}^n$ 中由 Hilbert 空间上在复内积 $\langle z, w \rangle = z\overline{w'}$ 意义下的所有酉算子组成的酉群. 这些算子 U 均为保持内积

$$\langle Uz,\, Uw \rangle = \langle z,\, w \rangle$$

不变的线性算子. 显然, $\mathscr{U}$ 是 $O(2n)$ 的一个紧子集. 容易验证 $\mathscr{A}$ 在 $U \in \mathscr{U}$ 的作用下不变. 如果 $f \in \mathscr{A}$, 则 f 是由它在 ∂B 上的值决定. 在下面, 将 $f|_{\partial B}$ 当作 $f \in \mathscr{A}$ 来处理. 对于一个给定的函数 $b \in H^\infty(S_\omega)$, 我们定义一个算子 $M_b: \mathscr{A} \to \mathscr{A}$ 为

$$M_b(f)(\zeta) = \sum_{k=1}^{\infty} b(k) \sum_{\nu=0}^{N_k} c_{k\nu} p_\nu^k(\zeta), \quad \zeta \in \partial B,$$

其中 $c_{k\nu}$ 是试验函数 $f \in \mathscr{A}$ 的 Fourier 系数.

由曲面度量

$$d(\eta,\, \zeta) = |1 - \eta\overline{\zeta'}|^{1/2}$$

定义的 Cauchy 积分的主值可以推广成下述定理 8.2.3.

定理 8.2.3　算子 M_b 可以表示为奇异积分的形式: 对 $f \in \mathscr{A}$,

$$M_b(f)(\zeta) = \lim_{\varepsilon \to 0}\left[\int_{S^c(\zeta,\,\varepsilon)} H_b(\zeta,\,\overline{\xi})f(\xi)d\sigma\xi + f(\zeta)\int_{S(\zeta,\,\varepsilon)} H_b(\zeta,\overline{\xi})d\sigma(\xi)\right], \quad (8\text{-}15)$$

其中对 $\zeta \in \partial B$ 和 ε,

$$\int_{S(\zeta,\,\xi)} H_b(\zeta,\,\overline{\xi})d\sigma(\xi)$$

是有界函数.

　　证明　令 $f \in \mathscr{A}$, $\rho \in (0,1)$. 一方面,

$$M_b(f)(\rho\zeta) = \sum_{k=1}^{\infty} b(k)\sum_{\nu=1}^{N_k} c_{k\nu}p_\nu^k(\rho\zeta),$$

其中 $c_{k\nu}$ 是 f 的 Fourier 系数. 从序列 $\{b(k)\}_{k=1}^{\infty}$ 的有界性和 $f \in \mathscr{A}$ 的 Fourier 展开的收敛性, 我们知道

$$\lim_{\rho \to 1-0} M_b(f)(\rho\zeta) = M_b(f)(\zeta). \quad (8\text{-}16)$$

另一方面, 利用 Fourier 系数的公式和 (8-9) 中给出的 $H_b(z,\,\overline{\xi})$ 的定义, 我们有

$$M_b(f)(\rho\zeta) = \int_{\partial B} H_b(\rho\zeta,\,\overline{\xi})f(\xi)d\sigma(\xi).$$

　　对任意的 $\varepsilon > 0$, 有

$$\begin{aligned}
M_b(f)(\rho\zeta) &= \int_{S^c(\zeta,\,\xi)} H_b(\rho\zeta,\,\overline{\xi})f(\xi)d\sigma(\xi)\\
&\quad + \int_{S(\zeta,\,\xi)} H_b(\rho\zeta,\,\overline{\xi})(f(\xi)-f(\zeta))d\sigma(\xi)\\
&\quad + f(\zeta)\int_{S(\zeta,\,\xi)} H_b(\rho\zeta,\,\overline{\xi})d\sigma(\xi)\\
&= I_1(\rho,\,\varepsilon) + I_2(\rho,\,\varepsilon) + f(\zeta)I_3(\rho,\,\varepsilon).
\end{aligned}$$

对 $\rho \to 1-0$, 有

$$I_1(\rho,\,\varepsilon) \to \int_{S^c(\zeta,\,\varepsilon)} H_b(\zeta,\,\overline{\xi})f(\xi)d\sigma(\xi).$$

现在考虑 $I_2(\rho,\,\varepsilon)$. 因为度量 d 和欧氏度量 $|\cdot|$ 以及函数类 $\mathscr{A}$ 都是 $\mathscr{U}$- 不变的, 不失一般性, 可以假设 $\zeta = [1,0,\cdots,0]$. 对于变量 $\xi \in \partial B$, 采用参数系

$$\xi_1 = re^{1\theta}, \ \xi_2 = v_2, \cdots, \xi_n = v_n.$$

记 $v = [v_2, \cdots, v_n]$. 积分区域 $S(\zeta, \varepsilon)$ 由下述条件定义:

$$v\overline{v'} = 1 - r^2, \quad \cos\theta \geqslant \frac{1 + r^2 - \varepsilon^4}{2r}. \tag{8-17}$$

现在, 因为 $\dfrac{1 + r^2 - \varepsilon^4}{2r} \leqslant \cos\theta \leqslant 1$, 我们有 $(1 - r)^2 \leqslant \varepsilon^4$. 因此 $1 - r \leqslant \varepsilon^2$ 或 $1 - \varepsilon^2 \leqslant r$. 这表明

$$v\overline{v'} = 1 - r^2 \leqslant 1 - (1 - \varepsilon^2)^2 = 2\varepsilon^2 - \varepsilon^4$$

记

$$a = a(r, \varepsilon) = \arccos\left(\frac{1 + r^2 - \varepsilon^4}{2r}\right).$$

因为 $(1 - r)^2 \leqslant \varepsilon^4$ 和 $1 - y = O(\arccos^2(y))$, 我们得到 $a = O(\varepsilon^2)$.

不难验证

$$\begin{aligned}
|\zeta - \xi|^2 &= |1 - re^{i\theta}|^2 + (|v_2|^2 + \cdots + |v_n|^2) \\
&= (1 + r^2 - 2r\cos\theta) + (1 - r^2) \\
&= 2 - 2r\cos\theta
\end{aligned} \tag{8-18}$$

和

$$\begin{aligned}
d^4(\zeta, \xi) &= |1 - \zeta\overline{\xi'}|^2 = 1 + r^2 - 2r\cos\theta \\
&= (2 - 2r\cos\theta) - (1 - r^2) \\
&= |\zeta - \xi|^2 - (1 + r)(1 - r).
\end{aligned} \tag{8-19}$$

现在, (8-18) 推出 $1 - r^2 \leqslant d^2(\zeta, \xi)$. 这一结果, 连同 (8-19), 得到

$$d^4(\zeta, \xi) + (1 + r)d^2(\zeta, \xi) \geqslant |\zeta - \xi|^2.$$

因为 $d^2(\zeta, \xi)$ 小于 2, 最后一个不等式表明

$$|\zeta - \xi| \leqslant 2d(\zeta, \xi). \tag{8-20}$$

注意到对 $f \in \mathscr{A}$, 有

$$|f(\zeta) - f(\xi)| \leqslant C|\zeta - \xi|,$$

因此,

$$|f(\zeta) - f(\xi)| \leqslant Cd(\zeta, \xi).$$

对任意的 $\rho \in (0,1)$, 由于 (8-17), 我们有

$$
\begin{aligned}
|I_2(\rho,\ \varepsilon)| &\leqslant \int_{S(\zeta,\ \varepsilon)} |H_b(\rho\zeta,\ \overline{\xi})||f(\zeta) - f(\xi)|d\sigma(\zeta) \\
&\leqslant C \int_{S(\zeta,\ \varepsilon)} \frac{1}{d^{2n-1}(\zeta,\ \xi)} d\sigma(\xi) \\
&\leqslant C \int_{v\overline{v'} \leqslant 2\varepsilon^2 - \varepsilon^4} \int_{-a}^{a} \frac{1}{|1 - re^{i\theta}|^{n-1/2}} d\theta dv.
\end{aligned}
$$

现在估计内层积分. 对 $n = 2$, Hölder 不等式给出

$$
\begin{aligned}
\frac{1}{2a} \int_{-a}^{a} \frac{1}{|1 - re^{i\theta}|^{2-1/2}} d\theta &\leqslant \left(\frac{1}{2a} \int_{-a}^{a} \frac{1}{|1 - re^{i\theta}|^2} d\theta \right)^{3/4} \\
&\leqslant \left(\frac{1}{2a} \int_{-\pi}^{\pi} \frac{1}{|1 - re^{i\theta}|^2} d\theta \right)^{3/4} \\
&\leqslant \left(\frac{1}{2a} \right)^{3/4} \frac{1}{(1 - r^2)^{3/4}}.
\end{aligned}
$$

在这种情况中, 当 $\varepsilon \to 0$,

$$
\begin{aligned}
|I_2(\rho,\ \varepsilon)| &\leqslant C \int_{v\overline{v'} \leqslant 2\varepsilon^2 - \varepsilon^4} a^{1/4} \frac{1}{(1 - r^2)^{3/4}} dv \\
&\leqslant C\varepsilon^{1/2} \int_{v\overline{v'} \leqslant 2\varepsilon^2 - \varepsilon^4} \frac{1}{(v\overline{v'})^{3/4}} dv \\
&\leqslant C\varepsilon^{1/2} \int_{0}^{\sqrt{2\varepsilon^2 - \varepsilon^4}} \frac{1}{t^{3/2}} dt \\
&\leqslant C\varepsilon \to 0.
\end{aligned}
$$

对 $n > 2$, 因为 r 接近于 1, 有

$$
\begin{aligned}
\int_{-a}^{a} \frac{1}{|1 - re^{i\theta}|^{n-(1/2)}} d\theta &\leqslant C \frac{1}{(1 - r^2)^{n-2-(1/2)}} \int_{-\pi}^{\pi} \frac{1}{|1 - re^{i\theta}|^2} d\theta \\
&\leqslant C \frac{1}{(1 - r^2)^{n-1-(1/2)}},
\end{aligned}
$$

因此当 $\varepsilon \to 0$,

$$
|I_2(\rho,\ \varepsilon)| \leqslant C \int_{0}^{\sqrt{2\varepsilon^2 - \varepsilon^4}} t^{2n-3} \frac{1}{t^{2n-3}} dt \leqslant C\varepsilon \to 0.
$$

现在证明, 如果 $\rho \to 1 - 0$, 则 $I_3(\rho, \varepsilon)$ 对 0 附近的 ε 有一致有界的极限. 如前

边一样积分, 有

$$I_3(\rho, \ \varepsilon) = \int_{S(\zeta, \ \varepsilon)} H_b(\rho\zeta, \ \overline{\xi})d\sigma(\xi)$$

$$= \int_{v\overline{v'} \leqslant 2\varepsilon^2 - \varepsilon^4} \int_{-a}^{a} (t^{n-1}\phi_b(t))^{(n-1)}\Big|_{t=\rho re^{i\theta}} d\theta dv$$

$$= \frac{1}{i} \int_{v\overline{v'} \leqslant 2\varepsilon^2 - \varepsilon^4} \int_{\rho re^{-ia}}^{\rho re^{ia}} \frac{(t^{n-1}\phi_b(t))^{(n-1)}}{t} dt dv.$$

利用分部积分, 对于变量 t 的内层积分变为

$$\left[\sum_{k=1}^{n-1}(k-1)!\frac{(t^{n-1}\phi_b(t))^{(n-1-k)}}{t^k}\right]_{\rho re^{-ia}}^{\rho re^{ia}} + (n-1)!\int_{\rho re^{-ia}}^{\rho re^{ia}} \frac{\phi_b(t)}{t} dt$$

$$= \sum_{k=1}^{n-1}\left[J_k(t)\right]_{\rho re^{-ia}}^{\rho re^{ia}} + L(r, \ a).$$

首先估计 J_k 的积分. 我们有

$$\int_{v\overline{v'} \leqslant 2\varepsilon^2 - \varepsilon^4} J_k(\rho re^{\pm ia})dv \leqslant C \int_{v\overline{v'} \leqslant 2\varepsilon^2 - \varepsilon^4} \frac{1}{|1-\rho re^{\pm ia}|^{n-k}} dv.$$

可以直接验证

$$|1-\rho re^{\pm ia}| \geqslant |1-re^{\pm ia}| = \varepsilon^2.$$

所以上述积分有如下控制

$$\frac{1}{\varepsilon^{2n-2k}} \int_{v\overline{v'} \leqslant 2\varepsilon^2 - \varepsilon^4} dv \leqslant \frac{1}{\varepsilon^{2n-2k}} \int_{0}^{\sqrt{2\varepsilon^2 - \varepsilon^4}} t^{2n-3} dt$$

$$\leqslant C\frac{\varepsilon^{2n-2}}{\varepsilon^{2n-2k}},$$

其中上边的项当 $k=1$ 有界, 当 $k \geqslant 2$ 时趋于零. 当 $\rho \to 1-0$ 时极限的存在性可由 Lebesgue 控制收敛定理给出.

现在,

$$(n-1)!\int_{\rho re^{-ia}}^{\rho re^{ia}} \frac{\phi_b(t)}{t} dt = (n-1)!i \int_{-a}^{a} \phi_b(t)\Big|_{t=\rho re^{i\theta}} d\theta.$$

利用 Cauchy 定理和 ϕ_b 的估计, 可以证明, 对任意的 $\rho \to 1-0$, 这是一个有界函数. 这就表明

$$\lim_{\varepsilon \to 0} \int_{v\overline{v'} \leqslant 2\varepsilon^2 - \varepsilon^4} L(\rho r, \ a)dv = 0.$$

最后得到 $\lim\limits_{\rho \to 1-0} I_3(\rho, \ \varepsilon)$ 存在且对较小的 $\varepsilon > 0$ 是有界的. 这就证明了定理 8.2.3. $\square$

注 8.2.2   (8-18) 的一个推论是

$$d(\zeta,\ \xi) \leqslant |\zeta - \xi|^{1/2}.$$

这一点在证明中并未使用.

定理 8.2.4   算子 M_b 可以延拓为从 $L^p(\partial B)$ 到 $L^p(\partial B)$, $1 < p < \infty$ 的有界算子, 以及从 $L^1(\partial B)$ 到弱 $L^1(\partial B)$ 的有界算子.

证明 $M_b = M_b P$ 从 $L^2(\partial B)$ 到 $H^2(\partial B)$ 的有界性是函数系 $\{p_\nu^k(\xi)\}$ 正交性的一个直接推论. 我们只证明算子是从 $L^1(\partial B)$ 到弱 -$L^1(\partial B)$ 有界的, 即算子是弱 $(1, 1)$ 型的. $L^p(\partial B)$- 有界性, $1 < p < 2$, 则可以由 Marcinkiewicz 插值定理推出. 对 $2 < p < \infty$, L^p- 有界性可以利用核

$$\overline{H_b(\zeta,\ \overline{\xi})} = H_b(\xi,\ \overline{\zeta})$$

的性质和双线性对

$$(f,\ g) = \int_{\partial B} f(\zeta)\overline{g(\zeta)} d\sigma(\zeta),$$

通过标准的对偶的方法得到.

M_b 的弱 $(1,1)$ 是基于一个 Hömander 型不等式. 下面给出的证明不同于在文献 [78] 中给出的关于 Cauchy 积分的证明. 我们将使用非切向逼近域

$$D_\alpha(\zeta) = \left\{ z \in \mathbb{C}^n \Big|\ |1 - z\overline{\zeta'}| < \frac{a}{2}(1 - |z|^2) \right\}, \quad \zeta \in \partial B,\ a > 1. \qquad \square$$

我们证明以下定理.

引理 8.2.1   假定 $\xi, \zeta, \eta \in \partial B$, $d(\xi,\ \zeta) < \delta$, $d(\xi,\ \eta) > 2\delta$ 和 $z \in D_\alpha(\eta)$, 则

$$\left| H_b(z,\ \overline{\xi}) - H_b(z,\ \overline{\zeta}) \right| \leqslant \delta C_\alpha |1 - \xi\overline{\eta'}|^{-n - \frac{1}{2}}.$$

证明   根据估计

$$\left| \left(r^{n-1}\phi_b(r) \right)^{(n)} \right| \leqslant \frac{C_\omega}{|1 - r|^{n+1}},$$

和平均值定理, 对某个 $t \in (0,1)$, 则实部

$$\left| \mathrm{Re}(r^{n-1}\phi_b(r))^{(n-1)} \big|_{r=z\overline{\xi'}} - \mathrm{Re}(r^{n-1}\phi_b(r))^{(n-1)} \big|_{r=z\overline{\zeta'}} \right|$$

$$\leqslant \left| \mathrm{Re}(r^{n-1}\phi_b(r))^{(n)} \big|_{r=z\overline{w'}} \right| \cdot |z\overline{\xi'} - z\overline{\zeta'}|$$

$$\leqslant \frac{C_\omega |z\overline{\xi'} - z\overline{\zeta'}|}{|1 - z\overline{w'}_t|^{n+1}}, \tag{8-21}$$

其中 $w_t = t\overline{\xi'} + (1-t)\overline{\zeta'} \in B$.

虚部满足一个类似的不等式.

用 ξ_t 表示 ω_t 到 ∂B 上的投影点. 我们可以容易地证明

(i) 当 $\delta \to 0$, $|\xi_t - w_t| = 1 - |z_t| = A(t) \to 0$;

(ii) $\xi_t \in S(\xi, \delta) \cap S(\zeta, \delta)$.

从 (i) 可以推出 $\xi_t = \dfrac{1}{1 - A(t)} w_t$. 因为 $D_\alpha(\eta)$ 是一个开集, 对较小的 $\delta > 0$, 即 $0 < \delta \leqslant \delta_0$, 我们有 $z_t = (1 - A(t))z \in D_\alpha(\eta)$. 记

$$|1 - z\overline{w'_t}| = |1 - z_t\overline{\xi'}_t|. \tag{8-22}$$

另一方面, 根据文献 [78] 第 92 页的 (4), 有

$$
\begin{aligned}
|z\overline{\xi'} - z\overline{\zeta'}| &= \frac{1}{1 - A(t)} |z_t\overline{\xi'} - z_t\overline{\zeta'}| \\
&\leqslant \frac{1}{1 - A(t)} \left(|z_t\overline{\xi'} - z_t\overline{\xi'}_t| + |z_t\overline{\zeta'} - z_t\overline{\xi'}_t| \right) \\
&\leqslant \frac{6}{1 - A(t)} \delta\alpha^{1/2} |1 - z_t\overline{\xi'}_t|^{1/2} \\
&\leqslant \delta C_\alpha |1 - z_t\overline{\xi'}_t|^{1/2}.
\end{aligned}
\tag{8-23}
$$

由文献 [78] 第 92 页的 (93), 有

$$|1 - z_t\overline{\xi'}_t|^{-1} \leqslant 16\alpha |1 - \xi\overline{\eta'}|^{-1}. \tag{8-24}$$

关系 (8-22)~(8-24) 推出, 对 $\delta \leqslant \delta_0$, 不等式 (8-21) 的最后一部分被 $\delta C_\alpha |1 - \xi\overline{\eta'}|^{-n-\frac{1}{2}}$ 控制.

对 $\delta \geqslant \delta_0$, 在所求的不等式右边,

$$\delta |1 - \xi\overline{\eta'}|^{-n-\frac{1}{2}}$$

有依赖于 δ_0 的正的下界. 从而容易选择 $C = C_{\alpha, \delta_0}$ 使得不等式成立. 这就证明了引理 8.2.1. $\qquad\square$

弱 $(1, 1)$ 型有界性是下面更一般的定理 8.2.5 的特殊情况.

定理 8.2.5 对任意的 $\alpha > 1$, 存在一个常数 $C_\alpha < \infty$ 使得对任意的 $f \in \mathscr{A}$ 和 $t > 0$, 有

$$\sigma\Big(\{M_\alpha M_b(f) > t\} \Big) \leqslant C_\alpha t^{-1} \|f\|_{L^1(\partial B)},$$

其中

$$M_\alpha M_b(f)(\zeta) = \sup\left\{ \Big| M_b(f)(z) \Big| : z \in D_\alpha(\zeta) \right\}$$

定义为 $M_b(f)$ 在区域 $D_\alpha(\zeta)$ 中的非切向极大函数.

　　定理 8.2.5 的证明基于引理 8.2.1 和一个覆盖引理 ([78]). [78] 中对于 Cauchy 算子相应结果的证明可以做相应的修改以适用于当前的情况.

　　须要指出的是, 上边研究的有界算子类 M_b 构成了一个算子代数. 实际上该算子类等价于 DP 的 Cauchy-Dunford 有界全纯泛函演算, 其中 D 是径向 Dirac 算子且 P 是从 L^p 到 H^p 的投影算子.

　　算子 M_b 具有如下性质, 并且因此算子类 M_b, $b \in H^\infty(S_\omega)$, 被称为有界全纯泛函演算.

　　令 b, b_1, $b_2 \in H^\infty(S_\omega)$, 且 α_1, $\alpha_2 \in \mathbb{C}$, $1 < p < \infty$, $0 < \mu < \omega$. 则

$$\|M_b\|_{L^p(\partial B) \to L^p(\partial B)} \leqslant C_{p,\,\mu} \|b\|_{L^\infty(S_\mu)},$$

$$M_{b_1 b_2} = M_{b_1} \circ M_{b_2},$$

$$M_{\alpha_1 b_1 + \alpha_2 b_2} = \alpha_1 M_{b_1} + \alpha_2 M_{b_2}.$$

第一个性质由定理 8.2.4 得到. 第二个和第三个可以使用试验函数的 Taylor 级数展开得到.

　　用

$$R(\lambda,\,DP) = (\lambda I - DP)^{-1},$$

表示 DP 在 $\lambda \in \mathbb{C}$ 处的预解算子. 对 $\lambda \notin [0,\,\infty)$, 证明

$$R(\lambda,\,DP) = M_{\frac{1}{\lambda - (\cdot)}}.$$

实际上, 根据关系

$$DP(f)(\zeta) = \sum_{k=1}^\infty k \sum_{\nu=1}^{N_k} c_{k\nu} p_\nu^k(\zeta), \quad f \in \mathscr{A},$$

其中 $c_{k\nu}$ 是 f 的 Fourier 系数, Fourier 乘子 $\{\lambda - k\}$ 与算子 $\lambda I - DP$ 相关. 并且因此 Fourier 乘子 $\{(\lambda - k)^{-1}\}$ 与 $R(\lambda,\,DP)$ 相关. 与有界性相关的泛函演算的性质表明, 对 $1 < p < \infty$,

$$\|R(\lambda,\,DP)\|_{L^p(\partial B) \to L^p(\partial B)} \leqslant \frac{C_\mu}{|\lambda|}, \quad \lambda \notin S_\mu.$$

根据这一估计, 对于 $\in H^\infty(S_\omega)$ 中在零点和无穷远处都有好的下降性质的 b, Cauchy-Dunford 积分

$$b(DP)f = \frac{1}{2\pi i} \int_{II} b(\lambda) R(\lambda,\,DP) d\lambda f$$

是良定的且是一个有界算子, 其中 II 是包含

$$S_\omega = \Big\{ s \exp(i\theta) : s \text{ 从 } \infty \text{ 到 } 0 \Big\} \bigcup \Big\{ s \exp(-i\theta) : s \text{ 从 } 0 \text{ 到 } \infty \Big\}, \quad 0 < \theta < \omega$$

中两条射线的路径. 这样的函数 b 构成了一个在文献 [53] 中的覆盖引理意义下的 $H^\infty(S_\omega)$ 的稠密子类. 使用这一引理, 我们可以推广由 Cauchy-Dunford 积分给出的定义, 并且在一般的 $b \in H^\infty(S_\omega)$ 上定义一个泛函演算.

现在证明 $b(DP) = M_b$. 假定 b 在原点和无穷远处都有很好的衰减性, 且 $f \in \mathscr{A}$, 则在下列等式中, 积分与求和的顺序可交换, 且有

$$
\begin{aligned}
b(DP)(f)(\zeta) &= \frac{1}{2\pi i} \int_{II} b(\lambda) R(\lambda, \, DP) d\lambda f(\zeta) \\
&= \frac{1}{2\pi i} \int_{II} b(\lambda) \sum_{k=1}^{\infty} (\lambda - k)^{-1} \sum_{\nu=1}^{N_p} c_{k\nu} p_\nu^k(\zeta) d\lambda \\
&= \sum_{k=1}^{\infty} \left(\frac{1}{2\pi i} \int_{II} b(\lambda)(\lambda - k)^{-1} d\lambda \right) \sum_{\nu=1}^{N_p} c_{k\nu} p_\nu^k(\zeta) \\
&= \sum_{k=1}^{\infty} b(k) \sum_{\nu=1}^{N_p} c_{k\nu} p_\nu^k(\zeta) \\
&= M_b(f)(\zeta).
\end{aligned}
$$

从预解式 $R(\lambda, \, DP)$ 的范数估计可以推出 DP 是 ω 型算子 (参见 [53]). 在定理 8.2.4 的证明中使用过的双线对和对偶对 $(L^2(\partial B), \, L^2(\partial B))$ 之下, 算子 DP 等于 $L^2(\partial B)$ 上的对偶算子. 也就是

$$
\Big(DP(f), \, g \Big) = \Big(f, \, DP(g) \Big), \quad f, g \in \mathscr{A}.
$$

这可以由下述的 Parseval 等式容易地得到:

$$
\sum_{k=0}^{\infty} \sum_{\nu=1}^{N_k} c_{k\nu} \overline{c'_{k\nu}} = \int_{\partial B} f(\zeta) \overline{g(\zeta)} d\sigma(\zeta).
$$

而 Parseval 等式可由 $\{p_\nu^k\}$ 的正交性推出, 其中 $c_{k\nu}$ 和 $c'_{k\nu}$ 是 f 和 g 的 Fourier 系数.

在同样的双线性对之下, 类似的结论对于 Banach 空间对偶对 $(L^p(\partial B), L^{p'}(\partial B))$, $1 < p < \infty$, $\frac{1}{p} + \frac{1}{p'} = 1$ 也成立. 在文献 [53] 和 [15] 中, 详尽地研究了一般的 ω 型算子的 Hilbert 和 Banach 空间性质. 可以毫无困难地验证, [53] 和 [15] 中的结果对于算子 DP 也成立.

8.3 单位复球面上的无界乘子

本节内容是 8.2 节的推广, 主要介绍作者对于单位复球面上无界乘子的研究的一些新进展. 参见两位作者与 J. Lv 合作的文章 [51].

设

$$S_\omega = \Big\{ z \in \mathbb{C} \mid z \neq 0 \text{ 和 } |\arg z| < \omega \Big\},$$

$$S_\omega(\pi) = \Big\{ z \in \mathbb{C} \mid z \neq 0, |\mathrm{Re}(z)| \leqslant \pi \text{ 和 } |\arg(\pm z)| < \omega \Big\},$$

$$W_\omega(\pi) = \Big\{ z \in \mathbb{C} \mid z \neq 0, |\mathrm{Re}(z)| \leqslant \pi \text{ 和 } \mathrm{Im}(z) > 0 \Big\} \bigcup S_\omega(\pi),$$

$$H_\omega = \Big\{ z \in \mathbb{C} \mid z = e^{i\omega}, \omega \in W_\omega(\pi) \Big\}.$$

我们还需要如下函数空间:

定义 8.3.1　令 $-1 < s < \infty$. $H^s(S_\omega)$ 定义为 S_ω 中所有满足下列条件的的全纯函数的集合:

(1) 对 $|z| \leqslant 1$, b 有界;

(2) $|b(z)| \leqslant C_\mu |z|^s, z \in S_\mu, 0 < \mu < \omega$.

注 8.3.1　$H^s(S_\omega)$ 是由 A. McIntosh 及其合作者引入的 $H^\infty(S_\omega)$ 的推广. 对于 $H^\infty(S_\omega)$ 的进一步信息, 参见文献 [48], [53], [58], [73] 和相关的文献.

令

$$\varphi_b(z) = \sum_{k=1}^\infty b(k) z^k.$$

引理 8.3.1　令 $b \in H^s(S_\omega)$, $-1 < s < \infty$. 则 φ_b 可以全纯地延拓到 H_ω. 此外, 对 $0 < \mu < \mu' < \omega$ 和 $l = 0, 1, 2, \cdots$,

$$\left| \left(z \frac{\mathrm{d}}{\mathrm{d}z} \right)^l \varphi_b(z) \right| \lesssim \frac{C_{\mu'} l!}{\delta^l(\mu, \mu') |1 - z|^{l+1+s}}, \quad z \in H_\mu,$$

其中 $\delta(\mu, \mu') = \min \Big\{ \dfrac{1}{2}, \tan(\mu, \mu') \Big\}$; $C_{\mu'}$ 是定义 8.3.1 中的常数.

证明　令

$$V_\omega = \Big\{ z \in \mathbb{C} : \mathrm{Im}(z) > 0 \Big\} \cup S_\omega \cup (-S_\omega),$$

$$W_\omega = V_\omega \cap \Big\{ z \in \mathbb{C} : -\pi \leqslant \mathrm{Re}\, z \leqslant \pi \Big\}$$

和　ρ_θ 是射线 $r \exp(i\theta)$, $0 < r < \infty$, 其中 θ 可以选取使得 $\rho_\theta \subsetneq S_\omega$. 定义

$$\Psi_b(z) = \frac{1}{2\pi} \int_{\rho(\theta)} \exp(i\xi z) b(\xi) d\xi, \quad z \in V_\omega,$$

其中当 $\xi \to \infty$ 时, $\exp(iz\xi)$ 沿着 ρ_θ 指数递减. 则得到

$$
\begin{aligned}
\left| |z|^{1+s}\, \Psi_b(z) \right| &= \left| \frac{1}{2\pi} \int_{\rho(\theta)} \exp(i\xi z)\, |z|^{1+s}\, b(\xi) dz \right| \\
&\lesssim \frac{C_{\mu'}}{2\pi} \int_0^\infty \exp(-r|z|\sin(\theta + \arg z))(r|z|)^s d(r|z|)^s \\
&\lesssim C_{\mu'},
\end{aligned}
\tag{8-25}
$$

从而得到 $|\Psi_b(z)| \lesssim 1/|z|^{1+s}$. 定义

$$
\psi_b(z) = 2\pi \sum_{n=-\infty}^{\infty} \Psi_b(z + 2n\pi), \quad z \in \bigcup_{n=-\infty}^{\infty} (2n\pi + W_\omega).
$$

容易看到 ψ_b 是全纯的, 以 2π 为周期的并且 $|\psi_b(z)| \lesssim 1/|z|^{1+s}$. 令

$$
\varphi_b(z) = \psi_b\left(\frac{\log z}{i} \right).
$$

对 $z \in \exp(iS_\omega)$, 记 $z = e^{iu}$, 其中 $u \in S_\omega$, 则 $\sin\frac{|u|}{2} \lesssim \frac{|u|}{2}$. 这就表明 $2 - 2\cos|u| \lesssim |u|^2$ 和 $|1 - e^{i|u|}| \lesssim |u|$. 因此, (8-25) 给出

$$
\begin{aligned}
|\varphi_b(z)| &\lesssim \frac{C_{\mu'}}{|\log z|^{1+s}} \lesssim \frac{C_{\mu'}}{|\log|z||^{1+s}} \\
&\lesssim \frac{C_{\mu'}}{|1 - z|^{1+s}}.
\end{aligned}
$$

取球

$$
B(z, r) = \left\{ \xi : |z - \xi| < \delta(\mu, \mu')|1 - z| \right\}.
$$

利用 Cauchy 积分公式, 得到

$$
\varphi_b^{(l)}(z) = \frac{l!}{2\pi i} \int_{\partial B(z,r)} \frac{\varphi(\eta)}{(\eta - z)^{1+l}} d\eta.
$$

对任意的 $\eta \in \partial B(z, r)$, 有 $|\eta - z| \geqslant (1 - \delta(\mu, \mu'))|1 - z|$, 因而

$$
\begin{aligned}
\left| \varphi_b^{(l)}(z) \right| &\lesssim \frac{l!\|b\|_{H^s(S_\omega^c)}}{\delta^l(\mu, \mu')|1 - z|^l} \left| \int_{\partial B(z,r)} \frac{1}{|1 - \eta|^{1+s}} d\eta \right| \\
&\lesssim \frac{l!}{\delta^l(\mu, \mu')|1 - z|^{l+1+s}}.
\end{aligned}
\qquad \square
$$

定理 8.3.1　令 $b \in H^s(S_\omega)$ 且

$$H_b(z, \bar{\xi}) = \sum_{k=1}^{\infty} b(k) \sum_{v=1}^{N_k} p_v^k(z) \overline{p_v^k(\xi)}, \quad z \in \mathbb{B}_n,\ \xi \in \partial \mathbb{B}_n,$$

则对使得 $z\bar{\xi}' \in H_\omega$ 的 $z \in \mathbb{B}_n, \xi \in \partial \mathbb{B}_n$,

$$H_b(z, \bar{\xi}) = \frac{1}{(n-1)!\omega_{2n-1}} (r^{n-1}\varphi_b(r))^{(n-1)} \Big|_{r=z\bar{\xi}'}$$

是全纯的, 其中 φ_b 是引理 8.3.1 中定义的函数. 此外, 对 $0 < \mu < \mu' < \omega$ 和 $l = 0, 1, 2, \cdots$,

$$\left| D_z^l H_b(z, \bar{\xi}) \right| \lesssim \frac{C_{\mu'} l!}{\delta^l(\mu, \mu') \left| 1 - z\bar{\xi}' \right|^{n+l+s}}, \quad z\bar{\xi}' \in H_\mu,$$

其中　$\delta(\mu, \mu') = \min \left\{ \dfrac{1}{2}, \tan(\mu' - \mu) \right\}$, $C_{\mu'}$ 是函数空间 $H^s(S_\omega)$ 的定义中的常数.

证明　我们知道

$$\begin{cases} \varphi_b(z) = \displaystyle\sum_{k=1}^{\infty} b(k) z^k, \\ r^{n-1}\varphi_b(r) = \displaystyle\sum_{k=1}^{\infty} b(k) r^{n+k-1}, \end{cases}$$

则有

$$\begin{aligned} \frac{1}{(n-1)!} \left(r^{n-1}\varphi_b(r) \right)^{(n-1)} &= \frac{1}{(n-1)!} \sum_{k=1}^{\infty} b(k)(n+k-1)(n+k-2)\cdots(k+1) r^k \\ &= \sum_{k=1}^{\infty} b(k) r^k \frac{(n+k-1)!}{(n-1)!k!} \\ &= \sum_{k=1}^{\infty} \frac{(n+k-1)(n+k-2)(n+1)n}{k!} b(k) r^k, \end{aligned}$$

因此,

$$\begin{aligned} \frac{1}{(n-1)!} \left(r^{n-1}\varphi_b(r) \right)^{(n-1)} \Big|_{r=z\bar{\xi}'} &= \sum_{k=1}^{\infty} b(k) \frac{(n+k-1)(n+k-2)(n+1)n}{k!} (z\bar{\xi}')^k \\ &= \omega_{2n-1} \sum_{k=1}^{\infty} b(k) \sum_{v=1}^{N_k} p_v^k(z) \overline{p_v^k(\xi)} \\ &= \omega_{2n-1} H_b(z, \bar{\xi}). \end{aligned} \qquad \square$$

根据文献 [68] 中的定理 3, 我们可以得到如下结果.

定理 8.3.2 令 s 是一个负整数. 如果 $b \in H^s(S_{\omega,\pm})$,

$$H_b(z,\xi) = \sum_{k=1}^{\infty} b(k) \sum_{v=1}^{N_k} p_v^k(z) p_\mu^l(\xi), \quad z \in \mathbb{B}, \quad \xi \in \partial\mathbb{B}_n,$$

则

$$\left| D_z^l H_b(z,\bar{\xi}) \right| \lesssim \frac{C_\mu l! \left[|\ln|1 - z\bar{\xi}'|| + 1 \right]}{\delta^l(\mu,\mu')|1 - z\bar{\xi}'|^{n+l+s}}.$$

证明 证明类似于定理 8.3.1. 我们略去细节. □

给定 $b \in H^s(S_\omega)$. 我们定义 Fourier 乘子算子 $M_b : \mathcal{A} \to \mathcal{A}$ 为

$$M_b(f)(\xi) = \sum_{k=1}^{\infty} b(k) \sum_{v=0}^{N_k} c_{kv} p_v^k(\xi), \quad \xi \in \partial\mathbb{B}_n,$$

其中 $\{c_{kv}\}$ 是试验函数 $f \in \mathcal{A}$ 的 Fourier 系数.

对上边的算子 M_b, 有一个 Plemelj 型公式成立.

定理 8.3.3 令 $b \in H^s(S_\omega), s > 0$. 取 $b_1(z) = z^{-s_1} b(z)$, 其中 $s_1 = [s] + 1$. 算子 M_b 有奇异积分表示. 对 $f \in \mathcal{A}$,

$$M_b(f)(\xi) = \lim_{\varepsilon \to 0} \left[\int_{S^c(\xi,\varepsilon)} H_{b_1}(\xi,\bar{\eta}) D_\eta^{s_1} f(\eta) d\sigma(\eta) + (D_z^{s_1} f)(\xi) \int_{S^c(\xi,\varepsilon)} H_{b_1}(\xi,\bar{\eta}) d\sigma(\eta) \right],$$

其中 $\int_{S(\xi,\varepsilon)} H_{b_1}(\xi,\bar{\eta}) d\sigma(\eta)$ 是 $\xi \in \partial\mathbb{B}_n$ 和 ε 的有界函数.

证明 令

$$M_b(f)(\rho\xi) = \sum_{k=1}^{\infty} b(k) \sum_{v=1}^{N_k} c_{kv} p_v^k(\rho\xi), \quad \xi \in \partial\mathbb{B}_n,$$

其中

$$c_{kv} = \int_{\partial B} \overline{p_v^k(\eta)} f(\eta) d\sigma(\eta).$$

可以看到

$$\begin{aligned}
D_z z^{[l]} &= \sqrt{\frac{l!}{l_1! l_2! \cdots l_n!}} \sum_{k=1}^{n} z_k \frac{\partial}{\partial z_k} \left(z_1^{l_1} z_2^{l_2} \cdots z_n^{l_n} \right) \\
&= \sqrt{\frac{l!}{l_1! l_2! \cdots l_n!}} \sum_{k=1}^{n} z_k l_k z_1^{l_1} z_2^{l_2} \cdots z_{k-1}^{l_{k-1}} z_k^{l_k-1} z_{k+1}^{l_{k+1}} \cdots z_n^{l_n} \\
&= \sqrt{\frac{l!}{l_1! l_2! \cdots l_n!}} \left(\sum_{k=1}^{n} l_k \right) z_1^{l_1} z_2^{l_2} \cdots z_n^{l_n} \\
&= l z^{[l]},
\end{aligned}$$

这就表明　$D_z p_v^k = k p_v^k$, 则有

$$
\begin{aligned}
M_b(f)(\rho\xi) &= \sum_{k=1}^{\infty} b(k) \sum_{v=1}^{N_k} \int_{\partial B} p_v^k(\rho\xi) \overline{p_v^k(\eta)} f(\eta) d\sigma(\eta) \\
&= \sum_{k=1}^{\infty} b(k) \frac{1}{k^{s_1}} \sum_{v=1}^{N_k} \int_{\partial B} p_v^k(\rho\xi) k^{s_1} \overline{p_v^k(\eta)} f(\eta) d\sigma(\eta) \\
&= \sum_{k=1}^{\infty} b(k) \frac{1}{k^{s_1}} \sum_{v=1}^{N_k} \int_{\partial B} p_v^k(\rho\xi) D_\eta^{s_1} \overline{p_v^k(\eta)} f(\eta) d\sigma(\eta).
\end{aligned}
$$

由分部积分,

$$
\begin{aligned}
M_b(f)(\rho\xi) &= \sum_{k=1}^{\infty} b(k) \frac{1}{k^{s_1}} \sum_{v=1}^{N_k} \int_{\partial B} p_v^k(\rho\xi) \overline{p_v^k(\eta)} (D_\eta^{s_1} f)(\eta) d\sigma(\eta) \\
&= \sum_{k=1}^{\infty} b_1(k) \sum_{v=1}^{N_k} \int_{\partial B} p_v^k(\rho\xi) \overline{p_v^k(\eta)} (D_\eta^{s_1} f)(\eta) d\sigma(\eta).
\end{aligned}
$$

对任意的　$\varepsilon > 0$, 有

$$
\begin{aligned}
M_b(f)(\rho\xi) &= \int_{S^c(\xi,\varepsilon)} H_{b_1}(\rho\xi, \bar\eta) D_\eta^{s_1} f(\eta) d\sigma(\eta) \\
&\quad + \int_{S(\xi,\varepsilon)} H_{b_1}(\rho\xi, \bar\eta)(-D_\xi^{s_1} f(\xi) + D_\eta^{s_1} f(\eta)) d\sigma(\eta) \\
&\quad + D_\xi^{s_1} f(\xi) \int_{S(\xi,\varepsilon)} H_{b_1}(\rho\xi, \bar\eta) d\sigma(\eta) \\
&=: I_1(\rho, \varepsilon) + I_2(\rho, \varepsilon) + D_\xi^{s_1} f(\xi) I_3(\rho, \varepsilon),
\end{aligned}
$$

其中

$$
\begin{aligned}
I_1(\rho, \varepsilon) &= \int_{S^c(\xi,\varepsilon)} H_{b_1}(\rho\xi, \bar\eta) D_\eta^{s_1} f(\eta) d\sigma(\eta), \\
I_2(\rho, \varepsilon) &= \int_{S(\xi,\varepsilon)} H_{b_1}(\rho\xi, \bar\eta)(-D_\xi^{s_1} f(\xi) + D_\eta^{s_1} f(\eta)) d\sigma(\eta), \\
I_3(\rho, \varepsilon) &= \int_{S(\xi,\varepsilon)} H_{b_1}(\rho\xi, \bar\eta) d\sigma(\eta).
\end{aligned}
$$

对　$\rho \to 1 - 0$, 有

$$
\begin{aligned}
\lim_{\rho\to1-0} I_1(\rho, \varepsilon) &= \lim_{\rho\to1-0} \int_{S^c(\xi,\varepsilon)} H_{b_1}(\rho\xi, \bar\eta) D_\eta^{s_1} f(\eta) d\sigma(\eta) \\
&= \int_{S^c(\xi,\varepsilon)} H_{b_1}(\xi, \bar\eta) D_\eta^{s_1} f(\eta) d\sigma(\eta).
\end{aligned}
$$

现在考虑 $I_2(\rho, \varepsilon)$. 令 $\xi = [1, 0, \cdots, 0]$. 对 $\eta \in \partial\mathbb{B}_n$, 记

$$\begin{cases} \eta_1 = re^{i\theta}, \eta_2 = v_2, \eta_3 = v_3, \cdots, \eta_n = v_n, \\ v = [v_2, v_3, \cdots, v_n]. \end{cases}$$

对这样的 $\eta \in \partial\mathbb{B}_n$, $v\bar{v}' = 1 - r^2$. 不失一般性, 假定 $\xi = 1$. 我们得到

$$|1 - \xi\bar{\eta}'|^{1/2} = |1 - re^{i\theta}|^{1/2} = [(1 - r\cos\theta)^2 + (r\sin\theta)^2]^{1/4} \leqslant \varepsilon,$$

这就表明

$$\cos\theta \geqslant \frac{1 + r^2 - \varepsilon^4}{2r}.$$

上述估计表明

$$S(\xi, \varepsilon) = \left\{ \eta \mid v\bar{v}' = 1 - r^2, \cos\theta \geqslant \frac{1 + r^2 - \varepsilon^4}{2r} \right\}.$$

因为

$$\frac{1 + r^2 - \varepsilon^4}{2r} \leqslant \cos\theta \leqslant 1,$$

我们得到 $1 - r \leqslant \varepsilon^2$ 且

$$v\bar{v}' = 1 - r^2 \leqslant 1 - (1 - \varepsilon^2)^2 = 2\varepsilon^2 - \varepsilon^4.$$

记

$$a = a(r, \varepsilon) = \arccos\left(\frac{1 + r^2 - \varepsilon^4}{2r}\right).$$

因为 $(1 - r)^2 \leqslant \varepsilon^4$ 和 $1 - y = O(\arccos^2 y)$, 我们得到 $a = O(\varepsilon^2)$. 容易看到

$$\begin{aligned} |\xi - \eta|^2 &= |1 - re^{i\theta}|^2 + \sum_{k=2}^{n} |v_k|^2 \\ &= (1 + r^2 - 2r\cos\theta) + (1 - r^2) \\ &= 2 - 2r\cos\theta \end{aligned}$$

和

$$\begin{aligned} d^4(\xi, \eta) &= 1 + r^2 - 2r\cos\theta \\ &= (2 - 2r\cos\theta) - (1 - r^2) \\ &= |\xi - \eta|^2 - (1 + r)(1 - r), \end{aligned}$$

也就是, $d^2(\xi, \eta) \leqslant |\xi - \eta|$. 因为

$$d^2(\xi, \eta) = [1 + r^2 - 2r\cos\theta]^{1/2} \geqslant 1 - r,$$

则有 $1 - r \leqslant d^2(\xi, \eta)$, 因此

$$|\xi - \eta|^2 \leqslant d^4(\xi, \eta) + (1 + r)d^2(\xi, \eta).$$

因为 $d^2(\xi, \eta) \leqslant 2$, 则

$$|\xi - \eta|^2 \leqslant 2d^2(\xi, \eta) + 2d^2(\xi, \eta) = 4d^2(\xi, \eta),$$

也就是

$$|\xi - \eta| \leqslant 2d(\xi, \eta).$$

因为 $f \in \mathcal{A}$, 我们有

$$|f(\xi) - f(\eta)| \lesssim |\xi - \eta| \lesssim d(\xi, \eta).$$

对 $\rho \in (0, 1)$

$$
\begin{aligned}
|I_2(\rho, \varepsilon)| &\lesssim \int_{S(\xi, \varepsilon)} |H_{b_1}(\rho\xi, \bar{\eta})| \, |f(\xi) - f(\eta)| \, d\sigma(\eta) \\
&\lesssim \int_{S(\xi, \varepsilon)} \frac{d(\xi, \eta)}{|1 - \xi\bar{\eta}'|^n} d\sigma(\eta) \\
&\lesssim \int_{v\bar{v}' \leqslant 2\varepsilon^2 - \varepsilon^4} \int_{-a}^{a} \frac{1}{|1 - re^{i\theta}|^{n-1/2}} d\theta dv.
\end{aligned}
$$

对 $n = 2$,

$$
\begin{aligned}
\frac{1}{2a} \int_{-a}^{a} \frac{1}{|1 - re^{i\theta}|^{2-1/2}} d\theta &\leqslant \left(\frac{1}{2a} \int_{-a}^{a} \frac{1}{|1 - re^{i\theta}|^2} d\theta \right)^{3/4} \\
&\leqslant \left(\frac{1}{2a} \int_{-\pi}^{\pi} \frac{1}{|1 - re^{i\theta}|^2} d\theta \right)^{3/4} \\
&\leqslant \left(\frac{1}{2a} \right)^{3/4} \frac{1}{(1 - r^2)^{3/4}}.
\end{aligned}
$$

则得到

$$
\begin{aligned}
|I_2(\rho,\varepsilon)| &\lesssim \int_{v\bar{v}'\leqslant 2\varepsilon^2-\varepsilon^4} a^{1/4}\frac{1}{(1-r^2)^{3/4}}dv \\
&\lesssim \varepsilon^{1/2}\int_{v\bar{v}'\leqslant 2\varepsilon^2-\varepsilon^4}\frac{1}{(v\bar{v}')^{3/4}}dv \\
&=\varepsilon^{1/2}\int_0^{\sqrt{2\varepsilon^2-\varepsilon^4}}\frac{t}{t^{3/2}}dt \\
&\lesssim \varepsilon \to 0,
\end{aligned}
$$

对 $n>2$, 有

$$
\begin{aligned}
\int_{-a}^{a}\frac{1}{|1-re^{i\theta}|^{n-1/2}}d\theta &\lesssim \int_{-a}^{a}\frac{|1-r^2|^{n-1/2-2}}{|1-re^{i\theta}|^{n-1/2}}\frac{1}{|1-r^2|^{n-1/2-2}}d\theta \\
&\lesssim \frac{1}{|1-r^2|^{n-1/2-1}}\int_{-\pi}^{\pi}\frac{1}{|1-re^{i\theta}|^2}d\theta \\
&\sim \frac{1}{|1-r^2|^{n-1/2-1}},
\end{aligned}
$$

则得到

$$
|I_2(\rho,\varepsilon)|\lesssim \int_0^{\sqrt{2\varepsilon^2-\varepsilon^4}}t^{2n-3}\frac{1}{t^{2n-3}}dt \lesssim \sqrt{2\varepsilon^2}\to 0.
$$

现在证明如果 $\rho\to 1-0$, $I_3(\rho,\varepsilon)$ 有对接近 0 的 ε 一致有界的极限. 和前边一样积分, 有

$$
\begin{aligned}
I_3(\rho,\varepsilon) &= \int_{S(\xi,\varepsilon)}H_{b_1}(\rho\xi,\bar{\eta})d\sigma(\eta) \\
&= \int_{v\bar{v}'\leqslant 2\varepsilon^2-\varepsilon^4}\int_{-a}^{a}\left.\left(t^{n-1}\varphi_{b_1}(t)\right)^{(n-1)}\right|_{t=\rho re^{i\theta}}d\theta dv.
\end{aligned}
$$

令 $s=\rho re^{i\theta}$. 则 $ds=isd\theta$. 我们得到

$$
I_3(\rho,\varepsilon) = -i\int_{v\bar{v}'\leqslant 2\varepsilon^2-\varepsilon^4}\int_{\rho re^{-ia}}^{\rho re^{ia}}\left(s^{n-1}\varphi_{b_1}(s)\right)^{(n-1)}dsdv.
$$

根据分部积分, 对变量 t 的内积分变为

$$
\begin{aligned}
&\int_{-a}^{a}\left.\left(t^{n-1}\varphi_{b_1}(t)\right)^{(n-1)}\right|_{t=\rho re^{i\theta}}d\theta \\
&= \left[\sum_{k=1}^{n-1}(k-1)!\frac{\left(t^{n-1}\varphi_{b_1}(t)\right)^{(n-k-1)}}{t^k}\right]\Bigg|_{\rho re^{-ia}}^{\rho re^{ia}} + (n-1)!\int_{\rho re^{-ia}}^{\rho re^{ia}}\frac{\varphi_{b_1}(t)}{t}dt \\
&= \sum_{k=1}^{n-1}[J_k(t)]_{\rho re^{-ia}}^{\rho re^{ia}} + L(r,a).
\end{aligned}
$$

首先估计 J_k,

$$\int_{v\bar{v}' \leqslant 2\varepsilon^2 - \varepsilon^4} J_k\left(\rho r e^{\pm ia}\right) dv$$

$$\lesssim \int_{v\bar{v}' \leqslant 2\varepsilon^2 - \varepsilon^4} (k-1)! \frac{\left(\rho r e^{\pm ia}\right)^k}{\left(\rho r e^{\pm ia}\right)^k} \frac{1}{|1 - \rho r e^{\pm ia}|^{n-k}} dv$$

$$\lesssim \int_{v\bar{v}' \leqslant 2\varepsilon^2 - \varepsilon^4} \frac{1}{|1 - \rho r e^{\pm ia}|^{n-k}} dv.$$

因为 $\left|1 - \rho r e^{\pm ia}\right|^2 = 1 + \rho^2 r^2 - 2\rho r \cos a$,

$$\left|1 - \rho r e^{\pm ia}\right|^2 - \left|1 - r e^{\pm ia}\right|^2 = \rho^2 r^2 - 2\rho r \cos a - (r^2 - 2r \cos a)$$

$$= r^2(\rho^2 - 1) + 2r \cos a(1 - \rho).$$

因为 $\cos a = \dfrac{1 + r^2 - \varepsilon^4}{2r}$, 我们有

$$\left|1 - \rho r e^{\pm ia}\right|^2 - \left|1 - r e^{\pm ia}\right|^2 = r^2(\rho^2 - 1) + (1 + r^2 - \varepsilon^4)(1 - \rho)$$

$$= (1 - \rho)[1 + r^2 - \varepsilon^4 - (1 + \rho)r^2]$$

$$= (1 - \rho)(1 - \rho r^2 - \varepsilon^4) > 0.$$

所以

$$\left|1 - \rho r e^{\pm ia}\right| \geqslant \left|1 - r e^{\pm ia}\right| = \varepsilon^2.$$

对 k, 当 $\varepsilon \to 0$, 我们得到

$$\int_{v\bar{v}' \leqslant 2\varepsilon^2 - \varepsilon^4} J_k\left(\rho r e^{\pm ia}\right) dv \lesssim \frac{1}{\varepsilon^{2n-2k}} \int_{v\bar{v}' \leqslant 2\varepsilon^2 - \varepsilon^4} dv$$

$$\lesssim \frac{1}{\varepsilon^{2n-2k}} \int_0^{\sqrt{2\varepsilon^2 - \varepsilon^4}} t^{2n-3} dt$$

$$\lesssim \frac{\varepsilon^{2n-2}}{\varepsilon^{2n-2k}} \lesssim 1.$$

另一方面,

$$(n-1)! \int_{\rho r e^{-ia}}^{\rho r e^{ia}} \frac{\varphi_{b_1}(t)}{t} dt = i(n-1)! \int_{-a}^{a} \varphi_{b_1}(t)\big|_{t=\rho r e^{i\theta}} d\theta$$

$$\lesssim 1 \quad (\rho \to 0)$$

表明

$$\int_{v\bar{v}' \leqslant 2\varepsilon^2 - \varepsilon^4} L(\rho r, a) dv. \qquad \qquad \square$$

8.4 Fourier 乘子和球面上的 Sobolev 空间

n-复单位球面 $\partial\mathbb{B}_n$ 上的 Sobolev 空间定义如下. 我们定义 $\partial\mathbb{B}_n$ 上的分数次积分算子 $\mathcal{I}^s$ 如下. 令

$$f(z) = \sum_{k=0}^{\infty} \sum_{v=0}^{N_k} c_{kv} p_v^k(z).$$

对 $-\infty < s < \infty$, 算子 $\mathcal{I}^s$ 定义为

$$\mathcal{I}^s f(z) = \sum_{k=0}^{\infty} \sum_{v=0}^{N_k} k^s c_{kv} p_v^k(z).$$

对 $s \in \mathbb{Z}_+$, 我们看到算子 $\mathcal{I}^s$ 变为高阶常微分算子.

定理 8.4.1 令 $s \in \mathbb{Z}_+$. 在 $L^2(\partial\mathbb{B}_n)$ 上 $D_z^s = \mathcal{I}^s$.

证明 不失一般性, 假定 $f \in \mathcal{A}$, 则

$$f(z) = \sum_{k=0}^{\infty} \sum_{v=0}^{N_k} c_{kv} p_v^k(z),$$

其中 c_{kv} 是 f 的 Fourier 系数:

$$c_{kv} = \int_{\partial\mathbb{B}_n} \overline{p_v^k(\xi)} f(\xi) d\sigma(\xi).$$

所以

$$D_z^s f(z) = \sum_{k=0}^{\infty} \sum_{v=0}^{N_k} \int_{\partial\mathbb{B}_n} \overline{p_v^k(\xi)} f(\xi) d\sigma(\xi) D_z^s(p_v^k)(z)$$

$$= \sum_{k=0}^{\infty} k^s \sum_{v=0}^{N_k} \int_{\partial\mathbb{B}_n} \overline{p_v^k(\xi)} f(\xi) d\sigma(\xi) p_v^k(z). \qquad \square$$

定义 8.4.1 令 $s \in [0, +\infty)$. $\partial\mathbb{B}_n$ 上的 Sobolev 范数 $\|\cdot\|_{W^{2,s}(\partial\mathbb{B}_n)}$ 定义为

$$\|f\|_{W^{2,s}(\partial\mathbb{B}_n)} =: \|\mathcal{I}^s f\|_2 < \infty.$$

$\partial\mathbb{B}_n$ 上的 Sobolev 空间定义为 $\mathcal{A}$ 在范数 $\|\cdot\|_{W^{2,s}(\partial\mathbb{B}_n)}$ 下的闭包, 即 $W^{2,s}(\partial\mathbb{B}_n) = \overline{\mathcal{A}}^{\|\cdot\|_{W^{2,s}(\partial\mathbb{B}_n)}}$.

注 8.4.1 根据 Plancherel 定理, $f \in W^{2,s}(\partial\mathbb{B}_n)$ 当且仅当

$$\left(\sum_{k=1}^{\infty} k^{2s} \sum_{v=0}^{N_k} |c_{kv}|^2 \right)^{1/2} < \infty.$$

现在考虑 M_b 在 Sobolev 空间上的有界性.

定理 8.4.2　给定 $r, s \in [0, +\infty)$ 和 $b \in H^s(S_\omega)$. Fourier 乘子算子 M_b 是从 $W^{2,r+s}(\partial \mathbb{B}_n)$ 到 $W^{2,r}(\partial \mathbb{B}_n)$ 有界的.

证明　记

$$\mathcal{I}^s f(z) = \sum_{k=0}^{\infty} \sum_{v=0}^{N_k} c_{kv}^s p_v^k(z).$$

根据 $\{p_v^k\}$ 的正交性, 我们看到 $c_{kv}^s = k^s c_{kv}$. 令 $b(z) = z^{-s} b(z)$. 因为 $b \in H^s(S_\omega)$, 我们有 $b_1 \in H^\infty(S_\omega)$. 这就表明

$$\begin{aligned}
\mathcal{I}^r(M_b(f))(\xi) &= \sum_{k=1}^{\infty} b(k) k^r \sum_{v=0}^{N_k} c_{kv} p_v^k(\xi) \\
&= \sum_{k=1}^{\infty} b_1(k) k^{r+s} \sum_{v=0}^{N_k} c_{kv} p_v^k(\xi) \\
&= M_{b_1}(\mathcal{I}^{r+s} f)(\xi).
\end{aligned}$$

最终, 根据定理 8.2.4, 我们看到

$$\begin{aligned}
\|M_b(f)\|_{W^{2,r}} &= \|\mathcal{I}^r(M_b(f))\|_2 \\
&= \|M_{b_1}(\mathcal{I}^{r+s} f)\|_2 \\
&\leqslant C\|\mathcal{I}^{r+s} f\|_2.
\end{aligned}$$

这就完成了定理 8.4.2 的证明.　　　　　　　　　　　　　　　　　　　$\Box$

参 考 文 献

[1] Ahlfors L V. Möbius transforms and Clifford numbers//H E Rauck. Differential Geometry and Complex Analysis: H. E. Rauch. Memorial Volume Chavel I, Farkas M, ed. Berlin-Heidelberg, New York: Springer-Verlag, 1985: 65–73.

[2] Aoki T. Calcul exponentiel des opérateurs microdifferentiels d'ordre infini. I. Ann. Inst. Fourier (Grenoble), 1983, 33: 227–250.

[3] Axelsson A, Kou K, Qian T. Hilbert transforms and the Cauchy integral in Euclidean space. Stud. Math., 2009, 193: 161–187.

[4] Baernstein A II. Ahlfors and conformal invariants. Ann. Acad. Sci. Fenn. Ser. Math., 1988, 31: 289–312.

[5] Brackx F, Delanghe R, Sommen F. Clifford Analysis. Research Notes in Mathematics, 76. Boston, London, Melbourne: Pitman Advanced Publishing Company, 1982.

[6] Brackx F, Knock De B, Schepper De H, et al. On the interplay between the Hilbert transform and conjugate harmonuc functions. Math. Method Appl. Sci. 2006, 29: 1435–1450.

[7] Brackx F, Schepper De H. Conjugate harmonic functions in Euclidean space: a spherical approach. Comput. Method Funct. Theory, 2006, 6: 165–182.

[8] Brackx F, Schepper De H, Eelbode D. A new Hilbert transform on the unit sphere in $\mathbb{R}^m$. Complex Vari. Elliptic Equ. 2006, 51: 453–462.

[9] Brackx F, Acker van N. A conjugate Poisson kernel in Euclidean space. Simon Stevin, 1993, 67: 3–14.

[10] Calderón C P. Cauchy integrals on Lipschitz curves and related operators. Proc. Nat. Acad. Sc. USA, 1977, 74: 1324–1327.

[11] Coifman R, Jones P, Semmes S. Two elementary proofs of the L^2 boundedness of Cauchy integrals on Lipschitz curves. J. Amer. Math. Soc., 1989, 2: 553–564.

[12] Coifman R, McIntosh A, Meyer Y. L'integral de Cauchy définit un opérateur borné sur L^2 pour les courbes Lipschitziennes. Ann. Math. 1982, 116: 361–387.

[13] Coifman R, Meyer Y. Au-delá des opérateurs pesudo-différentiels. Astérisque, 57, Sociate Mathématique de France, 1978.

[14] Coifman R, Meyer Y. Fourier analysis of multilinear convolutions, Calderón's theorem, and analysis on Lipschitz curves. Lecture Notes in Mathematica, 779, 104–122, Berlin: Springer-Verlag, 1980.

[15] Cowling M, Doust I, McIntosh A, et al. Bacach space operators with H_∞ functional calculus. J. Austral. Math. Soc. Ser. A, 1996, 60: 51–89.

[16] Cowling M, Gaudry G, Qian T. A note on martingales with respect to complex measures. Miniconference on Operators in Analysis, Macquare University, September 1989, Proceedings of the Center for Mathematical Analysis, Australian National University,

1989, 24:10–27.

[17] Cowling M, Qian T. A class of singular integrals on the n-complex unit sphene, Scientia Sinica (Sevies A), Vol 42, No 12 (December 1999), 1233–1245.

[18] Dahlberg B. Poisson semigroups and singular integrals. Proc. Amer. Math. Soc., 1986, 97: 41–48.

[19] David, G. Opérateurs intégraux singuliers sur certains courbes du plan complexe. Ann. Sci. École Norm. Sup., 1984, 17: 157–189.

[20] David G. Wavelets, Calderón-Zygmund operators, and singular integrals on curves and surfaces. Proceedings of the Special Year on Harmonic Analysis at Nankai Institute of Mathematics, Tanjin, China, Lecture Notes in Mathematics, Springer-Verlag, Berlin.

[21] David G, Journé J-L. A boundedness criterion for generalized Calderón-Zygmund operators. Ann. Math., 1984, 120: 371–397.

[22] David G, Journé J-L, Semmes S. Opérateurs de Calderón-Zygmund, fonctions para-accrétives et interpolation. Rev. Mat. Iberoam. 1985, 1: 1–56.

[23] Delangle R, Sommen F, Soucek V. Clifford Algebras and Spinor Valued Functions: A Function Theory for Dirac Operator. Dordrecht: Kluwer, 1992.

[24] Edwards R, Gaudry G. Littlewood-Paley and Multiplier Theory. Berlin-Heigelberg, New York: Springer-Verlag, 1977.

[25] Eelobde D. Clifford analysis on the hyperbolic unit ball. PhD-thesis, Ghent, Belgium, 2005.

[26] Eelbode D, Sommen F. The photogenic Cauchy transform. J. Geom. Phys., 2005, 54: 339–354.

[27] Fabes E, Jodeit M, Riviére N. Potential techniques for boundary value problems on C^1 domains. Acta Math., 1978, 141: 165–186.

[28] Garsla A. Martingale Inequalities. New York: W. A. Benjamin, Inc., 1973.

[29] Gaudry G, Qian T. Homogeneous even kernels on surfaces. Math. Z., 1994, 216: 169–177.

[30] Gaudry G, Qian T, Wang S. Boundedness of singular integral operators with holomorphic kernels on star-shaped Lipschitz curves. Colloq. Math., 1996, 70 : 133–150.

[31] Gaudry G, Long R, Qian T. A martingale proof of L^2-boundedness of Clifford-valued singular integrals. Ann. Math. Pura Appl., 1993, 165: 369–394.

[32] Gilbert J-E, Murray M. H^p-Theory on Euclidean space and the Dirac operator. Rev. Mat. Iberoam. 1988, 4: 253–289.

[33] Gilbert J-E, Murray M. Clifford Algebra and Dirac Operator in Harmonic Analysis. Cambridge: Cambridge University Press, 1991.

[34] Gong S. Integrals of Cauchy type on the ball. Monographs in Analysis. Hong Kong: International Press, 1993.

[35] Hua L. Harmonic analysis of several complex in the classical domains. Amer. Math.

Soc. Transl. Math. Monograph, 6, 1963.

[36] 华罗庚. 从单位圆谈起. 北京: 科学出版社, 1977.

[37] Iftimie V. Functions hypercomplexs. Bull. Math. Soc. Sci. Math. R. S. Roumanie(N. S.), 1965, 9: 279–332.

[38] Jerison D, Kenig C. Hardy spaces, A_∞, a singular integrals on chord-arc domains. Math. Scand., 1982, 50: 221–247.

[39] Journe J-L. Calderón-Zygmund operators, Pseudo-Differential operators and the Cauchy integral of Calderón. Lecture Notes in Mathematics, 994, Berlin: Springer-Verlag, 1984.

[40] Kenig C. Weighted H^p spaces on Lipschitz domains. Amer. J. Math. 1980, 102: 129–163.

[41] Kenig C. Harmonic Analysis Techniques for Second Order Elliptic Boundary Value Problems. Conference Board of the Mathematics, CBMS, Regional Conference Series in Mathematics, 83, 1994.

[42] Khavinson D. A Remark on a paper of T. Qian. Complex Var. 1997, 32: 341–343.

[43] Kokilashvili V-M, Kufner A. Fractional integrals on spaces of homogeneous type. Comm. Math. Univ. Carolinae, 1989, 30: 511–523.

[44] Korányi A, Vagi S. Singular integrals in homogeneous spaces and some problems of classical analysis. Ann. Scuola Normale Superiore Pisa, 1971, 25: 575.

[45] Kou K, Qian T, Sommen F. Generalizations of Fueter's theorem. Method Appl. Anal. 2002, 9: 273–290.

[46] Lancker P-V. Clifford Analysis on the Sphere. Ph. D. thesis, Ghent University, 1996.

[47] Li C, McIntosh A, Qian T. Clifford algebras, Fourier transforms, and singular convolution operators on Lipschitz surfaces. Rev. Mat. Iberoam. 1994, 10: 665–721.

[48] Li C, McIntosh A, Semmes S. Convolution singular integrals on Lipschitz surfaces. J. Amer. Math. Soc., 1992, 5: 455–481.

[49] Li P, Leong I, Qian T. A class of Fourier multipliers on starlike Lipschitz surfaces. J. Funct. Anal., 2011, 261: 1415–1445.

[50] Li P, Qian T. Unbounded holomorphic Fourier multipliers on starlike Lipschitz surfaces in the quaternionic space and applications, Nonlinear Analysis TMA, 2014, 95: 436–449.

[51] Li P, Lv J, Qian T. A class of unbouned Fourier multipliers on the unit complex ball, Abstract and Applied Analysis, 2014 Article ID 602121, 8 pages.

[52] Long R, Qian T. Clifford martingale Φ-equivalence between $S(f)$ and f^*. Adv. Appl. Clifford Algebras, 1998, 8: 95–107.

[53] McIntosh A. Operators which have an H_∞-functional calculus. Miniconference on Operator Theory and Partial Differential Equations, 1986, Proceedings of the Center for Mathematical Analysis, ANU, Canberra, 14, 1986.

[54] McIntosh A. Clifford algebras and the higher dimensional Cauchy integral. Approxi-
      mation Theory and Function Spaces, Banach Center Publ., PWN, Warsaw, 1989, 22:
      253–267.

[55] McIntosh A. Clifford alegbras, Fourier theory, singular integrals, and harmonic func-
      tions on Lipschitz domains.//Ryan, ed. Clifford Algebras in Analysis and Related
      Topics. Studies in Advanced Mathematics Series, Boca Raton: CRC Press, 1996: 33–
      87.

[56] McIntosh A, Qian T. Fourier theory on Lipschitz curves. Minicoference on Harmonic
      Analysis, 1987, Proceedings of the Center for Mathematical Analysis, ANU, Canberra,
      1987, 15: 157–166.

[57] McIntosh A, Qian T. L^p Fourier multipliers along Lipschitz curves. Transactions of
      the American Mathematical Society, Vol 333, Number 1, September (1992), 157–176.

[58] McIntosh A, Qian T. Convolution singular integral operators on Lipschitz curves.
      Lecture Notes In Math. 1494, Springer, 1991: 142–162.

[59] McIntosh A, Qian T. A note on singular integrals with holomorphic kernels. Approx.
      Theory Appl, 1990, 6: 40–57.

[60] McIntosh A, Yagi A. Operators of type ω without a bounded H_∞functional calculus.
      Miniconference on Operators in Analysis, 1989, Proc. of the Center for Math. Anal.,
      Australian Nat. Univ., 1989, 24: 159–172.

[61] Meyer Y. Ondelettes et opérateurs. II: Opérateurs de Calderón-Zygmund. Pairs: Her-
      mann, 1990.

[62] Mitrea M. Clifford Wavelets, Singular Integrals, and Hardy Spaces. Lecture Notes in
      Mathematics 1575, Berlin/New York: Springer-Verlag, 1994.

[63] Murray M. The Cauchy integral, Calderón commutators and conjugations of singular
      integrals in $\mathbb{R}^m$. Trans. Amer. Math. Soc., 1985, 289: 497–518.

[64] Pommerenke Ch. Boundary Behavior of Conformal Maps. New York: Springer-Verlag,
      1992.

[65] Peetre J. On convolution operators leaving $L^{p,\lambda}$ invariant. Ann. Mat. Pura Appl.,
      1966, 72: 295–304.

[66] Peeter J, Qian T. Möbious covariance of iterated Dirac operators. J. Austral. Math.
      Soc., 1994, 56: 1–12.

[67] Qian T. Singular integrals with holomorphic kernels and $H^\infty-$Fourier multipliers on
      star-shaped Lipschitz curves. Studia Math., 1997, 123: 195–216.

[68] Qian T. A holomorphic extension result. Complex Var, 1996, 32: 58–77.

[69] Qian T. Singular integrals with monogenic kernels on the m-torus and their Lipschitz
      perturbations//Ryan J, ed. Clifford Algebras in Analysis and Related Topics. Studies
      in Advanced Mathematics Series, 94-108, CRC Press, Boca Raton, 1996.

[70] Qian T. Transference between infinite Lipschitz graphs and periodic Lipschitz

graphs//Proceeding of the Center for Mathematics and Its Applications, ANU, 1994, 33: 189–194.

[71] Qian T. Singular integrals on star-shaped Lipschitz surfaces in the quaternionic spaces. Math. Ann., 1998, 310: 601–630.

[72] Qian T. Generalization of Fueter's result to $\mathbb{R}^{n+1}$. Rend. Mat. Acc. Lincei, 1997, 8: 111–117.

[73] Qian T. Fourier analysis on starlike Lipschitz surfaces. J. Funct. Anal., 2001, 183: 370–412.

[74] Qian T. Fueter mapping theorem in hypercomplex analysis. Springer References: General Aspects of Quaternionic and Clifford Analysis, Operator Theory, 2014.

[75] Qian T, Ryan J. Conformal transformations and Hardy spaces arising in Cliffors Analysis. J. Operator Theory, 1996, 35: 349–372.

[76] Qian T, Yang Y. Hilbert Transforms on the sphere with the Clifford algebra setting. J. Fourier Anal. Appl., 2009, 15: 753–774.

[77] Rinehart R. Elements of a theory of intrinsic functions on algebras. Duke Math. J., 1965, 32: 1–19.

[78] Rudin W. Function Theory in the Unit Ball of $\mathbb{C}^n$, New York, Springer-Verlag, 1980.

[79] Ryan J. Plemelj formula and transformations associated to plane wave decomposition in complex Clifford analysis. Proc. London Math. Soc., 1992, 60: 70–94.

[80] Ryan J. Some application of conformal covariance in Clifford analysis//Ryan, ed. Clifford Algebras in Analysis and Related Topics. 128–155, Boca Raton: CRC Press, 1996.

[81] Ryan J. Dirac operators, conformal transformations and aspects of classical harmonic analysis. J. Lie Theory, 1998, 8: 67–82.

[82] Sce M. Osservazioni sulle serie di potenze nei moduli quadratici. Atti Acc. Lincei Rend. Fis., 1957, 8: 220–225.

[83] Semmens S. A criterion for the boundedness of singular integrals on hypersurfaces. Trans. Amer. Math. Soc., 1989, 311: 501–513.

[84] Semmens S. Differentiable function theory on hypersurafces in $\mathbb{R}^n$ (without bounds on their smoothness). Indiana Univ. Math. J., 1990, 39: 983–1002.

[85] Semmens S. Analysis vs. geometry on a class of rectifiable hypersurfaces in $\mathbb{R}^n$. Indiana Univ. Math. J., 1990, 39: 1005–1035.

[86] Semmens S. Chord-arc surfaces with small constant, l^*. Adv. Math., 1991, 85: 198–223.

[87] Sommen F. An extension of the Radon transform to Clifford analysis. Complex Var. Theory Appl., 1987, 8: 243–266.

[88] Sommen F. On a generalization of Fueter's theorem. Z. Anal. Anwend. 2000, 19: 899–902.

[89] Spanne S. Sur l'interpolation entre les espaces $\mathcal{L}_k^{p,\phi}$. Ann. Scuola Norm. Sup. Pisa, 1964, 20: 625–648.

[90] Stein E-M. Singular Integrals and Differentiability Properties of Functions. Princeton. Princeton University Press, N.J., 1970.

[91] Stein E-M. Singular integrals, harmonic functions, and differentiability properties of functions of several variables. Proc. Symp. in Pure Math., 1967, 10: 316–335.

[92] Stein E-M. Harmonic analysis: Real Variable Methods, Orthogonality, and Integrals. Princeton: Princeton University Press, 1993.

[93] Stein E-M, Weiss G. Introduction to Fourier Analysis on Euclidean Spaces. Princeton: Princeton University Press, 1971.

[94] Sudbery A. Quaternionic analysis. Math. Proc. Camb. Phil. Soc., 1979, 85: 199–225.

[95] Tao T. Convolution operators on Lipschitz graphs with harmonic kernels. Adv. Appl. clifford Algebras, 1996, 6: 207–218.

[96] Turri T. A proposito degli automorfismi del corpo complesso. Rend. Sem. Fac. Sci. Univ. Cagliari, 1947, 17: 88–94.

[97] Verchota G. Layer potentials and regularity for the Dirichlet problem for Laplace's equation in Lipschitz domains. J. Funct. Anal., 1984, 59: 572–611.

[98] Yosida K. Functional Analysis. Berlin/Göttingen/Heidelberg: Springer-Verlag, 1965.

索　引

《现代数学基础丛书》已出版书目